江苏白粉菌志

于守荣 著

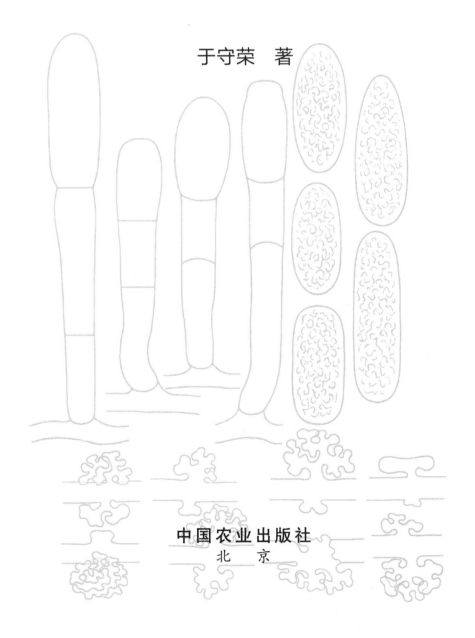

中国农业出版社
北京

THE ERYSIPHACEAE OF JIANGSU

AUTHOR
Yu Shou-Rong

谨以此书向郑儒永院士致以最崇高的敬意！

出版说明

1. 本书采用 Braun 和 Cook（2012）创立的分类系统，参考郑儒永和余永年（1987）的分类系统。

2. 本书是对江苏省白粉菌目的研究总结。包括绪论、专论、附录、索引和参考文献五大部分。

3. 绪论部分简要叙述了白粉菌的经济重要性、形态、系统发育、分类、研究现状等。

4. 专论部分报道了江苏省境内发现的白粉菌全型或有性型 12 属（无性型 4 属）174 种或变种。在科下有形态描述，附分属检索表。科以下各属按新分类系统的分类顺序排列，包括正名、异名、文献引证、形态描述、讨论以及分种检索表。属以下各种和变种按学名字母顺序排列，有正名、异名、文献引证以及较详细的形态学描述，然后按学名字母顺序排列寄主名单；每个寄主后面是省内分布及标本引证，以及国内分布情况、世界分布情况和讨论等。部分新种和新记录种还给出了 ITS 序列数据。

5. 附录部分包括：江苏白粉菌资料补遗、江苏各白粉菌寄主上的白粉菌名录、江苏白粉菌寄主植物名录。

6. 索引部分包括：寄主汉名索引、寄主学名索引、白粉菌汉名索引、白粉菌学名索引。

7. 每个种或变种均有笔者本人绘制的显微图片。为了节省篇幅，突出无性阶段的特征，本书插图已知种以无性阶段为主，少数为有性阶段，新种和国内新记录则绘制全型图。对于部分没有采集观测到无性阶段的馆藏老标本则没有绘制插图，可参考《中国真菌志 第一卷 白粉菌目》等。

8. 每个种或变种下面的寄主和分布是根据引证的标本引注的，全部引证标本都经笔者直接研究。

9. 国内分布和世界分布情况由文献资料整理而成，省内分布情况以江苏省行政区划所设市、县（市、区）、乡镇（街道办事处）的村居、道路、公园、河流、山脉等为单位。

10. 专论部分属级以上分类单位的形态描述主要参考《中国真菌志 第一卷 白粉菌目》和 *Taxonomic Manual of the Erysiphales（powdery mildews）* 等书目中的相关资料。种以下的形态描述及数据由笔者对采自江苏省材料的直接研究和观测所得，所依据研究标本的无性型全部为笔者采集的新鲜标本，有性阶段大部分为新鲜标本，部分为馆藏老标本。

11. 共采集标本 2 000 余号，均采自江苏省境内，分布于全省 46 个县（市、区）。除个别由他人惠赠外，绝大部分标本均由笔者本人采集。除 1984—1989 年间采集的近 300

号标本因保存不善损毁外，其余标本全部存放在中国科学院微生物研究所菌物标本馆（HMAS）。

12. 寄主植物由笔者根据江苏省植物研究所主编的《江苏植物志》上、下册（第一版，江苏人民出版社）和刘启新主编的《江苏植物志》1－5卷（第二版，江苏凤凰科学出版社）进行鉴定，并参考了中国科学院植物研究所主编的《中国高等植物图鉴》1－5卷和《中国高等植物图鉴补编》1、2册等。

13. 对于仅采集到无性阶段的白粉菌种类，大部分是通过分子鉴定结果结合形态特征确定的；少数由于标本数量过少或其他原因难以进行 rDNA 分析鉴定，暂时无法明确其具体种类，则以无性型进行形态描述专门归类列出，并配以显微绘图。

前　言

　　白粉菌是一类常见的植物专性寄生菌，也是造成我国各类农林果蔬及花卉病害的主要病原菌之一。国内白粉菌研究始于 1930 年，戴芳澜发表了国内第一个白粉菌新种。此后郑儒永等对我国白粉菌进行了全面系统的研究，建立了一套国际公认的白粉菌科属级分类系统，出版了《中国真菌志 第一卷 白粉菌目》。近年来，测序技术不断进步，基因组学快速发展，给传统菌物学研究带来了挑战，分子系统学及环境 DNA 序列的研究对菌物学经典分类造成了极大冲击，菌物学家对菌物分类的研究不再局限于形态，开始更多地关注系统学。20 世纪末以前，子囊果的结构一直都是白粉菌分类学和系统学研究的主要对象，但在过去十几年中，随着分子生物学和电子显微技术在系统进化等方面的应用，白粉菌的属级分类系统和系统进化理论产生了重大变化，无性阶段的特征被作为白粉菌科属级分类的一个重要依据，而有性世代闭囊壳外附属丝分枝的形成在属级分类中不再重要，但为种级分类提供了有用参考。

　　江苏省位于我国东部，东濒黄海，地处暖温带与北亚热带的气候过渡带。境内以平原为主，兼有低山丘陵、大江大湖、海岸滩涂，地理生态类型多样，植物种类丰富。独特的气候与生态条件适于各类植物白粉菌的发生，是我国白粉菌重要的分布中心，既有南方与北方分布的种类，又有很多独特的种类，区系组成有别于我国其他省份。然而该方面没有系统研究，资料也比较零散，特别是在分布特征和多样性研究方面更少，主要集中在危害农作物白粉菌的发生情况以及防治技术的调查和研究方面。

　　笔者对江苏白粉菌的研究始于 1984 年，先后历经 30 多年调查研究和资料积累。至 2019 年，在连云港市农业科学院的支持和帮助下，对江苏省白粉菌发生情况进行了全面调查和系统研究，完成了野外调查、标本采集、标本制作、镜检观测、分子鉴定等工作，先后采集各类白粉菌标本 2 000 多份。并对采集标本进行整理编号和分类归档，将制作好的标本全部寄往中国科学院国家菌物标本馆（HMAS）永久保藏。

　　《江苏白粉菌志》采用国际上最新的由 Branu 和 Cook（2012）创立的白粉菌分类系统，在全面系统调查的基础上，报道了江苏省已知白粉菌 16 属 174

1

种及其寄主植物 76 科 256 属 482 种，每种白粉菌均有详细的形态描述、显微绘图和标本引证等，是一部系统记载江苏省白粉菌种类、寄主植物和地理分布的科学专著，也是江苏省第一部白粉菌方面的菌物志。书中突出了白粉菌无性阶段形态特征的描述，是我国第一部全面系统研究白粉菌无性阶段的综合性书目，重新描述和界定了丝状细胞在白粉菌钩丝壳组 sect. *Uncinula* 分类中的地位，为白粉菌生物多样性研究、系统学演化和分类等提供了新的导向，为科研、生产、教学提供了新的参考。也是对《中国真菌志 第一卷 白粉菌目》在无性阶段研究方面的补充。

在笔者开展研究的过程中，承中国科学院微生物研究所真菌地衣开放实验室提供实验条件，完成了部分新种、新记录种的鉴定工作；江苏省连云港市农业科学院专门提供办公、实验、研究所需的各类仪器设备、实验用品和研究经费等，顺利完成了对江苏全省白粉菌的调查研究等工作。对此，表示深切感谢！在白粉菌鉴定和分类工作中，得到了中国科学院微生物研究所郑儒永院士、陈桂清教授的精心指导和重要帮助。内蒙古赤峰学院化学与生命科学学院刘铁志教授不仅惠赠了大量中外文研究资料，在显微绘图、观测方法、研究技术等方面也给予了有益指教和巨大支持与帮助，还在交流通讯中多次为笔者解疑答惑和修改文稿。吉林农业大学刘淑艳教授及其研究团队帮助笔者对 60 多个白粉菌样本进行了分子鉴定，对部分白粉菌种类的鉴定工作提供了巨大帮助和悉心指导。德国马丁路德·哈勒维腾贝格大学 U. Braun 博士也对研究工作给予了热情指导和帮助。中国科学院微生物研究所菌物标本馆魏铁铮老师、杜卓老师在借阅标本、入藏标本等方面提供了帮助。连云港市政协副主席、连云港市农业科学院院长徐大勇在研究方向、课题立项、经费划拨等诸多方面给予了具体指导和巨大帮助。在此，向关心、支持和帮助笔者的专家、学者和老师致以最崇高的敬意和感谢！

同时，也得到了连云港市农业农村局、连云港市农业科学院、连云港市林业技术指导站、连云港市植物保护植物检疫站等单位领导和同仁的关心、支持和帮助，谨向他们表示最诚挚的感谢。在历次标本采集和研究工作中，提供帮助和便利的还有原江苏省徐州农业学校植保八〇班全体同学，谨向他们表示深切谢意。最后，爱人、儿子等家人始终如一的支持和帮助，无微不至的关心与照顾是我得以顺利完成此项工作的根本保证，也深表感谢！

由于作者水平所限，书中疏漏、欠妥和错误之处在所难免，敬请各位专家和同行批评指正并提供宝贵意见。

著　者

2023 年 10 月

目　录

一、绪 论

白粉菌是一类常见的植物专性寄生菌，广泛分布在世界各地。常在寄主植物的表面产生大量分生孢子梗和分生孢子，植株外观像覆盖了一层白粉，故称之为白粉病。

（一）经济重要性

白粉菌可侵染多种经济植物，有些白粉菌破坏性强，在某些地区和年份，病害严重流行时可以造成严重损失。如：禾本科布氏白粉菌 *Blumeria graminis* (DC.) Speer 侵染造成的病害是我国小麦生产中发病面积最大、损失最重的病害，2001—2016 年小麦白粉病在我国的发生面积达到了 590 万～940 万 hm^2，造成小麦年均减产 26 万～32 万 t，占小麦病虫害总损失的 10% 以上。葡萄、瓜类、辣椒等，以及园林观赏植物如十大功劳、冬青卫矛、芍药等，都不同程度地遭受各类白粉菌的侵害，有的病株率几乎达 100%，导致叶、花、果实或整个枝条扭曲变形，造成产量和品质下降，甚至提前枯死，失去观赏价值。有些白粉菌则相对温和，如发生在朴树、榆树、香椿和臭椿等树木上的白粉菌，它们主要集中在寄主生长中后期发病，对寄主的影响甚微。大部分种类的白粉菌则主要侵染各种野生植物。

（二）形 态

菌丝体（mycelium）：生于寄主植物的叶片、幼芽、嫩枝梢、茎、花和果实等部位。所有白粉菌都有外生菌丝，部分（如 *Leveillula*、*Phyllactinia*、*Pleochaeta* 等属）同时还有内生菌丝。菌丝体在叶片上可以叶面生、叶背生或叶两面生，有的形成圆形至近圆形或不规则的或厚或薄的斑片，有的展生不形成斑片，严重发病时斑片相互连合覆盖全叶，甚至覆盖整个植株，存留或消失。

菌丝（hypha）：平直、弯曲、曲折或呈屈膝状。初生菌丝通常粗 2～10μm，壁薄，有隔，细胞长 12～150μm，分枝繁茂，无色或淡色，有些种（如 *Podosphaera* 属的很多种）的无色菌丝体老熟时转变为褐色。*Blumeria* 和 *Cystotheca* 等属的种可以在菌丝上形成无色或褐色的镰形刚毛。

附着胞（appressorium）：是把菌丝固着在寄主上的乳头形、裂瓣形或珊瑚形的菌丝衍生物，单生或对生。也可以产生在分生孢子芽管的顶端。Braun 等（2002）把附着胞分为以下 5 种类型：

①不清楚（indistinct）：菌丝变宽，没有明显的附着胞。*Podosphaera* sect. *Sphaerotheca* 的绝大部分种为这个类型。

②乳头形（nipple-shaped）：无裂片，表面稍呈细圆齿形。*Arthrocladiella*、*Blumeria*、*Golovinomyces*、*Podosphaera* sect. *Podosphaera*、*Sawadaea* 所具有。

③裂瓣形（lobed）：产生不规则的裂片，形状易变，从轻微裂瓣形到多裂瓣形。*Erysiphe* emend. 和 *Neoërysiphe* 具有。

④珊瑚形（coral-like）：分枝繁茂。*Leveillula*、*Erysiphe* sect. *Uncinula* 的部分种（如 *Erysiphe gracilis*、*Erysiphe kusanoi*、*Erysiphe mori* 等）和 *Phyllactinia* 的大部分种所具有。

⑤钩状（hooked）或伸长（elongated）：*Phyllactinia* 的部分种具有。

吸胞（haustorium）：是白粉菌吸收营养的器官。菌丝体外生种类的附着胞可以伸出侵入丝，穿过寄主外壁进入表皮细胞内并形成吸胞。菌丝体内生的种类则自内生的菌丝细胞伸出，并在寄主的叶肉细胞内形成吸胞。大多数吸胞呈球形至梨形，少数呈裂片状，只有 *Blumeria graminis* 的吸胞为指状深裂。

分生孢子梗（conidiphore）：大多数属从外生菌丝产生，*Leveillula* 属大多产生于内生菌丝，并穿过气孔伸出体外，少数产生于外生菌丝。分生孢子梗通常由 1 至多个细胞组成，其长短、粗细和形状等常随不同的属种而不同。大多数不分枝，少数有分枝。通常将分生孢子梗的基细胞称为脚胞（foot-cell）。脚胞上接 1～3 个细胞，少数 4～5 个或以上，生长后期则减少。有些白粉菌产生子囊果时，分生孢子梗及分生孢子可转变为淡褐色或褐色。分生孢子梗脚胞的形态以及分生孢子梗在母细胞上的位置可作为分种的重要依据。

分生孢子（conidium）：生于分生孢子梗的末端，单胞，无色，单核，壁薄，原生质具液泡，少数呈颗粒状。单生或串生，椭圆形、桶形、桶柱形、柱形、矩圆形、卵形、棍棒状、菱形、披针形或不规则形等。单生分生孢子通常较大，串生则较小。部分属如 *Cystotheca*、*Podosphaera*、*Sawadaea* 的分生孢子含有明显的纤维体（fibrosin body），其他属则没有。纤维体呈月牙形、锥形、披针形、棒状或颗粒形等。通常新鲜标本容易观测到，保存多年的老标本则模糊不清。拟粉孢属 *Oidiopsis*（*Leveillula*）和拟小卵孢属 *Ovulariopsis*（*Pleochaeta*）的分生孢子有初生分生孢子和次生分生孢子两种形态明显不同的分生孢子。*Sawadaea* 属的种类都既具有大型分生孢子梗和分生孢子，又有小型分生孢子梗和分生孢子。

扫描电镜下白粉菌分生孢子的端壁有 4 种式样（pttern），外壁有 11 种式样。利用这些式样可以把缺乏子囊果的无性型归并到相应的有性型属中。另外，具有串生分生孢子的各属，其未成熟的孢子在分生孢子梗上形成的孢子链边缘线具有特定的形态特征：*Cystotheca*、*Golovinomyces*、*Neoerysiphe* 的所有种都有波状边缘（sinuate edge），*Arthrocladiella*、*Podosphaera*、*Sawadaea* 的所有种都有圆锯齿状边缘（crenate edge）。

芽管（germ tube）：由分生孢子萌发产生的菌丝状物，继续发育成菌丝。芽管的生出位置、长短、形状、数量，以及芽管上附着胞的形态都具有明显的特征。分生孢子的萌发类型与特定的属或组相关联，为白粉菌科的分类提供了非常有价值的特征。Braun 和 Cook（2012）提出了 7 种萌发类型：

①假粉孢型（*Pseudoidium* type）：*Erysiphe* 属的所有种。芽管发生于分生孢子的端

壁或侧壁，终止于一个裂瓣状的附着胞，通常短到中等长，充分发育相当迅速（约5h）。

②条纹粉孢型（*Striatoidium* type）：*Neoërysiphe* 属。芽管主要发生于分生孢子端壁的一侧或端壁。附着胞裂瓣形，2～4裂片。

③拟小卵孢型（*Ovulariopsis* type）：芽管主要从分生孢子顶端或顶端一侧横向发生，有时扭曲。中等裂片到多裂片或珊瑚形裂片。

④真粉孢型（*Euoidium* type）：*Golovinomyces*、*Arthrocladiella mougeotii* 具有。芽管大多发生于分生孢子的端壁，有时也发生于侧壁，终止于一个棍棒形的附着胞，短到长，多为中等长，充分发育较慢，需8～10h。分生孢子没有纤维体。

⑤布氏白粉菌型（*Blumeria* type）：禾本科布氏白粉菌 *Blumeria graminis* 特有。一个或多个细的芽管，侧生芽管长度约为分生孢子宽度的1/2，一个小时内长度达到分生孢子宽度的1.25～3倍，芽管顶端拉长膨大，不产生附着胞。

⑥小粉孢型（*Microidium* type）：*Microidium phyllanthi*. 具有。芽管两种类型，生于分生孢子端壁一侧。一种短而细，粗2μm，长度约为分生孢子宽度的1/2。一种长而粗，柱形或棍棒状，粗6μm，与分生孢子长度相等。末端乳头形或不规则裂瓣形。

⑦纤维粉孢型（*Fibroidium* type）：芽管细长，多数侧生，偶尔顶升，末端仅略有肿胀，没有明显的附着胞。分生孢子通常有纤维体。

子囊果（chasmothecium）：现代生物学研究结果显示白粉菌在真菌系统演化上处于一个孤立的地位，而且它们具有独特的子囊果类型。子囊果一般在生长季节的晚期产生，通常形成于寄主表面的菌丝层上面，少数埋藏在菌丝层内。多为球形至扁球形，少数为陀螺形，直径50～350μm。子囊壁一般由紧密结合在一起的外壁和内壁两层组成，内层细胞壁薄，排列宽松，大小和形状相当一致，为规则多角形至近圆形，直径为8～20μm；外层细胞壁厚，规则或不规则多角形至近圆形，排列紧密，不成熟时呈黄色或黄褐色，成熟后变为暗褐色或深褐色，直径5～75μm。*Cystotheca* 内外层壁可以完整地分离。*Brasiliomyces* 仅有半透明的一层薄壁。

具有菌丝状附属丝的子囊果，壁细胞大小形状基本一致，没有腹背性。具有非菌丝状附属丝的子囊果，通常上半部的壁细胞较小、壁较厚，下半部的壁细胞较大、壁较薄，有腹背性。子囊果无孔口，成熟后子囊吸水膨胀，致使子囊果顶部垂直开裂或中部近"赤道"区水平开裂，释放子囊孢子。

附属丝（appendage）：由子囊果外壁细胞发育形成，可以生于子囊果底部至顶部的所有部位。多数只有典型的长型附属丝，少数（如 *Erysiphe* sect. *Uncinula*、*Phyllactinia*）种类在同一子囊果上可同时形成长型和短型两种类型附属丝。短型附属丝（或丝状细胞）生于子囊果的顶部、底部或均匀分布于子囊果表面，*Phyllactinia* 属子囊果顶部的帚状细胞成熟时遇水易胶化，*Erysiphe* sect. *Uncinula* 属的丝状细胞成熟时易脱落。

附属丝形态多样，有菌丝状或针状等，不分枝、顶端二叉状或三叉状分枝，或顶端钩状至螺旋状。附属丝在子囊果发生的位置、数目、颜色、长度、粗细、弯曲状况、隔膜的有无和多少、基细胞有无、壁的厚薄、表面结构、分枝情况，以及顶端卷曲方式等，都是分类上重要的参考依据。短型附属丝的形态特征也可作为种的界定依据。

子囊（ascus）：形成于子囊果内，单个或多个。壁双层，很薄，顶端无孔口，但部分种类子囊顶部壁较薄，称为子囊眼。子囊形状多样，有球形、卵形、椭圆形、棍棒形、不规则形等多种形状。无论何种形状的子囊都可以是无柄、短柄到长柄。

子囊孢子（ascospore）：形成于子囊内，每个子囊有 2~8 个子囊孢子。单胞，无色至黄色，卵形、椭圆形、矩圆形等，偶有弯曲呈肾形。一般在当年成熟，*Neoërysiphe* 属的子囊孢子在越冬后形成和成熟。

（三）寄主范围和分布

据 Amano（1986）统计，已记录的白粉菌寄生在 9 838 种被子植物上，隶属于 44 目 169 科 1 617 属，占被子植物的 4.5%，裸子植物和蕨类植物上没有发现白粉菌。93% 的寄主属于双子叶植物，单子叶植物仅有 8 科 662 种，其中禾本科有 634 种。据统计，全世界已知白粉菌共有 19 属 769 种。Braun 和 Cook（2012）报道了白粉菌 873 个种或变种。

白粉菌的分布是世界性的。从热带到极地，从平原到海拔 4 000 米的高山都有白粉菌分布，但以北半球的温带最为丰富。亚热带和热带分布相对较少，且它们大多以无性型为主，很少产生子囊果。相应的对白粉菌敏感或与其关系密切的寄主也大多数分布在北半球的温带或近温带地区，如：胡桃科 Juglandaceae、杨柳科 Salicaceae、壳斗科 Fagaceae、榆科 Ulmaceae、蓼科 Polygonaceae、槭树科 Aceraceae、田基麻科 Hydrophyaceae 等。以温带为主，也分布在北半球热带地区和南半球的科有：忍冬科 Caprifoliaceae、毛茛科 Ranunculaceae、蔷薇科 Rosaceae、唇形科 Lamiaceae、车前科 Plantaginaceae、川续断科 Dipsacaceae、花荵科 Polemoniaceae 等。还有一些分布在亚热带或热带的科，如：桑寄生科 Loranthaceae、樟科 Lauraceae、胡椒科 Piperaceae。只分布在南半球的一些科仅有少数种对白粉菌敏感，如：龙眼科 Proteaceae、草海桐科 Goodeniaceae 等。白粉菌的很多种群具有很广的分布范围，但在特定属、组之间有明显差异，如：*Erysiphe* sect. *Erysiphe*、*Golovinomyces*、*Neoërysiphe*、*Podosphaera* sect. *Sphaerotheca* 广泛分布于世界各地。亚洲是 *Erysiphe* sect. *Uncinula*、*Podosphaera* sect. *Podosphaera* 最大的多样性中心，尤其是中国和日本。*Leveillula* 是地中海地区特有的，但现在已逐渐扩展到世界各地。*Cystotheca* 仅发现于北美洲和亚洲，*Pleochaeta* 分布在北美洲、亚洲和非洲（Braun，1987；Amano，1986）。

（四）系统发育及分类

系统演化：Braun 等（2002）根据分子系统学研究成果，认为可以得出下列结论。a. 乳头形的附着胞和串生分生孢子可能是原始的，而裂瓣形附着胞和单生分生孢子可能是衍生的；b. *Uncinula* 型附属丝可能代表大多数原始的类型；c. 多子囊的子囊果和内含 8 个子囊孢子的子囊是原始的，单子囊的子囊果和子囊孢子数目减少的是衍生的；d. 外寄生的属是原始的，半内寄生的属是衍生的。

研究人员通过测定代表白粉菌目主要属的 10 个白粉菌分类群的 18SrDNA 核苷酸序列，来推测白粉菌系统发育的位置。证实白粉菌目 Erysiphales 和 Onygenales 中的 Myxotrichaceae 是姊妹群，并且与 Leotiales、Cyttariales 和 Pezizales 亲缘关系较近。Takamatsu（2005）根据 rDNA 核苷酸序列对白粉菌系统发育和演化的推测是：寄生树木的分类群通常是原始的，并且从树木到草本寄主扩展的多次事件发生在各自的谱系里。伴随着寄主扩展到草本，附属丝形态的简化发生了多次。简单、菌丝状的附属丝是趋同进化产生的结果。在离壁壳族中，*Sphaerotheca* 的两个组分别起源于 *Podosphaera* 的种。*Magnicellulatae* 起源于寄生在蔷薇科 Rosaceae 李属 *Pruns* 上的 *Podosphaera* 的种，获得性寄生到玄参科 Scrophulariaceae，并且扩张寄主范围到菊科 Asteraceae。在菊科上遗传辐射之后，它们进一步扩展寄主范围到其他植物。并且推导出 Erysiphales 和 Myxotrichaceae 的分裂以及 Erysiphales 内的首次趋异分别发生在 100Myr* 和 76Myr 之前。因此，白粉菌可能起源于白垩纪中期和白垩纪晚期之间，即可能出现在被子植物繁茂的开始，并随同被子植物的进化而进化了约 100Myr。

多数学者把白粉菌纳入白粉菌目 Erysiphales 白粉菌科 Erysiphaceae，Alexopoulos 等把白粉菌目视为子囊菌中一个孤立的组群。

在属级分类方面，Léveillé（1851）根据每个子囊果中子囊的数目和子囊果附属丝的类型把原来综合的属 *Erysiphe* 分成了几个小属。这一处理可以看作是近代白粉菌分类的开端，并影响这类真菌的进一步研究直到 20 世纪末。后来，不同的研究人员相继在 Erysiphaceae 内建立了许多属。至此，白粉菌属级分类便成为非常有争议的问题。郑儒永根据对我国白粉菌的研究，以及对其他国家有关属的模式及非模式标本的研究，认为白粉菌科中共有无性型 4 个属和有性型或全型 19 个属。郑儒永和余永年（1987）在白粉菌专著《中国真菌志 第一卷 白粉菌目》中认为有无性型 4 个属和有性型或全型 21 个属。Braun（1987）接受了郑儒永提出的大部分属，承认了 4 个无性型的属和 18 个有性型的属，这一系统也被 Hawksworth 等（1995）所接受而收入《菌物字典》第八版。

一些作者在属下先分为组和亚组，然后再分种。郑儒永和余永年等（1987）认为白粉菌的种不多，在属下分组和亚组的意义不大，尤其是白粉菌的有性型和无性型是在不同的季节形成的，同一个标本号上不容易看到全型，如果完全采用无性型的特征来分组，反而会给鉴定带来不便。

Braun（1995）在亚科下先设族（Tribe）和亚族（Subtribe），亚族下分属，属下分组，组下再分亚组，然后再分种及以下等级。Gelyuta（1988）除了把 Erysiphales 分成三个科外，同时还在某些科内设了亚科和族的等级。

近年来，形态学与分子系统学和电镜超微结构分析相结合，明确了白粉菌的系统发育地位和亲缘关系，使白粉菌的分类系统（特别是科内属级）发生了很大变化。在分子系统学方面，开展了广泛而深入的研究，取得了许多重要成果，为白粉菌系统演化提供了有力的证据。如 Mori 等（2000）通过对 rDNA 序列 18S、5.8S 和 28S 的基因和内转录间隔区

---

* Myr 代表百万年。全书同。——编者注

（ITS）序列分析，推导 15 属 33 种白粉菌之间的系统发育关系，发现 *Parauncinula septata*（= *Uncinula septata*）是白粉菌系统演化的一个关键种，它位于所有白粉菌组合成的大进化枝的最基部。除此之外，其他白粉菌分为截然不同的 5 个谱系：Monocot 谱系（*Blumeria*），Fibrosin 谱系（*Podosphaera*、*Sawadaea*、*Cystotheca*），Euoidium 谱系（*Arthrocladiella*、*Golovinomyces*），Endophytic 谱系（*Leveillula*、*Phyllactinia*、*Pleochaeta*）和 Pseudoidium 谱系（*Erysiphe*）。并且，各谱系都能够很好地被其分生孢子阶段的形态学所定义，也使得无性阶段的特征在分类（属级）中变得越来越重要。有性型的属级分类主要依据无性阶段的形态特征来确定。

无性型的属：Cook 等（1997）利用扫描电镜（SEM）研究了白粉菌分生孢子表面的特征，发现不同属白粉菌分生孢子的端壁和外壁具有不同的纹饰式样（patterns）。这些特征是在光学显微镜下看不到的，但对白粉菌属级分类具有独特的、重要的价值，是白粉菌属级分类的主要依据。除了原有的 *Ovulariopsis*、*Oidiopsis*、*Streptopodium* 外，他们在 *Oidium* 下建立了 8 个亚属：Subgenus *Pseudoidium*、Subgenus *Setoidium*、Subgenus *Fibroidium*、Subgenus *Octagoidium*、Subgenus *Oidium*、Subgenus *Striatoidium*、Subgenus *Graciloidium* 和 Subgenus *Reticuloidium*，加上另外一个小粉孢亚属 Subgenus *Microidium*，共 9 个亚属。从而使白粉菌的无性型属与有性型属实现了一一对应。

Braun 和 Cook（2012）将 *Streptopodium* 与 *Ovulariopsis* 合并重新组合成新的 *Ovulariopsis*，将 *Oidium* 的 9 个亚属全部升为属，所以白粉菌现有无性型属共 12 个：假粉孢属 *Pseudoidium*、条纹粉孢属 *Striatoidium*、真粉孢属 *Euoidium*、细粉孢属 *Graciloidium*、纤维粉孢属 *Fibroidium*、八角粉孢属 *Octagoidium*、集粉孢属 *Setoidium*、拟粉孢属 *Oidiopsi*、拟小卵孢属 *Ovulariopsis*、粉孢属 *Oidium*、小粉孢属 *Microidium*、球小粉孢属 *Bulbomicroidium*。

白粉菌科 Erysiphaceae 无性世代分属检索表

1. 菌丝体内生，也有外生，产生内生和外生两种菌丝 ……………………………………… 2
1. 菌丝体外生，分生孢子梗由外生菌丝产生 ……………………………………………… 3
2. 产生一种类型的分生孢子，分生孢子梗由外生菌丝产生，长且细弱，由几个细胞构成，分生孢子单生，极少数呈短链状，较大，棒状至多角形或菱形，芽管 Polygoni 型（Polygoni-type），有性世代属于球针壳 *Phyllactinia* …………………………………… 拟小卵孢属 *Ovulariopsis*
2. 产生初生和次生分生孢子两种类型的分生孢子，初生和次生分生孢子形态多样，但很少呈棒状，芽管 Polygoni 型（Polygoni-type），有性世代属于内丝白粉菌属 *Leveillula* ……………
……………………………………………………………………………… 拟粉孢属 *Oidiopsis*
3. 分生孢子单生（一次产生 1 个），无纤维体，芽管 Polygoni 型（Polygoni-type），有性世代属于白粉菌属 *Erysiphe* …………………………………………… 假粉孢属 *Pseudoidium*
3. 分生孢子串生 …………………………………………………………………………… 4
4. 分生孢子具有纤维体 …………………………………………………………………… 5
4. 分生孢子不具有纤维体 ………………………………………………………………… 7
5. 菌丝体产生带有颜色的钩状至丝状且具特殊的气生菌丝（褐色气生菌丝），附着器不明显或乳头

有性型的属：近年来，基于分子系统学和对无性阶段电镜超微结构分析，结合无性阶段的形态学特征，对白粉菌有性阶段的属进行了重新划分和调整，成立了新属及新组合。Gelyuta（1988）根据分生孢子串生的特性将白粉菌 *Erysiphe* 属中的 *Golovinomyces* 组提升为属，即高氏白粉菌属 *Golovinomyces*（U. Braun）V. P. Gelyuta。Braun（1999）将白粉菌属中的 *Galeopsidis* 组也提升为属，并以鼬瓣花白粉菌 *Erysiphe galeopsidis* 为模式种建立了一个新属，即新白粉菌属 *Neoërysiphe* U. Braun。

狭义的白粉菌属 *Erysiphe* s. str. 在形态上与叉丝壳属 *Microsphaera* 和钩丝壳属 *Uncinula* 十分接近，并有许多中间类型存在。这三个属的无性型均属于假粉孢属 *Pseudoidium* Jacz.。Takamatsu 等（1999）对狭义的白粉菌属、叉丝壳属和钩丝壳属的 DNA ITS 区序列进行了详细的分析，表明狭义的白粉菌属与叉丝壳属并没有聚在不同的单系类群，而是构成几个小的彼此混杂的分支，钩丝壳属的种在假粉孢支系中构成了基部的一个亚分支，但这些都不足以作为系统学的分支将他们分开。这一结果也表明闭囊壳外附属丝分支的形成在属级分类上没有重要的分类价值。因此把叉丝壳属 *Microsphaera* 和钩丝壳属 *Uncinula* 作为狭义白粉菌属的异名（Braun 和 Takamatsu，2000）。

Braun（1985）将陈昭炫等（1982）建立的顶叉钩丝壳属 *Furcouncinula* Z. X. Chen 和 R. X. Gao 作为钩丝壳属的异名。Braun（1995）将郑儒永和陈桂清（1979a）建立的小

钩丝壳属 *Uncinuliella* R. Y. Zheng 和 G. Q. Chen 作为 *Uncinula* 的异名，将 Nomura（1984）报道的 *Setoerysiphe* Nomura 作为 *Erysiphe* 的异名，且两个属的无性型也均属于假粉孢属。这一处理在 Mori 等（2000）的分子生物学研究中进一步得到证实。

Braun 和 Takamatsu（2000）将郑儒永和陈桂清（1979b）建立的球钩丝壳属 *Bulbouncinula* R. Y. Zheng & G. Q. Chen 与钩丝壳属一起作为白粉菌属 *Erysiphe* 的异名；将波丝壳属 *Medusosphaera* Golov. & Gamal. 作为白粉菌属的异名。棒丝壳属 *Typhulochaeta* 也属于假粉孢支系，Braun 和 Cook（2012）将棒丝壳属作为白粉菌属的异名。

巴西壳属 *Brasiliomyces* Viegas 暂时被保留下来，未作为白粉菌属异名，它们的无性世代还未知，有待进一步研究。

多隔钩丝壳 *Uncinula septata* E. S. Salmon 在分子生物学研究中位于整个白粉菌目分支的最原始的基部。Takamatsu 等（2005）根据形态学及分子生物学的研究结果将该种作为模式种建立了一个新属，即拟钩丝壳属 *Parauncinula* S. Takam. & U. Braun。该属的主要特征是具有顶生、多分隔的附属丝，子囊孢子弯曲，通常 8 个，没有无性世代。

虽然 *Uncinula forestalis* 的附属丝与钩丝壳属的类似，也具有不分枝的、顶端呈钩状的附属丝，但在整个白粉菌目大分支中，它位于最基部，与假粉孢属支系 *Pseudoidium* clade（包括校正的白粉菌属 *Erysiphe* emend.、叉丝壳属 *Microsphaera*、钩丝壳属 *Uncinula*）离得很远，而且与新属拟钩丝壳属 *Parauncinula* 也明显分开。其区别于白粉菌属钩丝壳组 *Erysiphe* sect. *Uncinula*（≡*Uncinula*）的主要特征是具有顶生、具分隔、簇生的（与三指叉丝单囊壳 *Podosphaera tridactyla* 相似）附属丝，无性世代为真粉孢属型 *Euoidium* － *like*（分生孢子串生）。与 *Parauncinula* 属的主要区别在于后者的附属丝虽也是顶生的，但不是簇生的，而且子囊孢子弯曲，没有无性世代。因此，Takamatsu 等（2005）以此种为模式种建立了另一个新属，即簇丝壳属 *Caespitotheca* S. Takam. & U. Braun，该属具有一些特殊的原始特征，包括钩丝壳属状（*Uncinula-like*）的附属丝和子囊中含有 6～8 个子囊孢子。

离壁壳属 *Cystotheca*、叉丝单囊壳属 *Podosphaera* 和单囊壳属 *Sphaerotheca* 较紧密地聚在一起，它们的共同特点是无性世代都是产生串生分生孢子、具有纤维体和闭囊壳内只有单个子囊，子囊中含有（6～）8 个子囊孢子。离壁壳属 *Cystotheca* 区别于叉丝单囊壳属 *Podosphaera* 和单囊壳属 *Sphaerotheca* 的特征是具有特殊的气生菌丝和子囊果壁双层且内壁与外壁较易分离。而叉丝单囊壳属与单囊壳属的区别仅在于闭囊壳外的附属丝是不是分支，这一点与白粉菌属与叉丝壳属的区别是一样的。而且，Saenz 和 Taylor（1999）和 Takamatsu 等（2000）的分子生物学研究结果已经表明闭囊壳外附属丝分枝的形成已不适于作为属级单元的分类特征。Saenz 和 Taylor（1999）的研究结果表明叉丝单囊壳属 *Podosphaera* 和单囊壳属 *Sphaerotheca* 并没有构成不同的分支，因此他们建议将单囊壳属中的所有种移入叉丝单囊壳属中。Takamatsu 等（2000）的研究结果进一步证实了这一结论。据此，Braun 和 Takamatsu（2000）将单囊壳属 *Sphaerotheca* 和叉丝单囊壳属 *Podosphaera* 合并，并将前者作为后者的异名。

如前所述，近年来白粉菌科内属的划分发生了很大变化（图 1）。新的属级分类系统正在形成，并被越来越多的白粉菌学者所接受。

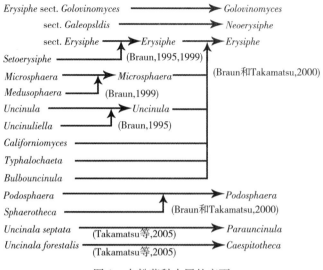

图 1　白粉菌科内属的变更

新的属级分类系统共承认有性型属 16 个。根据 Braun 和 Cook（2012）创立的分类系统，白粉菌有性型共分为 5 族 16 个属，具体如下：

白粉菌目 Erysiphales 白粉菌科 Erysiphaceae

布氏白粉菌族 Tribe *Blumerieae*

　　布氏白粉菌属 *Blumeria*

离壁壳族 Tribe *Cystotheceae*

　离壁壳亚族 Subtribe *Cystothecinae*

　　离壁壳属 *Cystotheca*

　　单囊白粉菌属 *Podosphaera*

　　　叉丝单囊壳组 *Podosphaera* sect. *Sphaerotheca*

　　　单囊壳组 *Podosphaera* sect. *Podosphaera*

　叉钩丝壳亚族 Subtribe *Sawadaeinae*

　　叉钩丝壳属 *Sawadaea*

白粉菌族 Tribe *Erysipheae*

　白粉菌属 *Erysiphe*

　　白粉菌组 *Erysiphe* sect. *Erysiphe*

　　薄壳白粉菌组 *Erysiphe* sect. *Californiomyces*

　　叉丝壳组 *Erysiphe* sect. *Microsphaera*

　　棒丝壳组 *Erysiphe* sect. *Typhulochaeta*

　　钩丝壳组 *Erysiphe* sect. *Uncinula*

高氏白粉菌族 Tribe *Golovinomyceteae*

　新白粉菌亚族 Subtribe *Neoerysiphinae*

9

　　新白粉菌属 *Neoërysiphe*
　　高氏白粉菌亚族 Subtribe *Golovinomycetinae*
　　　高氏白粉菌属 *Golovinomyces*
　　节丝壳亚族 Subtribe *Arthrocladiellinae*
　　　节丝壳属 *Arthrocladiella*
球针壳族 Tribe *Phyllactinieae*
　　内丝白粉菌属 *Leveillula*
　　球针壳属 *Phyllactinia*
　　半内生钩丝壳属 *Pleochaeta*
　　罗丝菌属 *Queirozia*
族未定属
　　巴西壳属 *Brasiliomyces*
　　簇丝壳属 *Caespitotheca*
　　拟钩丝壳属 *Parauncinula*
　　高松菌属 *Takamatsuella*

　　新的分类系统虽未被分类学者公认，但以欧洲为中心的研究者积极推崇新分类系统，现在国际期刊上发表的论文多数采用的是这个新分类系统。

（五）我国白粉菌研究现状

　　1979 年赵震宇出版了《新疆白粉菌志》。1987 年，由中国科学院中国孢子植物志编辑委员会主编，郑儒永、余永年编辑出版了《中国真菌志 第一卷 白粉菌目》，全书包括我国白粉菌 22 属，详细描述了有性型的 253 种和变种。该书的出版引领了国内学者对白粉菌研究工作的开展，许多人在不同地区对白粉菌（或植物白粉病）做了较为系统的调查和研究，如：福建、江苏、贵州、内蒙古、江西、山东、甘肃、吉林等，先后研究和发现了 143 个新种（变种）以及国内新记录种。先后有《福建白粉菌》《贵州植物白粉病》和《内蒙古白粉菌志》等地方专著出版。我国目前已报道有性型 13 属 328 种和 44 个变种，寄主植物 90 科 339 属 799 种。其中，豆科 Fabaceae 植物上白粉菌种数最多，其次是蔷薇科 Rosaceae、十字花科 Brassicaceae，凤仙花科 Balsaminaceae 最少（唐淑荣等，2018）。

（六）江苏白粉菌研究概况

　　江苏省（北纬 30°45′—35°20′，东经 116°18′—121°57′）位于我国东部，东濒黄海，西依安徽，北接山东，南邻沪浙，地处中国地势的第三阶梯和暖温带与北亚热带的气候过渡带。境内以平原为主，兼有低山丘陵、大江大湖、海岸滩涂，水系密布，地理生态类型多样。境内分布有被子植物 195 科 1 132 属 3 162 种（亚种或变种）。

　　江苏省开展白粉菌调查研究较早，但比较零散，没有系统性，特别是在分布特征和多样性方面的研究更少。早期，戴芳澜对江苏白粉菌做了调查和研究，发表了国内第一个白粉菌新种。此后，对白粉菌的研究主要集中在危害农作物的一些白粉菌的发生情况和防治技术的调查和研究。1987 年陆家云、王克荣报道了 1 个小钩丝壳新种，此后曹以勤和陆家云（1990）等报道了南京和滁州的几种白粉菌，张林燕（2009）对南京地区园林植物白粉菌进行了调查和研究，报道了白粉菌 23 种，寄生在 26 种植物上。于守荣在 1984—1995 年对以连云港市云台山为中心的苏北地区的白粉菌进行了系统调查和研究，发现各类白粉菌有性型 13 属 84 种（变种），其中江苏省新记录 47 种，寄生在 61 科 168 属 276 种植物上，并陆续发表了一些新种和新记录种（于守荣，1993，1995）。此后，研究人员于 2016—2021 年对全省白粉菌发生情况进行了全面普查，全省共有各类白粉菌 16 属（有性型 12 属、无性型 4 属）174 种，寄生在 76 科 256 属 482 种（变种）植物上。由于本地区属于暖温带与北亚热带的气候过渡带，有部分白粉菌以无性阶段为主，很难见到有性阶段。

二、专　　论

白粉菌目

Erysiphales Gwynne~Vaughan & Barnes（1927）emend. Martin，in Ainsworth & Bisby（1945）Type family and only member of the order：Erysiphaceae Tul. & C. Tul.

只有白粉菌科 Erysiphaceae 一个科。

白粉菌科

Erysiphaceae Tul. & C. Tul. ，Select. fung. carpol. 1：191，1861.

初生菌丝体无色，多隔膜，分枝繁茂，壁薄，完全外生在寄主植物的表面，产生附着胞并在表皮细胞内形成吸胞，或部分外生在寄主的表面，部分内生在寄主组织细胞之间并在这些细胞内形成吸胞；次生菌丝体表生，有时产生色素，菌丝有时壁厚，纤维状、刚毛状或镰刀形等；分生孢子梗自表生的菌丝上形成，或自内生的菌丝上形成，后从寄主表皮的气孔伸出；分生孢子（分生节生孢子）单生或串生，单细胞，无色，全部是大型分生孢子或有大、小两型分生孢子同时存在，有或无纤维体；子囊果球形、扁球形或陀螺形，成熟时暗褐色；附属丝自子囊果的上部、中部或下部发生，全部是长型附属丝或有长、短两型附属丝同时存在，长型附属丝菌丝状或分化明显，简单或分枝，不规则或规则地二叉状分枝，顶端卷曲、针状或其他形状，有或无球形的基部，有或无隔膜，有色或无色，短型附属丝丝状、头状、帚状、镰形、棒状等；子囊单个或多个，有或无柄；子囊孢子单胞，无色或淡色，2～8 个。

江苏白粉菌科 Erysiphaceae 有性世代分属检索表

1. 菌丝体内生或半内生，分生孢子单生，没有纤维体，子囊果壁多于一层，子囊多个 ············· 2
1. 菌丝体外生，分生孢子串生或单生，有或无纤维体，子囊果壁一或多层，子囊多个或单个 ······ 4
2. 只产生一种类型的分生孢子，无性世代属拟小卵孢属 *Ovulariopsis* ················· 3
2. 产生初生分生孢子和次生分生孢子两种类型的分生孢子，无性世代属于拟粉孢属 *Oidiopsis*
　　 ································· 内丝白粉菌属 *Leveillula*
3. 附属丝刚毛状，基部球形或膨大，具帚状细胞 ················· 球针壳属 *Phyllactinia*
3. 附属丝顶端卷曲，无帚状细胞 ················· 半内生钩丝壳属 *Pleochaeta*
4. 有分生孢子阶段（串生或单生） ································· 5
4. 无分生孢子阶段，子囊多个，子囊孢子弯曲，附属丝顶端卷曲且多隔膜 ····· 拟钩丝壳属 *Parauncinula*
5. 分生孢子串生（Euoidium 型） ································· 6
5. 分生孢子单生（Pseudoidium 型），子囊多个，子囊果壁多于一层，附属丝菌丝状，二叉状分枝或

（一）族未定属

拟钩丝壳属

Parauncinula S. Takam. & U. Braun，in Takamatsu et al.，Mycoscience 46：14，2005；Braun & Cook，Taxonomic Manual of the Erysiphales（powdery mildews）：86，2012.

无性阶段未见；子囊果扁球形或透镜形，子囊包被多层，壁细胞不规则多角形，放射状排列；附属丝数量多，生于子囊果的上半部，刚毛状，有隔膜，顶端钩状卷曲；子囊数量较多，多数有柄；子囊孢子 4～8，单胞，直或弯曲，无色至淡黄色。

模式种：多隔拟钩丝壳（多隔钩丝壳）*Parauncinula septata*（E. S. Salmon）S. Takam. & U. Braun。

无性型：未知。

讨论：*Parauncinula* 最初被鉴定为钩丝壳属 *Uncinula*，Takamatsu 等（2005）根据形态学及分子生物学的研究结果建立了新属。分子系统学研究表明，该属位于整个白粉菌目分枝最原始的基部，与白粉菌属之间的关系相差较远。因无性阶段未见，属于族未定属。江苏有分布，寄生在 1 科 1 属 3 种植物上。

多隔拟钩丝壳（多隔钩丝壳）

Parauncinula septata（E. S. Salmon）S. Takam. & U. Braun，in Takamatsu et al.，Mycoscience 46：14，2005；Braun & Cook，Taxonomic Manual of the Erysiphales（powdery mildews）：87，2012.

Uncinula septata E. S. Salmon, J. Bot. 37：426，1900；Tai, Sylloge Fungorum Sinicorum：344，1979；Zheng & Yu（eds.），Flora Fungorum Sinicorum 1：424，1987；Braun, Beih. Nova Hedwigia 89：465，1987；Yu & Tian, Acta Mycol. Sin. 14（3）：170，1995.

菌丝体叶背生，光滑或粗糙，粗 1～4μm，淡褐色；子囊果散生，暗褐色，扁球形，直径 135～200μm，壁细胞较整齐，多角形或近方形，直径 2～10μm；附属丝 70～300 根，多数 150～250 根，簇状，自子囊果上半部生出，直或稍弯曲，不分枝，长度为子囊果直径的 0.2～0.6 倍，长 25～103μm，同一子囊果上的附属丝长短不一，基部常缢缩稍变细，中下部略变粗，向上又稍变细，有时上下近等粗，基部宽 2～4μm，中上部宽 4.0～6.5μm，基部褐色，向上色渐变淡，上部无色，有时全长淡褐色至褐色，平滑，壁薄，具 2～9（～10）个隔膜，隔膜有时均匀分布于附属丝的各部位，或较集中分布于中下部，个别还可以在钩状部位形成隔膜，隔膜之间稍缢缩，顶端钩状卷曲 1.0～1.5 圈，圈紧；子囊 3～10 个，椭圆形、卵形、芒果形等，无柄或近无柄，（40.0～62.5）μm×（25.0～37.5）μm；子囊孢子未成熟。

寄生在壳斗科 Fagaceae 植物上。

栓皮栎 *Quercus variabilis* Blume：连云港市连云区高公岛街道黄窝景区 HMAS 62182。

白栎 *Quercus fabri* Hance：无锡市滨湖区惠山国家森林公园 HMAS 350965。

栎属 *Quercus* sp.：连云港市连云区云山街道白果树村 HMAS 62183、HMAS 66396。

国内分布：江苏、浙江、福建、湖北、湖南、广西。

世界分布：中国、日本。

讨论：馆藏老标本。笔者观察到的菌丝叶表生，光滑或粗糙，淡褐色，较细，粗 1～4μm。笔者观察到的菌除附属丝较多，最多可达 300 根，其他均与《中国真菌志 第一卷 白粉菌目》一致。郑儒永等（1987）称该菌仅见于长江以南地区，本地区属首次在长江以北地区发现。

（二）布氏白粉菌族

Tribe *Blumerieae* R. T. A. Cook et al.，Mycol. Res. 101：992，1997；Braun & Cook, Taxonomic Manual of the Erysiphales（powdery mildews）：89，2012.

本族只有禾本科布氏白粉菌属 *Blumeria* 一个属，江苏省有分布。

布氏白粉菌属

Blumeria Golovin ex Speer, Sydowia 27：2，1974；Zheng & Yu（eds.），Flora Fungorum Sinicorum 1：36，1987；Braun, Beih. Nova Hedwigia 89:268，1987；Liu, The Erysiphaceae of Inner Mongolia：257，2010；Braun & Cook, Taxonomic Manual of the Erysiphales（powdery mildews）：89，2012.

Erysiphe DC.；Fr.，Fl. Franc. 2：272.1805. p. p.

Blumeria Golovin，Sborn. Rabot. Inst. Prikl. Zool. Fitopatol. 5：124，1958，nom. inval.

菌丝体表生，初生菌丝体白色，次生菌丝体暗色，由镰形刚毛状的厚壁菌丝组成，吸胞指状深裂；无性型为粉孢属 *Oidium* s. str.；分生孢子梗基部膨大呈球形，分生孢子串生；子囊果大，球形或扁球形，暗褐色，在暗褐色硬皮层与子实层之间有一下皮层；附属丝菌丝状，多数较短；子囊多个；子囊孢子（4~）8 个。

模式种：布氏白粉菌 *Blumeria graminis* (DC.) Speer。

无性型：粉孢属 *Oidium* Link，in Willd.，Sp. pl. 4，6 (1)：121，1824。

讨论：本属为单种属，是从白粉菌属（*Erysiphe*）分离出来的，其寄主全部为禾本科植物。本属最显著的特征是分生孢子梗总是有一个球形的基部，次生菌丝上有暗色的镰形刚毛，子囊孢子总是埋生在菌丝层内。附属丝数量少而短。江苏省有分布，目前已知寄生在禾本科 6 属 10 种植物上。

布氏白粉菌（禾本科布氏白粉菌）　　　　　　　　　　　　　　　　　　图 2

Blumeria graminis (DC.) Speer，Sydowia 27：2，1974；Zheng & Yu (eds.)，Flora Fungorum Sinicorum 1：36，1987；Braun，Beih. Nova Hedwigia 89：268，1987；Yu & Tian，Acta Mycol. Sin. 14 (3)：166，1995；Liu，The Erysiphaceae of Inner Mongolia：257，2010；Braun & Cook，Taxonomic Manual of the Erysiphales (powdery mildews)：90，2012.

Erysiphe graminis DC.，Fl. franç. 6：106，1815；Tai，Sylloge Fungorum Sinicorum：234，1979.

菌丝体生在叶两面、叶鞘、花穗及穗芒等各部位，初为白色圆形或椭圆形斑点，有时连片形成灰白色、土灰色或淡灰褐色无定形斑片，直至覆盖整个叶面，存留；菌丝无色，光滑，粗 3.0~8.5μm，附着胞乳头形，对生，少数单生；刚毛弯曲呈镰形，暗色，长 134~482μm，粗 3~5μm；分生孢子梗脚胞柱形，直或略弯曲，(30.0~72.5) μm×(5.0~10.0) μm，基部膨大呈球形，直径 10.5~15.0μm；分生孢子串生，椭圆形、柠檬形、长卵形，[20.0~55.0 (~62.5)] μm×(10.0~18.5) μm，淡灰色或无色，长/宽为 1.5~3.1，平均 2.2；子囊果聚生至散生，暗褐色，扁球形，常埋生在以刚毛为主的菌丝层中，直径 120~348μm，壁细胞小而模糊不清；附属丝一般较短，简单不分枝，10~60 根，为子囊果直径的 0.05~1.00 倍，最长可达 150μm，粗 5~9μm，壁薄，平滑，无隔，褐色至淡褐色；子囊 5~45 个，椭圆形、卵椭圆形、卵圆形等，有明显小柄、短柄或近无柄，(40.0~110.0) μm×(23.5~44.5) μm；子囊孢子 8 个，卵形、椭圆形，(15~23) μm×(8~12) μm。

寄生在禾本科 Poaceae (Gramineae) 植物上。

京芒草 *Achnatherum pekinense* (Hance) Ohwi：连云港市海州区花果山风景区玉女峰 HMAS 62145、HMAS 249783、HMAS 350360。

雀麦 *Bromus japonica* Thumb. & Murr.：连云港市连云区猴嘴街道 HMAS 351263；连云港市海州区云台街道 HMAS 351258、HMAS 351270；连云港市赣榆区城头镇大河洼村 HMAS 351598、厉庄镇 HMAS 351333；徐州市泉山区卧牛山 HMAS 351300；盐城市响水县陈家港 HMAS 350776；苏州市虎丘区大阳山国家森林公园 HMAS 351702；无锡市滨湖区惠

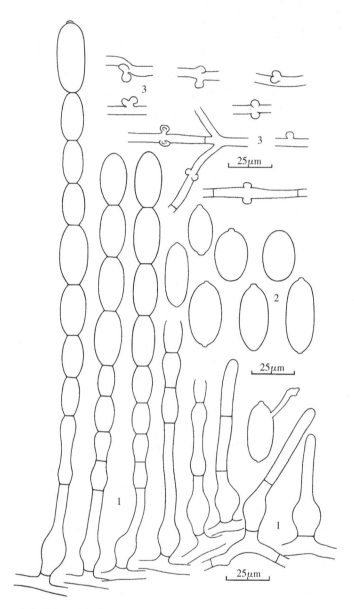

图 2 禾本科布氏白粉菌 *Blumeria graminis*（DC.）Speer（HMAS 351332）
1. 分生孢子梗和分生孢子 2. 分生孢子 3. 附着胞

山国家森林公园 HMAS 351048；泰州市兴化市乌巾荡风景区 HMAS 351074。

　　扁穗雀麦 *Bromus catharticus* Vahl：南京市玄武区龙宫路 HMAS 350669；连云港市
连云区朝阳街道尹宋村 HMAS 351002；无锡市滨湖区宝界公园 HMAS 351056。

　　大麦 *Hordeum vulgare* Linn.：连云港市连云区猴嘴街道 HMAS 351264、HMAS
351274，朝阳街道 HMAS 351004。

　　法氏早熟禾 *Poa faberi* Rendle：连云港市连云区朝阳街道朝东社区 HMAS 351003、
HMAS 351482。

　　草地早熟禾 *Poa pratensis* Linn.：连云港市海州区通灌南路 HMAS 351266；苏州市

虎丘区科技城山湖湾 HMAS 351703；南京市玄武区龙宫路 HMAS 350668；泰州市海陵区凤城河景区 HMAS 351065；盐城市亭湖区盐渎公园 HMAS 351077。

早熟禾属 *Poa* sp.：连云港市海州区花果山风景区玉女峰 HMAS 350391。

鹅观草 *Roegneria kamoji* Ohwi：连云港市连云区猴嘴街道 HMAS 62144、朝阳街道 HMAS 351332；连云港市赣榆区城头镇大河洼村 HMAS 351597；徐州市泉山区云龙湖景区 HMAS 351302，云龙山景区 HMAS 351304、HMAS 351305；宿迁市宿豫区三台山森林公园 HMAS 351132；淮安市盱眙县铁山寺国家森林公园 HMAS 351114；苏州市虎丘区科技城潇湘路 HMAS 351714、山湖湾 HMAS 351011；苏州市吴中区穹隆山景区 HMAS 351016；南京市玄武区明孝陵 HMAS 350666；镇江市句容市宝华山 HMAS 350721；扬州市邗江区大明寺 HMAS 350730；盐城市响水县陈家港 HMAS 350775；南通市海安市七星湖生态园 HMAS 350809；无锡市滨湖区惠山国家森林公园 HMAS 351024；泰州市兴化市乌巾荡风景区 HMAS 351073。

竖立鹅观草 *Roegneria japonensis* (Honda) Keng：徐州市泉山区云龙湖景区 HMAS 351303；泰州市海陵区凤城河景区 HMAS 351064。

小麦 *Triticum aestvum* Linn.：连云港市海州区花果山街道小村 HMAS 62142、云台街道山东村 HMAS 351269；连云港市连云区朝阳街道 HMAS 351265、HMAS 351416；徐州市泉山区徐州生物工程职业技术学院 HMAS 351301（周宝亚）；苏州市相城区望亭镇 HMAS 351711、常熟市支塘镇 HMAS 351732。

国内分布：全国各地。

世界分布：世界各地。

讨论：笔者对该菌在小麦、鹅观草和京芒草等不同寄主上的形态特征进行了观测比较，发现该菌在不同寄主上的子囊果大小、附属丝数量与长短、子囊数量和大小等都有一定差异。郑儒永和余永年（1987）、刘铁志（2010）报道该菌子囊果最大不超过 $300\mu m$，笔者观测表明该菌在小麦上的子囊果可达 $348\mu m$，平均 $243\mu m$，附属丝数量少而短。而寄主雀麦上的子囊果附属丝数量多而长，20～60 根，最长可达 $150\mu m$。寄主新记录种京芒草 *Achnatherum pekinense* (Hance) Ohwi 则是一种较为特殊的寄主植物，其发病症状、发生环境和发病期与小麦等其他禾本科寄主截然不同，形成季节性反差，其发病期从春末夏初开始，在整个夏季持续发病，至秋季产生子囊果，子囊果很快成熟并产生子囊孢子。而小麦等寄主上的白粉病从秋季发病，第二年春季进入盛发期，夏季停止发病。

（三）离壁壳族

Tribe **Cystotheceae** Braun, Beih. Nova Hedwigia 89：40，1987；Braun & Cook, Taxonomic Manual of the Erysiphales (powdery mildews)：92，2012.

本族分为离壁壳亚族和叉钩丝壳亚族两个亚族，江苏省均有分布。

1 离壁壳亚族

Subtribe **Cystothecinae**

本亚族包含 2 个属：离壁壳属 *Cystotheca* 和单囊白粉菌属 *Podosphaera*，江苏省均有分布。

（1）离壁壳属

Cystotheca Berk. & M. A. Curtis, Proc. Amer. Acad. Arts 4：130，1860；Zheng & Yu (eds.)，Flora Fungorum Sinicorum 1：39，1987；Braun，Beih. Nova Hedwigia 89：92，1987；Braun & Cook，Taxonomic Manual of the Erysiphales（powdery mildews）：92，2012.

Sphaerotheca sect. *Cystotheca*（Berk. & M. A. Curtis）S. Blumer，Beitr. Krypt. ～Fl. Schweiz 7 (1)：83，1933.

Lanomyces Gäum.，Ann. Jard. Bot. Buitenzorg 32：43，1922.

菌丝体表生，叶背生，开始为白色，后变成褐色，可产生弯形刚毛，存留或消失；分生孢子串生，单胞；子囊果球形，暗褐色，壁细胞两层，外层细胞褐色，内层细胞无色或稍带淡褐色，外层压破后整体脱出；附属丝丝状；子囊单个；子囊孢子单胞，无色。

模式种：赖氏离壁壳 *Cystotheca wrightii* Berk. & M. A. Curtis.

无性型：集粉孢属 *Setoidium*（R. T. A. Cook，A. J. Inman & C. Billings）R. T. A. Cook & U. Braun，Taxonomic Manual of the Erysiphales（powdery mildews）：92，2012.

讨论：自该属建立以来，就得到了广泛认可。本属由于附属丝菌丝状和子囊果内只有单个子囊而与 *Podosphaera* 最为接近，区别主要有菌丝体上有弯形刚毛，子囊果内外壁可以相互脱离。

全世界已报道的离壁壳属共有 7 种，江苏省已知 2 种，寄生在 1 科 1 属 3 种植物上。

绵毛离壁壳

Cystotheca lanestris（Harkn.）Miyabe，in Ideta，Jap. Phytopathol.：226，1909；Zheng & Yu（eds.），Flora Fungorum Sinicorum 1：39，1987；Braun，Beih. Nova Hedwigia 89：94，1987；Yu & Tian，Acta Mycol. Sin. 14（3）：166，1995；Braun & Cook，Taxonomic Manual of the Erysiphales（powdery mildews）：93，2012.

Sphaerotheca lanestris Harkn.，Bull. Calif. Acad. Sci. 1：40，1886.

Albigo lanestris（Harkn.）Kuntze，Rev. Gen. Pl. 3（3）：442，1892.

Cystotheca lanestris（Harkn.）Sacc.，Ann. Mycol. 9：250，1911.

Sphaerotheca kusanoi Henn. & Shirai，Bot. Jahrb. Syst. 29：147，1901.

Cystotheca tenuis Miyabe & Takah.，in Ideta，Pract. Phytopathol.：170，1901.

菌丝体叶背生，形成白色到黄白色的斑块，最后变成灰褐色，存留；刚毛线形，细而长，长 150～320μm，光滑，粗细均匀，粗 2～5μm；子囊果埋生于刚毛中，球形至近球形，褐色至黑褐色，直径 80～103μm，壁细胞多角形至近方形，直径 7.5～20.0μm，当子囊果外层被压破后，内层整体露出，直径 65～85μm，内层壁细胞多角形，无色，直径 7.5～25.0μm；附属丝 0～2 根，多数无，少数 1 根，罕见 2 根，指状，不分枝，长 5～25μm；子囊 1 个，椭圆形、宽椭圆形、卵形、近球形，有短柄，少数近无柄，（65～100）μm×（50～

90）μm；子囊孢子 8 个、椭圆形、肾形、卵形，（25～33）μm×（10～15）μm。

寄生在壳斗科 Fagaceae 植物上。

栓皮栎 *Quercus variabilis* Bl.：连云港市海州区花果山风景区玉女峰 HMAS 62146。

国内分布：江苏、山东、浙江、四川、广东、广西、云南、台湾。

世界分布：亚洲（中国、印度、巴基斯坦、日本、韩国），北美洲（美国、墨西哥）。

讨论：馆藏老标本，没有观测到无性阶段。本地还寄生在泡栎 *Quercus serrata* Murray、麻栎 *Quercus acutissima* Carruth. 等植物上。

（2）单囊白粉菌属

Podosphaera Kunze，Mykol. Hefte 2：111，1823 ［emend. Braun & Takamatsu（2000：26）］；Braun，Beih. Nova Hedwigia 89：147，1987；Zheng & Yu（eds.），Flora Fungorum Sinicorum 1：287，1987；Liu，The Erysiphaceae of Inner Mongolia：177，2010；Braun 和 Cook，Taxonomic Manual of the Erysiphales（powdery mildews）：97，2012.

Sphaerotheca Lév.，Ann. Sci. Nat.，Bot.，3 Sér.，15：133，138，1851；Zheng & Yu（eds.），Flora Fungorum Sinicorum 1：287，1987 ；Braun，Beih. Nova Hedwigia 96：147，1987.

菌丝体表生，在寄主植物体的表皮细胞内形成吸胞，附着胞乳头形；分生孢子梗发生于表生菌丝，分生孢子串生，有纤维体；子囊果球形、近球形，无腹背性或有轻微的腹背性，包被多层，暗褐色；附属丝菌丝状，简单或不规则分枝至刚毛状，或顶部二叉状分枝；子囊 1 个（偶尔 2～3 个）；子囊孢子（6～）8 个。

模式种：*Podosphaera myrtillina*（Schub.；Fr.）Kunze.

无性型：纤维粉孢 *Fibroidium*（R. T. A. Cook，A. J. Inman & C. Billings）R. T. A. Cook & U. Braun；U. Braun & S. Takam.，Schlechtendalia 4：27，2000；Taxonomic Manual of the Erysiphales（powdery mildews）：97，2012.

讨论：Braun 和 Takamatsu（2000）根据分子系统学和扫描电镜技术的研究成果，把过去的叉丝单囊壳属 *Podosphaera* Kunze 和单囊壳属 *Sphaerotheca* Lév. 合并修定为新的 *Podosphaera* Kunze emend. U. Braun & S. Takam.。又人为地把这个属分为 2 个形态学的、非系统发育的组，即叉丝单囊壳组 *Podosphaera* sect. *Podosphaera* 和单囊壳组 *Podosphaera* sect. *Sphaerotheca*。该属无性阶段分生孢子长/宽比例平均值多数为 1.7～1.9，少数在 1.4～1.6 或 2.0～2.6。

单囊白粉菌属 *Podosphaera* emend. 分组检索表

1. 附属丝分化明显，顶部规则地二叉状分枝或不分枝呈刚毛状 ··· 叉丝单囊壳组 sect. *Podosphaera*

2. 附属丝分化不明显，简单或不规则地分枝 ·················· 单囊壳组 sect. *Sphaerotheca*

叉丝单囊壳组

sect. *Podosphaera*

Podosphaera Knuze, *in* Knuze & Schmidt, Myk. Hefte 2: 111, 1823; Zheng & Yu (eds.), Flora Fungorum Sinicorum 1: 287, 1987; Braun, Beih. Nova Hedwigia 89: 147, 1987; Liu, The Erysiphaceae of Inner Mongolia : 177, 2010; Braun & Cook, Taxonomic Manual of the Erysiphales (powdery mildews): 98, 2012.

子囊果上的附属丝生于子囊果的顶部，非菌丝状，顶端多 2～6 次二叉状分枝，少数不分枝而呈刚毛状。

江苏省有 7 种，寄生在蔷薇科 10 属 18 种（变种）植物上。

叉丝单囊壳组 *Podosphaera* sect. *Podosphaera* 分种检索表

1. 分生孢子长/宽平均值小于 2 ·· 2
1. 分生孢子长/宽平均值大于 2 ·· 4
2. 未见有性阶段，寄生在苹果属 *Malus* 等植物上 ·············· 白单囊白粉菌 *Podosphaera leucotricha*
2. 产生有性阶段，寄生在其他属植物上 ··· 3
3. 子囊果大，直径 70～100μm，附属丝少，为 1～6 根，生于子囊果顶部 ····················
   ·· 李单囊白粉菌 *Podosphaera prunina*
3. 子囊果小，直径 65～88μm，附属丝多，为 3～8 根，生于子囊果"赤道"部 ··················
   ·· 隐蔽单囊白粉菌 *Podosphaera clandestina*
4. 分生孢子梗脚胞长，大于 100μm ··· 5
4. 分生孢子梗脚胞短，小于 100μm ··· 6
5. 寄生在樱桃属 *Cerasus* 植物上 ···················· 樱桃单囊白粉菌 *Podosphaera pruni-cerasoidis*
5. 寄生在绣线菊属 *Spiraea* 植物上 ·············· 绣线菊生单囊白粉菌 *Podosphaera spiraeicola*
6. 附属丝较多，为 2～10 根，长为子囊果直径的 1～3 倍 ······································
   ··· 三指单囊白粉菌 *Podosphaera tridactyla*
6. 附属丝较少，为 2～5 根，长为子囊果直径的 1～5 倍 ······································
   ·· 郁李单囊白粉菌 *Podosphaera pruni-japonicae*

隐蔽单囊白粉菌（隐蔽叉丝单囊壳） 图 3

Podosphaera clandestina (Wallr.: Fr.) Lév., Ann. Sci. Nat., Bot., 3 Sér., 15: 136, 1851; Zheng & Yu (eds.), Flora Fungorum Sinicorum 1: 289, 1987; Braun, Beih. Nova Hedwigia 89: 149, 1987; Yu & Tian, Acta Mycol. Sin. 14 (3): 169, 1995; Liu, The Erysiphaceae of Inner Mongolia : 177, 2010; Braun & Cook, Taxonomic Manual of the Erysiphales (powdery mildews): 102, 2012.

Alphitomorpha clandestina Wallr., Verh. Ges. Naturf. Freunde Berlin 1: 36, 1819.

菌丝体叶两面生，亦生于茎、花等部位，初为圆形或无定形白色斑点，逐渐扩展布满全叶或整个枝条，展生，存留或消失；菌丝无色，光滑，粗 5～7μm，附着胞乳头形或不明显；分生孢子梗脚胞柱形，直，有时略弯曲，无色，光滑，上下近等粗，(37.5～80.0) μm×(8.0～12.5) μm，上接 1～3 个细胞；分生孢子串生，椭圆形，无色，(21.5～37.5) μm×(13.5～20.0) μm，具纤维体，长/宽为 1.4～2.3，平均 1.7；子囊果聚生，黑褐色，近球形，直径 65～88μm，壁细胞多角形，直径 10～25μm；附属丝 3～8 根，生于子囊果"赤道"

及以上部位，同一子囊果上长短变化较大，长 40～225μm，长度为子囊果直径的 0.5～3.0 倍，上下近等粗，或基部略粗，基部宽 6～9μm，上部宽 5～8μm，平滑，分枝以下壁厚，有 1～8 隔膜，基部深褐色，向上色渐变淡，上部无色，顶端双叉状分枝 3～5 次，少数第一次分枝较长，分枝末端稍膨大；子囊 1 个，宽卵形、近球形，近无柄，个别有不明显的突起，（55.0～82.5）μm×（47.5～63.5）μm，子囊眼直径 20.0～27.5μm；子囊孢子 8 个，椭圆形、肾形、卵形，（25.0～32.5）μm×（12.5～15.0）μm。

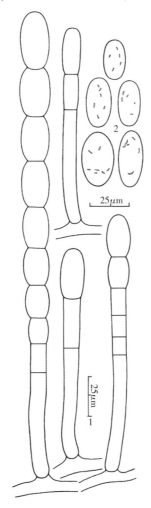

图 3　隐蔽单囊白粉菌 *Podosphaera clandestina*（Wallr.；Fr.）Lév.（HMAS 351810）
1. 分生孢子梗和分生孢子　2. 分生孢子

寄生在蔷薇科 Rosaceae 植物上。

野山楂 *Crataegus cuneata* Sieb. & Zucc.：连云港市海州区花果山风景区玉女峰 HMAS 351343。

山楂 *Crataegus pinnatifida* Bge.：连云港市连云区宿城景区 HMAS 62170（有性阶段）；连云港市连云区高公岛街道柳河村 HMAS 249799，黄窝景区 HMAS 351404、HMAS 351810（无性阶段）；连云港市海州区花果山风景区三元宫 HMAS 351245。

国内分布：东北、华北、华东和西南地区。

世界分布：北美洲（加拿大、美国），亚洲（中国、印度、伊朗以及小亚细亚半岛、中亚地区、俄罗斯西伯利亚及远东地区），欧洲（俄罗斯），南美洲，以及大洋洲（新西兰）。

白单囊白粉菌（白叉丝单囊壳）   图 4

Podosphaera leucotricha （Ellis & Everh.）E. S. Salmon，Mem. Torrey Bot. Club 9：40，1900；Tai，Sylloge Fungorum Sinicorum：292，1979；Zheng & Yu（eds.），Flora Fungorum Sinicorum 1：292，1987；Braun，Beih. Nova Hedwigia 89：162，1987；Yu & Tian，Acta Mycol. Sin. 14（3）：169，1995；Liu，The Erysiphaceae of Inner Mongolia：180，2010；Braun & Cook，Taxonomic Manual of the Erysiphales（powdery mildews）：105，2012.

Sphaerotheca leucotricha Ellis & Everh.，J. Mycol. 4：58，1888.

A：寄生在苹果属 *Malus* 植物上。

菌丝体叶两面生，以侵染嫩枝、嫩梢和叶片为主，初为白色圆形或无定形斑点，渐扩展布满叶片和枝梢各部位，有时可致叶片皱缩变形，老熟叶片上多产生薄而淡的斑点或斑片，有时不明显，展生，存留或消失；菌丝无色，光滑，粗 3～10μm，附着胞乳头形，

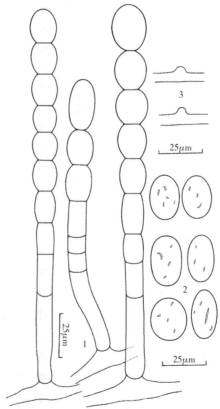

图 4A　白单囊白粉菌 *Podosphaera leucotricha*（Ellis & Everh.）E. S. Salmon（HMAS 351693）
1. 分生孢子梗和分生孢子　2. 分生孢子　3. 附着胞

不明显；分生孢子梗脚胞柱形，直，光滑或略粗糙，中部向下常缢缩变细，有时上下近等粗，（27.5～65.0）μm×（7.0～11.5）μm，上接 1～3 个细胞；分生孢子串生，椭圆形、短椭圆形、卵形，无色，（17.0～30.0）μm×（10.5～21.0）μm，具纤维体，数量少，长/宽为 1.1～1.9，平均 1.5；本地未见有性阶段。

B：寄生在石楠属 *Photinia* 植物上。

菌丝体叶两面生，亦生于叶柄、茎等部位，但主要以侵染嫩枝叶和枝梢为主，可致叶片卷缩变形，叶面破损等；初为白色圆形或无定形斑点，后渐扩展布满全叶和整个枝梢，展生，存留或消失；菌丝无色，粗 3.5～9.5μm，母细胞（40.0～100.0）μm×（4.0～7.5）μm，附着胞乳头形；分生孢子梗脚胞柱形，直或略弯曲，无色，光滑，上下近等粗或基部略变细，（23.5～70.0）μm×（7.0～10.0）μm，上接 1～2 个细胞；分生孢子串生，椭圆形、长椭圆形，无色，（21～45）μm×（11～20）μm（平均 26.8μm×14.4μm），具纤维体，长/宽为 1.3～3.3，平均 1.9。

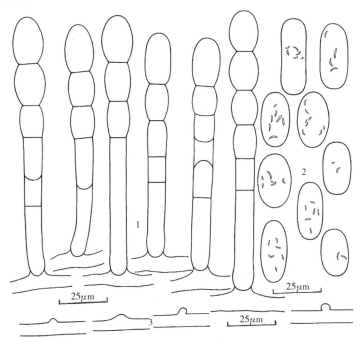

图 4B　白单囊白粉菌 *Podosphaera leucotricha*（Ellis & Everh.）E. S. Salmon（HMAS 351395）
1. 分生孢子梗和分生孢子　2. 分生孢子　3. 附着胞

寄生在蔷薇科 Rosaceae 植物上。

花红 *Malus asiatica* Nakai：连云港市海州区云台宾馆 HMAS 351693。

西府海棠 *Malus micromalus* Makino：连云港市海州区云台宾馆 HMAS 351693。

苹果 *Malus pumila* Mill.：徐州市泉山区云龙湖景区 HMAS 351296、HMAS 351297；连云港市海州区新浦街道 HMAS 351351。

海棠花 *Malus spectabilis*（Ait.）Borkh.：连云港市连云区猴嘴街道 HMAS 350400；连云港市海州区苍梧绿园 HMAS 351386、HMAS 351761，云台宾馆 HMAS 351695、HMAS 351739。

垂丝海棠 *Malus halliana* Koehne：连云港市海州区苍梧绿园 HMAS 351760。

光叶石楠 *Photinia glabra*（Thunb.）Maxim.：连云港市海州区海连东路 HMAS 351610；淮安市清江浦区钵池山公园 HMAS 351091。

石楠 *Photinia serrulata* Lindl.：连云港市连云区高公岛街道黄窝景区 HMAS 350402、HMAS 351395、HMAS 351431；宿迁市宿豫区黄河公园 HMAS 351142；徐州市泉山区云龙湖景区 HMAS 351291；苏州市虎丘区科技城 HMAS 351473；无锡市湖滨区梁溪路 HMAS 351052；泰州市海陵区凤城河景区 HMAS 351058；盐城市亭湖区盐渎公园 HMAS 351079。

国内分布：东北、华北、华东、华中和西南地区。

世界分布：非洲，美洲，亚洲，欧洲，大洋洲（澳大利亚、新西兰）。

櫻桃单囊白粉菌　　　　　　　　　　　　　　　　　　　　　　　　　图 5

Podosphaera pruni-cerasoidis Meeboon，S. Takam. & U. Braun，Mycologia 112（2）：250，2020.

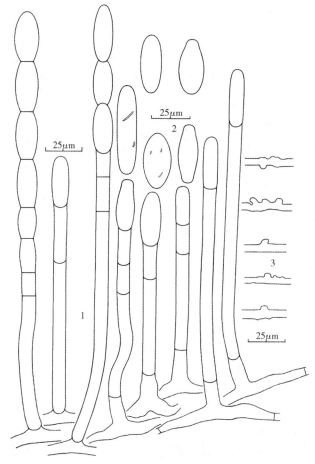

图 5A　樱桃单囊白粉菌

Podosphaera pruni-cerasoidis Meeboon，S. Takam. & U. Braun（HMAS 248397）

1. 分生孢子梗和分生孢子　2. 分生孢子　3. 附着胞

　　菌丝体叶两面生，初为白色圆形或无定形斑点，后逐渐扩展连片并均匀布满全叶，展生，存留或消失；菌丝无色，光滑或粗糙，粗3.0～7.5μm，附着胞乳头形，群生或单生；分生孢子梗脚胞柱形，直或略弯曲，无色，光滑，上下近等粗，（37.5～165.0）μm×（7.0～9.0）μm，上接0～2个细胞，母细胞常明显膨大增粗，（25～50）μm×（6～12）μm，粗糙；分生孢子串生，椭圆形、柱状长椭圆形、卵形等，无色，（28.5～43.5）μm×（12.5～18.5）μm，纤维体数量少，少数不明显或没有，长/宽为1.8～4.5，平均2.4；子囊果散生，暗褐色，球形或近球形，直径85～125μm，壁细胞不规则多角形，直径6～30μm；附属丝1～3根，多数1～2根，罕见4根以上，生于子囊果顶部，直挺，有时稍弯曲，长112～505μm，长度为子囊果直径的1.0～5.5倍，基部稍粗，由下向上稍变细或上下近等粗，全长略有粗细变化，基部宽9～15μm，上部宽5～12μm，平滑或基部稍粗糙，壁厚，上中部有时近连合，基部深褐色至褐色，向上色渐变淡，顶部无色，有时全长褐色至淡褐色，有

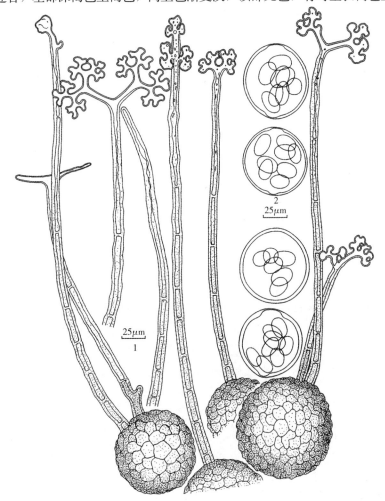

图 5B　樱桃单囊白粉菌

Podosphaera pruni-cerasoidis Meeboon，S．Takam．& U. Braun（HMAS 248397）

1. 子囊果和附属丝　2. 子囊和子囊孢子

（1～）2～11 个隔膜，顶端双叉状分枝 0～5（～6）次，有时简单分枝或不分枝，分枝一般紧凑，分枝末端明显膨大，不反卷；子囊 1 个，球形、近球形，无柄，〔57.5～87.5（～93.5）〕μm×（55.0～80.0）μm，子囊壁厚 2～4μm，子囊眼直径 15～23μm；子囊孢子（6～）8 个，椭圆形、卵形、卵圆形，（17.5～30.0）μm×（12.5～24.0）μm，淡灰色。

寄生在蔷薇科 Rosaceae 植物上。

樱桃 Cerasus pseudocerasus（Lindl.）G. Don：连云港市连云区朝阳街道张庄村 HMAS 248397、HMAS 351655、HMAS 351656，宿城景区 HMAS 350860。

讨论：中国新记录种。该菌是 Jamjan Meeboon 等（2020）从 Podosphaera tridactyla 分离出来建立的新种，但他们只给出了其无性阶段，笔者首次对其有性阶段进行了描述。笔者采集鉴定的菌在无性阶段形态上与 Jamjan Meeboon 等描述的一致，在形态上该菌与三指单囊白粉菌 Podosphaera tridactyla（Wallr.）de Bary 接近，但两者区别明显：前者分生孢子梗较长，（37.5～165.0）μm×（7.0～9.0）μm，分生孢子较大，（28.5～43.5）μm×（12.5～18.5）μm，长/宽为 1.8～4.5，平均 2.4，子囊果较大，85～125μm，附属丝数量少，1～3 根，较长，长度为 112～505μm，长度为子囊果直径的 1.0～5.5 倍，隔膜多 2～11 个，附属丝褐色，由下向上逐渐变化，分枝少或不分枝，子囊较大，〔57.5～87.5（～93.5）〕μm×（55.0～80.0）μm，子囊眼大 15～23μm；后者分生孢子梗较短，（26.0～60.0）μm×（6.0～8.5）μm，分生孢子较小，〔21～35（～43）〕μm×（10～15）μm，长/宽为 1.5～3.3（～3.8），平均 2.1，子囊果较小，70～105μm，附属丝数量多，3～6 根，罕见 1 根，长度较短，100～340μm，长度为子囊果直径的 1.0～4.5 倍，隔膜少，0～4 个，附属丝有时以隔膜为界差别明显，分枝多而整齐，子囊较小，（55.0～70.0）μm×（52.5～65.0）μm，子囊眼也明显小，12～15μm。与其他种类在子囊果大小、附属丝数量、形态等方面都有显著差别。

郁李单囊白粉菌　　　　　　　　　　　　　　　　　　　　　图 6

Podosphaera pruni-japonicae Meeboon, S. Takam. & U. Braun, Mycologia 112（2）：253，2020.

菌丝体叶两面生，初为白色圆形或无定形斑点，后逐渐扩展连片并均匀布满全叶，展生，存留或消失；菌丝无色，光滑或粗糙，附着胞乳头形；分生孢子梗脚胞柱形，直或略弯曲，无色，光滑，上下近等粗，（32～65）μm×（9～13）μm，上接 1～2 个细胞；分生孢子串生，椭圆形、柱状长椭圆形、卵形等，无色，〔22.5～35.0（～40）〕μm×（10.0～16.0）μm，长/宽为 1.4～3.5，平均 2.2，纤维体数量多，明显；子囊果散生，暗褐色，球形或近球形，直径 85～100μm，壁细胞不规则多角形；附属丝 2～5 根，生于子囊果顶部，直挺或稍弯曲，长 100～315μm，长度为子囊果直径的 1～4 倍，基部稍粗，由下向上稍变细，基部宽 9～15μm，上部宽 5～7μm，稍粗糙，壁厚，基部深褐色至褐色，向上色渐变淡，顶部无色，有 2～6 个隔膜，顶端双叉状分枝 4～6 次，第一次分枝较长；子囊 1 个，球形、近球形，无柄，（67.5～87.5）μm×（55.0～65.0）μm；子囊孢子 8 个，椭圆形、卵形、卵圆形，（22～32）μm×（12～20）μm。

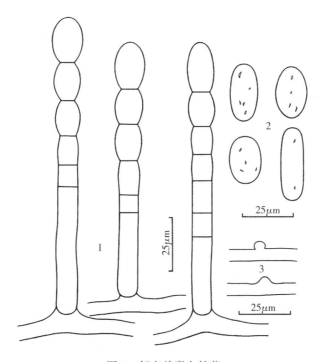

图 6 郁李单囊白粉菌
Podosphaera pruni-japonicae Meeboon，S. Takam. & U. Braun（HMAS 351414）
1. 分生孢子梗和分生孢子 2. 分生孢子 3. 附着胞

寄生在蔷薇科 Rosaceae 植物上。

郁李 *Cerasus japonica*（Thunb.）Lois.：连云港市海州区花果山风景区 HMAS62169；连云港市连云区朝阳街道 HMAS 351414。

国内分布：江苏。

世界分布：中国、日本以及俄罗斯远东地区。

讨论：中国新记录种。该菌是 Jamjan Meeboon 等（2020）从 *Podosphaera tridactyla* 分离出来建立的新种。

李单囊白粉菌   图 7

Podosphaera prunina Meeboon，S. Takam. & U. Braun，Mycologia 112（2）：255，2020.

菌丝体叶两面生，以叶背为主，初为白色无定形斑点，展生，消失或存留，主要侵染枝梢和嫩叶，致使叶片皱缩卷曲变形；菌丝无色，光滑，粗 5～9μm，附着胞不明显，母细胞（32.5～50.0）μm×（5.0～7.5）μm；分生孢子梗脚胞（20.0～60.0）μm×（8.0～10.5）μm；分生孢子［22～30（～40）］μm×（12～19）μm，长/宽为 1.3～2.2，平均 1.7；子囊果直径 75～100μm，壁细胞 5.0～22.5μm；附属丝 1～6 根，生于子囊果上部，长度为子囊果直径的 1～4.5 倍，长 110～340μm，上下近等粗，或基部略粗，基部宽 9～15μm，上部宽 7～9μm，平滑，有 2～7 隔膜，基部深褐色至褐色，向上色渐变淡，上部淡褐色，顶端双叉状分枝 2～6 次，少数第一、二次分枝均较长，分枝末端稍膨大；子囊 1 个，宽卵形、近球形，近无柄，（57.5～77.5）μm×（55.0～65.0）μm，子囊眼直径 17～25μm；子囊孢子 8 个，椭圆形、肾形、卵形，（12.5～34.0）μm×（11.0～17.5）μm。

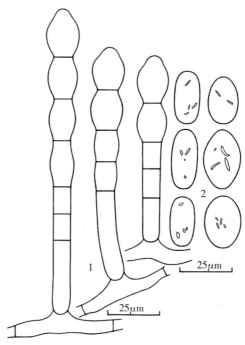

图 7　李单囊白粉菌
Podosphaera prunina Meeboon, S. Takam. & U. Braun（HMAS 350855）
1. 分生孢子梗和分生孢子　2. 分生孢子

寄生在蔷薇科 Rosaceae 植物上。

桃 *Amygdalus persica* Linn.：连云港市连云区朝阳街道朝东社区 HMAS 350855。

李 *Prunus salicina* Lindl.：连云港市赣榆区城头镇大河洼村 HMAS 351621。

国内分布：江苏等。

世界分布：中国、日本、韩国、越南等。

绣线菊生单囊白粉菌　　　　　　　　　　　　　　　　　　　　　　　　　　图 8

Podosphaera spiraeicola U. Braun, Braun & Cook, Taxonomic Manual of the Erysiphales（powdery mildews）：111，2012.

　　菌丝体叶面生，初为白色圆形或无定形斑点，后逐渐扩大连片，布满全叶，展生，存留或消失；菌丝无色，光滑，粗 4.0～9.5μm，附着胞乳头形；分生孢子梗脚胞柱形，无色，直或略弯曲，光滑或略粗糙，上下近等粗，（35～127）μm×（7～10）μm，上接 1～2 个细胞；分生孢子串生，椭圆形、卵形、长椭圆形、柱形，无色，（20.5～40.0）μm×（11.0～17.5）μm，长/宽为 1.4～3.6，平均 2.1，具纤维体。未见有性阶段。

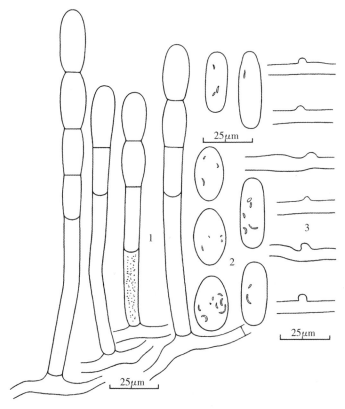

图 8 绣线菊生单囊白粉菌 *Podosphaera spiraeicola* U. Braun（HMAS 351088）
1. 分生孢子梗和分生孢子 2. 分生孢子 3. 附着胞

寄生在蔷薇科 Rosaceae 植物上。

粉花绣线菊 *Spiraea japonica* L. f.：连云港市海州区郁洲公园 HMAS351088。

国内分布：江苏。

世界分布：中国、日本。

讨论：中国新记录种。

三指单囊白粉菌（三指叉丝单囊壳） 图 9

Podosphaera tridactyla （Wallr.） de Bary，Abh. Senkenberg. Naturf. Ges. 7：390，1870；Tai，Sylloge Fungorum Sinicorum：293，1979；Zheng & Yu（eds.），Flora Fungorum Sinicorum 1：295，1987；Braun，Beih. Nova Hedwigia 89：158，1987；Yu & Tian，Acta Mycol. Sin. 14（3）：169，1995；Liu，The Erysiphaceae of Inner Mongolia：184，2010；Braun & Cook，Taxonomic Manual of the Erysiphales（powdery mildews）：112，2012；Meeboon, S. Takam. & U. Braun，Mycologia 112（2）：260，2020.

Alphitomorpha tridactyla Wallr.，Fl. Crypt. Germ.：753，1833.

菌丝体叶两面生，亦生于茎、花等部位，初为圆形或无定形白色斑点，逐渐扩展布满

29

全叶，展生，存留或消失；菌丝无色，光滑，粗 3~6μm，附着胞乳头形，单生，有时群生；分生孢子梗脚胞柱形，直略弯曲，无色，光滑，上下近等粗，（26.0~60.0）μm×（6.0~8.5）μm，上接 1~3 个细胞；分生孢子串生，椭圆形、长椭圆形、卵形，无色，[21~35（~43）]μm×（10~15）μm，长/宽为 1.5~3.3（~3.8），平均 2.1，具纤维体；子囊果散生至近聚生，黑褐色，近球形，直径 75~93μm，壁细胞多角形，直径 6~25μm；附属丝 2~10 根，罕见 1 根，生于子囊果上部，长 80~265μm，长度为子囊果直径的 1~3 倍，上下近等粗，或略有粗细变化，基部宽 10~14μm，上部宽 7.5~10.0μm，平滑，壁厚，有 1~4 隔膜，基部褐色，向上色渐变淡，上部淡褐色至无色，或以隔膜为界限，隔膜以下褐色，隔膜以上无色，顶端双叉状分枝 4~6（~7）次，第一次分枝一般较长且多较平，分枝末端粗短，不反卷；子囊 1 个，宽卵形、近圆形，无柄或近无柄，（55.0~70.0）μm×（52.5~65.0）μm，子囊眼直径 12~15μm；子囊孢子 6~8 个，椭圆形、卵形、长卵形，（18.5~30.0）μm×（11.0~15.0）μm。

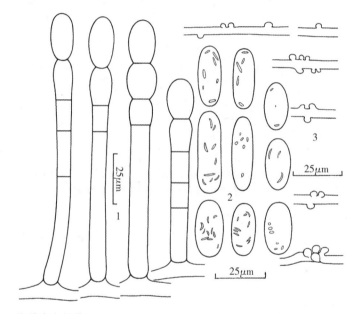

图 9　三指单囊白粉菌 *Podosphaera tridactyla*（Wallr.）de Bary（HMAS 351762）
1. 分生孢子梗和分生孢子　2. 分生孢子　3. 附着胞

寄生在蔷薇科 Rosaceae 植物上。

杏 *Armeniaca vulgaris* Lam.：连云港市连云区朝阳街道尹宋村 HMAS 351652、张庄村 HMAS 351800、朝东社区 HMAS 351762；连云港市连云区高公岛街道柳河村 HMAS 249798、HMAS 249784，黄窝景区 HMAS 350403；连云港市连云区宿城景区 HMAS 350405、海上云台山风景区 HMAS 351825。

桃 *Amygdalus persica* Linn.：连云港市海州区云台街道山东村 HMAS 69200；连云港市连云区猴嘴街道 HMAS 350393。

樱桃 *Cerasus pseudocerasus*（Lindl.）G. Don：连云港市连云区朝阳街道 HMAS 69201、HMAS 350991；连云港市海州区云台街道 HMAS249796、HMAS 350657。

山樱花 *Cerasus serrulata*（Lindl.）G. Don ex London：连云港市连云区宿城街道枫树湾 HMAS 350859。

杜梨 *Pyrus betulaefolia* Bge.：宿迁市宿豫区三台山森林公园 HMAS 351136。

国内分布：东北、华北、西北、华中、华东、西南地区以及台湾省。

世界分布：北美洲（加拿大、美国），亚洲（中国、印度、伊朗、日本、韩国以及俄罗斯西伯利亚及远东地区、小亚细亚、中亚地区），欧洲，南美洲（玻利维亚、阿根廷）以及大洋洲（澳大利亚、新西兰）。

讨论：Braun 和 Cook（2012）在他们的专著里指出该菌是一个形态变化非常大的复合种，Cunnington 等（2005）通过 RFLP（限制性片段长度多态性）分析也充分证明了这点。Jamjan Meeboon 等（2020）通过 rDNA 分析结合形态学对李属（*Prunus*）植物上单囊白粉菌重新进行了划分，除了 *Podosphaera longiseta*、*Podosphaera salatai*、*Podosphaera tridactyla* 等种类外成立了 7 个新种。笔者只对部分标本进行了 rDNA 分析，引证标本中肯定还会涵盖其他种。笔者观测该菌无性阶段菌丝附着胞单生或群生，是区别其他种类的特征之一。

单囊壳组

sect. ***Sphaerotheca*** （Lév.） U. Braun & Shishkoff，in Braun & Takamatsu，Schlechtendalia 4：26，2000；Liu，The Erysiphaceae of Inner Mongolia：187，2010；Braun & Cook，Taxonomic Manual of the Erysiphales （powdery mildews）：114，2012.

Sphaerotheca Lév.，Ann. Sci. Nat.，Bot.，3 sér.，15：138；Zheng & Yu （eds.），Flora Fungorum Sinicorum 1：306，1987；Braun，Beih. Nova Hedwigia 89：96，1987.

子囊果上的附属丝菌丝状，简单，少数不规则分枝，1～2（～3）次。

单囊壳组 *Podosphaera* sect. *Sphaerotheca* 分种检索表

6. 分生孢子脚胞（32.5～105.0）μm×（7.5～10.0）μm，分生孢子长/宽平均值 1.9，寄生在蔷薇科植物上 ·············· 羽衣草单囊白粉菌无色变种 *Podosphaera aphanis* var. *hyalina*

6. 分生孢子脚胞（65.0～147.5）μm×（8.0～12.5）μm，分生孢子长/宽平均值 1.7，寄生在野老鹳草上 ·· 老鹳草单囊白粉菌 *Podosphaera fugax*

7. 分生孢子长/宽平均值为 2.0，寄生在紫葳科植物上 ····· 梓树单囊白粉菌 *Podosphaera catalpae*

7. 分生孢子长/宽平均值为 2.3，寄生在大戟科植物上 ·································
·························· 泽漆单囊白粉菌 *Podosphaera euphorbiae-helioscopiae*

8. 子囊果壁细胞小，直径 6～50μm ·· 9

8. 子囊果壁细胞大，直径 10～75μm ·· 13

9. 壁细胞轮廓模糊，直径 6～20μm，附属丝数量多而长 ·····························
·························· 锈丝单囊白粉菌原变种 *Podosphaera ferruginea* var. *ferruginea*

9. 壁细胞轮廓清楚 ··· 10

10. 子囊果较小，67～90μm，寄生在玄参科植物上 ···································
·························· 松蒿单囊白粉菌 *Podosphaera phtheirospermi*

10. 子囊果较大，寄生在其他科植物上 ··· 11

11. 子囊眼 19～24μm，寄生在锦葵科植物上 ········· 木槿生单囊白粉菌 *Podosphaera hibiscicola*

11. 子囊眼 15～20μm，寄生在菊科等植物上 ·· 12

12. 子囊果 75～100μm，附属丝 1～6 根，长 30～325μm ······························
·························· 天名精生单囊白粉菌 *Podosphaera carpesiicola*

12. 子囊果 85～100μm，附属丝 3～7 根，长 10～137μm ··· 苍耳单囊白粉菌 *Podosphaera xanthii*

13. 子囊果小于 90μm，子囊眼小于 15μm ···
·························· 小蓬草单囊白粉菌 *Podosphaera erigerontis-canadensis*

13. 子囊果大，子囊眼大 ··· 14

14. 壁细胞大，10～75μm，寄生在凤仙花科植物上 ··· 凤仙花单囊白粉菌 *Podosphaera balsaminae*

14. 壁细胞小，10～65μm，寄生在其他科植物上 ·· 15

15. 子囊眼大，22～35μm ·· 16

15. 子囊眼小，10～23μm ·· 17

16. 子囊果 75～97μm，子囊眼 25～35μm，寄生在豆科植物上 ·························
·························· 黄芪单囊白粉菌 *Podosphaera astragali*

16. 子囊果 82～100μm，子囊眼 22～35μm，寄生在菊科植物上 ·······················
·························· 瓜叶菊单囊白粉菌 *Podosphaera pericallidis*

17. 子囊眼 10～17μm ·· 18

17. 子囊眼 15～23μm ·· 19

18. 子囊眼 10～15μm，附属丝 4～9 根，长 37～412μm，寄生在菊科植物上 ·············
·························· 苍耳单囊白粉菌 *Podosphaera xanthii*

18. 子囊眼 10～17μm，附属丝 3～6 根，长 19～202μm，寄生在夹竹桃科植物上 ·············
·························· 散生单囊白粉菌 *Podosphaera sparsa*

19. 菌丝较粗，5～14μm，寄生在大戟科植物上 ·······································
·························· 飞扬草单囊白粉菌 *Podosphaera euphorbiae-hirtae*

19. 菌丝较细，5～10μm，寄生在其他科植物上 ··· 20

20. 附属丝数量较多，3～12 根 ·· 21

20. 附属丝数量较少，3～6 根 ··· 22

21. 附属丝 3～9 根，寄生在桑科植物上 ················· 假棕丝单囊白粉菌 *Podosphaera pseudofusca*

21. 附属丝 4～12 根，寄生在大麻科植物上 ················· 斑点单囊白粉菌 *Podosphaera macularis*

22. 分生孢子梗脚胞（40.0～77.5）μm×（10.0～12.5）μm，寄生在葡萄科植物上 ·················

················· 乌蔹莓单囊白粉菌 *Podosphaera cayratiae*

22. 分生孢子梗脚胞（52.5～115.0）μm×（8.5～12.5）μm，寄生在菊科植物上 ·················

················· 千里光单囊白粉菌 *Podosphaera senecionis*

羽衣草单囊白粉菌原变种（羽衣草单囊壳）　　　　　　　　　　　　图 10

Podosphaera aphanis （Wallr.）U. Braun & S. Takam.，Schlechtendalia 4：26，2000；Liu，The Erysiphaceae of Inner Mongolia：189，2010；Braun & Cook，Taxonomic Manual of the Erysiphales（powdery mildews）：120，2012. var. ***aphanis***

Alphitomorpha aphanis Wallr.，Ann. Wetterauischen Ges. Gesammte Naturk. 4：242，1819.

Sphaerotheca aphanis （Wallr.）U. Braun，Mycotaxon 15：136，1982；Zheng & Yu

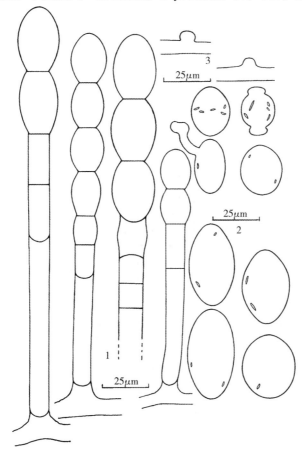

图 10A　羽衣草单囊白粉菌原变种

Podosphaera aphanis （Wallr.）var. *aphanis* U. Braun & S. Takam.（HMAS 350829）

1. 分生孢子梗和分生孢子　2. 分生孢子　3. 附着胞

(eds.)，Flora Fungorum Sinicorum 1：308，1987；Braun，Beih. Nova Hedwigia 89：104，1987；Yu & Tian，Acta Mycol. Sin. 14（3）：169，1995.

寄生在蔷薇科 Rosaceae 植物龙牙草 *Agrimonia pilosa* Ldb. 上。

菌丝体叶两面生，亦生于叶柄、茎、花序等各部位，初为白色圆形斑点，后逐渐扩展布满全叶，展生，存留或消失；菌丝无色，光滑，粗 5～10μm，附着胞乳头形；分生孢子梗脚胞柱形，无色，平滑，直，上下近等粗，（50～90）μm×（8～12）μm，上接 1～3 个细胞；分生孢子串生，形状和大小变化较大，宽椭圆形、椭圆形、宽卵形、近圆形等，干缩时两端缢缩而呈鼓形，无色，（21.5～45.0）μm×（15.0～28.5）μm，纤维体数量少而小，长/宽为 1.1～2.1，平均 1.4。

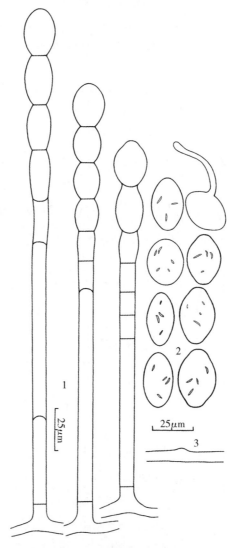

图 10B 羽衣草单囊白粉菌原变种

Podosphaera aphanis（Wallr.）var. *aphanis* U. Braun & S. Takam. （HMAS 351690）

1. 分生孢子梗和分生孢子 2. 分生孢子 3. 附着胞

龙牙草 *Agrimonia pilosa* Ldb.：连云港市连云区朝阳街道张庄村 HMAS 62517；连云港市赣榆区班庄镇夹谷山景区 HMAS 351643；南通市崇川区南通植物园 HMAS 350829；淮安市盱眙县铁山寺国家森林公园 HMAS 351107；宿迁市宿豫区三台山森林公园 HMAS 351134。

寄生在朝天委陵菜 *Potentilla supina* Linn. 上。

菌丝体叶两面生，亦生于叶柄、茎、花等各部位，初为白色斑点，后扩展布满全叶，直至覆盖整个植株体，展生，存留或消失；菌丝无色，粗 4～10μm，附着胞乳头形，不明显；分生孢子梗脚胞柱形，直，光滑，上下近等粗，（65.0～167.5）μm×（8.5～12.0）μm，上接 1～3 个细胞；分生孢子串生，短椭圆形、卵圆形、近圆形，无色，（22.5～35.0）μm×（13.0～24.0）（平均 28.0μm×19.0μm），长/宽为 1.4～2.3，平均 1.5，具纤维体，数量少。

朝天委陵菜 *Potentilla supina* Linn.：连云港市海州区水管路 HMAS 351334、郁洲北路 HMAS 351690；连云港市连云区朝阳街道尹宋村 HMAS 351604；连云港市赣榆区城头镇大河洼村 HMAS 351622；南通市崇川区狼山风景区 HMAS 350823。

国内分布：东北、华北、西北、华东、西南地区及台湾省。

世界分布：非洲（津巴布韦及南非），北美洲（加拿大、美国），亚洲（中国、印度、伊朗、日本以及俄罗斯西伯利亚地区、中亚地区），欧洲（冰岛），南美洲（阿根廷）以及大洋洲（澳大利亚、新西兰）。

羽衣草单囊白粉菌无色变种（无色羽衣草单囊壳） 图 11

Podosphaera aphanis （Wallr.） var. ***hyalina*** （U. Braun） U. Braun & S. Takam.，Schlechtendalia 4：27，2000；Liu, The Erysiphaceae of Inner Mongolia：191，2010；Braun & Cook, Taxonomic Manual of the Erysiphales （powdery mildews）：122，2012.

Sphaerotheca aphanis var. *hyalina* U. Braun, Zentralbl. Mikrobiol. 140：240，1985.

菌丝体生于叶两面、叶柄、茎和花茎及花蕾等各部位，初为白色圆形的薄斑片，后逐渐扩展连片，可布满全叶或整个植株体，展生，存留或消失；菌丝无色，粗 5～11μm，附着胞乳头形，不明显；分生孢子梗脚细胞柱形，直，光滑，无色，上下近等粗，（32～80）μm×（7～10）μm，上接 1～3 个细胞；分生孢子串生，长椭圆形、椭圆形，无色，（28～42）μm×（13～20）μm，具不明显的纤维体，长/宽为 1.8～2.6，平均 2.1。未见有性阶段。

寄生在蔷薇科 Rosaceae 植物上。

蛇莓 *Duchesnea indica* （Andr.） Focke：连云港市东海县李埝林场 HMAS 351268；连云港市海州区花果山风景区玉女峰 HMAS 351746；徐州市泉山区云龙湖景区 HMAS 351295；扬州市邗江区大明寺 HMAS 350736；南京市玄武区明孝陵 HMAS 350663；苏州市虎丘区科技城五龙山 HMAS 351709；无锡市滨湖区惠山国家森林公园 HMAS 351031。

蛇含委陵菜 *Potentilla kleiniana* Wight et Arn.：徐州市泉山区徐州生物工程职业技

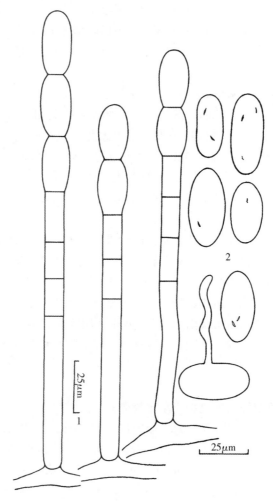

图 11　羽衣草单囊白粉菌无色变种

Podosphaera aphanis（Wallr.）var. *hyalina*（U. Braun）U. Braun & S. Takam.（HMAS 351709）

1. 分生孢子梗和分生孢子　2. 分生孢子

术学院 HMAS 351298；南京市雨花区雨花路 HMAS 350707。

莓叶委陵菜 *Potentilla fragarioides* Linn.：连云港市连云区朝阳街道尹宋村 HMAS 350758。

中华三叶委陵菜 *Potentilla freyniana* Bornm. var. *sinica* Ago：连云港市海州区花果山风景区七十二洞 HMAS 350367、玉女峰 HMAS 351747；南京市栖霞区栖霞山 HMAS 350704；镇江市句容市宝华山 HMAS 350724。

国内分布：江苏、内蒙古。

世界分布：亚洲、欧洲、北美洲。

紫菀生单囊白粉菌　　　　　　　　　　　　　　　　　　　　　　　　图 12

Podosphaera astericola U. Braun & S. Takam.，in Braun & Cook，Taxonomic Manual of

the Erysiphales（powdery mildews）：122，2012；Liu，Journal of Fungal Research 20
（1）：17，2022.

菌丝体叶两面生，初为白色斑点，后扩大布满全叶，展生，存留；菌丝无色，粗 5～
10μm，附着胞乳头形；分生孢子梗脚胞柱形，直，光滑，上下近等粗，（45.0～100.0）μm×
（10.0～12.5）μm，上接 1～2 个细胞；分生孢子串生，椭圆形、长椭圆形，无色，
（27.0～40.0）μm×（15.0～22.5）μm，长/宽为 1.3～2.4，平均 1.8，纤维体数量多；
未见有性阶段。

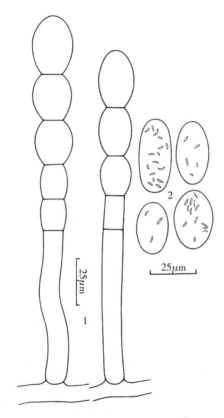

图 12 紫菀单囊白粉菌 *Podosphaera astericola* U. Braun & S. Takam.（HMAS 351411）
1. 分生孢子梗和分生孢子 2. 分生孢子

寄生在菊科 Asteraceae（Compositae）植物上。

三脉紫菀 *Aster ageratoides* Turcz：连云港市海州区花果山风景区玉女峰 HMAS
350658；连云港市连云区连云镇环山路 HMAS 350871、宿城街道枫树湾 HMAS 351411；
无锡市滨湖区惠山国家森林公园 HMAS 350967。

国内分布：江苏、内蒙古等。

世界分布：德国、乌克兰、意大利、亚美尼亚、罗马尼亚、俄罗斯、瑞士。

黄芪单囊白粉菌（黄芪单囊壳）   图 13

Podosphaera astragali（L. Junell）U. Braun & S. Takam.，Schlechtendalia 4：27，

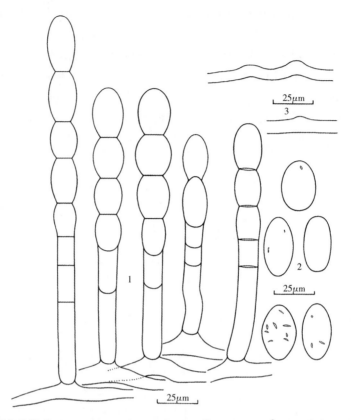

图 13　黄芪单囊白粉菌 *Podosphaera astragali*（L. Junell）U. Braun & S. Takam.（HMAS 350874）

1. 分生孢子梗和分生孢子　2. 分生孢子　3. 附着胞

2000；Braun & Cook，Taxonomic Manual of the Erysiphales（powdery mildews）：123，2012.

Sphaerotheca astragali L. Junell，Svensk Bot. Tidskr. 60（3）：376，1966；Braun，Beih. Nova Hedwigia 89：166，1987；Zheng & Yu（eds.），Flora Fungorum Sinicorum 1：309，1987；Yu & Tian，Acta Mycol. Sin. 14（3）：169，1995.

菌丝体生于叶两面、叶柄、茎、果穗和花等各部位，初为白色圆形或无定型斑点，后扩展连片布满全叶，展生，消失或存留；菌丝无色，粗 4～10μm，附着胞不明显；分生孢子梗脚胞柱形，直或略弯曲，光滑，上下近等粗，（30.0～55.0）μm×（10.0～12.5）μm，上接 1～2 个细胞；分生孢子串生，椭圆形、卵形，无色，［25.0～46.0（～52.5）］μm×（15.0～25.0）μm，长/宽为 1.2～2.6，平均 1.8，具纤维体；子囊果聚生至散生，暗褐色，球形，直径 75～97μm，壁细胞多角形，有时近方形或长方形，直径 15.0～52.5μm；附属丝 3～10 根，菌丝状，弯曲或结节状扭曲，长度为子囊果直径的 0.5～5.0 倍，长 50～375μm，基部通常膨大变粗，向上渐变细或忽细忽粗，基部宽 5～15μm，有 0～5 个隔膜，平滑，全长均为褐色至淡褐色，或向上色渐变淡，上部无色，个别有简单分枝；子囊 1 个，椭圆形、卵形，无柄，（70.0～92.5）μm×（50.0～60.0）μm，子囊眼大小为（20～）25～35μm；子囊孢子 8 个，椭圆形、卵形、卵圆形，（17.5～32.5）μm×

（12.5～19.0）μm，淡灰色。

寄生在豆科 Fabaceae（Leguminosae）植物上。

赤豆 *Vigna angularis*（Willd.）Ohwi et Ohashi：连云港市连云区朝阳街道 HMAS 62518、HMAS 351782；连云港市灌云县李集镇小垛 HMAS 351150。

绿豆 *Vigna radiata*（Linn.）Wilczek：连云港市连云区朝阳街道张庄村 HMAS 351805。

贼小豆 *Vigna minima*（Roxb.）Ohwi et Ohashi：苏州市常熟市董浜镇 HMAS 351438；苏州市虎丘区苏州市植物园 HMAS 350973；连云港市连云区朝阳街道张庄村 HMAS 350874（无性阶段）；徐州市沛县杨屯镇 HMAS 351210。

野豇豆 *Vigna vexillata*（Linn.）Rich.：连云港市连云区朝阳街道张庄村 HMAS 351779、HMAS 351837；连云港市东海县羽山景区 HMAS 351177。

国内分布：东北、华北、华中、华东、西北地区。

世界分布：北美洲（加拿大、美国），亚洲，欧洲（波兰、芬兰、德国、挪威、罗马尼亚、俄罗斯、瑞典）。

讨论：该菌的无性阶段与苍耳单囊白粉菌 *Podosphaera xanthii*（Castagen）U. Braun & Shishkoff 相似，但前者分生孢子梗脚胞较短（30.0～55.0）μm×（10.0～12.5）μm，后者较长（45.0～92.5）μm×（10.0～12.5）μm。

凤仙花单囊白粉菌（凤仙花单囊壳） 图14

Podosphaera balsaminae（Wallr.）U. Braun & S. Takam., Schlechtendalia 4：27，2000；Liu, The Erysiphaceae of Inner Mongolia ：192，2010；Braun & Cook, Taxonomic Manual of the Erysiphales（powdery mildews）：124，2012.

Sphaerotheca balsaminae（Wallr.）Kari, Ann. Univ. Turku. A，2，23：99，1957；Braun, Beih. Nova Hedwigia 89：142，1987；Zheng & Yu（eds.），Flora Fungorum Sinicorum 1：311，1987；Braun, Beih. Nova Hedwigia 89：142，1987；Yu & Tian, Acta Mycol. Sin. 14（3）：169，1995.

菌丝体叶面生，亦生于茎、花、果等部位，初为白色圆形斑点，渐扩展连片并布满全叶，展生，存留；菌丝无色，光滑，粗6～10μm，附着胞不明显；分生孢子梗脚胞柱形，直，光滑或略粗糙，无色或淡灰色，上下近等粗或向下略变细，（42.0～75.0）μm×（10.0～12.5）μm，上接1～3个细胞；分生孢子串生，椭圆形、卵椭圆形、长椭圆形，无色，[30～39（～55）]μm×（15～24）μm，长/宽为1.4～2.8，平均1.9，具纤维体；子囊果散生至聚生，生于叶两面，暗褐色，球形，直径62～105μm，壁细胞大，多角形或近方形，直径10～75μm；附属丝3～7根，生于子囊果下部，弯曲、扭曲，短的指状，长的菌丝状，长度为子囊果直径的0.2～4.0倍，长15～330μm，基部较粗，向上渐变细，有的粗细不均，宽3.5～9.0μm，不分枝，0～5个隔膜，基部褐色，由下向上色渐变淡，平滑，少数略粗糙，壁薄；子囊1个，宽卵形、卵椭圆形，（72.0～85.0）μm×（56.0～62.5）μm，子囊眼16.5～25.0μm；子囊孢子（7～）8个，椭圆形，（17.5～30.0）μm×（12.5～20.0）μm，淡灰色。

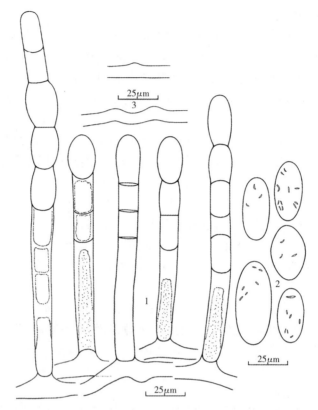

图 14　凤仙花单囊白粉菌 *Podosphaera balsaminae*（Wallr.）U. Braun & S. Takam.（HMAS 351806）
1. 分生孢子梗和分生孢子　2. 分生孢子　3. 附着胞

寄生在凤仙花科 Balsaminaceae 植物上。

凤仙花 *Impatiens balsamina* Linn.：连云港市连云区猴嘴街道 HMAS 66403；连云港市海州区孔望山景区 HMAS 350383、新市路 HMAS 351862；连云港市赣榆区罗阳镇后罗阳村 HMAS 351159；连云港市灌云县李集镇小垛 HMAS 351148；苏州市常熟市董浜镇 HMAS 351435；连云港市连云区朝阳街道尹宋村 HMAS 351806；徐州生物工程学校 HMAS 351854（周宝亚）；镇江市句容市宝华山 HMAS 350937；南京市玄武区中山植物园 HMAS 351240。

国内分布：东北、华北、西北、华东、华南、西南地区及台湾省。

世界分布：亚洲（中国、日本、伊朗、韩国以及俄罗斯西伯利亚及远东地区、中亚地区），欧洲。

讨论：该菌后期产生子囊果时，菌丝、分生孢子梗和分生孢子等均可转变为褐色，附属丝状菌丝常和附属丝纠缠在一起并密布叶面，使叶面呈明显的黑褐色。壁细胞大，多角形或近方形，直径可达 75μm。

天名精生单囊白粉菌　　　　　　　　　　　　　　　　　　　　　　　图 15

Podosphaera carpesiicola U. Braun & S. Takam.，Braun & Cook，Taxonomic Manual of the Erysiphales（powdery mildews）：127，2012.

Sphaerotheca fuliginea f. *carpesii* Jacz.（Jaczewski 1927：88）.

菌丝体叶两面生，以叶面为主，初为圆形或无定形白色斑点，后逐渐扩展，可布满全叶，菌丝层淡而薄，展生，消失；菌丝无色，粗 5～10μm，附着胞乳头形，不明显；分生孢子梗脚胞柱形，无色，直，光滑，上下近等粗，（35～152）μm×（8～12）μm，上接 1～2 个细胞；分生孢子串生，椭圆形、长椭圆形、卵形，无色，（26.0～37.5）μm×（15.0～20.5）μm，纤维体不明显，较小，有时集中在孢子一端或零散分布，长/宽为 1.3～2.3，平均 1.7；子囊果近聚生至聚生，暗褐色，球形，直径 75～100μm，壁细胞不规则多角形，轮廓略显不清楚，直径 12.5～42.5μm；附属丝 1～6（～8）根，菌丝状，直或弯曲，长度为子囊果直径的 0.5～3.5 倍，长 30～325μm，有粗细变化或局部缢缩变细，宽 3～8μm，基部褐色，向上色渐变淡，有的全长均为褐色，壁薄，平滑，有（0～）1～6 个隔膜；子囊 1 个，卵形、卵椭圆形，（75～90）μm×（55～65）μm，子囊壁厚 2.5～3.0μm，子囊眼大小为 15～20μm，平均 18μm；子囊孢子（6～）8 个，卵形、短椭圆形、宽卵形，（18～27）μm×（15～18）μm。

寄生在菊科 Asteraceae（Compositae）植物上。

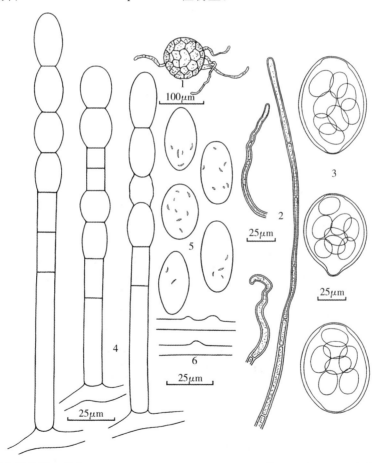

图 15　天名精单囊白粉菌 *Podosphaera carpesiicola* U. Braun & S. Takam.（HMAS 351357）

1. 子囊果　2. 附属丝　3. 子囊和子囊孢子　4. 分生孢子梗和分生孢子　5. 分生孢子　6. 附着胞

天名精 *Carpesium abrotanoides* Linn.：连云港市连云区宿城街道 HMAS 62173（有性阶段）；连云港市海州区花果山风景区玉女峰 HMAS350380、玉皇阁 HMAS 351357（无性阶段）、三元宫 HMAS 248396；南京市栖霞区栖霞山 HMAS 350910；无锡市宜兴市龙背山国家森林公园 HMAS 350952；无锡市滨湖区惠山国家森林公园 HMAS 351042。

国内分布：江苏等多省份。

世界分布：中国、日本。

讨论：中国新记录。该菌是 Braun 和 Takam.（2012）成立的新种，该菌的无性阶段与苍耳单囊白粉菌 *Podosphaera xanthii*（Castagen）U. Braun & Shishkoff 非常相似，两者几乎难以区分。但该菌子囊果附属丝数量少，多数 1~5 根，子囊较大，子囊眼 18~20μm。笔者采集鉴定的菌除了分生孢子梗脚胞较长外，分生孢子大小、子囊果大小、子囊和子囊眼大小等均与前人描述一致。

梓树单囊白粉菌（梓树单囊壳） 图 16

Podosphaera catalpae（Z. Y. Zhao）U. Braun，Braun & Cook，Taxonomic Manual of

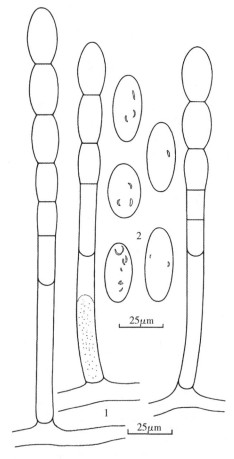

25μm

2

1

25μm

图 16　梓树单囊白粉菌 *Podosphaera catalpae*（Z. Y. Zhao）U. Braun（HMAS 249831）
1. 分生孢子梗和分生孢子　2. 分生孢子

the Erysiphales（powdery mildews）：128，2012.

Sphaerotheca catalpae Z. Y. Zhao，J. N. E. Forest. Inst. （Harbin）2（6）：28，1981；
Zheng & Yu（eds.），Flora Fungorum Sinicorum 1：314，1987.

菌丝体叶两面生，亦生于叶柄、茎等各部位，初为白色圆形或无定形斑点，后扩展并布满全叶，展生，消失或存留；菌丝无色，光滑，粗 3.5～10.0μm，附着胞不明显；分生孢子梗脚胞柱形，直或略弯曲，无色，光滑，上下近等粗，（40.0～100.0）μm×（9.0～12.5）μm，上接 1～3 个细胞；分生孢子串生，椭圆形、长椭圆形，无色，（30～48）μm×（13～22）μm，具纤维体数量一般在 5 个以内，长/宽为 1.6～2.9，平均 2.0。

寄生在紫葳科 Bignoniaceae 植物上。

梓树 *Catalpa ovata* G. Don：连云港市海州区花果山风景区水帘洞 HMAS 249831。

国内分布：江苏、陕西。

世界分布：中国、韩国。

讨论：仅采集到个别子囊果，无法采集记录完整的有性阶段数据。

乌蔹莓单囊白粉菌（乌蔹莓单囊壳）　　　　　　　　　　　　　　　　　　图 17

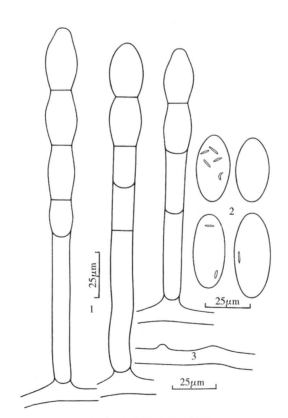

图 17　乌蔹莓单囊白粉菌
Podosphaera cayratiae（Z. Q. Yuan & A. Q. Wang）U. Braun & S. Takam.（HMAS 351846）
1. 分生孢子梗和分生孢子　2. 分生孢子　3. 附着胞

Podosphaera cayratiae （ Z. Q. Yuan ＆ A. Q. Wang ） U. Braun ＆ S. Takam.，
  Schlechtendalia 4：27，2000；Braun ＆ Cook，Taxonomic Manual of the Erysiphales
  （powdery mildews）：128，2012.

Sphaerotheca cayratiae Z. Q. Yuan ＆ A. Q. Wang，Acta Mycol. Sin. 10 （3）：182，1991.

　　菌丝体叶两面生，亦生于叶柄、茎等各部位，初为白色圆形或无定形斑点，后扩展并
布满全叶，展生，消失或存留，菌丝无色，光滑，粗 4.5～10.0μm，附着胞乳头形，通
常不明显；分生孢子梗脚胞柱形，直，光滑，上下近等粗，（40.0～77.5） μm×（10.0～
12.5） μm，上接 1～2 个细胞；分生孢子串生，长椭圆形、椭圆形、卵形，无色，（28.5～
45.0） μm×（16.5～22.5） μm，每个分生孢子纤维体数量一般在 5 个以内，长/宽为 1.5～
2.5，平均 1.9；子囊果散生至近聚生，深褐色，球形，直径 75～105μm，壁细胞多角形或
近方形，直径 15～55μm；附属丝 3～7 根，菌丝状，不分枝，生于子囊果下部，直或弯
曲、膝曲等，长度为子囊果直径的 0.5～6.0 倍，长 30～500μm，多数较长，基部粗，向
上渐变细或缢缩，基部宽 5.0～11.5μm，顶部宽 2～6μm，全长褐色至深褐色，或基部褐
色，向上色渐变淡，上部无色，平滑，壁厚，有 1～8 个隔膜；子囊 1 个，宽卵形、卵圆
形，无柄或近无柄，（65.0～85.0） μm×（53.5～62.5） μm，子囊壁厚约 2μm 左右，子
囊眼 17.0～22.5μm；子囊孢子 7～8 个，短椭圆形、卵圆形、卵形，（14.0～26.5） μm×
（12.5～17.5） μm。

　　寄生在葡萄科 Vitaceae 植物上。

　　乌蔹莓 *Cayratia japonica* （Thunb.） Gagnep.：连云港市连云区宿城街道高庄村
HMAS 351846 （无性阶段）；南京市玄武区中山植物园 HMAS 350892、HMAS 351241；
南京市浦口区老山景区 HMAS 248394 （有性阶段）。

　　国内分布：华东地区（江苏、浙江）。

　　世界分布：中国、日本。

小蓬草单囊白粉菌（棕色单囊壳）　　　　　　　　　　　　　　　图 18

Podosphaera erigerontis-canadensis （ Lév. ） U. Braun ＆ T. Z. Liu，in Liu，The
  Erysiphaceae of Inner Mongolia：198，2010；Braun ＆ Cook，Taxonomic Manual of
  the Erysiphales （powdery mildews）：135，2012.

Erysiphe erigerontis-canadensis Lév.，in Mérat，Rev. fl. paris：459，1843.

Sphaerotheca erigerontis-canadensis （ Lév. ） L. Junell，Svensk Bot. Tidskr. 60 （3）：
  387，1966.

Sphaerotheca fusca （ Fr.：Fr. ） S. Blumer，Beitr. Krypt. -Fl. Schweiz. 7 （1）：117，
  1933. emend. Z. Y. Zhao，Acta Mirobiol. Sinica 21：288，1981. p. p.；Braun，
  Beih. Nova Hedwigia 89：144，1987；Zheng ＆ Yu （eds.），Flora Fungorum
  Sinicorum 1：325，1987；Yu，Acta Mycol. Sin. 14 （3）：169，1995.

　　菌丝体叶面生，有时以叶背为主，初为不明显且薄的白色斑点或无定形白色斑片，后逐渐
扩展连片并布满全叶，有时菌丝层非常稀薄，甚至难以察觉，有时菌丝层则很浓厚可覆盖整个
植株体，展生，消失或存留；菌丝无色，光滑，粗 4～10μm，附着胞不明显；分生孢子梗脚胞

柱形，直，光滑，上下近等粗，（32.0～75.0）μm×（8.0～11.5）μm，上接 1～3 个细胞；分生孢子串生，椭圆形、卵椭圆形、卵形，无色，（25.0～42.5）μm×（14.0～21.5）μm（平均 30μm×17μm），长/宽为 1.3～2.3，平均 1.8，具纤维体，但稀少；子囊果散生至聚生，暗褐色，球形，直径 55～90μm，平均 75μm，壁细胞大，子囊果球面可见细胞数一般不超过 10 个，多角形或近方形，直径 12～53μm；附属丝 3～7 根，菌丝状，生于子囊果下部，弯曲，长度为子囊果直径的 0.3～3.0 倍，长 15～218μm，全长近等粗或有粗细变化，宽 3.5～10.0μm，多不分枝，个别有简单分枝，0～5 个隔膜，全长深褐色至褐色或向上色渐变淡，平滑，壁薄，内有明显的油泡状圆点；子囊 1 个，椭圆形、宽卵形、卵形等，（57.0～86.5）μm×（36.5～55.0）μm，子囊眼小，7.5～15μm。

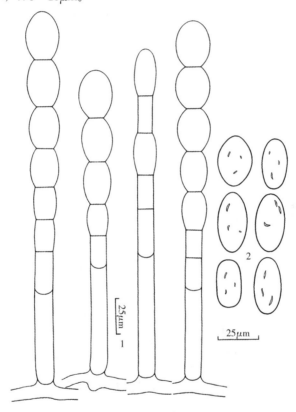

图 18　小蓬草单囊白粉菌
Podosphaera erigerontis-canadensis（Lév.）U. Braun & T. Z. Liu（HMAS 351752）
1. 分生孢子梗和分生孢子　2. 分生孢子

寄生在菊科 Asteraceae（Compositae）植物上。

香丝草（野塘蒿）*Conyza bonariensis*（Linn.）Cronq.：连云港市连云区朝阳街道韩李村 HMAS 352378；连云港市海州区云台宾馆 HMAS 351628。

小蓬草 *Conyza canadensis*（Linn.）Cronq.：连云港市连云区猴嘴街道 HMAS 351350、朝阳街道朝东社区 HMAS 351629；连云港市赣榆区城头镇大河洼村 HMAS 351750、HMAS 351634；连云港市海州区云台街道 HMAS 351752；宿迁市宿豫区黄河公园 HMAS 351144；苏州市虎丘区科技城 HMAS 350766、五龙山 HMAS 351708；盐城市射阳县后羿公园 HMAS 350797；南通市海安市七星湖生态园 HMAS 248400。

蒲公英 *Taraxacum mongolicum* Hand.-Mazz.：连云港市连云区朝阳街道尹宋村 HMAS 352384；连云港市海州区苍梧绿园 HMAS 351630；连云港市赣榆区城头镇大河洼村 HMAS 351626。

国内分布：江苏、河南等全国多个省份。

世界分布：北美洲（加拿大、美国、墨西哥），中南美洲（阿根廷、哥斯达黎加），亚洲（阿富汗、中国、印度、以色列、日本、韩国、蒙古、巴基斯坦、土耳其以及俄罗斯西伯利亚及远东地区、中亚地区），欧洲（冰岛）。

讨论：该菌还可寄生花叶滇苦菜（续断菊）*Sonchus asper*（Linn.）Hill、野莴苣 *Lactuca serriola* Linn. 等。其中，小蓬草、香丝草是该菌国内新记录寄主，花叶滇苦菜和野莴苣是该菌世界新记录寄主。

泽漆单囊白粉菌（泽漆单囊壳）   图 19

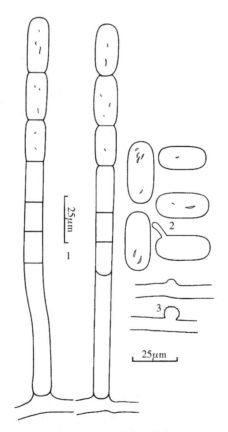

图 19　泽漆单囊白粉菌
Podosphaera euphorbiae-helioscopiae（Tanda & Y. Nomura）U. Braun & S. Takam.（HMAS 351722）
1. 分生孢子梗和分生孢子　2. 分生孢子　3. 附着胞

Podosphaera euphorbiae-helioscopiae（Tanda & Y. Nomura）U. Braun & S. Takam.，
Schlechtendalia 4：28，2000；Braun & Cook，Taxonomic Manual of the Erysiphales
（powdery mildews）：137，2012.

Sphaerotheca euphorbiae-helioscopiae Tanda & Y. Nomura，Trans. Mycol. Soc. Japan 27：
22，1986；Braun，Beih. Nova Hedwigia 89：112，1987.

菌丝体叶面生，亦生于茎等部位，初为白色薄的斑片，后逐渐扩大布满全叶，展生，
存留或消失；菌丝无色，粗 4～9μm，附着胞乳头形；分生孢子梗脚胞柱形，直，光滑，
上下近等粗，（46～87）μm×（8～10）μm，上接 1～4 个细胞；分生孢子串生，矩状椭
圆形（胶囊形）、长椭圆形，无色，（25～40）μm×（12～15）μm，具纤维体，长/宽为
1.9～3.3，平均 2.3；未见有性阶段。

寄生在大戟科 Euphorbiaceae 植物上。

泽漆 *Euphorbia helioscopia* Linn.：苏州市虎丘区苏州植物园 HMAS 351722；连云
港市连云区朝阳街道尹宋村 HMAS 351749；南通市海安市七星湖生态园 HMAS 350801。

乳浆大戟 *Euphorbia esula* Linn.：连云港市连云区宿城街道船山飞瀑景区
HMAS 249802。

国内分布：东北、华北、华东、华中地区。

世界分布：中国、日本、尼泊尔。

讨论：该菌分生孢子矩状椭圆形（胶囊形）、长椭圆形，（25～40）μm×（12～15）μm，
长/宽为 1.9～3.3，平均 2.3，与其他种类差异明显。

飞扬草单囊白粉菌（飞扬草单囊壳） 图 20

Podosphaera euphorbiae-hirtae（U. Braun & Somani）U. Braun & S. Takam.，
Schlechtendalia 4：28，2000；Braun & Cook，Taxonomic Manual of the Erysiphales
（powdery mildews）：138，2012.

Sphaerotheca euphorbiae-hirtae U. Braun & Somani，Mycotaxon 25：263，1986；
Braun，Beih. Nova Hedwigia 89：143，1987；Chen，Powdery mildews in Fujian
46，1993.

菌丝体叶两面生，亦生于叶柄、茎、花、果等各部位，初为白色无定形斑点，后扩展
并布满全叶，展生，存留或消失；菌丝无色，粗 5～14μm，附着胞不明显；分生孢子梗
脚胞柱形，直，光滑，上下近等粗或基部略变细，（22～70）μm×（10～14）μm，上接
1～3 个细胞；分生孢子串生，椭圆形、卵圆形，无色，（26.0～36.5）μm×（15.0～
21.5）μm，具纤维体，长/宽为 1.4～2.0，平均 1.7；子囊果散生至聚生，深褐色，球
形，直径 80～98μm，壁细胞多角形，直径 10.0～52.5μm；附属丝 2～10 根，菌丝状，
不分枝或个别有分枝，生于子囊果下部，直或弯曲、膝曲等，长度为子囊果直径的 0.1～
6.0 倍，长 5～475μm，有粗细变化，宽 4～9μm，自基部向上由深褐色渐变为褐色至淡褐
色，有的全长深褐色，平滑，壁薄，有（0～）1～7 个隔膜；子囊 1 个，宽卵形、卵形、
近圆形，（55.0～82.5）μm×（47.5～57.5）μm，子囊眼 17～23μm；子囊孢子 6～8 个，
短椭圆形、卵形，（15.0～30.0）μm×（10.0～16.5）μm。

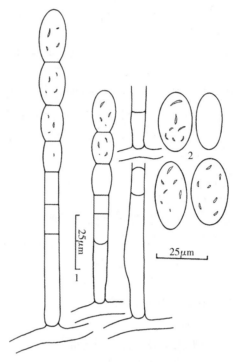

图 20　飞扬草单囊白粉菌

Podosphaera euphorbiae～hirtae (U. Braun & Somani) U. Braun & S. Takam. (HMAS 351361)

1. 分生孢子梗和分生孢子　2. 分生孢子

寄生在大戟科 Euphorbiaceae 植物上。

铁苋菜 *Acalypha australis* Linn.：连云港市海州区石棚山景区 HMAS 351353（有性阶段）；连云港市连云区朝阳街道 HMAS 351361；徐州市泉山区云龙湖景区 HMAS 351371；苏州市虎丘区大阳山国家森林公园 HMAS 351462；苏州市常熟市董浜镇 HMAS 351455。

国内分布：华东（江苏、浙江、福建）、华北、华中地区及台湾省。

世界分布：中国、印度、日本、马来西亚、新加坡、斯里兰卡。

锈丝单囊白粉菌原变种（锈丝单囊壳）　　　　　　　　　　　　　　　图 21

Podosphaera ferruginea (Schltdl.：Fr.) U. Braun & S. Takam., Schlechtendalia 4：29，2000；Liu, The Erysiphaceae of Inner Mongolia：203，2010；Braun & Cook, Taxonomic Manual of the Erysiphales（powdery mildews）：138，2012. var. ***ferruginea***

Alphitomorpha ferruginea Schltdl., Verh. Ges. Naturf. Freunde Berlin 1：47，1819.

Sphaerotheca ferruginea (Schltdl.：Fr.) L. Junell, Trans. Brit. Mycol. Soc. 48：574，1965；Zheng & Yu (eds.), Flora Fungorum Sinicorum 1：320，1987；Braun, Beih. Nova Hedwigia 89：126，1987；Yu & Tian, Acta Mycol. Sin. 14 (3)：169，1995.

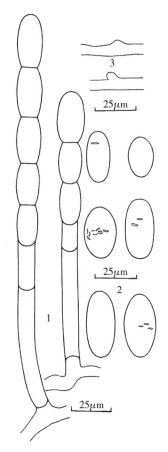

图 21　锈丝单囊白粉菌原变种 *Podosphaera ferruginea*（Schltdl.：Fr.）
U. Braun & S. Takam. var. *ferruginea*（HMAS 350985）
1. 分生孢子梗和分生孢子　2. 分生孢子　3. 附着胞

　　菌丝体生于叶两面、叶柄、茎和果穗等部位，初为白色圆形或无定形斑点，后逐渐扩展连片并布满全叶，通常受侵染部位组织变为褐色至深褐色，展生，消失或存留；菌丝无色、光滑，粗 4~10μm，附着胞乳头形；分生孢子梗脚胞柱形，直或略弯曲，无色，光滑，上下近等粗，（45.0~80.0）μm×（9.0~13.5）μm，上接 1~2 个细胞；分生孢子串生，椭圆形、长椭圆形，无色，[23.5~39.0（~45.0）]μm×（14.0~21.0）μm，具纤维体，长/宽为 1.4~2.3（~3），平均 1.8；子囊果近聚生至聚生，褐色至暗褐色，球形，直径 63~103μm，壁细胞多角形，直径 6~20μm，轮廓模糊不清楚；附属丝 6~17 根，菌丝状，不分枝，大多数直挺或基部弯曲上部直挺，有时扭曲、膝曲等，长度为子囊果直径的 1~11 倍，长 100~900μm，上下近等粗或向上略变细，个别略有粗细变化，宽 3~8μm，全长褐色至淡褐色，或基部深褐色，向上色渐变淡，上部淡褐色或少数无色，全长平滑，壁薄，有（0~）1~5 个隔膜；子囊 1 个，宽卵形、卵形、椭圆形，（62~90）μm×（54~75）μm，子囊眼 15~25μm；子囊孢子 8 个，卵形、椭圆形、宽卵形，（18~27）μm×（13~18）μm。

寄生在蔷薇科 Rosaceae 植物上。

地榆 *Sanguisorba officinalis* Linn.：连云港市连云区宿城街道 HMAS 62172（有性阶段）；连云港市连云区朝阳街道尹宋村 HMAS 350985（无性阶段）。

国内分布：东北（吉林）、华北、西北（新疆）、华东（江苏、安徽）。

世界分布：北美洲（加拿大、美国阿拉斯加州），亚洲（阿富汗、中国、伊朗、以色列、日本、韩国以及俄罗斯西伯利亚及远东地区、中亚地区），欧洲（西班牙巴利阿里群岛、加纳利群岛）。

讨论：该菌最显著的特征是子囊果壁细胞小且轮廓模糊不清楚，与其他种类壁细胞大而清晰区别明显，附属丝大多数直挺。

老鹳草单囊白粉菌（老鹳草单囊壳）　　　　　　　　　　　　　　　　图 22

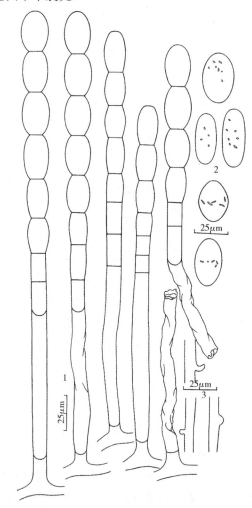

图 22　老鹳草单囊白粉菌
Podosphaera fugax (Penz. & Sacc.) U. Braun & S. Takam.（HMAS 248401）
1. 分生孢子梗和分生孢子　2. 分生孢子　3. 附着胞

Podosphaera fugax （Penz. & Sacc. ） U. Braun & S. Takam. ，Schlechtendalia 4：29，
2000；Liu，The Erysiphaceae of Inner Mongolia ：207，2010；Braun & Cook，
Taxonomic Manual of the Erysiphales （powdery mildews）：140，2012.

Sphaerotheca fugax Penz. & Sacc. ，Atti Reale Ist. Veneto Sci. Lett. Arti 6 （2）：586，
1884；Zheng & Yu （eds. ），Flora Fungorum Sinicorum 1：324，1987；Braun，
Beih. Nova Hedwigia 89：114，1987.

　　菌丝体生于叶、茎、花、果实等部位，初为白色薄而淡的圆形或无定形斑点，以茎节
处发病最明显，逐渐扩展布满全叶或植株体，展生，消失或存留；菌丝无色，光滑，粗
5～10μm，附着胞乳头形；分生孢子梗脚胞柱形，无色，光滑，直，上下近等粗或向下稍
变细，（65.0～147.5）μm×（8.0～12.5）μm，上接 1～3 个细胞，易断裂、撕裂和破
碎；分生孢子串生，无色，椭圆形、长椭圆形、广椭圆形、卵形，（26.5～40.0）μm×
（14.0～25.0）μm，长/宽为 1.1～2.3，平均 1.7；未见有性阶段。

　　寄生在牻牛儿苗科 Geraniaceae 植物上。

　　野老鹳草 *Geranium carolinianum* Linn. ：连云港市连云区朝阳街道尹宋村 HMAS
350370、新县街社区 HMAS 352380；连云港市海州区龙尾河 HMAS 248401、HMAS
351861；连云港市赣榆区城头镇大河洼村 HMAS 351600。

　　国内分布：华北、西北、华中、华东地区。

　　世界分布：北美洲（加拿大、美国），亚洲（中国、阿富汗、伊朗、以色列、日本、
哈萨克斯坦、吉尔吉斯斯坦、黎巴嫩、塔吉克斯坦、土耳其、乌兹别克斯坦以及俄罗斯西
伯利亚及远东地区、高加索地区），欧洲（西班牙巴利阿里群岛），大洋洲（新西兰）。

　　讨论：该菌无性阶段分生孢子梗脚胞较长，分生孢子纤维体细小或呈颗粒状。

木槿生单囊白粉菌（木槿生单囊壳） 图 23

Podosphaera hibiscicola （Z. Y. Zhao） U. Braun & S. Takam. ，Schlechtendalia 4：30，
2000；Braun & Cook，Taxonomic Manual of the Erysiphales （powdery mildews）：
144，2012.

Sphaerotheca hibiscicola Z. Y. Zhao，Acta Microbiol. Sin. 21 （3）：294，1981；Zheng &
Yu （eds. ），Flora Fungorum Sinicorum 1：328，1987；Braun，Beih. Nova Hedwigia
89：133，1987；Chen，Powdery mildews in Fujian 48，1993.

　　菌丝体叶面生，亦生于茎、花、果实等部位，初为白色圆形或无定形斑点，后逐渐扩
展连片并布满全叶，展生，存留；菌丝无色，光滑，粗 5.0～12.5μm，附着胞不明显；
分生孢子梗脚胞柱形，无色，光滑，直，上下近等粗，（50.0～75.0）μm×（10.0～
12.5）μm，上接 1～4 个细胞；分生孢子串生，椭圆形、短椭圆形、卵椭圆形，无色，
（28.5～40.0）μm×（16.0～23.5）μm，纤维体数量较少，长/宽为 1.3～2.1，平均
1.7；子囊果散生至近聚生，暗褐色，球形，直径 82～102μm，壁细胞不规则多角形，直
径 12～38μm；附属丝 3～8 根，菌丝状，弯曲、扭曲，长度为子囊果直径的 0.3～2.0 倍，
长 30～195μm，多数较短，不分枝，上下近等粗，宽 5.0～8.5μm，全长褐色或下部褐色，
向上色渐变淡，中上部淡褐色至无色，壁薄，平滑，有 0～4 个隔膜；子囊 1 个，卵形、

宽椭圆形，有小柄，（62～75）μm×（55～65）μm，子囊眼大小为19～24μm；子囊孢子8个，多未成熟。

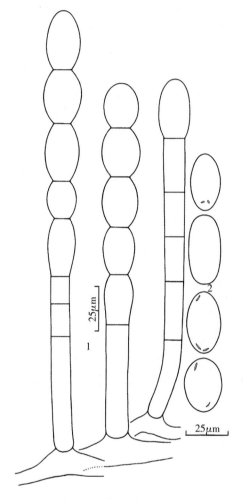

图 23　木槿生单囊白粉菌

Podosphaera hibiscicola (Z. Y. Zhao) U. Braun & S. Takam. (HMAS 351000)

1. 分生孢子梗和分生孢子　2. 分生孢子

　　寄生在锦葵科 Malvaceae 植物上。

　　咖啡黄葵 *Abelmoschus esculentus* (Linn.) Moench：连云港市连云区猴嘴街道 HMAS 249828；苏州市常熟市董浜镇 HMAS 351457。

　　木芙蓉 *Hibiscus mutabilis* Linn.：徐州市沛县滨河公园 HMAS 351198；淮安市清江浦区钵池山公园 HMAS 351098；南通市崇川区滨江公园 HMAS 350827；南通市海安市七星湖生态园 HMAS 350798；南京市玄武区中山植物园 HMAS 351000；苏州市虎丘区苏州植物园 HMAS 351432、HMAS 351660；无锡市宜兴市龙背山国家森林公园 HMAS 248380。

　　国内分布：江苏、福建、四川、台湾。

世界分布：中国、日本。

斑点单囊白粉菌（斑点单囊壳）　　　　　　　　　　　　　　　　　　　图 24

Podosphaera macularis（Wallr.：Fr.）U. Braun & S. Takam.，Schlechtendalia 4：30，2000；Braun & Cook，Taxonomic Manual of the Erysiphales（powdery mildews）：147，2012.

Alphitomorpha macularis Wallr.，Verh. Ges. Naturf. Freunde Berlin 1：35，1819.

Sphaerotheca macularis（Wallr.：Fr.）Lind，Danish fungi：160，1913；Zhao Flora of Erysiphaceae from Xinjiang. P. 37. 1979；Zheng & Yu（eds.），Flora Fungorum Sinicorum 1：329，1987；Braun，Beih. Nova Hedwigia 89：113，1987.

Sphaerotheca humuli（DC.）Burrill，Bull. Illinois State Lab. Nat. Hist. 2：400，1887；Tai，Sylloge Fungorum Sinicorum：321，1979.

　　菌丝体叶两面生，以叶面为主，亦生于叶柄、茎、花和果穗等各部位，初为白色圆形或无定形斑点，后扩展连片布满全叶，展生，消失或存留；菌丝无色，光滑，粗 5～10μm，附着胞乳头形，通常不明显；分生孢子梗脚胞柱形，直，光滑，上下近等粗，（42.5～82.5）μm×（10.0～11.5）μm，上接 1～2 个细胞；分生孢子串生，椭圆形，少数长椭圆形，无色，[25.0～45.0（～55.0）]μm×[（13.5～）15.0～21.5]μm，长/宽为1.4～3.5，平均 1.9，纤维体数量少而小；子囊果近聚生，暗褐色，球形，直径80～100μm，壁细胞不规则多角形，直径 10～57μm；附属丝 4～12 根，菌丝状，直挺、弯曲或屈曲，长度为子囊果直径的 0.5～3.0 倍，长 30～250μm，粗细变化不大或基部略粗，少数粗短，宽

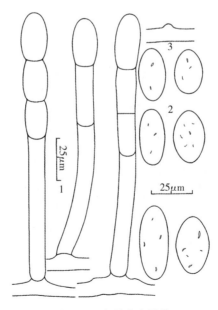

图 24　斑点单囊白粉菌

Podosphaera macularis（Wallr.：Fr.）U. Braun & S. Takam.（HMAS 248271）

1. 分生孢子梗和分生孢子　2. 分生孢子　3. 附着胞

5~10μm，全长褐色或上部淡褐色，壁薄，平滑，有 2~5 个隔膜；子囊 1 个，椭圆形、宽卵形，无柄，[75.0~106.5（~125.0）] μm× [52.0~66.0（~72.5）] μm，子囊眼大小为（12~）17~20μm；子囊孢子（6~）8 个，短椭圆形、卵形，（17.5~29.0）μm×（13.5~20.0）μm。

寄生在大麻科 Cannabaceae 植物上。

葎草 *Humulus scandens*（Lour.）Merr.：连云港市连云区朝阳园艺场 HMAS 248271；连云港市海州区花果山风景区玉女峰 HMAS 248389；连云港市赣榆区宋庄镇宋庄村 HMAS 351162；无锡市滨湖区惠山国家森林公园 HMAS 351023。

国内分布：华东（江苏）、西北（新疆）。

世界分布：北美洲（加拿大、美国），南美洲，亚洲（中国、伊朗、日本以及俄罗斯西伯利亚及远东地区、中亚地区），欧洲，南非。

毡毛单囊白粉菌（毡毛单囊壳，蔷薇单囊壳）　　　　　　　图 25

Podosphaera pannosa (Wallr. ： Fr.) de Bary, Abh. Senkenb. Naturf. Ges. 7：408，1870 [also Beitr. Morph. Physiol. Pilze 1 (3)：48，1870 and Hedwigia 10：68，1870]；Liu, The Erysiphaceae of Inner Mongolia：210，2010；Braun & Cook, Taxonomic Manual

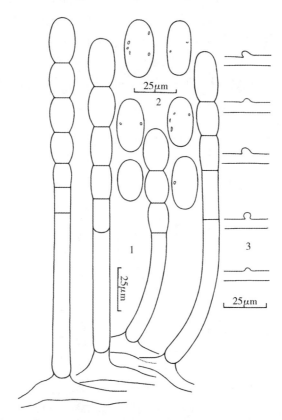

图 25　毡毛单囊白粉菌 *Podosphaera pannosa*（Wallr.：Fr.）de Bary（HMAS 351081）
1. 分生孢子梗和分生孢子　2. 分生孢子　3. 附着胞

of the Erysiphales（powdery mildews）：150，2012.

Alphitomorpha pannosa Wallr.，Verh. Ges. Naturf. Freunde Berlin 1：43，1819.

Sphaerotheca pannosa（Wallr.：Fr.）Lév.，Ann. Sci. Nat.，Bot.，3 Sér.，15：138，1851；Tai，Sylloge Fungorum Sinicorum：322，1979；Zheng & Yu（eds.），Flora Fungorum Sinicorum 1：335，1987；Braun，Beih. Nova Hedwigia 89：107，1987；Yu & Tian，Acta Mycol. Sin. 14（3）：170，1995.

Sphaerotheca rosae（Jacz.）Z. Y. Zhao，Acta Microbiol. Sin. 21（4）：439，1981；Zheng & Yu（eds.），Flora Fungorum Sinicorum 1：338，1987.

菌丝体叶面生，形成白色无定形斑点，逐渐扩展连片，主要以侵染嫩枝、嫩梢为主，致使枝条和嫩叶皱缩或变形，后可布满整个枝梢或整个植株体，展生，存留或消失；菌丝无色，光滑，粗 4～9μm，附着胞乳头形；分生孢子梗脚胞柱形，直，光滑，无色，上下近等粗，（40～70）μm×（7～10）μm，上接 1～3 个细胞；分生孢子串生，椭圆形，无色，（23～33）μm×（13～19）μm，具数量不多的纤维体，长/宽为 1.4～2.4，平均1.8；未见有性阶段。

寄生在蔷薇科 Rosaceae 植物上。

木香花 *Rosa banksiae* Ait.：连云港市连云区朝阳街道 HMAS 350359。

月季花 *Rosa chinensis* Jacq.：连云港市连云区朝阳街道尹宋村 HMAS 350358；连云港市海州区苍梧绿园 HMAS 351339、海连东路 HMAS 351081；连云港市连云区宿城街道枫树湾 HMAS 351849；南京市秦淮区夫子庙 HMAS 350709。

小果蔷薇 *Rosa cymosa* Tratt.：无锡市滨湖区惠山国家森林公园 HMAS 351034。

金樱子 *Rosa laevigata* Michx.：苏州市虎丘区科技城 HMAS 351705。

野蔷薇 *Rosa multiflora* Thunb.：连云港市海州区孔望山景区 HMAS 350351；徐州市贾汪区蓝山 HMAS 351292；宿迁市宿豫区三台山森林公园 HMAS 351138；淮安市清江浦区钵池山公园 HMAS 351090；扬州市邗江区大明寺 HMAS 350731；镇江市句容市宝华山 HMAS 350715；泰州市海陵区凤城河景区 HMAS 351062；南京市栖霞区栖霞山 HMAS 350703；苏州市常熟市董浜 HMAS 351737。

粉团蔷薇 *Rosa multiflora* Thunb. var. *cathayensis* Rehd. et Wils.：连云港市连云区朝阳街道 HMAS 350341、HMAS 351337；盐城市亭湖区盐渎公园 HMAS 351076；南京市栖霞区栖霞山 HMAS 350702；无锡市滨湖区惠山国家森林公园 HMAS 351033。

荷花蔷薇 *Rosa multiflora* Thunb. var. *carnea* Thory.：连云港市赣榆区城头镇大河洼村 HMAS 351625。

七姊妹 *Rosa multiflora* Thunb. var. *carnea* Thory.：连云港市海州区东盐河路 HMAS 351692；徐州生物工程学校 HMAS 351294；盐城市射阳县后羿公园 HMAS 350794。

缫丝花 *Rosa roxburghii* Tratt.：南京市玄武区中山植物园 HMAS 350710。

玫瑰 *Rosa rugosa* Thunb.：连云港市海州区东盐河路 HMAS 351689。

国内分布：东北、华北、西北、华东、西南地区。

世界分布：世界各地均有分布。

讨论：该菌在本地区发生普遍，是蔷薇属（*Rosa*）花卉上最常见、危害最严重的病害。但有性阶段极少见到，仅 1982 年在徐州市采集到个别子囊果。

瓜叶菊单囊白粉菌 图 26

Podosphaera pericallidis U. Braun，Braun & Cook，Taxonomic Manual of the Erysiphales（powdery mildews）：152，2012.

菌丝体叶两面生，亦生于叶柄、茎、花等各部位。初为白色圆形斑点，后渐扩大布满全叶或整个植株，在叶面上呈毡状，展生，存留；菌丝无色，粗 5～11 μm，附着胞乳头形或不明显；分生孢子梗脚胞柱形，直，光滑，上下近等粗或基部略膨大，（40.0～70.0）μm×（10.0～12.5）μm，上接 1～3 个细胞；分生孢子串生，椭圆形、卵圆形，无色，（26.0～37.5）μm×（16.0～26.0）μm，长/宽为 1.3～2.1，平均 1.7，具纤维体；子囊果散生至聚生，暗褐色，球形，直径 82～100 μm，壁细胞多角形至近方形，直径 15～62 μm；附属丝 5～17 根，菌丝状，生于子囊果基部，多数不分枝，少数不规则分枝，弯

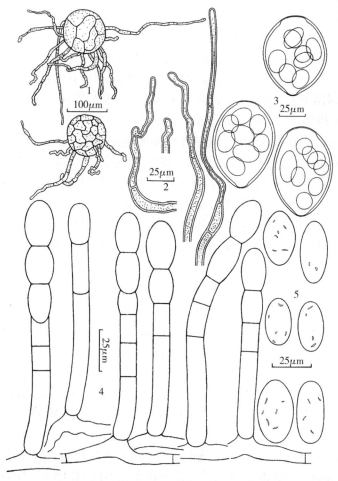

图 26 瓜叶菊单囊白粉菌 *Podosphaera pericallidis* U. Braun（HMAS 351376）
1. 子囊果 2. 附属丝 3. 子囊和子囊孢子 4. 分生孢子梗和分生孢子 5. 分生孢子

曲、屈曲或扭曲，长度为子囊果直径的 0.5～5.0 倍，长 40～520μm，有粗细变化，有时基部明显增粗或缢缩，宽 5～14μm，基部深褐色，向上色渐变淡，顶部无色，有的全长褐色，壁薄，平滑，有 2～5 个隔膜；子囊 1 个，椭圆形、卵形，（80～127）μm×（57～76）μm，子囊壁厚 2.5～4.0μm，子囊眼大小为 22.5～35.0（～40.0）μm，子囊孢子（6～）8 个，椭圆形、卵形，（21～29）μm×（15～20）μm。

寄生在菊科 Asteraceae（Compositae）植物上。

金鸡菊 *Coreopsis drummondii* Torr. et Gray：徐州市泉山区云龙湖景区 HMAS 351287；徐州市新沂市徐州生物工程学院 HMAS 351856（周保亚）；徐州市沛县樊井公园 Y20201（存 HMJAU-PM 吉林农业大学标本室，下同）；宿迁市宿豫区三台山森林公园 HMAS 351131；连云港市海州区花果山风景区玉女峰 HMAS 351358；连云港市连云区猴嘴街道昌圩湖 HMAS 351376、猴嘴公园 HMAS 351421、中云街道云龙涧风景区 HMAS 351425、高公岛街道黄窝景区 HMAS 351795；连云港市东海县羽山景区 HMAS 351182；淮安市清江浦区钵池山公园 HMAS 351093；苏州市虎丘区科技城 HMAS 351476、五龙山 HMAS 351706；南京市玄武区明孝陵 HMAS 350662；南通市海安市七星湖生态园 HMAS 350808；无锡市滨湖区惠山国家森林公园 HMAS 351032。

两色金鸡菊 *Coreopsis tinctoria* Nutt.：连云港市赣榆区墩尚镇 HMAS 351742；盐城市射阳县后羿公园 HMAS 350792。

国内分布：江苏等多个省份。

世界分布：亚洲（日本、俄罗斯远东地区），欧洲（爱沙尼亚、法国、德国、意大利、立陶宛、荷兰、挪威、波兰、葡萄牙、亚美尼亚、瑞士、瑞典、俄罗斯、英国）以及澳大利亚。

讨论：中国新记录种。这个菌是 U. Braun（2012）成立的新种，其特征是子囊果、子囊和子囊眼都明显较大，笔者采集鉴定的菌在无性阶段和有性阶段各方面特征都与其一致或相近，特别是子囊眼明显较大，故鉴定为本种。但在该种名下没有金鸡菊属（*Coreopsis*）寄主，是该菌寄主新记录属（种）。

松蒿单囊白粉菌（山萝花单囊壳）

Podosphaera phtheirospermi（Henn. & Shirai）U. Braun & T. Z. Liu, in Liu, The Erysiphaceae of Inner Mongolia：212，Chifeng 2010；Braun & Cook, Taxonomic Manual of the Erysiphales (powdery mildews)：153，2012.

Sphaerotheca phtheirospermi Henn. & Shirai, Bot. Jahrb. Syst. 19：147，1900.

Sphaerotheca melampyri L. Junell, Svensk Bot. Tidskr. 60（3）：380，1966；Zheng & Yu (eds.), Flora Fungorum Sinicorum 1：331，1987.

Sphaerotheca fusca（Fr.：Fr.）S. Blumer, Beitr. Krypt. -Fl. Schweiz. 7（1）：117，1933. emend. U. Braun, Zbl. Mikrobiol. 140：167，1985. p. p.；Braun, Beih. Nova Hedwigia 89：144，1987. p. p.

Podosphaera fusca（Fr.：Fr.）U. Braun & Shishkoff, in Braun & Takamatsu, Schlechtendalia 4：29，2000. emend. U. Braun, Shishkoff & S. Takam., Schlechtendalia 7：

49，2001. p. p.

　　菌丝体叶两面生，亦生于茎、花等各部位，初为白色斑点，后逐渐扩展布满全叶，展生，存留或消失；子囊果散生，暗褐色，球形，直径 67～90μm，平均 77μm，壁细胞多角形或近长方形，直径 10～50μm；附属丝菌丝状，3～8 根；子囊 1 个，卵圆形、椭圆形，（73～116）μm×（51～68）μm，平均 90μm×59μm，子囊壁厚 2～3μm；子囊孢子 8 个。

　　寄生在玄参科 Scrophulariaceae 植物上。

　　松蒿 *Phtheirospermum japonicum* （Thunb.）Kanitz：连云港市海州区花果山风景区玉女峰 HMAS 62178。

　　国内分布：江苏、北京、内蒙古、甘肃、新疆。

　　世界分布：北美洲（加拿大、美国），亚洲（中国、巴基斯坦、日本、韩国、蒙古以及俄罗斯西伯利亚及远东地区、中亚地区），欧洲。

　　讨论：馆藏老标本，没有观测到无性阶段。笔者仅采集到该菌少数几个子囊果，所获得的数据不完整。

假棕丝单囊白粉菌（假棕丝单囊壳）　　　　　　　　　　　图 27

Podosphaera pseudofusca （U. Braun）U. Braun & S. Takam.，Schlechtendalia 4：31，2000；Braun & Cook，Taxonomic Manual of the Erysiphales（powdery mildews）：

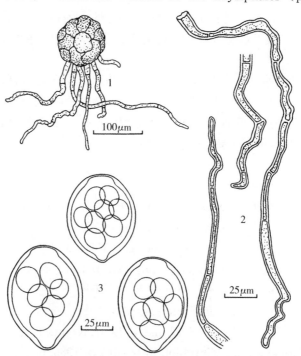

图 27　假棕丝单囊白粉菌

Podosphaera pseudofusca （U. Braun）U. Braun & S. Takam. （HMAS 248385）

1. 子囊果　2. 附属丝　3. 子囊和子囊孢子

157，2012.

Sphaerotheca pseudofusca U. Braun，Zentralbl. Mikrobiol. 140：162，1985；Braun，
　Beih. Nova Hedwigia 89：141，1987；Chen，Powdery mildews in Fujian 48，1993.

　　菌丝体叶两面生，亦生于叶柄、茎和花穗等各部位，初为白色圆形斑点，后扩展连片
布满全叶，展生，存留；分生孢子串生，椭圆形、长椭圆形，无色，（27.5～42.5）μm×
（14.5～20.0）μm，长/宽为1.6～2.9；子囊果散生至近聚生，暗褐色，球形，直径65～
100μm，壁细胞多角形或近方形，直径12.5～62.5μm；附属丝3～9根，菌丝状，不分
枝，弯曲、膝曲或屈曲，长度为子囊果直径的0.2～4.0倍，长21～310μm，基部粗，向
上渐变细，或上下近等粗，有时出现缢缩而呈现明显粗细变化，宽2.0～10.5μm，全长
褐色至深褐色，或基部褐色向上色渐变淡，有的上部无色，壁薄，平滑，有（0～）3～7
个隔膜；子囊1个，宽卵形、卵椭圆形、卵形，[62.5～87.5（～115.0）]μm×（52.5～
66.0）μm，子囊眼大小为15～22μm，子囊壁厚2～4μm；子囊孢子6～8个，近圆形、
圆形、卵圆形，（13.5～19.0）μm×（12.5～15.5）μm。

　　寄生在桑科 Moraceae 植物上。

　　水蛇麻 *Fatoua villosa*（Thunb.）Nakai：镇江市句容市宝华山 HMAS 248385。

　　国内分布：江苏、福建。

　　世界分布：中国、日本。

千里光单囊白粉菌　　　　　　　　　　　　　　　　　　　　　　图 28

Podosphaera senecionis U. Braun，in Braun & Cook，Taxonomic Manual of Erysiphales
　（powdery mildews）14：158，2012；Chen et al. Journal of Fungal Research 16（4）
　212，2018.

　　菌丝体生于叶两面、茎、花等各部位，初为白色斑点，后逐渐扩展布满全叶和整个植
株体，展生，存留或消失；菌丝无色，光滑，粗5～10μm，附着胞乳头形或不明显；分生
孢子梗脚胞柱形，直，无色，上下近等粗，光滑，（52.5～115.0）μm×（8.5～12.5）μm，
上接1～3个细胞；分生孢子串生，有大小2种分生孢子，正常分生孢子椭圆形，无色，
（27.5～36.5）μm×（13.5～21.5）μm，具纤维体，异形分生孢子柱形、棍棒形、香肠
形等，大小[42.5～72.5（～100）]μm×（8.5～11.5）μm，具纤维体；子囊果聚生至
散生，生于植株各部位，暗褐色，球形，直径87.5～107.5μm，平均97μm，壁细胞近长
方形、近方形或不规则多角形，直径10.0～62.5μm；附属丝3～6根，菌丝状，生于子
囊果下部，较直、较长，多数长100～250μm，长度为子囊果直径的1～3倍，少数屈曲，
通常基部淡褐色，中上部无色，少数有分枝，有0～4个隔膜；子囊1个，卵圆形、近球
形，有短柄或近无柄，（60.0～87.5）μm×（47.5～65.0）μm；子囊壁厚4～5μm，子囊
眼直径16～20μm；子囊孢子（6～）8个，不成熟。

　　寄生在菊科 Asteraceae（Compositae）植物上。

　　菊三七 *Gynura japonica*（Thunb.）Juel.：连云港市连云区朝阳街道 HMAS
248266、HMAS 350374、HMAS 351348、HMAS 351387、CFSZ 9725；连云港市灌云县
侍庄乡滕庄村 HMAS 351152；盐城市响水县陈家港 HMAS 350781。

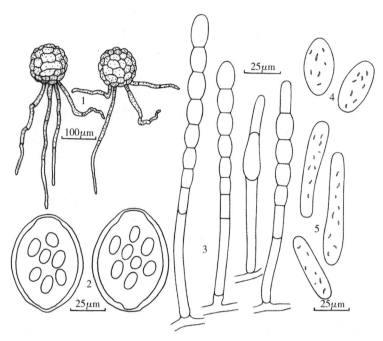

图28　千里光单囊白粉菌 *Podosphaera senecionis* U. Braun（HMAS 248266）
1. 子囊果　2. 子囊和子囊孢子　3. 分生孢子梗和分生孢子　4. 分生孢子　5. 异形分生孢子

国内分布：华东、华北、华中地区。

世界分布：北美洲（加拿大、美国），亚洲（中国、以色列、日本、韩国、蒙古以及俄罗斯西伯利亚及远东地区、中亚地区），欧洲以及高加索地区（格鲁吉亚语）和澳大利亚、新西兰。

讨论：中国新记录种（陈永凡等，2018）。该菌是 Braun（Braun 和 Cook，2012）从棕色单囊壳 *Podosphaera fusca*（Fr.）S. Blumer 这个复合种分离出来成立的新种。他强调这个菌的子囊果 70～100μm，平均值大于 80μm。子囊眼直径 15～20μm。笔者采集的菌与 Braun 分离鉴定的一样，分生孢子（27.5～36.5）μm×（13.5～21.5）μm，子囊果直径平均 97μm，壁细胞近长方形或方形，附属丝基部淡褐色，向上渐淡至无色，子囊眼 16～20μm，子囊壁厚达 4μm 以上，子囊（60.0～87.5）μm×（47.5～65.0）μm，两者基本一致。不同之处在于笔者鉴定的菌除了正常分生孢子外，还有少数异形分生孢子，呈柱形、棍棒形、香肠形，［42.5～72.5（～100）］μm×（8.5～11.5）μm，明显大于正常分生孢子。刘铁志在《内蒙古白粉菌志》（刘铁志，2010）中鉴定为苍耳单囊白粉菌 *Podosphaera* xanthii（Castagen）U. Braun & Shishkoff，《中国真菌志 第一卷 白粉菌目》中棕色单囊壳 *Podosphaera fusca*（Fr.）S. Blumer 种下的寄主名录中橐吾属 *Ligularia* spp. 和千里光属 *Senecio* spp. 等多种植物上的菌都应该是该菌。笔者的描述是国内第一次对该菌进行形态描述。菊三七属 *Gynura* sp. 是该菌的世界寄主新记录属（种）。

散生单囊白粉菌（散生单囊壳）　　　　　　　　　　　　　　　　　　　图29

Podosphaera sparsa（U. Braun）U. Braun & S. Takam.，Schlechtendalia 4：31，2000；

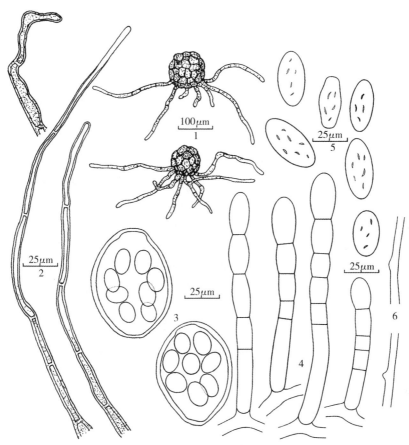

图 29　散生单囊白粉菌 *Podosphaera sparsa*（U. Braun）U. Braun & S. Takam.（HMAS 350408）
1. 子囊果　2. 附属丝　3. 子囊和子囊孢子　4. 分生孢子梗和分生孢子　5. 分生孢子　6. 附着胞

Braun & Cook, Taxonomic Manual of the Erysiphales（powdery mildews）14：161，
2012；Chen et al. Journal of Fungal Research 16（4）212，2018.

Sphaerotheca sparsa U. Braun, Zentralbl. Mikrobiol. 140：163，1985；Braun,
Beih. Nova Hedwigia 89：138，1987.

菌丝体叶面生，初为白色圆点，后逐渐扩展连成片，展生，存留或近存留；菌丝无
色，光滑，粗 3～10μm，附着胞不明显；分生孢子梗脚胞柱形，光滑，直或略弯，（40～
50）μm×（10～12）μm，上接 1～2 个细胞；分生孢子串生，椭圆形，无色，有明显纤
维体，（26.5～40.5）μm×（14.0～23.0）μm（平均 33.5μm×19μm）；子囊果散生至聚
生，暗褐色，球形，直径 75～105μm，壁细胞不规则多角形，直径 12.5～65.0μm；附属
丝 3～6 根，菌丝状，短的呈指状或棒槌状，长 19～202μm，长度为子囊果直径的 0.3～
2.0 倍，全长褐色，长的基部褐色，向上渐变为淡褐色至无色，0～4 个隔膜，有时屈曲或
结节；子囊 1 个，卵形、卵圆形，有小柄或近无柄，（48～77）μm×（40～60）μm，子囊
壁厚 3.5μm，子囊眼 10.0～17.5μm；子囊孢子 8 个，卵形，（16.0～22.0）μm×（10.0～
14.5）μm。

寄生在夹竹桃科 Apocynaceae（萝藦科 Asclepiadaceae）植物上。

牛皮消 *Cynanchum auriculatum* Royle ex Wight：无锡市滨湖区惠山国家森林公园 HMAS 350969。

徐长卿 *Cynanchum paniculatum*（Bunge）Kitagawa：连云港市连云区朝阳街道 HMAS 350853。

萝藦 *Metaplexis japonica*（Thunb.）Makino：连云港市连云区猴嘴街道 HMAS 350408、CFSZ 9587，朝阳街道 HMAS 351839；苏州市常熟市董浜镇 HMAS 351477；连云港市海州区通灌北路 HMAS 248276。

国内分布：华东、华北、华中地区。

世界分布：北美洲（加拿大、美国），亚洲（中国、日本、韩国）。

讨论：中国新记录种（陈永凡等，2018）。Braun 等（2012）强调这个菌有较小的子囊眼和较大的子囊。笔者采集鉴定的菌子囊大小为（48～77）μm×（40～60）μm，子囊眼 10.0～17.5μm，分生孢子大小、子囊果大小等多方面与 Braun 鉴定的菌一致或相近。萝藦 *Metaplexis japonica*（Thunb.）Makino 是该菌世界寄主新记录属（种）。

苍耳单囊白粉菌 图 30

Podosphaera xanthii (Castagen) U. Braun & Shishkoff, Schlechtendalia 4：31，2000；Liu, The Erysiphaceae of Inner Mongolia：217，2010；Braun & Cook, Taxonomic Manual of the Erysiphales (powdery mildews)：165，2012.

Erysiphe xanthii Castagne, Cat. pl. Marseille：188，1845.

Sphaerotheca xanthii (Castagne) L. Junell, Svensk Bot. Tidskr. 60（3）：382，1966.

Sphaerotheca fuscata (Berk. & M. A. Curtis) Serbinow, Scripta Bot. 18，1891.

Sphaerotheca calendulae (Malb. & Roum.) Malb., Bull. Soc. Mycol. France 4：32，1888.

Podosphaera verbenae (Săvul. & Negru) T. Z. Liu, Studies on taxonomy and flora of powdery mildews (Erysiphaceae) in Inner Mongolia：192，Thesis, University of Inner Mongolia, 2007, not effectively published (ICBN, Art. 29).

Podosphaera cucurbitae (Jacz.) T. Z. Liu, Studies on taxonomy and flora of powdery mildews (Erysiphaceae) in Inner Mongolia：172，Thesis, University of Inner Mongolia, 2007, based on a nom. illeg. (basionym = nom. superfl.) and not effectively published.

Sphaerotheca astragali var. *phaseoli* Z. Y. Zhao, Acta Microbiol. Sin. 21（3）：286，1981；Zheng & Yu (eds.), Flora Fungorum Sinicorum 1：311，1987.

Sphaerotheca phaseoli (Z. Y. Zhao) U. Braun, Zentralbl. Mikrobiol. 140：166，1985；Braun, Beih. Nova Hedwigia 89：137，1987.

Podosphaera phaseoli (Z. Y. Zhao) U. Braun & S. Takam., Schlechtendalia 4：30，2000.

Podosphaera caricae-papayae (Tanda & U. Braun) U. Braun & S. Takam.,

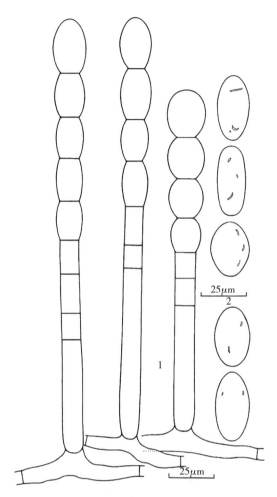

图 30A　苍耳单囊白粉菌 *Podosphaera xanthii*（Castagen）U. Braun & Shishkoff（HMAS 350396）
1. 分生孢子梗和分生孢子　2. 分生孢子

Schlechtendalia 4：27，2000.

Sphaerotheca cucurbitae（Jacz.）Z. Y. Zhao，Acta Microbiol. Sin. 19（2）：148，1979；
　　Zheng & Yu（eds.），Flora Fungorum Sinicorum 1：316，1987.

Gen Bank No：MZ831859

　　A 寄生在菊科 Asteraceae 植物苍耳 *Xanthium strumarium* Linn. 上。

　　菌丝体叶两面生，以叶面为主，也生于叶柄、茎、花和果穗等各部位，初为白色圆形或无定形斑点，后扩展连片布满全叶，展生，消失或存留；菌丝无色，光滑，粗 5～10μm，附着胞乳头形，通常不明显；分生孢子梗脚胞柱形，直，有时稍弯曲，光滑，上下近等粗，（45.0～92.5）μm×（10.0～12.5）μm，上接 1～3 个细胞；分生孢子串生，椭圆形、长椭圆形，无色，（26～40）μm×（15～22）μm，长/宽为 1.3～2.7，平均1.8，具纤维体；子囊果散生至聚生，暗褐色，球形，直径 85～100μm，壁细胞不规则多角形，直径 12～45μm；附属丝 3～7 根，菌丝状，直或弯曲或屈曲，长度为子囊果直径的 0.2～3.0 倍，长 10～137（～250）μm，有粗细变化，宽 5～9（～12.5）μm，顶部有时膨大呈球形，基部褐色，向上色渐变淡，有的全长褐色，壁薄，平滑，有 0～4 个隔膜，少数有简单分枝；子囊 1 个，卵形、梨形、卵椭圆形，（60～75）μm×（47～55）μm，子囊壁厚 3.5～4.5μm，子囊眼大小为 15～20μm；子囊孢子 8 个，椭圆形、卵形，（16～25）μm×（13～17）μm。

B 寄生在菊科 Asteraceae 植物狼把草 *Bidens tripartita* Linn. 上。

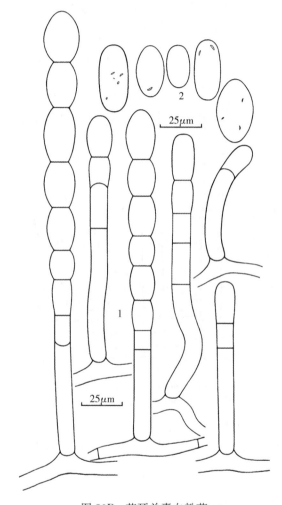

图 30B　苍耳单囊白粉菌

Podosphaera xanthii (Castagen) U. Braun & Shishkoff（HMAS 248403）

1. 分生孢子梗和分生孢子　2. 分生孢子

菌丝体叶两面生，亦生于叶柄、茎等部位，初为白色斑点，后逐渐扩展至布满全叶，存留或消失；菌丝光滑，无色，粗 4.0～11.5μm，附着胞不明显；分生孢子梗脚胞柱形，直，无色，上下近等粗，光滑，（40.0～82.5）μm×（8.5～12.5）μm，上接 1～3 个细胞；分生孢子串生，椭圆形、长椭圆形、卵椭圆形，无色，（25.0～42.5）μm×（15.0～22.5）μm，长/宽为 1.4～2.3（～2.8），平均 1.8，具纤维体；子囊果聚生至散生，暗褐色，球形，直径 75～102μm，平均 90.5μm，壁细胞长方形或不规则多角形，直径 22～

53μm；附属丝4～9根，生于子囊果下部，弯曲或屈膝，有时卷曲，多数不分枝，少数不规则分枝，长为子囊果直径的0.5～4.0倍，长37～412μm，短的全长褐色或中上部淡褐色，有粗细变化，或向上渐变细，有时基部或中间膨大，粗3.0～8.5（～10.0）μm，有0～5个隔膜，有很多次生菌丝与附属丝混杂在一起，很难区分；子囊1个，卵圆形、宽椭圆形，有短柄或近无柄，（62.5～87.5）μm×（50.0～67.5）μm，子囊壁厚2.0～2.5μm，子囊眼直径10～15μm.；子囊孢子（6～）8个，不成熟。

C寄生在菊科Asteraceae植物黑心金光菊 *Rudbeckia hirta* Linn. 上。

菌丝体叶两面生，亦生于茎、花等各部位，初为白色圆形斑点，后扩展布满全叶，展生，存留或消失；菌丝无色，粗4～10μm，附着胞乳头形，多不明显；分生孢子梗脚胞柱形，无色，直或有时略弯曲，光滑，上下近等粗，（37.5～87.5）μm×（10.0～12.5）μm，上接1～3个细胞；分生孢子串生，椭圆形、卵形，无色，（27.5～37.5）μm×（17.5～24.0）μm，长/宽为1.3～1.9，平均1.5，具纤维体。

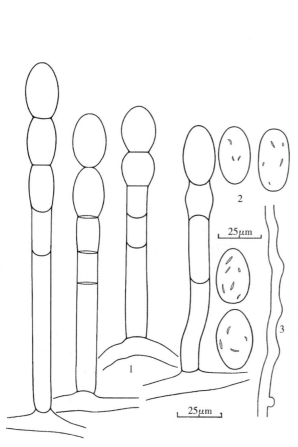

图30C　苍耳单囊白粉菌
Podosphaera xanthii （Castagen）
U. Braun & Shishkoff（HMAS 351770）
1. 分生孢子梗和分生孢子　2. 分生孢子　3. 附着胞

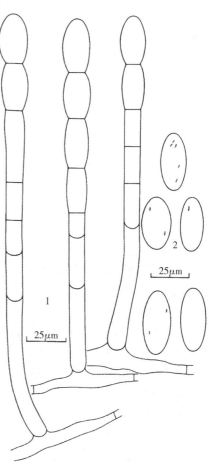

图30D　苍耳单囊白粉菌
Podosphaera xanthii （Castagen）U.
Braun & Shishkoff（HMAS 350895）
1. 分生孢子梗和分生孢子　2. 分生孢子

D 寄生在菊科 Asteraceae 植物牛蒡 *Arctium lappa* Linn. 上。

菌丝体叶两面生，以叶面为主，初为白色圆形斑点，后逐渐扩展连片并布满全叶，展生，存留或消失；菌丝无色、光滑，粗 4～10μm，附着胞不明显；分生孢子梗脚胞柱形，直，无色，光滑，上下近等粗，（47.5～137.5）μm×（9.5～12.5）μm，上接 2～3 细胞；分生孢子串生，长椭圆形、椭圆形，无色，（25.0～47.5）μm×（15.0～20.5）μm，纤维体数量少且较小，多数不明显或没有，长/宽为 1.6～2.8，平均 2.1。

寄生在菊科 Asteraceae（Compositae）植物上。

牛蒡 *Arctium lappa* Linn.：连云港市连云区朝阳街道尹宋村 HMAS 352385；南京市玄武区中山植物园 HMAS 350895。

婆婆针 *Bidens bipinnata* Linn.：连云港市连云区朝阳街道太白涧 HMAS 351776、连云港市东海县羽山景区 HMAS 351178；徐州市沛县杨屯镇 HMAS 351213。

鬼针草（三叶鬼针）*Bidens pilosa* Linn.：连云港市连云区朝阳街道朝东社区 Y20193（HMJAU-PM）、太白涧 HMAS 351777；淮安市盱眙县铁山寺国家森林公园 HMAS 351122；南京市栖霞区栖霞山 HMAS 350906。

狼把草 *Bidens tripartita* Linn.：连云港市连云区朝阳街道新县街社区 HMAS 351784、CFSZ 9726；连云港市赣榆区城头镇大河洼村 HMAS 248403、HMAS 350382、HMAS 351347；连云港市灌云县侍庄乡滕庄村 HMAS 351154；徐州市泉山区云龙湖景区 HMAS 351230。

金盏花 *Calendula officinalis* Linn.：无锡市滨湖区锡惠公园 HMAS 351044。

石胡荽 *Centipeda minima*（Linn.）A. Br. & Aschers.：连云港市连云区朝阳街道 Y84021。

刺儿菜 *Cirsium arvense*（Linn.）Scop. var. *integrifolium* Wimm. & Grab.：徐州市泉山区云龙湖景区 HMAS 351290；徐州市沛县汉城景区 HMAS 351192；连云港市海州区苍梧绿园 HMAS 351418、郁洲公园 HMAS 351822；盐城市响水县陈家港 HMAS 350777；南通市海安市七星湖生态园 HMAS 350811；苏州市常熟市董浜镇 HMAS 351453；苏州市虎丘区科技城 HMAS 351461；南京市玄武区中山植物园 HMAS 351242。

大刺儿菜 *Cirsium arvense*（Linn.）Scop. var. *setosum* Ledeb.：连云港市海州区万山花园 HMAS 351812、海州公园 HMAS 351832。

秋英 *Cosmos bipinnata* Cav.：连云港市连云区猴嘴街道 HMAS 249828、朝阳街道 HMAS 350375；连云港市海州区月牙岛 HMAS 351388；连云港市赣榆区罗阳镇后罗阳村 HMAS 351157；徐州市沛县河滨公园 HMAS 351199；南京市玄武区钟山景区邮局 HMAS 350886。

尖裂假还阳参 *Crepidiastrum sonchifolium*（Maxim.）Pak. & Kawano：连云港市海州区花果山风景区玉女峰 HMAS 62177；连云港市赣榆区城头镇大河洼村 HMAS 351751。

苦荬菜 *Crepidiastrum denticulatum*（Houtt.）Pak. & Kawano：连云港市海州区桃花涧景区 HMAS 351773；连云港市海州区花果山风景区玉皇阁 HMAS 350392、玉女峰 HMAS 351359。

大丽菊 *Dahlia pinnata* Cav.：苏州市常熟市董浜镇 HMAS 351437。

紫松果菊 *Echinacea purpurea*（Linn.）Moehch：连云港市海州区月牙岛 HMAS 351400；淮安市清江浦区钵池山公园 HMAS 351095；南京市玄武区中山植物园 HMAS 350898；苏州市虎丘区科技城大阳山 HMAS 350762。

鳢肠 *Eclipta prostrata*（Linn.）Linn.：苏州市常熟市董浜镇 HMAS 351460。

春飞蓬 *Erigeron philadelphicus* Linn.：扬州市邗江区大明寺 HMAS 350725；南通市海安市七星湖生态园 HMAS 248392；南京市玄武区中山植物园 HMAS 350894。

向日葵 *Helianthus annuus* Linn.：连云港市海州区苍梧绿园 HMAS 351147；苏州市虎丘区苏州植物园 HMAS 351469。

山莴苣 *Lactuca indica* Linn.：连云港市连云区猴嘴街道 HMAS 62175、朝阳街道 HMAS 351757；徐州市泉山区韩山 HMAS 351286；徐州生物工程学校 HMAS 351857（周保亚）；连云港市海州区花果山风景区玉皇阁 HMAS 350392、云台街道 HMAS 351424、苍梧绿园 Y18139；连云港市赣榆区城头镇大河洼村 HMAS 351620；连云港市东海县羽山景区 HMAS 351179；连云港市灌云县侍庄街道徐河 HMAS 351155；淮安市盱眙县铁山寺国家森林公园 HMAS 351118；盐城市响水县陈家港 HMAS 350778；镇江市句容市宝华山 HMAS 350718；南通市海安市七星湖生态园 HMAS 350812；苏州市虎丘区苏州植物园 HMAS 351474、大阳山国家森林公园 HMAS 350767、五龙山 HMAS 351704。

乳苣 *Lactuca tatarica*（Linn.）C. A. Mey.：连云港市连云区连云街道环山路 HMAS 350869；连云港市连云区朝阳街道尹宋村 HMAS 351184。

抱茎金光菊 *Rudbeckia amplexicaulis* Vahl.：连云港市连云区猴嘴街道云锦园 HMAS 350368。

黑心金光菊 *Rudbeckia hirta* Linn.：连云港市连云区猴嘴街道云锦园 HMAS 350369、花果山路 HMAS 351370；连云港市海州区苍梧绿园 HMAS 351770；苏州市虎丘区科技城大阳山 HMAS 350763；南京市玄武区中山植物园 HMAS 350897；淮安市清江浦区钵池山公园 HMAS 351094。

豨莶 *Siegesbeckia orientalis* Linn.：连云港市海州区花果山风景区 HMAS 351377。

腺梗豨莶 *Siegesbeckia pubescens* Makino：连云港市海州区花果山风景区玉女峰 HMAS 351379；连云港市连云区朝阳街道 HMAS 351415；连云港市赣榆区城头镇大河洼村 HMAS 350858；南京市玄武区地震台 HMAS 350889。

水飞蓟 *Silybum marianum*（Linn.）Gaerth.：盐城市响水县陈家港 HMAS 350774。

万寿菊 *Tagetes erecta* Linn.：连云港市连云区猴嘴街道 HMAS 62176。

蒲公英 *Taraxacum mongolicum* Hand.-Mazz.：连云港市连云区猴嘴街道 HMAS 62174、朝阳街道朝东社区 HMAS 351189；连云港市东海县牛山镇 HMAS 351175；徐州生物工程学校 HMAS 351289（周保亚）；宿迁市宿豫区三台山森林公园 HMAS 351130；盐城市射阳县后羿公园 HMAS 350793；扬州市邗江区大明寺 HMAS 350737；泰州市海陵区凤城河景区 HMAS 351067；南京市玄武区后标营路 HMAS 350677；苏州市虎丘区苏州植物园 HMAS 350769；无锡市滨湖区宝界公园 HMAS 351057。

黄鹌菜 *Youngia japonica*（Linn.）DC.：连云港市连云区朝阳街道 HMAS 351330、朝阳园艺场 HMAS 351781；苏州市虎丘区科技城潇湘路 HMAS 351715；南京市玄武区中山植物园 HMAS 350697；扬州市邗江区大明寺 HMAS 350726。

苍耳 *Xanthium strumarium* Linn.：连云港市连云区朝阳街道 HMAS 350396、高公岛街道黄窝景区 HMAS 351486；连云港市赣榆区塔山镇刘沟村 HMAS 351161；连云港市东海县羽山景区 HMAS 351181、桃林镇 HMAS 351651；连云港市灌南县孟兴庄镇 HMAS 351151；徐州市泉山区云龙湖景区 HMAS 351223，徐州生物工程职业技术学院 HMAS 351284、HMAS 351285（周保亚）；徐州市沛县杨屯镇 HMAS 351217；徐州市新沂市窑湾镇 HMAS 351173；无锡市宜兴市龙背山国家森林公园 HMAS 350964；常州市溧阳市西郊公园 HMAS 350948。

E 寄生在豆科 Fabaceae（Leguminosae）植物上。

菌丝体叶面生，亦生于叶柄、茎、花等部位，初为白色圆形斑点或无定形斑片，后扩大连片并布满全叶，展生，存留；菌丝无色，光滑，粗 6~9μm，附着胞乳头形，不明显；分生孢子梗脚胞柱形，直，光滑，上下近等粗或基部略膨大，（40.0~92.5）μm×（10.0~12.5）μm，上接 1~2 个细胞；分生孢子串生，椭圆形，无色，（28.5~37.5）μm×（16.0~19.5）μm，长/宽为 1.4~2.3，平均 1.9，具纤维体。

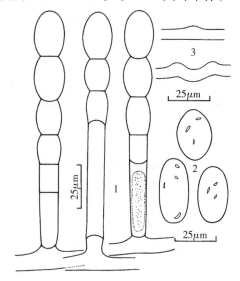

图 30E　苍耳单囊白粉菌 *Podosphaera xanthii*（Castagen）U. Braun & Shishkoff（HMAS 351759）
1. 分生孢子梗和分生孢子　2. 分生孢子　3. 附着胞

豇豆 *Vigna unguiculata*（Linn.）Walp.：连云港市连云区朝阳街道 HMAS 351344、HMAS 351759；连云港市灌南县孟兴庄镇 HMAS 351156；苏州市常熟市董浜镇 HMAS 351443；苏州市虎丘区科技城 HMAS 351464、HMAS 350839。

F 寄生在葫芦科 Cucurbitaceae 植物上。

菌丝体生于叶面、叶柄、茎、卷须和花果等部位，初为白色圆形斑点或无定形斑片，后扩大连片并布满全叶，展生，存留；菌丝无色，粗 5~10μm，附着胞乳头形或不明显；分生孢子梗脚胞柱形，直，光滑，上下近等粗或基部略膨大，（32.5~87.5）μm×

（10.0～15.0）μm，上接1～3个细胞；分生孢子串生，椭圆形，无色，（28.0～40.0）μm×（16.0～22.5）μm（平均30μm×19μm），长/宽为1.4～2.3，平均1.8，具纤维体。

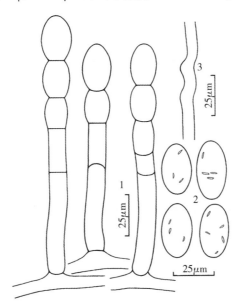

图30F　苍耳单囊白粉菌 *Podosphaera xanthii*（Castagen）U. Braun & Shishkoff（HMAS 351346）

1. 分生孢子梗和分生孢子　2. 分生孢子　3. 附着胞

甜瓜 *Cucumis melo* Linn.：连云港市连云区猴嘴街道 HMAS 350377；连云港市赣榆区城头镇大河洼村 HMAS 351596；徐州市新沂市窑湾镇 HMAS 351172；苏州市姑苏区南门路 HMAS 351449；盐城市射阳县合得 HMAS 350787；南京市玄武区东苑路 HMAS 350932。

小马泡 *Cucumis bisexualis* A. M. Lu & G. C. Wang ex Lu & Z. Y. Zhang：连云港市赣榆区城头镇大河洼村 HMAS 350856；连云港市东海县羽山景区 HMAS 351180；连云港市灌云县侍庄乡滕庄村 HMAS 351153；徐州市沛县杨屯镇 HMAS 351215。

黄瓜 *Cucumis sativus* Linn.：连云港市连云区朝阳街道 HMAS 351346；连云港市赣榆区城头镇大河洼村 Y17096；盐城市射阳县合得镇 HMAS 350789；苏州市常熟市董浜镇 HMAS 350833。

笋瓜 *Cucurbita maxima* Duch. & Lam.：连云港市连云区朝阳街道 HMAS 350850。

南瓜 *Cucurbita moschata*（Duch. & Lam.）Duch. & Poiret：连云港市连云区宿城街道 HMAS62519、朝阳街道张庄村 HMAS 248376、HMAS 351851；连云港市海州区花果山风景区 HMAS 351378、云台街道 HMAS 351763；徐州市沛县杨屯镇 HMAS 351216；盐城市射阳县合得镇 HMAS 350788；南京市玄武钟山景区博爱园 HMAS 350931；苏州市虎丘区科技城 HMAS 351452；苏州市常熟市董浜镇 HMAS 351434。

西葫芦 *Cucurbita pepo* Linn.：连云港市连云区朝阳街道新县街社区 HMAS 351632。

葫芦 *Lagenaria siceraria*（Molina）Standl.：连云港市海州区建国路 HMAS 351793、HMAS 351389；苏州市虎丘区科技城 HMAS 351466。

瓠子 *Lagenaria siceraria*（Molina）Standl. var. *hispida*（Thunb.）Hara：连云港市连云区朝阳街道尹宋村 HMAS 351645。

小葫芦 *Lagenaria siceraria*（Molina）Standl. var. *microcarpa*（Naud.）Hara：连云港市连云区朝阳街道尹宋村 HMAS 351648。

瓠瓜 *Lagenaria siceraria*（Molina）Standl. var. *depresses*（Ser.）Hara：连云港市连云区朝阳街道尹宋村 HMAS 351644。

丝瓜 *Luffa cylindrica*（Linn.）Roem.：连云港市赣榆区城头镇大河洼村 HMAS 350381；连云港市连云区猴嘴街道 HMAS 350398；徐州市沛县杨屯镇 HMAS 351218；徐州市云龙区复兴路 HMAS 351225；南京市玄武区龙宫路 HMAS 350881。

广东丝瓜 *Luffa acutangula*（Linn.）Roxb.：连云港市连云区猴嘴街道 HMAS 350387。

苦瓜 *Momordica charantia* Linn.：连云港市连云区猴嘴街道 HMAS 350386；连云港市赣榆区罗阳镇后罗阳村 HMAS 351158；苏州市常熟市董浜镇 HMAS 351433；南京市玄武区中山植物园 HMAS 350933。

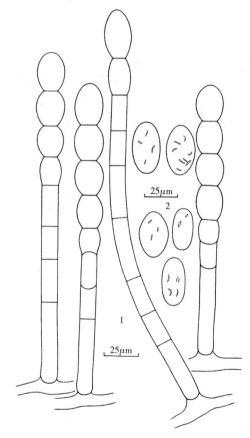

图 30G　苍耳单囊白粉菌

Podosphaera xanthii（Castagen）U. Braun & Shishkoff（HMAS 351799）

1. 分生孢子梗和分生孢子　2. 分生孢子

木鳖 *Momordica cochinchineusis*（Lour.）Spreng.：南京市玄武区中山植物园 HMAS 350928。

王瓜 *Trichosanthes cucumeroides*（Ser.）Maxim.：连云港市连云区朝阳街道 HMAS 351838。

栝楼 *Trichosanthes kirilowii* Maxim.：连云港市连云区朝阳街道 HMAS 350976、HMAS 350990。

马㼎儿 *Zehneria indica*（Lour.）Keraudren：连云港市海州区石棚山景区 HMAS 351396、云台宾馆 HMAS 351792；徐州市沛县河滨公园 HMAS 351200；南京市玄武区钟山景区仰止亭 HMAS 350891；苏州市虎丘区科技城 HMAS 351446。

G 寄生在马鞭草科 Verbenaceae 植物上。

菌丝体叶两面生，初为白色近圆形或无定形斑片，后渐扩大，可布满全叶，展生，存留或消失；菌丝无色，粗 $4\sim11\mu m$，附着胞不明显；分生孢子梗脚胞柱形，直，光滑，上下近等粗，（$32\sim67$）$\mu m\times$（$10\sim12$）μm，上接 $1\sim3$ 个细胞；分生孢子串生，短椭圆形、卵圆形、近球形，无色，（$25\sim34$）$\mu m\times$（$16\sim22$）μm，长/宽为 $1.2\sim2.1$，平均 1.7，具纤维体。

柳叶马鞭草 *Verbena bonariensis* Linn.：徐州市贾汪区 HMAS 351315；连云港市海州区月牙岛 HMAS 351391、HMAS 351799；苏州市虎丘区科技城 HMAS 351472、苏州植物园 HMAS 351723；南京市江宁区牛首山景区 HMAS 350681；南京玄武区中山植物园 HMAS 350902；盐城市射阳县后羿公园 HMAS 350852。

羽叶马鞭草（细叶美女樱）*Verbena tenera* Spreng.：苏州市虎丘区苏州植物园 HMAS 351252；镇江市句容市宝华山 HMAS 350719；南京市玄武区中山植物园 HMAS 350925。

H 寄生在茄科 Solanaceae 植物上。

菌丝体叶两面生，初为白色圆形斑点，后逐渐扩展成片，可布满全叶；菌丝无色，粗 $6\sim10\mu m$，附着胞乳头形；分生孢子梗脚胞柱形，直或基部略弯曲，无色，光滑，上下近等粗或基部略膨大，（$40.0\sim95.0$）$\mu m\times$（$10.0\sim12.5$）μm，上接 $1\sim2$ 个细胞；分生孢子串生，椭圆形，无色，（$31.0\sim43.5$）$\mu m\times$（$15.0\sim22.5$）μm，具纤维体，长/宽为 $1.6\sim2.5$，平均 1.9。

茄子 *Solanum melongena* Linn.：连云港市海州区花果山风景区 HMAS 351381；连云港市连云区朝阳街道朝东社区 HMAS 351406；苏州市常熟市董浜镇 HMAS 351439。

I 寄生在唇形科 Lamiaceae 植物上。

菌丝体叶两面生，亦生于叶柄、茎、花等各部位，展生，存留或消失。初为白色圆形斑点，后扩展布满全叶，可覆盖整个植株体。菌丝无色，粗 $4.5\sim11.0\mu m$，附着胞不明显。分生孢子梗脚胞柱形，直，光滑，上下近等粗，有时向下略缢缩，（$27.5\sim55.0$）$\mu m\times$（$9.5\sim11.5$）μm，上接 $1\sim3$ 个细胞；分生孢子串生，椭圆形、短椭圆形、卵圆形，无色，（$26.0\sim37.5$）$\mu m\times$（$15.5\sim25.0$）μm，长/宽为 $1.2\sim2.0$，平均 1.6，具纤维体（数量少且较小）。

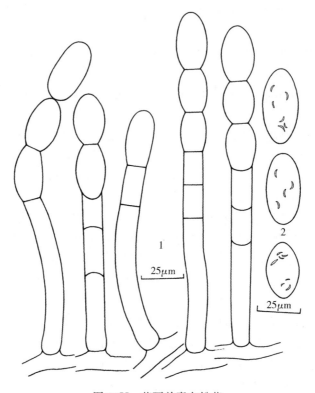

图 30H 苍耳单囊白粉菌

Podosphaera xanthii（Castagen）U. Braun & Shishkoff（HMAS 351406）

1. 分生孢子梗和分生孢子 2. 分生孢子

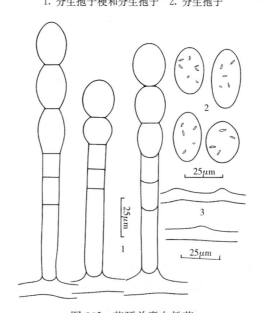

图 30I 苍耳单囊白粉菌

Podosphaera xanthii（Castagen）U. Braun & Shishkoff（HMAS 351798）

1. 分生孢子梗和分生孢子 2. 分生孢子 3. 附着胞

风轮菜 *Clinopodium chinense*（Benth.）O. Kuntze.：南京市玄武区午朝门公园 HMAS 350705；扬州市邗江区大明寺 HMAS 350735；无锡市宜兴市龙背山国家森林公园 HMAS 350962。

蓝花鼠尾草（一串蓝）*Salvia japonica* Thunb.：连云港市海州区新浦公园 HMAS 249827、苍梧绿园 HMAS 350410、月牙岛 HMAS 351798；徐州市贾汪区蓝山 HMAS 351313；南京市玄武区中山植物园 HMAS 350929、HMAS 350899；苏州市虎丘区苏州植物园 HMAS 351251、HMAS 350971。

J 寄生在玄参科 Scrophulariaceae 植物上。

菌丝体叶面生，亦生于叶柄、茎和花茎等部位，初为白色无定形斑点，后逐渐扩展连片，可布满全叶或整个植株体，展生，存留；菌丝无色，粗 5.0～12.5μm，附着胞乳头形；分生孢子梗脚胞柱形，直，光滑，无色，上下近等粗，（26.0～62.0）μm×（10.0～12.5）μm，上接 1～3 个细胞；分生孢子串生，短椭圆形、椭圆形，无色，（26～44）μm×（16～22）μm，具纤维体，长/宽为 1.3～2.9，平均 1.8。

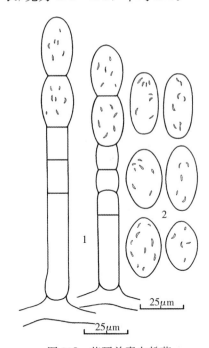

图 30J　苍耳单囊白粉菌
Podosphaera xanthii（Castagen）U. Braun & Shishkoff（HMAS 351697）
1. 分生孢子梗和分生孢子　2. 分生孢子

通泉草 *Mazus japonicus*（Thunb.）O. Kuntze：连云港市海州区苍梧绿园 HMAS 248274；连云港市赣榆区班庄镇曹顶村 HMAS 350873；苏州市虎丘区科技城山湖湾 HMAS 351697。

母草 *Lindernria crustacea*（Linn.）F. Muell.：连云港市连云区朝阳街道 HMAS 350866。

国内分布：全国各地均有分布。

世界分布：广泛分布于世界各地。

讨论：U. Braun 等（2001）指出 *Podosphaera xanthii*（Castagen）U. Braun & Shishkoff emend. 是一个多寄主的复合种，其特征是具有大的子囊果和子囊眼。笔者列出的标本寄主包含菊科 Asteraceae、葫芦科 Cucurbitaceae、大戟科 Euphorbiaceae、豆科 Fabaceae、玄参科 Scrophulariaceae、茄科 Solanaceae、马鞭草科 Verbenaceae 等多科的许多属、种。笔者没有对此处所列的引证标本逐个进行 rDNA 分析，所以其中包含的种类不仅仅只有 *Podosphaera xanthii* 一种。U. Braun（1987）把 *Sphaerotheca xanthii* 作为 *Sphaerotheca fusca*（Fr.）S. Blumer emend. U. Braun 的异名，之后 Braun 和 Shishkoff（2001）把 *Sphaerotheca fusca* emend. U. Braun 分为 *Podosphaera fusca*（Fr. : Fr.）U. Braun & Shishkoff［≡ *Sphaerotheca fusca*（Fr. : Fr.）S. Blumer］（子囊果较小，55～90μm，平均小于 85μm，子囊眼也较小，8～15μm，平均12μm，其寄主仅限于多榔菊属 *Doronicum* 植物）和 *Podosphaera xanthii*（Castagen）U. Braun & Shishkoff［≡ *Sphaerotheca xanthii*（Castagen）L. Junell］（子囊果较大，75～100μm，平均大于 85μm，子囊眼也较大，15～30μm，平均20μm）。

通泉草 *Mazus japonicus*（Thunb.）O. Kuntze 是白粉菌寄主世界新记录种。刺儿菜 *Cirsium arvense* var. *integrifolium*、乳苣 *Lactuca tatarica*、抱茎金光菊 *Rudbeckia amplexicaulis*、黑心金光菊 *Rudbeckia hirta*、水飞蓟 *Silybum marianum*、万寿菊 *Tagetes erecta*、鳢肠 *Eclipta prostrata*、春飞蓬 *Erigeron philadelphicus*、大丽菊 *Dahlia pinnata*、紫松果菊 *Echinacea purpurea*、苦瓜 *Momordica charantia*、木鳖 *Momordica cochinchineusis*、茄子 *Solanum melongena* 是该菌寄主新记录（属）种。

(3) 纤维粉孢属（单囊白粉菌无性型）

Fibroidium（*Podosphaera* anamorphs）

樱桃纤维粉孢   图 31

Fibroidium sp.

菌丝体叶两面生，以叶面为主，初为白色薄而淡的圆形斑点，后逐渐扩展，可布满全叶，展生，消失或存留；菌丝无色，粗4～7μm，附着胞乳头形，单生，常较小；分生孢子梗脚胞柱形，直，光滑或略粗糙，上下近等粗或向下略变细，(45.0～125.0) μm×(8.5～10.5) μm，上接1～2个细胞；分生孢子串生，椭圆形、短椭圆形、卵椭圆形、卵形，无色，(27.5～52.5) μm×(16.0～25.0) μm，纤维体大而明显，长/宽为 1.3～2.8，平均1.9。

寄生在蔷薇科 Rosaceae 植物上。

樱桃 *Cerasus pseudocerasus*（Lindl.）G. Don：连云港市海州区云台街道 HMAS 351753。

讨论：本地樱桃上可见三种 *Podosphaera* 属白粉菌，包括三指单囊白粉菌 *Podosphaera*

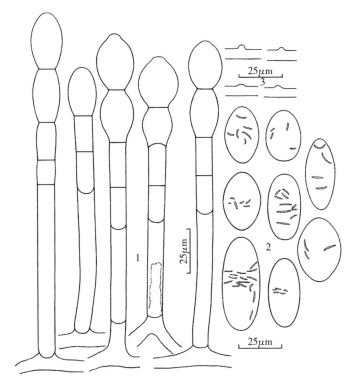

图 31　樱桃纤维粉孢 *Fibroidium* sp.（HMAS 351753）

1. 分生孢子梗和分生孢子　2. 分生孢子　3. 附着胞

tridactyla、樱桃单囊白粉菌 *Podosphaera pruni-cerasoidis* 和樱桃纤维粉孢。樱桃纤维粉
孢分生孢子梗脚胞较长、较粗，（45.0～125.0）μm×（8.5～10.5）μm，分生孢子较大，
（27.5～52.5）μm×（16.0～25.0）μm，纤维体大而明显，长/宽为 1.3～2.8，平均
1.9；三指单囊白粉菌附着胞单生或群生，分生孢子梗脚胞较短、较细，（26.0～
60.0）μm×（6.0～8.5）μm，分生孢子较小，［21～35（～43）］μm×（10～15）μm，
长/宽为 1.5～3.3（～3.8），平均 2.1；樱桃单囊白粉菌分生孢子梗脚胞最长，（37.5～
165.0）μm×（7.0～9.0）μm，母细胞常明显膨大增粗，（25～50）μm×（6～12）μm，
粗糙，分生孢子多为长椭圆形，（28.5～43.5）μm×（12.5～18.5）μm，纤维体数量少，
长/宽为 1.8～4.5，平均 2.4。三者之间差异明显。

悬钩子纤维粉孢　　　　　　　　　　　　　　　　　　　　　　　　　　图 32

Fibroidium sp.

　　菌丝体叶两面生，初为白色无定形斑点，逐渐扩展成片，后布满全叶，展生，存留；
菌丝无色，粗 3.5～10.0μm，附着胞乳头形；分生孢子梗脚胞柱形，直，无色，光滑，
上下近等粗，（62.5～125.0）μm×（10.0～12.5）μm，上接 1～2 个细胞；分生孢子串
生，椭圆形、宽椭圆形、长椭圆形，无色，［25.0～56.0（～62.5）］μm×（13.5～
19.0）μm，具纤维体，长/宽为 1.3～3.3，平均 1.9。

　　寄生在蔷薇科 Rosaceae 植物上。

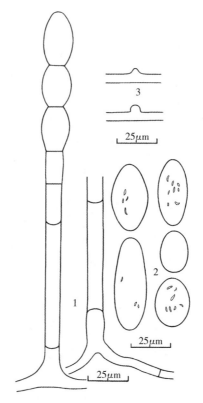

图 32 悬钩子纤维粉孢 *Fibroidium* sp.（HMAS 351246）

1. 分生孢子梗和分生孢子 2. 分生孢子 3. 附着胞

光果悬钩子 *Rubus glabricarpus* W. C. Cheng：连云港市海州区花果山风景区玉女峰 HMAS 351246。

讨论：该菌分生孢子大小变化较大，长/宽为 1.3～3.3，与石楠纤维粉孢相似，但形状明显不同。菌丝有明显的附着胞。

绣线菊纤维粉孢   图 33

Fibroidium sp.

菌丝体叶面生，初为白色圆形或无定形斑点，后逐渐扩大连片，布满全叶，展生，存留或消失；菌丝无色，光滑，粗 4.5～10.0μm，附着胞乳头形；分生孢子梗脚胞柱形，无色，直，光滑（有时略粗糙），上下近等粗，[60.0～137.5（～205.0）] μm×（8.0～10.0）μm，上接 1～3 个细胞；分生孢子串生，柱形、长椭圆形、椭圆形，无色，（31.5～62.5）μm×（12.5～22.5）μm，长/宽为 1.7～5.0，平均 2.5，具纤维体。

寄生在蔷薇科 Rosaceae 植物上。

粉花绣线菊 *Spiraea japonica* L. f.：南通市海安市七星湖生态园 HMAS 248261。

讨论：该菌无性阶段分生孢子梗长，最长可超过 200μm。分生孢子长/宽为 1.7～5.0，平均 2.5，明显大于其他种类，与同一寄主上的绣线菊生单囊白粉菌 (*Podosphaera spiraeicola* U. Braun) 在分生孢子梗长度、分生孢子长/宽比值等方面差异

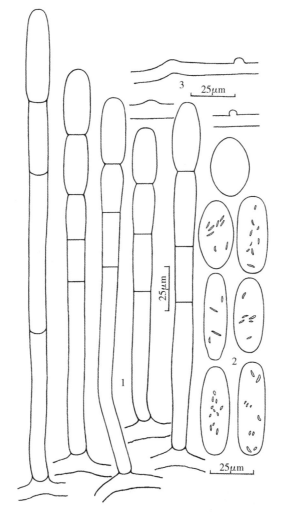

图 33　绣线菊纤维粉孢 *Fibroidium* sp.（HMAS 248261）
1. 分生孢子梗和分生孢子　2. 分生孢子　3. 附着胞

明显，两者应为不同的种。

玫瑰长梗纤维粉孢　　　　　　　　　　　　　　　　　　　　　　　图 34

Fibroidium sp.

菌丝体叶两面生，以叶背为主，初为白色圆形或无定形斑点，后逐渐扩展连片并布满全叶，形成浓厚而致密的菌粉层，展生，存留；菌丝无色、光滑，粗 3.5～10.0 µm，附着胞乳头形；分生孢子梗长 100～500 µm，脚胞柱形，长，直或略弯曲，无色，光滑或略粗糙，上下近等粗，有时中间略变粗，（60.0～410.0）µm×（7.5～12.0）µm，上接 1～2 个细胞；分生孢子串生，椭圆形、长椭圆形，无色，（25.0～38.5）µm×（12.5～19.0）µm，具纤维体，长/宽为 1.4～2.6，平均 1.9。

寄生在蔷薇科 Rosaceae 植物上。

玫瑰 *Rosa rugosa* Thunb.：连云港市连云区海上云台山风景区北门 HMAS 248388，

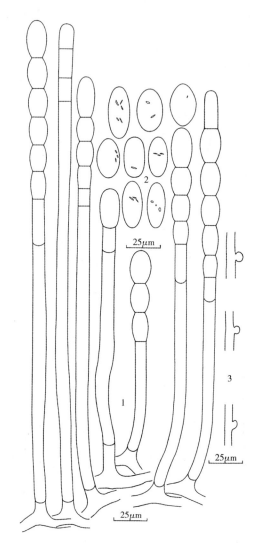

图 34　玫瑰长梗纤维粉孢 *Fibroidium* sp.（HMAS 248388）

1. 分生孢子梗和分生孢子　2. 分生孢子　3. 附着胞

朝阳街道马山村 HMAS 351248、朝东社区 HMAS 351658。

　　讨论：该菌最大的特征是分生孢子梗脚胞长，最长可达 $400\mu m$ 以上，是笔者观测到的所有单囊白粉菌中最长的一种。

火棘纤维粉孢 　　　　　　　　　　　　　　　　　　　　　　　　　　　　　　图 35

Fibroidium sp.

　　菌丝体叶两面生，以叶面为主，亦生于叶柄、嫩茎、花和果实等，初为白色圆形无定形斑点，后渐扩展布满全叶，展生，消失；菌丝无色，光滑或略粗糙，粗 $3.5\sim10.0\mu m$，附着胞乳头形；分生孢子梗脚胞柱形，直或略弯曲，无色，光滑，上下近等粗或基部略粗，$(30\sim75)$ $\mu m\times$ $(8\sim9)$ μm，上接 $1\sim2$ 个细胞，有明显的颗粒状纤维体；分生孢子串生，柱形、柱状长椭圆形、长卵形，无色，$[25.0\sim48.5\,(\sim57.5)]$ $\mu m\times$ $(10.0\sim$

17.5）μm，长/宽为 1.7～4.4，平均 2.5，有明显纤维体，数量多。

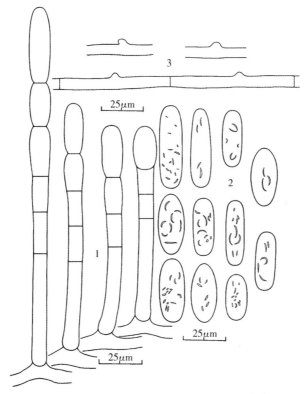

图 35　火棘纤维粉孢 *Fibroidium* sp.（HMAS 248387）
1. 分生孢子梗和分生孢子　2. 分生孢子　3. 附着胞

寄生在蔷薇科 Rosaceae 植物上。

火棘 *Pyracantha fortuneana*（Maxim.）H. L. Li：连云港市海州区郁洲路 HMAS 248387、郁洲公园 HMAS 351089。

讨论：该菌与石楠上的白单囊白粉菌 *Podosphaera leucotricha*（Ellis & Everh.）E. S. Salmon 和绣线菊纤维粉孢相似，但分生孢子较白单囊白粉菌长，长/宽为 1.7～4.4，平均 2.5，分生孢子梗有明显纤维体。分生孢子梗较绣线菊纤维粉孢短，rDNA 分析表明该菌是一个新种。

荨麻科纤维粉孢　　　　　　　　　　　　　　　　　　　　　　　图 36

Fibroidium sp.

菌丝体生于叶两面及茎等各部位，初为白色圆形或无定形斑点，后逐渐扩展连片并布满全叶，展生，存留或消失；菌丝无色、光滑，粗 3.5～10.0μm，附着胞不明显；分生孢子梗脚胞柱形，直，无色，光滑，上下近等粗，（30.0～84.0）μm×（9.0～11.5）μm，上接 1～2 个细胞；分生孢子串生，椭圆形、柱状椭圆形，无色，（30.0～40.0）μm×（12.5～20.0）μm，具纤维体，长/宽为 1.7～2.5，平均 2.1。

寄生在荨麻科 Urticaceae 植物上。

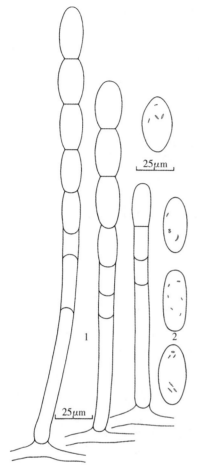

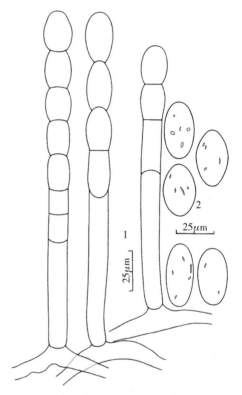

图 36A 荨麻纤维粉孢
Fibroidium sp.（HMAS 350914）
1. 分生孢子梗和分生孢子 2. 分生孢子

图 36B 荨麻纤维粉孢
Fibroidium sp.（HMAS 350722）
1. 分生孢子梗和分生孢子 2. 分生孢子

苎麻 *Boehmeria nivca*（Linn.）Gaudich.：淮安市盱眙县铁山寺国家森林公园 HMAS 351119。

毛花点草 *Nanocnide lobata* Wedd.：镇江市句容市宝华山 HMAS 350722。

紫麻 *Oreocnide frutescens*（Thunb.）Miq.：南京市栖霞区栖霞山 HMAS 350914。

2 叉钩丝壳亚族

Subtribe ***Sawadaeinae***（U. Braun）U. Braun & S. Takam.，Schlechtendalia 4：32，2000；Liu，The Erysiphaceae of Inner Mongolia：223，2010；Braun & Cook，Taxonomic Manual of the Erysiphales（powdery mildews）：172，2012.

本亚族含有叉钩丝壳属（*Sawadaea*）和高松属（*Takamatsuella*）两个属。叉钩丝壳属在江苏省有分布。

(1) 叉钩丝壳属

Sawadaea Miyabe，in Sawada，Special Bull Agric. Exp. Stat. Formosa 9：49，1914；Zheng & Yu（eds.），Flora Fungorum Sinicorum 1：298，1987；Braun，Beih. Nova Hedwigia 89：441，1987；Liu，The Erysiphaceae of Inner Mongolia ：223，2010；Braun & Cook，Taxonomic Manual of the Erysiphales（powdery mildews）：172，2012.

Uncinula Lév.，Ann. Sci. Nat.，Bot.，3 Sér.，15：151，138，1851. p. p.

菌丝体表生，在寄主植物表皮细胞内形成吸胞，附着胞乳头形至裂瓣形，或不明显；分生孢子梗发生于表生菌丝，大、小两型，大、小两型分生孢子分别形成在各种分生孢子梗上，串生，含有明显的纤维体；子囊果扁球形，有腹背性，包被多层，暗褐色；附属丝发生于子囊果的上半部，壁厚，大部分规则二叉状分枝，一次至多次，少数三叉状分枝，顶端简单钩状至卷曲；子囊多个；子囊孢子多为 8 个。

模式种：二角叉钩丝壳 *Sawadaea aceris*（DC.）Miyabe *S. bicornis*（Wallr.：Fr.）Homma

无性型：八角粉孢属 *Octagoidium*（R. T. A. Cook，A. J. Inman & C. Billings）R. T. A. Cook & U. Braun；Braun & Cook，Taxonomic Manual of the Erysiphales（powdery mildews）14：172，2012.

讨论：全世界有 10 种，江苏地区有 3 种，寄生在 2 科 2 属 4 种植物上。

叉钩丝壳属 *Sawadaea* 分种检索表

1. 附属丝短，双叉状分枝或不分枝 ·················· 栾树叉钩丝壳 *Sawadaea koelreuteriae*
1. 附属丝长，双叉状分枝或三叉状分枝 ··· 2
2. 附属丝 25～150 根，长 50～200μm，双叉状分枝 1～2 次 ······ 二角叉钩丝壳 *Sawadaea bicornis*
2. 附属丝 100～300 根，长 50～120μm，双叉状或三叉状分枝 ······························
　　　　　　　　　　　　　　　　　　　　　　　　　多裂叉钩丝壳 *Sawadaea polyfida*

二角叉钩丝壳

Sawadaea bicornis（Wallr.：Fr.）Homma，J. Fac. Agric. Hokkaido Univ. 38：371，1937；Zheng & Yu（eds.），Flora Fungorum Sinicorum 1：298，1987；Braun，Beih. Nova Hedwigia 89：441，1987；Liu，The Erysiphaceae of Inner Mongolia ：223，2010；Braun & Cook，Taxonomic Manual of the Erysiphales（powdery mildews）：173，2012.

Alphitomorpha bicornis Wallr.，Verh. Ges. Naturf. Freunde Berlin 1（1）：38，1819.

Sawadaea negundinis Homma，J. Fac. Agric. Hokkaido Imp. Univ. 38：375，1937；Zheng & Yu（eds.），Flora Fungorum Sinicorum 1：302，1987.

Uncinula aceris（DC.），Sacc.，Syll. Fung. 1：8，1882 ；Tai，Sylloge Fungorum Sinicorum：338，1979.

Uncinula negundinis （Homma） F. L. Tai，in Chi et al.，Fungus Diseases on Cultivated Plants of Jilin Province：358，1966；Tai，Sylloge Fungorum Sinicorum：342，1979.

子囊果散生至近聚生，暗褐色，扁球形或近球形，直径 100～215μm，壁细胞不规则多角形或菱状多角形，直径 5.0～22.5μm；附属丝自子囊果上半部生出，25～125（～150）根，长为子囊果直径的 1 倍左右，长 50～175（～200）μm，多数 100～150μm，直或稍弯曲，多数双叉状分枝 1～2 次，少数不分枝，主干基部较粗，5.0～10.5μm，由下向上渐变细，顶部宽 2～4μm，顶端钩状卷曲 1.0～1.5 圈，圈紧，全长平滑或分枝以下略粗糙，壁厚常连合，无色，无隔；子囊 5～10 个，不规则卵形、宽卵形、椭圆形、半圆形等，多数无柄，少数有不明显短柄，（47.5～82.5）μm×（25.0～60.0）μm，子囊壁厚 2～4μm，顶部有明显的子囊眼，大小 10～20μm；子囊孢子 6～8 个，椭圆形、卵形等，（15～30）μm×（8～15）μm，淡灰色。

寄生在槭树科 Aceraceae 植物上。

茶条槭 *Acer ginnala* Maxim.：连云港市连云区宿城街道枫树湾 HMAS 62171、HMAS 351413，船山飞瀑景区 HMAS 351188。

国内分布：江苏、北京、吉林、辽宁、四川、湖南、云南。

世界分布：亚洲（中国、伊朗、以色列、日本、韩国以及俄罗斯西伯利亚及远东地区、中亚地区），北美洲（美国、加拿大），欧洲全境，南美洲（阿根廷）以及新西兰。

讨论：本地区无性阶段未确定。

栾树叉钩丝壳（栾树白粉菌） 图 37

Sawadaea koelreuteriae （I. Miyake） H. D. Shin ＆ M. J. Park，J. Microbiol. (Microbiol. Soc. Korea) 49 （5）：864，2011；Braun ＆ Cook，Taxonomic Manual of the Erysiphales （powdery mildews）：176，2012；Liu et al. Journal of Fungal Research 15 （2）：114，2017.

Uncinula koelreuteriae I. Miyake，Bot. Mag. Tokyo 27：39，1913.

Erysiphe koelreuteriae （I. Miyake） F. L. Tai，Bull. Chin. Bot. Soc. 2：16，1936；Zheng ＆ Yu (eds.)，Flora Fungorum Sinicorum 1：106，1987；Braun，Beih. Nova Hedwigia 89：554，1987.

Typhulochaeta koelreuteriae （I. Miyake） F. L. Tai，Bull. Torrey Bot. Club 73：125，1946；Tai，Sylloge Fungorum Sinicorum：337，1979.

菌丝体叶两面生，也生于叶柄、茎或嫩枝叶等部位，初为薄而淡的白色圆形或无定形斑点，后逐渐扩展，可连片并布满全叶，侵染嫩枝、嫩梢的可形成浓厚的粉层覆盖整个枝梢，展生，消失或存留；菌丝无色，粗 3.5～7.5μm，附着胞乳头形或不明显；分生孢子有大小两种类型：小型分生孢子梗脚胞柱形，无色，直，光滑，上下近等粗，（20.0～37.5）μm×（5.5～8.5）μm；小型分生孢子串生，无色，矩状椭圆形、椭圆形、近圆形、圆形，（7.5～17.5）μm×（7.0～12.5）μm，有明显的纤维体；大型分生孢子梗脚胞柱形，无色，直，光滑，上下近等粗或向下稍变细，（25.0～55.0）μm×（6.5～9.0）μm；大型分生孢子串生，梭状椭圆形、椭圆形、长椭圆形、短椭圆形、宽卵形、卵形、近圆形等，无色，［（17.5～）22.5～45.0（～75.0）］μm×［12.5～19.0（～24.0）］μm，具明显纤维体；子囊果散生，暗褐色，扁球形或近球形，直径137～212μm，壁细胞不规则多角形，直径5.0～17.5μm；附属丝30～300根，自子囊果上半部生出，一般简单，约有20%～30%的附属丝双叉状分枝1次，直或弯曲，顶端常弯曲或简单钩状卷曲，钝圆，长为子囊果直径的0.1～0.5倍，长10～75μm，上下近等粗或向上稍细，宽5.0～11.5μm，壁厚常连合，平滑，无隔膜，无色；子囊5～20个，椭圆形、长椭圆形、半圆状香蕉形、长卵形、卵形、卵圆形等，多数有短柄，少数柄较长或近无柄，（62.5～83.5）μm×［（32.5～）40.0～60.0（～65.0）］μm，易吸水膨大，可达（85～100）μm×（50～70）μm，子囊壁厚2～6μm，有子囊眼，大小10～15（～17.5）μm；子囊孢子8个，椭圆形、卵形等，［（14～）21～33］μm×［（9～）14～20］μm。

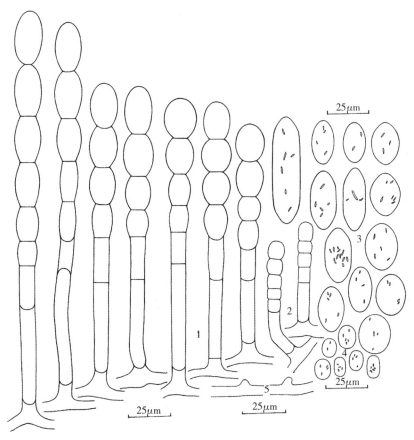

图37　栾树叉钩丝壳 *Sawadaea koelreuteriae* (I. Miyake) H. D. Shin & M. J. Park（HMAS 350986）
1. 大型分生孢子梗和分生孢子　2. 小型分生孢子梗和分生孢子　3. 大型分生孢子　4. 小型分生孢子　5. 附着胞

寄生在无患子科 Sapindaceae 植物上。

复羽叶栾树 *Koelreuteria bipinnata* Franch.：连云港市海州区孔望山景区 HMAS 249779、苍梧绿园 HMAS 249795、海州公园 HMAS 350986（有性阶段）；连云港市连云区猴嘴街道 Y16065、HMAS 350399；连云港市赣榆区班庄镇抗日山景区 HMAS 351627；徐州市泉山区云龙湖景区 HMAS 351326、HMAS 351222，云龙山景区 HMAS 351327；

徐州市沛县河滨公园 HMAS 351196；盐城市射阳县后羿公园 HMAS 350796；扬州市邗江区念四桥路 HMAS 350741；南京市玄武区龙宫路 HMAS 350882；南京市栖霞区栖霞山 HMAS 350907；苏州市虎丘区科技城 HMAS 350842、HMAS 351012；无锡市宜兴市龙背山国家森林公园 HMAS 350960。

国内分布：江苏、北京、河北、河南。

世界分布：中国、韩国。

讨论：郑儒永等（1987）在报道该菌时，记录其附属丝 40～140 根，长 25～56μm，子囊 14～20 个。笔者采集鉴定的菌成熟子囊果附属丝数量最多可达 300 根，长度也较长，子囊数量较少，可能与子囊果的成熟度有关。成熟的子囊可见子囊眼。在本地区有性阶段少见，成熟子囊数量少，很多子囊果上看不到附属丝或附属丝很短。该菌最显著的特征是分生孢子大小和形状的多样性，除了可以明显分成大小两种分生孢子外，大型分生孢子还可以分成大、中、小三种类型：大型（45.0～75.0）μm×（13.5～24.0）μm；中型（22.5～43.5）μm×（12.0～19.0）μm；小型（17.2～27.5）μm×（12.5～21.0）μm。三种不同大小的孢子在形状上也有一定差异。本地区该菌的小型分生孢子少见。

多裂叉钩丝壳 图 38

Sawadaea polyfida (C. T. Wei) R. Y. Zheng & G. Q. Chen, Acta Microbiol. Sin. 20 (1)：42，1980；Zheng & Yu (eds.), Flora Fungorum Sinicorum 1：304，1987；Braun, Beih. Nova Hedwigia 89：444，1987；Braun & Cook, Taxonomic Manual of the Erysiphales (powdery mildews)：178，2012.

Uncinula polyfida C. T. Wei, Nanking J. 11 (3)：109，1942.

Sawadaea polyfida var. *japonica* U. Braun & Tanda, Mycotaxon 22 (1)：93，1985.

菌丝体叶两面生，也生于叶柄、茎或嫩枝叶等部位，初为白色圆形斑点，后逐渐扩展连片并布满全叶，侵染嫩枝梢的可形成浓厚的粉层覆盖整个枝梢，展生，消失或存留；菌丝无色，光滑，粗 3.5～9.5μm，附着胞乳头形；分生孢子有大小两种类型：大型分生孢子梗脚胞柱形，无色，直，光滑，上下近等粗或向下稍变细，（21.0～47.5）μm×（7.0～9.0）μm，大型分生孢子串生，梭状椭圆形、椭圆形、长椭圆形、短椭圆形、宽卵形、近圆形等，无色，[20.5～37.5（～43.5）] μm×（12.5～19.0）μm，具明显纤维体，小型分生孢子梗脚胞柱形，无色，直，光滑，基部略粗，向上稍细，少数上下近等粗，（22.5～47.5）μm×（4.5～7.0）μm；小型分生孢子串生，无色，矩圆形、近圆形、卵圆形、短椭圆形，（5.0～11.5）μm×（5.0～7.5）μm，有明显的纤维体；子囊果散生，暗褐色，扁球形，直径 150～230μm，壁细胞不规则多角形，直径 5～20μm；附属丝 100～300 根，自子囊果上半部生出，多双叉状或三叉状分枝，直或弯曲，顶端简单钩状或卷曲 1 圈，长为子囊果直径的 0.3～0.7 倍，长 50～120μm，上下近等粗，少数稍有粗细变化，基部宽 4～10μm，自上而下壁厚且常连合，全长平滑，无隔膜，无色；子囊 8～35 个，长椭圆形、椭圆形、长卵形、三角状卵形等，有短柄，（60～95）μm×（31～50）μm；子囊孢子（6～）8 个，椭圆形、卵形、卵圆形等，（10.0～29.0）μm×（9.0～16.5）μm。

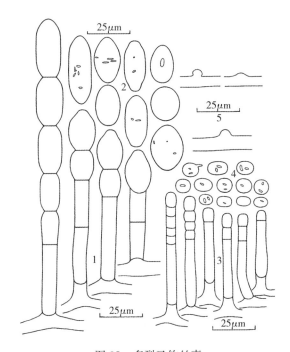

图 38 　多裂叉钩丝壳
Sawadaea polyfida（C. T. Wei）R. Y. Zheng ℰ G. Q. Chen（HMAS 350843）
1. 大型分生孢子梗和分生孢子　2. 大型分生孢子
3. 小型分生孢子梗和分生孢子　4. 小型分生孢子　5. 附着胞

寄生在槭树科 Aceraceae 植物上。

鸡爪槭 *Acer palmatum* Thunb.：连云港市连云区朝阳街道 HMAS 350983；徐州市泉山区云龙湖景区 HMAS 351231；南京市栖霞区栖霞山 HMAS 350909；南京市浦口区老山景区 HMAS 350988；南京市玄武区中山植物园 HMAS 351249（有性阶段）；无锡市宜兴市龙背山国家森林公园 HMAS 350958；苏州市虎丘区镇湖 HMAS 350843（无性阶段）。

国内分布：江苏、四川。

世界分布：中国、日本。

讨论：鸡爪槭 *Acer palmatum* Thunb. 是该菌新记录寄主。该菌小型分生孢子十分常见，有时几乎全部是小型分生孢子，大分生孢子不多见。

（2）八角粉孢属

Octagoidium（R. T. A. Cook，A. J. Inman ℰ C. Billings）R. T. A. Cook ℰ U. Braun

茶条槭八角粉孢　　　　　　　　　　　　　　　　　　　　　　　　　　图 39
Octagoidium sp.

菌丝体叶两面生，以叶面为主，初为白色圆形斑点，后逐渐扩展，可连片并布满全叶，展生，消失或存留；菌丝无色，光滑，粗 5～8μm，附着胞乳头形，小而不明显；大型分生孢子梗脚胞柱形，无色，直，平滑，上下近等粗或向下稍变细，（30.0～55.0）μm×（9.0～11.5）μm；大型分生孢子串生，梭状椭圆形、梭形、卵椭圆形、椭圆形等，两端常有乳头状突起，无色，（31.0～43.5）μm×（17.5～24.0）μm，纤维体多颗粒状，有时不明显，长/宽为 1.3～2.5；小型分生孢子柱形、近圆形等，无色，（16～26）μm×（12～25）μm，纤维体不明显。

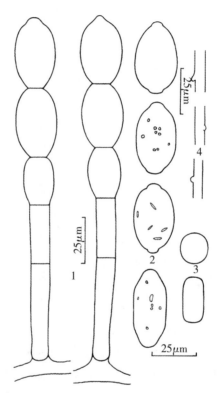

图 39 茶条槭八角粉孢 *Octagoidium* sp.（HMAS 350700）
1. 大型分生孢子梗和分生孢子　2. 大型分生孢子　3. 小型分生孢子　4. 附着胞

寄生在槭树科 Aceraceae 植物上。

茶条槭 *Acer ginnala* Maxim.：南京市栖霞区栖霞山 HMAS 350700。

讨论：采自栖霞山的无性阶段没有见到子囊果，而采自连云港市同一寄主上的二角叉钩丝壳 *Sawadaea bicornis* 没有见到无性阶段，但两者没有对应关系，不能相互印证，难以判断该菌就是二角叉钩丝壳 *Sawadaea bicornis* 的无性阶段。

建设槭八角粉孢　　　　　　　　　　　　　　　　　　　　　　　　　　　　　　图 40
***Octagoidium* sp.**

　　菌丝体叶两面生，也生于茎或侵染嫩枝、嫩叶等部位，初为白色圆形斑点，后逐渐扩展，可连片并布满全叶，侵染嫩枝、嫩梢的可形成浓厚的粉层覆盖整个枝梢，展生，消失或存留；菌丝无色，光滑，粗 5～14μm，附着胞乳头形；大型分生孢子梗脚胞柱形，无色，直，光滑，上下近等粗，（22.5～55.0）μm×（8.5～10.0）μm，脚胞以下菌丝有时会明显膨大增粗，大型分生孢子串生，椭圆形、宽椭圆形、近圆形等，无色，［28.5～52.5（～65.0）］μm×（18.5～27.5）μm，两端有大而明显的乳头状突起，纤维体数量少且大，长/宽为 1.1～2.3（～3.8），平均 1.5。

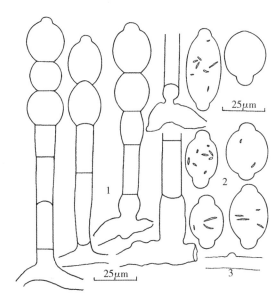

图40 建设椴八角粉孢 *Octagoidium* sp.（HMAS 350723）
1. 分生孢子梗和分生孢子 2. 分生孢子 3. 附着胞

寄生在椴树科 Aceraceae 植物上。

建设椴 *Acer henryi* Pax.：镇江市句容市宝华山 HMAS 350723、HMAS 350942。

讨论：春秋两季跟踪观测采集，仅采集到无性阶段，也未观察到小型分生孢子。

（四）球针壳族

Tribe ***Phyllactinieae***（Palla.）R. T. A. Cook et al., in Braun, Schlechtendalia 3：52，1999.

本族包含四个属：内丝白粉菌属 *Leveillula*、球针壳属 *Phyllactinia*、半内生钩丝壳属 *Pleochaeta* 和罗丝菌属 *Queirozia*。除罗丝菌属 *Queirozia* 外江苏省均有分布。

（1）内丝白粉菌属

Leveillula G. Arnaud, Ann. Epiphyt. 7：94，1921；Braun, Beih. Nova Hedwigia 89：556，1987；Zheng & Yu（eds.），Flora Fungorum Sinicorum 1：146，1987；Liu, The Erysiphaceae of Inner Mongolia 3：227，2010；Braun & Cook, Taxonomic Manual of the Erysiphales（powdery mildews）：180，2012.

菌丝体分内、外两型，内生菌丝寄生于寄主组织内并在细胞中产生吸器，外生菌丝生于寄主表面，菌丝存留，呈厚毡状；无性型为拟粉孢，分生孢子梗从内生菌丝上形成并从寄主气孔伸出，很少由表生菌丝产生，简单或偶尔分枝；分生孢子单生，大，两型，初生分生孢子和次生分生孢子往往有明显区别；子囊果大，扁球形、凹盘形至近球形，包被多层，暗褐色，外壁细胞轮廓不清楚；附属丝丝状，简单或不规则分枝，与菌丝交织在一起；子囊多数，大；子囊孢子（1～）2（～4）个。

模式种：托罗斯内丝白粉菌 Leveillula taurica（Lév.）G. Arnaud

无性型：拟粉孢属 Oidiopsis Scalia，Atti Congr. Bot. Palermo：396，1902.

托罗斯内丝白粉菌（鞑靼内丝白粉菌） 图 41

Leveillula taurica（Lév.）G. Arnaud，Ann. Épiphyt. 7：94，1921；Tai，Sylloge Fungorum Sinicorum：190，1979；Zheng & Yu（eds.），Flora Fungorum Sinicorum 1：161，1987；Braun，Beih. Nova Hedwigia 89：558，1987；Liu，The Erysiphaceae of Inner Mongolia：231，2010；Braun & Cook，Taxonomic Manual of the Erysiphales（powdery mildews）：206，2012.

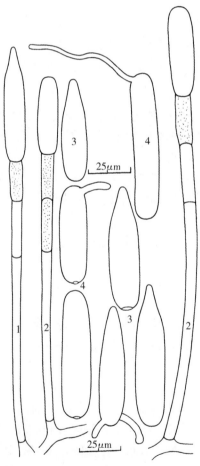

图 41 托罗斯内丝白粉菌 *Leveillula taurica*（Lév.）G. Arnaud（HMAS 249823）
1. 初生分生孢子梗和分生孢子 2. 次生分生孢子梗和分生孢子 3. 初生分生孢子 4. 次生分生孢子

Erysiphe taurica Lév.，Ann. Sci. Nat. Ⅲ. 15：53，151.

Leveillula compositarum Golovin，Plant. Crypt. 10：219，1956；Zheng & Yu（eds.），
Flora Fungorum Sinicorum 1：150，1987；Liu, Forest Pest and Disease 1：8，1998.

Leveillula ranunculacearum Golovin，Plant. Crypt. 10：266，1956；Tai, Sylloge
Fungorum Sinicorum：190，1979；Zheng & Yu（eds.），Flora Fungorum Sinicorum
1：157，1987.

　　菌丝体叶两面生，以叶背为主，初为白色无定形斑点，后扩展连片，形成白色毡状斑片至覆盖整个叶面；外生菌丝无色，光滑，粗 3.0～7.5μm，附着胞裂瓣形；分生孢子梗长 130～250μm，脚胞柱形，直或稍弯曲，（50～150）μm×（5～7）μm，上部不分枝或分枝；分生孢子单生，初生分生孢子披针形至宽披针形，粗糙，（55～85）μm×（14～20）μm，次生分生孢子圆柱形，粗糙，（47.5～90.0）μm×（14.0～19.0）μm；未观测到附着胞，也未见有性阶段。

　　寄生在茄科 Solanaceae 植物上。

　　辣椒 *Capsicum annuum* Linn.：连云港市连云区宿城街道夏庄村 HMAS 249823、HMAS 351186。

　　朝天椒 *Capsicum annuum* Linn. var. *conoides*（Mill.）Irish：连云港市连云区宿城街道夏庄村 HMAS 351243。

　　国内分布：江苏、内蒙古、甘肃、新疆。

　　世界分布：亚洲，非洲，大洋洲，北美洲，南美洲，欧洲南部及地中海地区。

　　讨论：本地未见有性阶段产生。

（2）球针壳属

Phyllactinia Lév.，Ann. Sci. Nat.，Bot.，3 Sér.，15：144，1851；Zheng & Yu
（eds.），Flora Fungorum Sinicorum 1：232，1987；Braun, Beih. Nova Hedwigia 89：
576，1987；Liu, The Erysiphaceae of Inner Mongolia：243，2010；Braun & Cook,
Taxonomic Manual of the Erysiphales（powdery mildews）：214，2012.

Erysiphe R. Hedw, ex DC.：Fr., in Lamarck & de Candolle, Fl. Franc. 2：272，
1805 p. p.

　　菌丝体分内、外生两型，外生菌丝生于寄主表面，内生菌丝是由外生菌丝形成的特殊分枝，从寄主气孔进入叶片的细胞间隙，在细胞内产生吸胞；菌丝无色，光滑，壁薄，附着胞乳头形、指状、枝形，浅裂至深裂呈珊瑚形；无性型为拟小卵孢属，分生孢子梗从外生菌丝上生成，长而细，简单，脚胞直、弯曲、波状弯曲或螺旋状扭曲；分生孢子单生，偶尔串生，大，初生分生孢子和次生分生孢子没有明显的形态区别，棍棒形、披针形、宽倒卵形、梨形、匙形、近圆柱形、哑铃形等，芽管自分生孢子任一部位产生，长短不一，顶端稍膨大或呈裂瓣形；子囊果暗褐色，100～400μm，扁球形或双凸透镜形，包被多层，暗褐色；附属丝两型，长型附属丝生于子囊果的"赤道"上，4～30 根，针状，顶端尖，基部膨大呈球形，硬挺，透明，简单，偶尔有一次叉状分枝，短型附属丝为透明的帚状细胞丛生在子囊果顶部，柄柱形、棒状或瓶形，顶部丛生透明丝状体，遇水胶化；子囊多

数，椭圆形、囊形、棍棒形、哑铃形等；子囊孢子 2～4（～5）个，多数大，椭圆形，无色至淡黄色或淡褐色。

模式种：榛球针壳 *Phyllactinia guttata*（Wallr.：Fr.）Lév.

无性型：拟小卵孢属 *Ovulariopsis* Pat. & Har.，J. Bot.（Morot）14：245，1900.

讨论：本属和 *Leveillula* 一样，不同的种在形态学上具有高度一致性。Salmon 在他的白粉菌科专著中将此属处理为单种 *Phyllactinia corylea*（Pers.）P. Karst.，而一些前苏联的学者多是在种下分变型（forma）。戴芳澜（1979）把我国的本属鉴定为 9 个种，余永年等（1978）对我国本属真菌进行研究时，对种的概念和划分进行了详细的讨论，把每个种的寄主范围界定在科以内，并人为地把子囊果上针状附属丝分为长附属丝子囊果类型和短附属丝子囊果类型。Braun（1987）认为他们把寄生范围限制在一个科的方法欠妥，把子囊果附属丝按长、短来划分也行不通。Shin（2000）提出 *Phyllactinia* 属的无性型特征可以作为划分种的依据，随后对这个属的子囊果帚状细胞做了详细的观测，他们发现特定种帚状细胞的形态学特征相当一致，并且种与种之间存在明显差异，这些差异也得到了分子序列分析的验证（Takamatsu 等，2008），表明把 *Phyllactinia* 的种局限于单一寄主属的不同寄主或单一寄主科内的几个同源寄主的分类方法是正确的。

笔者观测了本地区 *Phyllactinia* 不同种的无性阶段，表明它们的无性型形态特征的差异普遍大于其有性阶段特征，它们在分生孢子大小、形状，分生孢子梗和脚胞的长短以及附着胞形状等方面都存在明显差异，可以作为该属种分类的参考特征。

球针壳属 *Phyllactinia* 分种检索表

1. 子囊果直径最大可达 260～321μm ·· 2
1. 子囊果直径一般在 250μm 以内 ·· 10
2. 附属丝长度为子囊果直径的 1.8 倍以内 ·· 3
2. 附属丝长度为子囊果直径的 1～2 倍或以上 ·· 7
3. 子囊果较大，160～320μm ·· 4
3. 子囊果较小，160～270μm，附属丝数较多 ·· 5
4. 子囊果直径 160～300μm，附属丝 5～13 根，寄生在蔷薇科植物上················
·················· 沙梨球针壳 *Phyllactinia pyri-serotinae*
4. 子囊果直径 230～320μm，附属丝 8～18 根，寄生在壳斗科植物上················
····················· 栎球针壳 *Phyllactinia roboris*
5. 附着胞对生，树枝状裂瓣形，寄生在青风藤科植物上·········· 清风藤球针壳 *Phyllactinia sabiae*
5. 附着胞单生 ··· 6
6. 脚胞较长，（50.0～200.0）μm×（5.0～7.5）μm，子囊数量较多，10～35 个，寄生在苦木科植物上 ·· 臭椿球针壳 *Phyllactinia ailanthi*
6. 脚胞较短，（52.5～100.0）μm×（6.0～7.0）μm，子囊数量较少，5～15 个，寄生在柿树科 Ebenaceae 植物上 ·· 柿生球针壳 *Phyllactinia kakicola*
7. 附属丝长度为子囊果直径的 1～2 倍 ·· 8
7. 附属丝长度为子囊果直径的 1.0～2.5 倍 ·· 9
8. 寄生在紫葳科植物上 ·· 梓树球针壳 *Phyllactinia catalpae*

猕猴桃球针壳（连云港球针壳） 图 42

Phyllactinia actinidiae （Jacz.）Bunkina, Nizshie rasteniya, griby i mokhoobraznye Sovetskogo Dal'nego Vostoka, Tom 2, Askomicety, Erizifal'nye, Klavitsipital'nye, Gelotsial'nye：139, 1991；Braun & Cook, Taxonomic Manual of the Erysiphales（powdery mildews）：220, 2012.

Phyllactinia suffulta f. *actinidiae* Jacz.（Jaczewski 1927：424）.

Phyllactinia lianyungangensis S. J. Gu & Y. S. Zhang, Mycosystema 17（1）：19；1998.

菌丝体叶两面生，以叶背为主，初为白色圆形或无定形斑片，后扩展连片，展生，留存或消失；菌丝无色，光滑，粗 4～7μm，附着胞裂瓣形，呈简单枝状或指状，对生；分生孢子梗脚胞柱形，（60.0～100.0）μm×（5.0～7.5）μm，上接 2～3 个细胞；分生孢子单生，无色，宽卵形、卵状棍棒形、棍棒形，顶端钝圆，有明显乳头状突起，（55.0～87.5）μm×（22.5～35.0）μm；子囊果散生至近聚生，暗褐色，扁球形，直径 161～

228μm，壁细胞不规则多角形，直径 6.5～24.0μm；附属丝 8～16 根，直挺或稍弯曲，针状，无色，透明，基部膨大呈球形，直径 27～50μm，附属丝长为子囊果直径的 1～2 倍，长 147～415μm；帚状细胞全长 70～120μm，柄呈柱形，约为全长的 1/2，（23.0～65.0）μm×（8.0～17.5）μm，上部具多个分枝；子囊 6～16 个，淡黄色，长椭圆形、长卵形、椭圆形，（60.0～86.5）μm×（26.5～43.5）μm，有小柄；子囊孢子 2（～3）个，长椭圆形、椭圆形、长卵形、卵形，（21.5～53.5）μm×（13.5～36.5）μm，淡灰黄色。

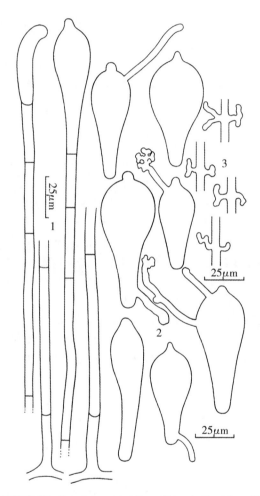

图 42　猕猴桃球针壳 *Phyllactinia actinidiae*（Jacz.）Bunkina（HMAS 351817）
1. 分生孢子梗和分生孢子　2. 分生孢子　3. 附着胞

寄生在猕猴桃科 Actinidiaceae 植物上。

软枣猕猴桃 *Actinidia arguta* Planch.：连云港市海州区花果山风景区照海亭 HMAS 66402；连云港市连云区海上云台山风景区 HMAS 351817。

国内分布：华东地区（江苏）。

世界分布：中国、日本、韩国以及俄罗斯远东地区。

讨论：中国新记录种。顾绍军等（1998）在研究该菌时以新种连云港球针壳 *Phyllactinia lianyungangensis* S. J. Gu & Y. S. Zhang 进行发表，寄主也错误地鉴定为猫人参 *Actinidia vaivata* Dunn，现予以订正。

臭椿球针壳　　　　　　　　　　　　　　　　　　　　　　　　　图 43

Phyllactinia ailanthi (Golovin & Bunkina) Y. N. Yu，Acta Microbiol. Sin. 19（1）：11，1979；Zheng & Yu（eds.），Flora Fungorum Sinicorum 1：239，1987；Chen，Powdery mildews in Fujian 30，1993；Yu & Tian，Acta Mycol. Sin. 14（3）：168，1995；Braun & Cook，Taxonomic Manual of the Erysiphales（powdery mildews）：223，2012.

Phyllactinia suffulta f. *ailanthi* Golovin & Bunkina（1961：120）．

菌丝体叶背生，初为白色圆形或无定形斑片，后扩展连片布满叶背，菌粉层浓厚，展生，留存；菌丝无色，光滑，粗 4～7μm，附着胞指状裂瓣形，单生；分生孢子梗长

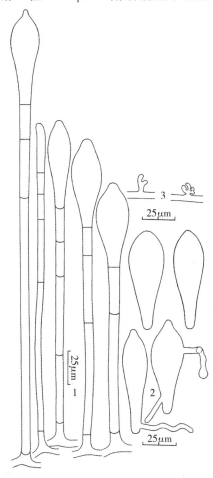

图 43　臭椿球针壳 *Phyllactinia ailanthi*（Golovin & Bunkina）Y. N. Yu（HMAS 351767）
1. 分生孢子梗和分生孢子　2. 分生孢子　3. 附着胞

100～300μm，脚胞长柱形，（50.0～200.0）μm×（5.0～7.5）μm，上接 1～3 个及以上细胞；分生孢子单生，无色，梨形、棍棒形，顶端钝圆，乳头状突起不明显，（57.5～87.5）μm×（15.0～28.5）μm；子囊果散生，暗褐色，扁球形，直径 190～270μm，壁细胞不规则多角形，直径 5.0～37.5μm；附属丝 6～18 根，直挺，针状，个别有分枝，无色，平滑，透明，基部膨大呈球形，直径 27.5～55.0μm，附属丝长为子囊果直径的 0.5～1.8 倍，长 100～400μm，壁薄；帚状细胞全长 55～115μm，柄柱形，上下近等粗或向上稍细，约为全长的 1/2，（30.0～57.5）μm×（5.5～15.0）μm，上部有分枝；子囊 10～35 个，淡黄色，长椭圆形、椭圆形、梨形等，（60.0～107.5）μm×（27.5～47.5）μm，有小柄；子囊孢子 2 个，个别 3～4 个，椭圆形、长卵形，（32.5～54.0）μm×（15.0～27.5）μm，淡黄色。

寄生在苦木科 Simaroubaceae 植物上。

臭椿 *Ailanthus altissima*（Mill.）Swingle：连云港市连云区高公岛街道黄窝景区 HMAS 62525，连云街道 HMAS 249825，海上云台山风景区北门 HMAS 351001，朝阳街道 HMAS 351767、HMAS 350994；徐州市泉山区云龙湖景区 HMAS 351364；徐州市云龙区复兴路 HMAS 351226；徐州市沛县汉城景区 HMAS 351190；南京市浦口区老山景区 HMAS 350917；镇江市句容市宝华山 HMAS 350939；无锡市宜兴市龙背山国家森林公园 HMAS 350961；常州市溧阳市燕山公园 HMAS 350947。

苦木 *Picrasma quassioides*（D. Don）Benn.：连云港市海州区花果山风景区 HMAS 66398。

国内分布：江苏、北京、辽宁、山西、陕西、甘肃、宁夏、河南、山东、安徽、浙江、福建、江西、湖北、湖南、四川。

世界分布：中国、印度、日本、韩国、朝鲜以及俄罗斯远东地区。

讨论：苦木为该菌新记录寄主。

八角枫球针壳 图 44

Phyllactinia alangii Y. N. Yu & Y. Q. Lai, in Yu et al., Acta Microbiol. Sin. 19：132，1979；Zheng & Yu（eds.），Flora Fungorum Sinicorum 1：241，1987；Chen, Powdery mildews in Fujian 30，1993；Yu & Tian, Acta Mycol. Sin. 14（3）：168，1995；Braun & Cook, Taxonomic Manual of the Erysiphales（powdery mildews）：223，2012.

菌丝体叶两面生，以叶背为主，初为白色圆形或无定形斑片，后扩展连片布满叶背，展生，留存；菌丝无色，光滑，粗 2.5～6.5μm，附着胞指状裂瓣形或珊瑚形，对生；分生孢子梗长 90～300μm，脚胞长柱形，（46.5～102.5）μm×（6.0～7.5）μm，上接 1～4 个细胞；分生孢子单生，无色，梨形、棍棒形，顶端钝圆，乳头状突起明显，（60～90）μm×（17～35）μm；子囊果散生，暗褐色，扁球形，直径 160～220μm，壁细胞不规则多角形，直径 5～25μm；附属丝 9～20 根，直挺，针状，无色，平滑，透明，基部膨大呈球形，（22～38）μm×（20～38）μm，附属丝长为子囊果直径的 0.5～2.0 倍，长 20～420μm，壁薄；帚状细胞全长 30～120μm，柄呈柱形，上下近等粗或向上增粗或基部粗，约为全长的 1/2，（25～65）μm×（6～23）μm，上部有树枝状分枝；子囊 5～20 个，淡黄色，长椭圆形、椭圆形、长卵形等，（52～75）μm×（26～37）μm，有较长的柄；子囊孢子 2 个，长椭圆形、

椭圆形、长卵形，（22~50）µm×（14~23）µm，淡黄色。

寄生在八角枫科 Alangiaceae 植物上。

八角枫 *Alangium chinense*（Lour.）Harms：连云港市连云区宿城街道 HMAS 62521；南京市玄武区博爱园 HMAS 350879（无性阶段）、HMAS 351233（有性阶段）。

国内分布：江苏、浙江、福建、江西、四川。

世界分布：中国、日本。

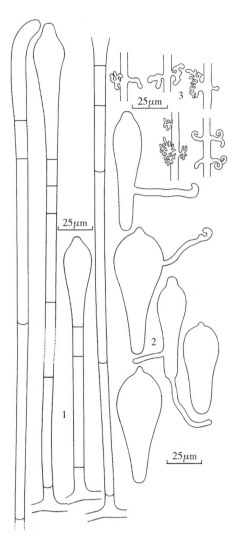

图 44　八角枫球针壳 *Phyllactinia alangii* Y. N. Yu & Y. Q. Lai（HMAS 350879）
1. 分生孢子梗和分生孢子　2. 分生孢子　3. 附着胞

蔓枝构球针壳

Phyllactinia broussonetiae-kaempferi Sawada，Rep. Dept. Agric. Gov. Res. Inst. Formosa
49：87，1930；Braun，Beih. Nova Hedwigia 89：583，1987；Zheng & Yu（eds.），

Flora Fungorum Sinicorum 1：245，1987；Chen，Powdery mildews in Fujian 32，1993；Yu & Tian，Acta Mycol. Sin. 14 (3)：168，1995；Braun & Cook，Taxonomic Manual of the Erysiphales (powdery mildews)：232，2012.

Phyllactinia suffulta f. *broussonetiae* Jacz. (Jaczewski 1927：434)．

菌丝体叶背生，易消失或近存留，展生或形成斑块；分生孢子单独顶生，棍棒形或长椭圆形，(44～64) μm×(14～25) μm；子囊果聚生或由密聚生到散生，扁球形，直径154～321 (平均 221) μm，常为 170～280μm；附属丝 6～14 根，针形，基部球状膨大，有时中部膨大，间或一基球上生二针状附属丝，长 281～624μm，为子囊果直径的 1.0～2.5 倍，常为 2 倍左右；子囊 3～30 个，常为 10～25 个，卵形或椭圆形，有柄，(66～105) μm×(29～44) μm；子囊孢子 2～4 个，常为 3 或 4 个，椭圆形至长椭圆形或卵形，(28～45) μm×(13～32) μm。

寄生在桑科 Moraceae 植物上。

楮 (小叶构) *Broussonetia kazinoki* Sieb.：连云港市连云区宿城街道船山飞瀑景区 Y 89134。

国内分布：江苏、浙江、福建、广西、江西、山西、陕西、四川、台湾。

世界分布：中国、印度、日本、马来西亚。

讨论：1989 年 10 月 12 日采集到标本，后因保存不善，标本和观测资料损毁和遗失。

云实球针壳　　　　　　　图 45

Phyllactinia caesalpiniae Y. N. Yu, in Yu, Lai & Han, Acta Microbiol Sin. 19：134，1979；Zheng & Yu (eds.)，Flora Fungorum Sinicorum 1：248，1987；Yu & Tian，Acta Mycol. Sin. 14 (3)：168，1995；Braun & Cook，Taxonomic Manual of the Erysiphales (powdery mildews)：233，2012.

菌丝体叶两面生，以叶背为主，初为白色圆形或无定形斑片，后扩展连片布满叶背，展生，留存；菌丝无色，光滑，粗 3～5μm，附着胞指状裂瓣形或珊瑚形，对生或单生；分生孢子梗长 80～350μm，脚胞长柱形，(30～50) μm×

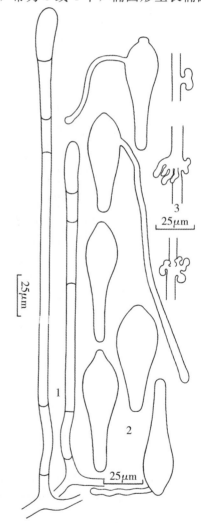

图 45　云实球针壳
Phyllactinia caesalpiniae Y. N. Yu (HMAS 351845)
1. 分生孢子梗和分生孢子　2. 分生孢子　3. 附着胞

（6～7）μm，上接 2～4 个细胞；分生孢子单生，无色，棍棒形、梨形，顶端钝圆，乳头状突起明显或不明显，（50.0～75.0）μm×（17.5～27.5）μm；子囊果散生，暗褐色，扁球形，直径 160～220μm，壁细胞不规则多角形，直径 5～27μm；附属丝 10～25 根，直挺，针状，无色，平滑，透明，基部膨大呈球形，附属丝长为子囊果直径的 0.5～2.0 倍，长 95～420μm，壁薄；帚状细胞柄柱形，上下近等粗，约为全长的 1/2，（13～20）μm×（6～11）μm；子囊 18～30 个，淡黄色，长椭圆形、椭圆形、长卵形等，（43～67）μm×（20～37）μm，有较长的柄；子囊孢子 2 个，长椭圆形、卵形，（30～43）μm×（12～18）μm，淡黄色。

寄生在云实科 Caesalpiniaceae 植物上。

紫荆 Cercis chinensis Bunge：连云港市连云区宿城街道 HMAS 62161（有性阶段）、HMAS 351845（无性阶段）。

国内分布：江苏、陕西、四川、云南。

世界分布：中国、日本、印度。

讨论：该菌无性阶段分生孢子梗长，但脚胞短。紫荆是该菌寄主新记录属（种）。

梓树球针壳 图 46

Phyllactinia catalpae U. Braun，in Braun & Cook，Taxonomic Manual of the Erysiphales （powdery mildews）：237，2012.

Phyllactinia guttata f. *catalpae-syringaefoliae* Thüm.，Mycoth. Univ.，Cent. 20，No. 1939，1881.

Phyllactinia suffulta f. *bignoniae* Jacz. （Jaczewski 1927：429）.

Phyllactinia corylea （Pers.）P. Karst.，Acta Soc. Fauna Fl. Fenn. 2：92，1885；Tai，Sylloge Fungorum Sinicorum：281，1979.

菌丝体叶背生，初为白色圆形或无定形斑片，后扩展连片布满叶背，展生，消失或留存；菌丝无色，光滑，粗 3～6μm，附着胞裂瓣形或珊瑚形，多对生；分生孢子单生，棒状，（42.5～75.0）μm×（16.0～25.0）μm；子囊果散生至近聚生，暗褐色至黑褐色，扁球形，直径 154～268μm（平均 201μm），壁细胞呈不规则多角形，直径 5.5～23.5μm；附属丝 6～20 根，直挺，有时稍弯曲，针状，无色，透明，基部膨大呈球形，附属丝长为子囊果直径的 1～2 倍，长 187.5～401.5μm（平均 245.5μm），帚状细胞，柄呈柱形，长 35～55μm；子囊 10～35 个，多数 15～25 个，椭圆形、长椭圆形，有柄，（50.0～73.5）μm×（26.5～43.5）μm（平均 66.3μm×34.0μm）；子囊孢子 2 个，椭圆形、长椭圆形，（30.0～46.5）μm×（13.5～21.5）μm（平均 39.5μm×18.5μm）。

寄生在紫葳科 Bignoniaceae 植物上。

楸树 Catalpa bungei C. A. Mey.：连云港市连云区中云街道云龙涧风景区 HMAS 248262、高公岛街道黄窝景区 HMAS 351401。

国内分布：江苏、河南。

世界分布：亚洲（中国、印度），北美洲（美国），欧洲（瑞士）。

讨论：戴芳澜（1979）将梓树 Catalpa ovata Don. 和黄金树 Catalpa speciosa Warder 上

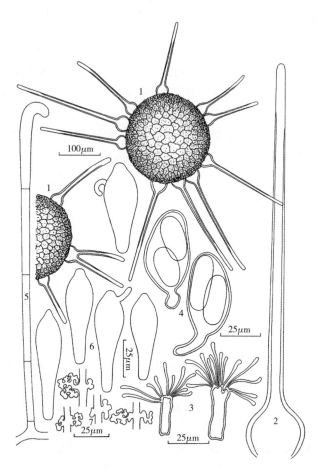

图 46　梓树球针壳 *Phyllactinia catalpae* U. Braun（HMAS 248262）
1. 子囊果　2. 附属丝　3. 帚状细胞　4. 子囊和子囊孢子
5. 分生孢子梗和分生孢子　6. 分生孢子　7. 附着胞

的球针壳鉴定为榛球针壳 *Phyllactinia corylea*（Pers.）Karst.。笔者曾先后于 1988 年 10 月 23 日和 1989 年 11 月 8 日在江苏省连云港市连云区云台山的楸树 *Catalpa bungei* C. A. Mey. 上采集到该菌的标本，并做了形态观测和详细描述，但后因标本保存不善而损毁。直到 2017 年 11 月 18 日再次采集到少量标本。2012 年 U. Braun 将寄生在黄金树 *Catalpa speciosa*（Barney）Engelm 上的菌发表为新种：梓树球针壳 *Phyllactinia catalpae* U. Braun，并根据戴芳澜的报道将中国列为该菌的分布国家。他虽进行了报道，但并没有看到标本实物，这是首次明确了这个种在我国的分布。笔者采的菌除长型附属丝数量偏多、子囊数量偏多、子囊孢子偏大外，其他特征与 U. Braun 的描述一致，楸树 *Catalpa bungei* C. A. Mey. 是该菌的新记录寄主。

蜡瓣花球针壳　　　　　　　　　　　　　　　　　　　　　图 47

Phyllactinia corylopsidis Y. N. Yu & S. J. Han，in Yu et al.，Acta Microbiol. Sin. 19 （2）：135，1979；Zheng & Yu（eds.），Flora Fungorum Sinicorum 1：249，1987； Braun，Beih. Nova Hedwigia 89：588，1987；Chen，Powdery mildews in Fujian 33，

1993；Yu & Tian，Acta Mycol. Sin. 14 （3）：168，1995；Braun & Cook，Taxonomic Manual of the Erysiphales （powdery mildews）：241，2012.

菌丝体叶背生，初为白色圆形或无定形斑片，后扩展连片布满叶背，展生，留存或消失；菌丝无色，光滑，粗 3.0～5.5μm，附着胞树枝状裂瓣形，对生或单生；分生孢子梗脚胞长柱形，（50.0～85.0）μm×（5.0～7.5）μm，上接 3～4 个以上细胞，有时在中部产生分枝；分生孢子单生，无色至淡黄色，梨形、卵椭圆形、棍棒形，顶端钝圆，有明显乳头状突起，（57.5～100.0）μm×（15.0～32.5）μm；子囊果散生，暗褐色，扁球形至近球形，直径 170～270μm，壁细胞不规则多角形，直径 5～30μm；附属丝 6～17 根，直挺或稍弯曲，针状，无色，透明，基部膨大呈球形，直径 30.0～47.5μm，附属丝长为子囊果直径的 1.6～2.4 倍，长 290～550μm，壁薄；帚状细胞全长 30～110μm，柄柱形，约为全长的 1/2，（20～50）μm×（6～15）μm，上部有短的分枝；子囊 10～25 个，淡黄色，长椭圆形、椭圆形、卵椭圆形，（47.5～85.0）μm×（20.0～42.5）μm，有小柄，长 10～30μm；子囊孢子 2（～3）个，椭圆形、长椭圆形，（25.0～45.0）μm×（15.0～

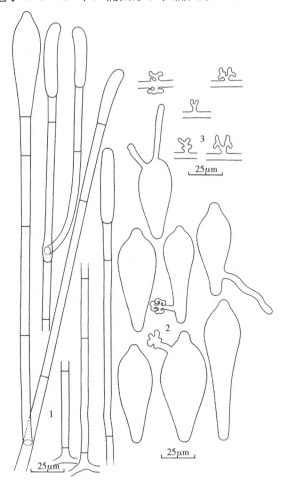

图 47　蜡瓣花球针壳 *Phyllactinia corylopsidis* Y. N. Yu & S. J. Han（HMAS 249818）
1. 分生孢子梗和分生孢子　2. 分生孢子　3. 附着胞

22.5）μm，淡黄色。

寄生在金缕梅科 Hamamelidaceae 植物上。

牛鼻栓 *Fortunearia sinensis* Rehd. & Wils.：连云港市连云区朝阳街道 HMAS 62161、HMAS 249818、HMAS 351417。

国内分布：江苏、安徽、浙江、福建、广西。

世界分布：中国、日本。

讨论：该菌无性阶段分生孢子梗常见有分枝。

吴茱萸球针壳 图 48

Phyllactinia euodiae S. R. Yu［'*evodiae*'］，Acta Mycol. Sin. 12（4）：257，1993；Braun & Cook，Taxonomic Manual of the Erysiphales（powdery mildews）：247，2012.

菌丝体叶背生，初为白色圆形或无定形斑片，后扩展连片，展生，留存或消失；菌丝

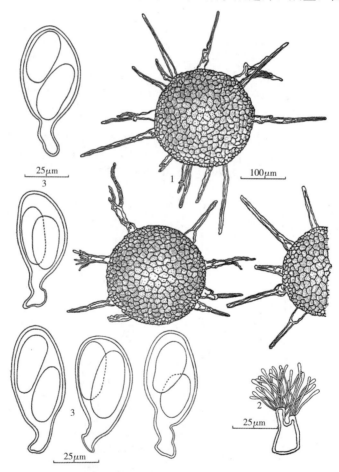

图 48A　吴茱萸球针壳 *Phyllactinia euodiae* S. R. Yu
1. 子囊果和附属丝　2. 帚状细胞　3. 子囊和子囊孢子

无色，光滑，粗 4.0～7.5μm，附着胞裂瓣形或珊瑚形，对生或单生；分生孢子梗长150～350μm，脚胞柱形，上接 1～4 个以上细胞；分生孢子单生，无色至淡黄色，梨形、卵椭圆形、棍棒形，乳头状突起明显或不明显，（47.5～80.0）μm×（16.0～23.5）μm；子囊果散生至聚生，暗褐色，扁球形至近球形，直径 135～268μm，多数 155～188μm，壁细胞不规则多角形，直径 5.0～24.5μm；附属丝 6～25 根，多数 10～17 根，直挺或稍弯曲，针状，无色，透明，基部膨大呈球形，直径（30.0～47.5）μm×（30.0～37.5）μm，附属丝长为子囊果直径的 1.0～1.5 倍，长 100～350μm，壁薄；柄状细胞柄柱形，约为全长的 1/2，（40.0～85.0）μm×（7.5～17.5）μm，上部有短的分枝；子囊 10～30 个，

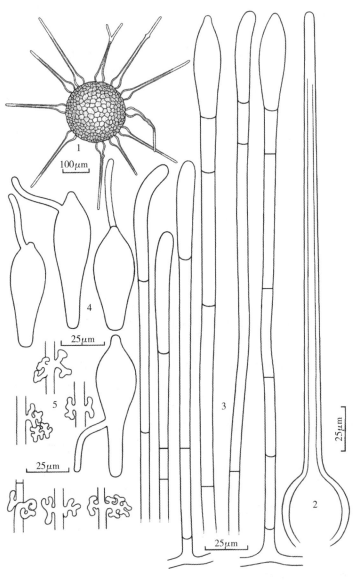

图 48B　吴茱萸球针壳 *Phyllactinia euodiae* S. R. Yu（HMAS 249826）
1. 子囊果　2. 附属丝　3. 分生孢子梗和分生孢子　4. 分生孢子　5. 附着胞

卵形、长卵形、椭圆形等，（40.0～67.5）μm×（20.5～35.5）μm，有小柄，长10～30μm；子囊孢子2（～4）个，长椭圆形、椭圆形、长卵形，（30.0～40.0）μm×（13.0～23.5）μm，淡黄色。

寄生在芸香科 Rutaceae 植物上。

臭檀吴萸 *Euodia daniellii*（Benn.）Hemsl.：连云港市连云区高公岛街道黄窝景区 HMAS 62162（有性阶段）、HMAS 249826（无性阶段）、CFSZ 9586。

国内分布：江苏。

世界分布：中国。

讨论：1993 年发表的新种。于守荣（1993）研究该菌时所观测的标本（HMAS 62162）子囊果的长型附属丝呈现异常畸形（不明原因）（图 48A），由于当时采集的标本有限，仔细检查了整个标本，没有观测到正常形态的长型附属丝。2015 年笔者到同一地点、同一寄主上再次采集到了该菌的标本，观测表明该菌具有规整的球针状长型附属丝，子囊果的长型附属丝 6～15 根，针型，直挺，顶端圆钝，基部膨大呈球形，球部宽高为（30.0～47.5）μm×（30.0～37.5）μm，无隔，透明，长 150～300μm，为子囊果的 1～2 倍。其他子囊果、短型附属丝、子囊、子囊孢子等大小和特征均与原描述一致（见图 48B）。

梣生球针壳（梣球针壳） 图 49

Phyllactinia fraxinicola U. Braun & H. D. Shin, in Braun & Cook, Taxonomic Manual of the Erysiphales（powdery mildews）：249，2012.

Phyllactinia fraxini（DC.）Fuss, Arch. Ver. Siebenb. Landesk. 14（2）：463，1878；Zheng & Yu（eds.），Flora Fungorum Sinicorum 1：253，1987；Braun, Beih. Nova Hedwigia 89：582，1987；Yu & Tian, Acta Mycol. Sin. 14（3）：168，1995.

Phyllactinia corylea（Pers.）P. Karst., Acta Soc. Fauna Fl. Fenn. 2：92，1885

Phyllactinia suffulta（Rebent.）Sacc., Michelia 2：50，1880.

菌丝体叶背生，初为白色圆形或无定形斑片，后扩展连片，展生，留存或消失；菌丝无色，光滑，粗 4～6μm，附着胞裂瓣形，呈简单枝状或指状；分生孢子梗脚胞柱形，（200.0～268.0）μm×（6.0～7.5）μm，上接 2～4 个细胞，基部波状弯曲；分生孢子单生，无色，棍棒形，乳头状突起不明显，（56～86）μm×（16～27）μm；子囊果散生至近聚生，暗褐色，扁球形，直径 174～227μm，壁细胞不规则多角形，直径 6.0～23.5μm；附属丝 10～25 根，直挺或稍弯曲，针状，无色，透明，基部膨大呈球形，直径40～57μm，附属丝长为子囊果直径的 1～2 倍，长 214～365μm；子囊 10～30 个，淡黄色，长椭圆形、长卵形、椭圆形等，（67.0～80.0）μm×（30.0～36.5）μm，有小柄；子囊孢子（1～）2 个，形状和大小变化较大，长椭圆形、椭圆形、短椭圆形、肾形、长卵形、卵形等，（30～51）μm×（18～24）μm，淡灰黄色。

寄生在木樨科 Oleaceae 植物上。

白蜡树 *Fraxinus chinensis* Roxb.：连云港市海州区花果山风景区 HMAS 62162。

流苏 *Chionanthus retusus* Lindl. & Paxt.：连云港市连云区宿城街道船山飞瀑景区

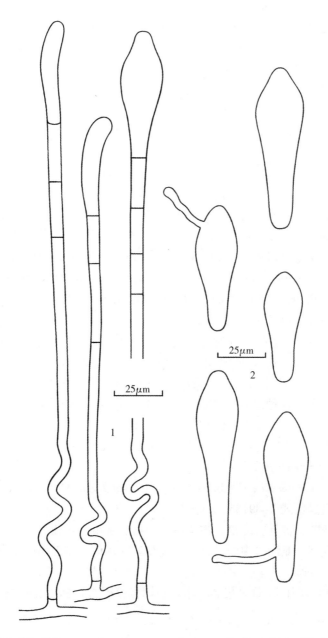

图 49　梣生球针壳 *Phyllactinia fraxinicola* U. Braun & H. D. Shin（HMAS 62162）
1. 分生孢子梗和分生孢子　2. 分生孢子

HMAS 62523。

　　国内分布：江苏、四川。

　　世界分布：亚洲（中国、印度、日本、韩国以及俄罗斯远东地区）。

　　讨论：《中国真菌志 第一卷 白粉菌目》把该菌定名为梣球针壳 *Phyllactinia fraxini*（DC.）Fuss，U. Braun & H. D. Shin（2012），根据无性阶段分生孢子梗脚胞呈波状弯曲等特征成立了新种梣生球针壳 *Phyllactinia fraxinicola* U. Braun & H. D. Shin，并把中国的菌定为该菌。笔者采集鉴定的菌分生孢子梗形态、子囊果大小、附属丝数量、子囊数量、大小等均与梣生球针壳 *Phyllactinia fraxinicola* 一致，但笔者采集鉴定的菌子囊孢子 1～2 个，较大，（30～51）μm×（18～24）μm，后者子囊孢子 2～4 个，较小，(12.5～37.5) μm×（10.0～22.0）μm。流苏 *Chionanthus retusus* Lindl. & Paxt. 是该菌新记录寄主。

榛球针壳

Phyllactinia guttata （Wallr.；Fr.）Lév.，Ann. Sci. Nat.，Bot，3 Sér.，15：144，18517；Yu & Tian, Acta Mycol. Sin. 14 （3）：168，1995；Liu, The Erysiphaceae of Inner Mongolia：250，2010；Braun & Cook, Taxonomic Manual of the Erysiphales (powdery mildews)：251，2012.

Alphitomorpha guttata Wallr.，Verh. Ges. Naturforsch. Freunde Berlin 1：42，1819 and Ann. Wetterauischen Ges. Gesammte Naturk.，N. F.，4：245，1819.

Erysibe guttata （Wallr.）Link, Sp. pl. 4，6 （1）：116，1824.

Erysiphe coryli DC.，Fl. franç. 2：272，1805.

菌丝体叶两面生，多数生于叶背，易消失；子囊果散生，或由聚生至散生，扁球形至凸透镜形，直径 135～190μm；附属丝 4～12 根，直挺或微弯，针形，顶端尖，基部膨大呈球形，球宽 30～40μm，长 115～500μm，一般为子囊果直径的 1.0～2.5 倍，无隔膜，透明；子囊 7～15 个，各种形状，长椭圆形、长卵形、卵形或椭圆形，多具柄，（61～88）μm×（24～45）μm；子囊孢子 2～3 个，常为 2 个，有时 3 个，卵形或椭圆形，(25～42) μm×（17～25）μm，当孢子为 3 个时，常较小，近球形。

寄生在榛科 Corylaceae 植物上。

川榛 *Corylus heterphylla* Fisch. ex Bess. var. *sutchuenensis* Franch.：连云港市连云区宿城街道船山飞瀑景区 Y 89135。

国内分布：江苏、吉林、北京、内蒙古、山西、甘肃、贵州。

世界分布：欧洲，亚洲（中国、日本、土耳其、伊朗、黎巴嫩、哈萨克斯坦以及俄罗斯远东地区），北美洲。

讨论：1989 年 10 月 12 日采集到标本，后因保存不善，标本和观测资料损毁和遗失。未观测无性阶段。

胡桃球针壳 图 50

Phyllactinia juglandis J. F. Tao & J. Z. Quin, Acta Microbiol. Sin. 17 （4）：293，1977；Zheng & Yu （eds.），Flora Fungorum Sinicorum 1：257，1987；Braun, Beih. Nova Hedwigia 89：584，1987；Chen, Powdery mildews in Fujian 34，1993；Yu & Tian, Acta Mycol. Sin. 14 （3）：168，1995；Braun & Cook, Taxonomic Manual of the Erysiphales (powdery mildews)：256，2012.

Phyllactinia suffulta f. *juglandis* Jacz. （Jaczewski 1927：433）.

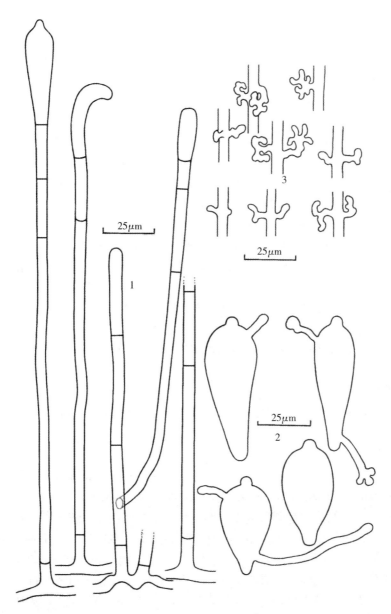

图 50　胡桃球针壳 *Phyllactinia juglandis* J. F. Tao & J. Z. Quin（HMAS 350977）

1. 分生孢子梗和分生孢子　2. 分生孢子　3. 附着胞

菌丝体叶背生，初为白色圆形或无定形斑片，后扩展连片布满叶背，展生，留存或消失；菌丝无色，光滑，粗 3～7μm，附着胞裂瓣形，呈树枝状或指状，对生；分生孢子梗脚胞柱形，（62.5～155.0）μm×（5.0～7.5）μm，上接 1～2 个细胞，少数有分枝；分生孢子单生，无色，椭圆形、宽卵形、短棍棒形，顶端钝圆，有明显的乳头状突起，（35～65）μm×（17～25）μm；子囊果散生至近聚生，暗褐色，扁球形，直径 175～240μm，壁细胞不规则多角形，直径 5～25μm；附属丝 5～18 根，直挺或稍弯曲，针状，无色，透明，基部膨大呈球形，直径 25.0～46.5μm，附属丝长为子囊果直径的 0.8～2.5

倍，长 140～470μm；帚状细胞全长 40～90μm，柄呈柱形，约为全长的 1/2，（20.0～
57.5）μm×（6.0～25.0）μm；子囊 8～25 个，淡黄色至黄色，长椭圆形、长卵形，
（52.5～82.5）μm×（28.5～44.0）μm，有小柄；子囊孢子 2 个，椭圆形、长卵形、肾
形，（31.0～55.0）×（20.0～26.5）μm，黄色。

寄生在胡桃科 Juglandaceae 植物上。

核桃 *Juglans regia* Linn.：连云港市海州区海州公园 HMAS 351833；连云港市连云
区海上云台山风景区 HMAS 350977。

枫杨 *Pterocarya stenoptera* C. DC.：连云港市海州区花果山风景区 HMAS 62163，
新浦街道 HMAS 249791，云台街道山东村 HMAS 249787、HMAS 351423、HMAS
351842；连云港市连云区宿城街道 HMAS 351828；徐州市泉山区云龙湖景区 HMAS
351227、HMAS 351366；徐州市沛县樊井公园 HMAS 351195；南京市玄武区东苑路
HMAS 350943；苏州市虎丘区大阳山国家森林公园 HMAS 351447。

化香树 *Platycarya strobilacea* Sieb. & Zucc.：连云港市海州区花果山风景区
HMAS 62164。

国内分布：江苏、福建、北京、山东、湖南、湖北、四川、云南。

世界分布：中国、日本、美国、瑞士。

讨论：该菌无性阶段分生孢子明显小于其他种，子囊孢子颜色也较深。

柿生球针壳 图 51

Phyllactinia kakicola Sawada，Rep. Dept. Agric. Gov. Res. Inst. Formosa 49：80，1930；
Zheng & Yu（eds.），Flora Fungorum Sinicorum 1：259，1987；Chen，Powdery
mildews in Fujian 34，1993；Yu & Tian，Acta Mycol. Sin. 14（3）：169，1995；Braun
& Cook，Taxonomic Manual of the Erysiphales（powdery mildews）：257，2012.

Phyllactinia suffulta f. *diospyri* Jacz.（Jaczewski 1927：431）.

菌丝体叶背生，初为白色圆形或无定形斑片，后扩展连片布满叶背，展生，留存或消
失；菌丝无色，光滑，粗 4.0～7.5μm，附着胞裂瓣形，多单生；分生孢子梗脚胞柱形，
（52.5～100.0）μm×（6.0～7.0）μm，上接 2～3 个细胞；分生孢子单生，无色，梨形、
卵椭圆形、棍棒形，顶端钝圆，有乳头状突起，（60.0～87.5）μm×（21.0～32.5）μm；
子囊果散生至近聚生，暗褐色，扁球形，直径 165～260μm，壁细胞不规则多角形，直径
7～30μm；附属丝 5～20 根，直挺或稍弯曲，针状，少数两叉或三叉分枝，无色，透明，
部分中上部呈淡褐色，基部膨大呈球形，直径 25.0～42.5μm，附属丝长为子囊果直径的
0.5～1.8 倍，长 110～400μm，壁薄；子囊 5～15 个，淡黄色，长椭圆形、椭圆形、卵椭
圆形，（53.0～90.0）μm×（22.5～42.5）μm，有小柄；子囊孢子 2 个，椭圆形、卵椭
圆形、卵形，（27.5～45.0）μm×（15.0～30.0）μm，淡黄色。

寄生在柿树科 Ebenaceae 植物上。

柿 *Diospyros kaki* Thunb.：连云港市连云区朝阳街道 HMAS 249815（有性阶段）、
HMAS 351393；连云港市海州区云台街道 HMAS 351765（无性阶段）。

野柿 *Diospyros kaki* var. *silvestris* Makino：连 云 港 市 连 云 区 朝 阳 街 道

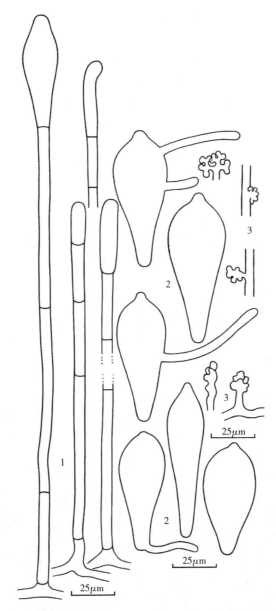

图 51　柿生球针壳 *Phyllactinia kakicola* Sawada（HMAS 351765）
1. 分生孢子梗和分生孢子　2. 分生孢子　3. 附着胞

HMAS 351408。

　　君迁子 *Diospyros lotus* Linn.：连云港市连云区朝阳街道 HMAS 62165。

　　国内分布：江苏、北京、山东、河北、陕西、浙江、福建、湖北、广西、云南、台湾。

　　世界分布：中国、日本、韩国、美国。

桑生球针壳　　　　　　　　　　　　　　　　　　　　　　　　　　　　　图 52

Phyllactinia moricola（Henn.）Homma，Trans. Sapporo Nat. Hist. Soc. 11：174，1930；

Zheng & Yu (eds.), Flora Fungorum Sinicorum 1: 263, 1987; Chen, Powdery mildews in Fujian 35, 1993; Yu & Tian, Acta Mycol. Sin. 14 (3): 169, 1995; Liu, The Erysiphaceae of Inner Mongolia: 254, 2010; Braun & Cook, Taxonomic Manual of the Erysiphales (powdery mildews): 262, 2012.

Phyllactinia suffulta var. *moricola* Henn., Bot. Jahrb. Syst. 28: 271, 1901.

Phyllactinia moricola (Henn.) Sawada, Rep. Dept. Agric. Gov. Res. Inst. Formosa 49: 84, 1930.

Phyllactinia suffulta f. *moricola* Jacz. (Jaczewski 1927: 434).

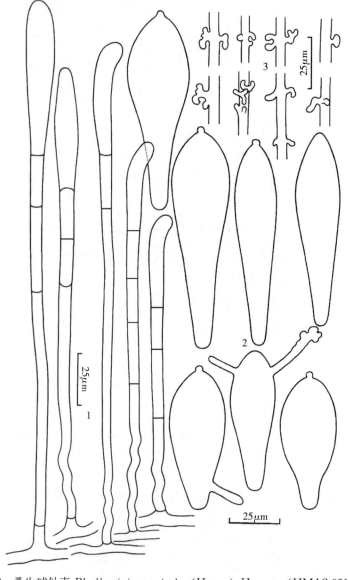

图 52 桑生球针壳 *Phyllactinia moricola* (Henn.) Homma (HMAS 351769)
1. 分生孢子梗和分生孢子 2. 分生孢子 3. 附着胞

菌丝体叶背生，初为白色圆形或无定形斑片，后扩展连片布满叶背，粉层浓厚，展生，留存或消失；菌丝无色，光滑，粗 4.5～7.0μm，附着胞裂瓣形，多呈指状，常对生；分生孢子梗长 100～250μm，脚胞柱形，基部多波状弯曲，（45.0～175.0）$\mu m\times$（5.0～6.5）μm，上接 1～3 个细胞；分生孢子单生，无色，椭圆形、卵形、棍棒形，顶端多钝圆，有乳头状突起，（62.5～105.0）$\mu m\times$（17.5～30.0）μm；子囊果散生至近聚生，暗褐色，扁球形，直径 174～230μm，壁细胞不规则多角形，直径 8.0～32.5μm；附属丝 6～25 根，直挺或稍弯曲，针状，无色，透明，基部膨大呈球形，直径 35.0～62.5μm，附属丝长为子囊果直径的 0.5～1.8 倍，长 80～320μm；帚状细胞全长 50～95μm，柄呈柱形，约为全长的 1/2，（25.0～47.5）$\mu m\times$（10.0～15.0）μm；子囊 9～30 个，黄色，长椭圆形、长卵形、卵形，（55.0～80.0）$\mu m\times$（27.0～42.5）μm，有小柄；子囊孢子 2 个，椭圆形、卵形、长卵形，（25.0～45.0）$\mu m\times$（19.0～27.5）μm，淡黄色至黄色。

寄生在桑科 Moraceae 植物上。

桑 Morus alba Linn.：连云港市海州区花果山风景区 HMAS 62166（有性阶段）、HMAS 249797，苍梧绿园 HMAS 351769（无性阶段）；连云港市连云区朝阳街道 HMAS 351814、尹宋村 HMAS 351398；徐州市泉山区云龙湖景区 HMAS 351323；淮安市清江浦区钵池山公园 HMAS 351100；南京市玄武区孝陵卫街道 HMAS 350884、博爱园 HMAS 351238；镇江市句容市宝华山 HMAS 350938；苏州市常熟市董浜镇 HMAS 351465、HMAS 351467。

国内分布：东北、华北、西北、华东、华南、华中、西南地区以及台湾省。

世界分布：欧洲，亚洲，北美洲（美国），南美洲（巴西），非洲，高加索地区及新西兰。

讨论：该菌无性阶段分生孢子梗基部多呈波状弯曲，与梣生球针壳 Phyllactinia fraxinicola U. Braun & H. D. Shin 相似。

杨球针壳 图 53

Phyllactinia populi (Jacz.) Y. N. Yu, in Yu & Lai, Acta Microbiol. Sin. 19 (1)：18，1979；Zheng & Yu (eds.)，Flora Fungorum Sinicorum 1：266，1987；Yu & Tian, Acta Mycol. Sin. 14 (3)：169，1995；Liu, The Erysiphaceae of Inner Mongolia：255，2010；Braun & Cook, Taxonomic Manual of the Erysiphales (powdery mildews)：268，2012.

Phyllactinia suffulta f. *populi* Jacz. (Jaczewski 1927：439).

Phyllactinia corylea sensu auct. non. (Pers.) Karst.：Tai & Wei, Sinensia 3：124，1932；Tai, Sylloge Fungorum Sinicorum：282，1979.

菌丝体叶两面生，以叶背为主，初为白色圆形或无定形斑片，后扩展连片布满叶背和叶面，粉层浓厚，展生，留存或消失；菌丝无色，光滑，粗 2.5～7.5μm；附着胞简单裂瓣形或近乳头形等，常单生；分生孢子梗长 65～220μm，脚胞柱形，（40～100）$\mu m\times$（4～7）μm，上接 1～3 个细胞；分生孢子单生，无色，棍棒形，乳头状突起较小，（67.5～

97.5）μm×（20.0～31.5）μm；子囊果散生至近聚生，暗褐色，扁球形，直径 110～240μm，壁细胞不规则多角形，直径 6～25μm；附属丝 6～16 根，直挺或稍弯曲，针状，个别中上部具 2～3 个簇状分枝，无色，透明，基部膨大呈球形，直径 27～60μm，附属丝长为子囊果直径的 0.3～1.8 倍，长 70～300μm；子囊 5～25 个，淡黄色，椭圆形、长椭圆形、卵形、梨形等，（55.0～85.0）μm×［31.0～45.0（～52.5）］μm，有小柄；子囊孢子 2 个，卵形、椭圆形、肾形，（30.0～50.0）μm×（18.5～27.5）μm，淡黄色。

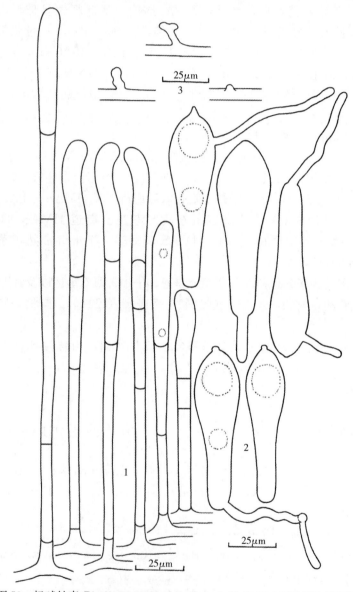

图 53　杨球针壳 *Phyllactinia populi*（Jacz.）Y. N. Yu（HMAS 351766）

1. 分生孢子梗和分生孢子　2. 分生孢子　3. 附着胞

寄生在杨柳科 Salicaceae 植物上。

响叶杨 *Populus adenopoda* Maxim.：连云港市海州区云台街道山东村 HMAS

249785、HMAS 351766（无性阶段）；徐州市沛县河滨公园 HMAS 351197。

加拿大杨 *Populus Canadensis* Maxim.：连云港市连云区朝阳街道 HMAS 69199、HMAS 248379（有性阶段）；连云港市海州区花果山风景区山门 HMAS 350388、云台街道山东村 HMAS 249809；徐州市泉山区云龙湖景区 HMAS 351368；徐州生物工程学校 HMAS 351309（周保亚）；徐州市沛县杨屯镇 HMAS 351219。

国内分布：东北、华北、西北、华东、华中、西南地区及台湾省。

世界分布：北美洲（美国），欧洲，亚洲（中国、印度、韩国、哈萨克斯坦、吉尔吉斯斯坦、乌兹别克斯坦、巴基斯坦以及俄罗斯远东地区），高加索地区（阿塞拜疆）。

沙梨球针壳（梨球针壳）   图 54

Phyllactinia pyri-serotinae Sawada，Rep. Dept. Agric. Gov. Res. Inst. Formosa 49：83，1930；Braun & Cook，Taxonomic Manual of the Erysiphales（powdery mildews）：271，2012.

Phyllactinia guttata var. *pyricola* Y. S. Paul & V. K. Thakur，Indian Erysiphaceae：77，Jodhpur 2006.

Phyllactinia mali（Duby）U. Braun，Feddes Repert. 88（9 - 10）：657，1978；Braun，Beih. Nova Hedwigia 89：585，1987；Liu，The Erysiphaceae of Inner Mongolia：252，2010.

Phyllacinia pyri Homma，J. Fac. Agric. Hokkaido Imp. Univ. 38：412，1937；Tai，Sylloge Fungorum Sinicorum：285，1979；Zheng & Yu（eds.），Flora Fungorum Sinicorum 1：271，1987；Yu & Tian，Acta Mycol. Sin. 14（3）：169，1995.

Phyllactinia suffulta f. *cotoneastri* Jacz.（Jaczewski 1927：437）.

菌丝体叶背生，初为白色圆形或无定形斑片，后扩展连片布满叶背，粉层浓厚，展生，留存或消失；菌丝无色，光滑，粗 4.0~7.5μm，附着胞裂瓣形，呈 Y 形，多单生；分生孢子梗脚胞柱形，（47.5~70.0）μm×（5.0~7.5）μm，上接 1~3 个细胞；分生孢子单生，无色，棍棒形、短棍棒形、卵形等，顶端多钝圆，有较小的乳头状突起，少数无，（55.0~102.5）μm×（16.0~27.5）μm；子囊果散生至近聚生，暗褐色，扁球形，直径 160~300μm，平均 210μm，壁细胞不规则多角形，直径 6.0~37.5μm；附属丝 5~13 根，直挺或稍弯曲，针状，无色，透明，基部膨大呈球形，直径 32~55μm，附属丝长为子囊果直径的 0.5~1.8 倍，长 100~350μm；子囊 10~35 个，黄色，椭圆形、长卵形，（50.0~90.0）μm×（27.5~51.0）μm，有小柄；子囊孢子 2 个，椭圆形、长卵形、肾形等，（20.0~55.0）μm×（20.0~27.5）μm，淡黄色。

寄生在蔷薇科 Rosaceae 植物上。

白梨 *Pyrus bretschneideri* Rehd.：徐州生物工程学校 HMAS 351293（周保亚）。

杜梨 *Pyrus betulaefolia* Bge.：连云港市海州区桃花涧景区 HMAS 351863；无锡市宜兴市龙背山国家森林公园 HMAS 350963。

豆梨 *Pyrus calleryana* Dcne.：连云港市连云区高公岛街道柳河村 HMAS 351797。

西洋梨 *Pyrus communis* Linn.：连云港市海州区石棚山景区 HMAS 351397。

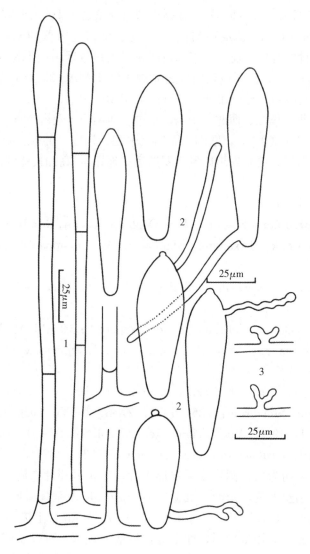

图 54 沙梨球针壳 *Phyllactinia pyri~serotinae* Sawada（HMAS 351836）
1. 分生孢子梗和分生孢子 2. 分生孢子 3. 附着胞

沙梨 *Pyrus pyrifolia*（Burm. f.）Nakai：连云港市连云区猴嘴街道 HMAS 66397、朝阳街道尹宋村 HMAS 351485、高公岛街道黄窝景区 HMAS 351811；连云港市海州区花果山风景区大门 HMAS 350389、南城街道 HMAS 351801、桃花涧景区 HMAS 351772、万山花园 HMAS 351836；苏州市常熟市董浜镇 HMAS 351440。

国内分布：全国各地均有分布。

世界分布：亚洲、欧洲、北美洲、北非（摩洛哥）。

讨论：余永年、赖奕琪（1979）将寄生在蔷薇科 Rosaceae 山楂 *Crataegus pinnatifida* Bge. 和梨属 *Pyrus* sp. 等多种植物上的球针壳 *Phyllactinia* 鉴定为 *Phyllactinia pyri*（Cast.）Homma。Sawada（1930、1933）根据日本梨属植物上的球针壳成立了新种沙梨球针壳 *Phyllactinia pyri-serotinae* Sawada，而 *Phyllactinia pyri* 是

Homma（1937）根据对日本和欧洲梨属植物上球针壳的比较研究后成立的新种，被视为是 *Phyllactinia pyri-serotinae* 的异名。戴芳澜（1979）将山楂上的球针壳归入 *Phyllactinia corylea*，赵震宇（1965）将其归入 *Phyllactinia sulffulta*，而 Blumer（1967）则将其归入 *Phyllactinia mespili*。Braun 和 Cook（2012）报道蔷薇科植物上的三种球针壳 *Phyllactinia mali*（Duby）U. Braun、*Phyllactinia pyri-communis* Puzari & A. K. Sarbhoy 和 *Phyllactinia pyri-serotinae* Sawada，其中 *Phyllactinia mali* 的子囊果直径较小（135～）140～185（～200）μm，平均小于 170μm，子囊也较小（40～85）μm×（25～40）μm；*Phyllactinia pyri-communis* 的附属丝数量少，为 4～6 根，子囊孢子为 4～6 个，均明显区别于 *Phyllactinia pyri-serotinae*。笔者采集鉴定的菌子囊果较大，直径 160～300μm，平均 210μm，附属丝 5～13 根，子囊（50.0～90.0）μm×（27.5～51.0）μm，与 *Phyllactinia pyri-serotinae* 一致，故鉴定为本种。刘铁志（2010）将内蒙古梨属植物上的球针壳鉴定为苹果球针壳 *Phyllactinia mali*，笔者认为应该是沙梨球针壳，国内报道的蔷薇科多种植物上的球针壳大多为该种。

栎球针壳

Phyllactinia roboris （Gachet）S. Blumer, Beitr. Krypt. ～ Fl. Schweiz 7（1）：389, 1933；Braun, Beih. Nova Hedwigia 89：590，1987；Zheng & Yu（eds.），Flora Fungorum Sinicorum 1：275，1987；Yu & Tian, Acta Mycol. Sin. 14（3）：169, 1995；Braun & Cook, Taxonomic Manual of the Erysiphales（powdery mildews）：274，2012.

Erysiphe roboris Gachet, Act. Soc. Linn. Bordeaux 5：227，1832.

Phyllactinia quercus（Mérat）Homma, J. Fac. Agric. Hokkaido Imp. Univ. 38：414，1937.

菌丝体叶背生，初为白色圆形或无定形斑片，后扩展连片布满叶背，展生，留存；子囊果散生至聚生，暗褐色，扁球形，直径 230～320μm，平均 270μm，壁细胞不规则多角形，直径 6～30μm；附属丝 8～18 根，直挺，针状，无色，透明，基部膨大呈球形，（27～58）μm×（20～50）μm，附属丝长为子囊果直径的 0.5～1.8 倍，长 140～450μm，壁薄；帚状细胞全长 40～100μm，柄呈柱形，约为全长的 1/2，（25.0～45.0）μm×（7.0～22.5）μm，呈树枝状分枝或不分枝；子囊 10～30 个，棍棒形、长椭圆形、椭圆形、长卵形、香蕉形，（55～85）μm×（20～35）μm，有较长的小柄；子囊孢子 2（～3）个，椭圆形、卵形，（29～42）μm×（17～25）μm。

寄生在壳斗科 Fagaceae 植物上。

栗 *Castanea mollissima* Bl.：连云港市海州区花果山风景区三元宫 HMAS 62167。

栓皮栎 *Quercus variabilis* Bl.：连云港市连云区云山街道白果树村 Y88131、高公岛街道黄窝景区 HMAS 62524。

国内分布：华北、华东（山东、江苏、福建、安徽、江西）、华中（湖南、湖北）、华南（广东、广西）、西南（四川、贵州）地区。

世界分布：亚洲（中国、伊朗、韩国、日本以及俄罗斯远东地区），高加索地区（阿塞拜疆），欧洲大部分地区。

讨论：该菌子囊果大。馆藏标本，未观测无性阶段。

青风藤球针壳 图 55

Phyllactinia sabiae Zhi X. Chen & R. X. Gao，Acta Mycol. Sin. 1（1）：12，1982；Zheng
& Yu（eds.），Flora Fungorum Sinicorum 1：277，1987；Braun & Cook，Taxonomic

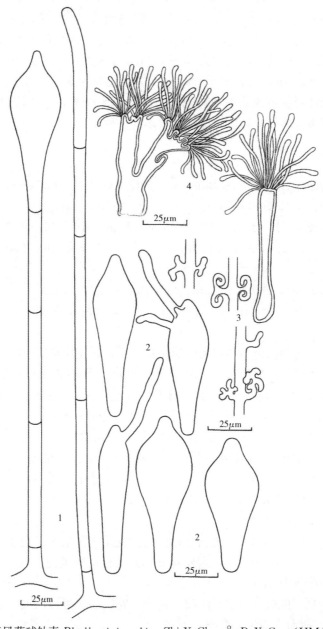

图 55　青风藤球针壳 *Phyllactinia sabiae* Zhi X. Chen & R. X. Gao（HMAS 248382）
1. 分生孢子梗和分生孢子　2. 分生孢子　3. 附着胞　4. 帚状细胞

Manual of the Erysiphales（powdery mildews）：275，2012.

菌丝体叶背生，初为白色圆形或无定形斑片，后扩展连片布满叶背，展生，留存或消失，菌丝无色，光滑，粗 3.0～8.5μm，附着胞树枝状裂瓣形，对生或单生；分生孢子梗脚胞长柱形，（45.0～100.0）μm×（5.0～7.5）μm，上接 2～3 个细胞；分生孢子单生，无色至淡褐色，梨形、卵椭圆形、棍棒形，顶端钝圆，有明显乳头状突起，（65.0～106.5）μm×（17.5～36.5）μm；子囊果散生至聚生，暗褐色，扁球形，直径 150～265μm，壁细胞不规则多角形，直径 5～25μm；附属丝 6～19 根，直挺，针状，无色，透明，基部膨大呈球形，直径 27.5～45.0μm，顶端钝圆，附属丝长为子囊果直径的 0.3～1.8 倍，长（65～）125～370μm，壁薄；帚状细胞全长 50～125μm，柄呈柱形，约为全长的 1/2～2/3，（30.0～75.0）μm×（7.0～17.5）μm，多呈树枝状分枝，少数不分枝；子囊 7～21 个，淡黄色，长椭圆形、棍棒形、长卵形，（62.5～80.0）μm×（22.5～40.0）μm，有较长的小柄；子囊孢子 2 个，椭圆形、卵形，（27.5～55.0）×（17.5～24.0）μm，淡黄色。

寄生在青风藤科 Sabiaceae 植物上。

青风藤 *Sabia japonica* Maxim.：镇江市句容市宝华山 HMAS 248382。

国内分布：江苏、福建。

世界分布：中国。

讨论：该菌分生孢子部分呈淡褐色，这一特征在其他种类中罕见。

香椿球针壳
图 56

Phyllactinia toonae Y. N. Yu & Y. Q. Lai, in Yu et al., Acta Microbiol. Sin. 19（1）：142，1979；Zheng & Yu（eds.），Flora Fungorum Sinicorum 1：281，1987；Yu & Tian, Acta Mycol. Sin. 14（3）：169，1995；Braun & Cook, Taxonomic Manual of the Erysiphales（powdery mildews）：279，2012.

Phyllactinia guttata var. *cedrelae* Y. S. Paul & V. K. Thakur, Indian Erysiphaceae：78, Jodhpur 2006.

菌丝体叶背生，初为白色圆形或无定形斑片，后扩展连片布满叶背，粉层浓厚，展生，留存或消失；菌丝无色，光滑，粗 3～7μm，附着胞裂瓣形，呈群集分布，常对生，少数单生；分生孢子梗脚胞柱形，（80.0～175.0）μm×（5.5～7.0）μm，上接 1～3 个细胞；分生孢子单生，无色，纺锤状椭圆形、短棍棒形，有乳头状突起，（46.5～80.0）μm×（20.0～32.5）μm；子囊果散生至近聚生，暗褐色，扁球形，直径 190～250μm，壁细胞不规则多角形，直径 6.0～37.5μm；附属丝 7～14 根，直挺或稍弯曲，针状，无色，透明，基部膨大呈球形，直径 27～50μm，附属丝长为子囊果直径的 0.5～2.0 倍，长 93～400μm；帚状细胞全长 70～120μm，柄呈柱形，约为全长的 1/2，（23.0～65.0）μm×（8.0～17.5）μm，上部具多个分枝；子囊 10～30 个，淡黄色至黄色，长椭圆形、椭圆形、卵形，（52.5～87.5）μm×（27.5～54.0）μm，有小柄；子囊孢子 2～3 个，椭圆形、长椭圆形、长卵形，（25.0～57.5）μm×（14.0～25.0）μm，淡黄色。

寄生在楝科 Meliaceae 植物上。

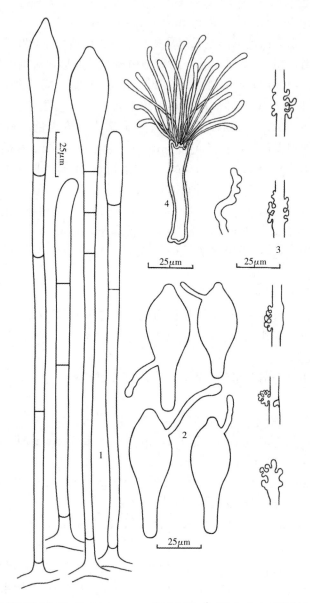

图 56　香椿球针壳 *Phyllactinia toonae* Y. N. Yu & Y. Q. Lai（HMAS 351843）
1. 分生孢子梗和分生孢子　2. 分生孢子　3. 附着胞　4. 帚状细胞

　　香椿 *Toona sinensis*（A. Juss.）Roem.：连云港市连云区朝阳街道 HMAS 66400
（有性阶段）、HMAS 351843（无性阶段），宿城街道 HMAS 351786；连云港市海州区花
果山街道前云村 HMAS 249833。

　　国内分布：北京、江苏、山东、陕西、湖南、湖北、广西、四川、云南。

　　世界分布：中国、印度。

　　讨论：该菌附着胞裂瓣形，多数短小呈群集分布，是有别于其他种类的一个显著特征。

（3）拟小卵孢属

Ovulariopsis Pat. & Har. , J. Bot. （Morot）45：245，1900，emend. U. Braun & R. T. A. Cook；Braun & Cook，Taxonomic Manual of the Erysiphales （powdery mildews）：286，2012.

模式种：*Ovulariopsis erysiphoides* Pat. & Har. （see Leveillula clavata）.

Streptopodium R. Y. Zheng & G. Q. Chen，Acta Microbiol. Sin. 18（3）：183，1978.

菌丝体分内、外生两型，附着胞乳头形、树枝形、裂瓣形、珊瑚形；分生孢子梗自表生菌丝产生，分生孢子单生，可分成初生分生孢子和次生分生孢子两种类型；分生孢子表面有疣状颗粒，芽管顶端裂瓣形至珊瑚形。

野鸭椿拟小卵孢   图 57
Ovulariopsis sp.

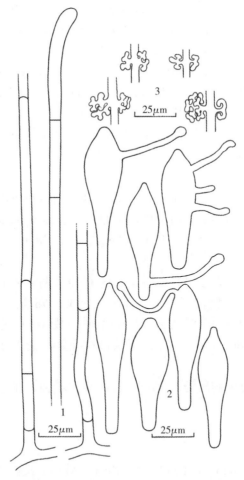

图 57　野鸭椿拟小卵孢 *Ovulariopsis* sp.（HMAS 248275）
1. 分生孢子梗和分生孢子　2. 分生孢子　3. 附着胞

菌丝体叶背生，初为白色圆形或无定形斑片，后扩展连片布满叶背，菌粉层浓厚，展生，存留；菌丝无色，光滑，粗 3～6μm，附着胞裂瓣形，对生；分生孢子单生，无色，棍棒形、梨形，顶端钝圆，乳头状突起明显，（50.0～87.5）μm×（15.0～25.0）μm。

寄生在省沽油科 Staphyleaceae 植物上。

野鸦椿 *Euscaphis japonica*（Thunb.）Dippel：连云港市连云区中云街道云龙涧风景区 HMAS 248275。

讨论：该菌在本地零星分布，发病轻微。笔者仅采集到少量标本，未见有性阶段。

（4）半内生钩丝壳属

Pleochaeta Sacc. & Speg.，in Sacc.，Michelia 2：373，1881；Zheng & Yu（eds.），Flora Fungorum Sinicorum 1：282，1987；Braun，Beih. Nova Hedwigia 89：569，1987；Braun & Cook，Taxonomic Manual of the Erysiphales（powdery mildews）：281，2012.

Pleochaeta Sacc. & Speg.，in Sacc.，Anales Soc. Ci. Argent. 10：64，1880，nom. nud.

Uncinulopsis Sawada，Trans. Formosa Nat. Hist. Soc. 6：33，1916；type species - *Uncinulopsis subspiralis* Sawada.

菌丝体分内外生两种，附着胞裂瓣形；由外生菌丝产生分生孢子梗，直立，脚胞呈螺旋状扭曲；分生孢子单生，分初生分生孢子和次生分生孢子两种类型，初生分生孢子披针形或卵状披针形，次生分生孢子棍棒状、卵状椭圆形、近圆形，先端钝；芽管多产生于分生孢子两端，中等长；子囊果大，侧面观陀螺状，包被多层，暗黑色；附属丝生于子囊果上半部，数量多，顶端钩状或卷曲；子囊多个；子囊孢子 2～5 个，大，椭圆形至卵圆形，无色。

模式种：*Pleochaeta lynckii*（Speg.）Speg.（*Pleochaeta polychaeta*）.

无性型：拟小卵孢属 *Ovulariopsis* Pat. & Har.，J. Bot.（Morot）14：245，1900.

Streptopodium R. Y. Zheng & G. Q. Chen，Acta Microbiol. Sin. 18（3）：183，1978.

讨论：半内生钩丝壳属是一个小属，它的有性型与白粉菌属钩丝壳组 *Erysiphe* sect. *Uncinula* 相近，无性型则与 *Phyllactinia* 属近似。郑儒永、陈桂清（1978）根据其无性型分生孢子梗基部旋扭数周的特征，成立了无性型新属旋梗孢属 *Streptopodium*。Braun 和 Cook（2012）不认可这个属，又重新将 *Streptopodium* 合并到 *Ovulariopsis* 中。

全世界已报道的半内生钩丝壳属 *Pleochaeta* 共有 5 种，江苏省已知 1 种，寄生在 1 科 1 属 1 种植物上。

三孢半内生钩丝壳

Pleochaeta shiraiana（Henn.）Kimbr. & Korf，Mycologia 55：624，1963；Braun，Beih. Nova Hedwigia 89：571，1987；Zheng & Yu（eds.），Flora Fungorum Sinicorum 1：284，1987；Yu & Tian，Acta Mycol. Sin. 14（3）：169，1995；Braun &

Cook，Taxonomic Manual of the Erysiphales（powdery mildews）：284，2012.．

Uncinula shiraiana Henn.，Bot. Jahrb. Syst. 29：148，1900.

Uncinulopsis subspiralis Sawada，Trans. Nat. Hist. Soc. Taiwan 6：33，1916，as "（Salm.）Sawada."

Uncinulopsis polychaeta auct. p. p. sensu Wei（1942），Tai（1946）.

菌丝体叶背生，存留，一般形成明显及较厚的斑片，后扩展覆盖全叶；分生孢子梗细长，基部旋转状扭曲 2～4 周；分生孢子单生，长椭圆形、倒棍棒状椭圆形，顶端钝尖或钝圆；子囊果聚生至散生，以叶背为主，叶面很少，暗褐色，扁球形，直径 190～320μm，壁细胞不规则多角形，直径 5～20μm；附属丝多，150～500 根或超过 500 根，直或弯曲，长度为子囊果直径的 0.1～0.9 倍，长 65～220μm，多数由下向上渐变细，有时基部缢缩变细，中间变粗，顶端又变细，基部宽 4.0～7.5μm，顶部宽 3～5μm，全长平滑或基部粗糙，全长薄壁或下部壁稍厚，无隔膜，无色，顶端简单钩状或卷曲 1.0～1.5 圈，少数 2 圈，圈紧；子囊 20～60 个左右，棍棒形、柱形、长矩状椭圆形、长椭圆形、长卵形等，有明显的小柄，少数的柄还可以分叉，（56.0～105.0）μm×（22.5～35.0）μm；子囊孢子绝大多数 3 个，少数 2 或 4 个，短圆形、卵形，（20～33）μm×（16～20）μm。

寄生在榆科 Ulmaceae 植物上。

朴树 *Celtis sinensis* Pers.：连云港市连云区宿城街道 HMAS 62168、朝阳街道 Y89009。

国内分布：江苏、辽宁、河南、山西、浙江、上海、福建、四川、广东、广西、云南、贵州、台湾。

世界分布：非洲南部以及中国、印度、日本、韩国、巴基斯坦。

讨论：馆藏老标本，未观测无性阶段。

（五）高氏白粉菌族

Tribe ***Golovinomyceteae***（U. Braun）U. Braun & S. Takam.，Schlechtendalia 4：32，2000.

本族下分为高氏白粉菌亚族 Subtribe *Golovinomycetinae*、新白粉菌亚族 Subtribe *Neoërysiphinae* 和节丝壳亚族 Subtribe *Arthrocladiellinae* 三个亚族，江苏均有分布。

1 高氏白粉菌亚族

Subtribe ***Golovinomycetinae***
本亚族仅含高氏白粉菌属 *Golovinomyces* 一属。江苏有分布。

高氏白粉菌属

Golovinomyces（U. Braun）Heluta，Biol. Zhurn. Armenii 41（1）：357，1988；Liu，The

Erysiphaceae of Inner Mongolia ：142，2010；Braun & Cook，Taxonomic Manual of the Erysiphales（powdery mildews）：294，2012.

Erysiphe sect. *Golovinomyces* U. Braun，Feddes Repert. 88：659，1978；Braun，Beih. Nova Hedwigia 89：164，1987.

Erysiphe R. Hedw. ex DC.，in Lamarck & de Candolle，Fl. franç.，Edn. 3，2：272，1805；Zheng & Yu（eds.），Flora Fungorum Sinicorum 1：43，1987.

　　菌丝体表生，在寄主植物的表皮细胞内形成吸胞，附着胞呈乳头形，有时不明显；分生孢子梗生于表生菌丝，分生孢子串生；子囊果近球形至扁球形，无腹背性或稍有腹背性，包被多层，暗褐色；附属丝菌丝状，简单，少数可不规则分枝；子囊多个；子囊孢子2（～4）个。

　　模式种：菊科高氏白粉 *Golovinomyces cichoracearum*（DC.）Heluta（*Erysiphe cichoracearum* DC.）.

　　无性型：真粉孢属 *Euoidium* Y. L. Paul & J. N. Kapoor，Indian Phytopathol. 38：761，1985.

Oidium subgen. *Reticuloidium* R. T. A. Cook，A. J. Inman & C. Billings，Mycol. Res. 101（8）：998，1997.

　　讨论：本属是从 *Erysiphe* R. Hedw. ex DC. 分离出来成立的新属，并得到了分子数据和扫描电镜（SEM）研究的证实。本属和 *Leveillula* 与 *Phyllactinia* 一样，不同的种在形态学上具有很高的一致性，特别是无性阶段。Braun 和 Cook（2012）根据形态学和分子系统学研究结果，将原来的一些复合种如菊科高氏白粉菌 *Golovinomyces cichoracearum*（DC.）Heluta 等分成了若干独立的新种。随后很多学者从无性阶段形态学、有性阶段形态学和不同寄主科、属、种对该属中多个复合种群进行研究，并结合分子系统学研究等综合研究手段，建立了很多新种和新组合。该属很多种类在本地区仅见无性阶段，所以很多种类（标本）都是笔者通过 DNA 分析来确定的。

高氏白粉菌组

高氏白粉菌组 *Golovinomyces* sect. *Golovinomyces* 分种检索表

沙参高氏白粉菌（沙参白粉菌）

Golovinomyces adenophorae （R. Y. Zheng & G. Q. Chen） Heluta, Ukrayins'k. Bot. Zhurn. 45 （5）：62，1988；Liu, The Erysiphaceae of Inner Mongolia ：144，2010；Braun & Cook, Taxonomic Manual of the Erysiphales （powdery mildews）：298，2012.

Erysiphe adenophorae R. Y. Zheng & G. Q. Chen, Sydowia 34：235，1981；Zheng & Yu （eds.）, Flora Fungorum Sinicorum 1：51，1987；Braun, Beih. Nova Hedwigia 89：258，1987；Yu & Tian, Acta Mycol. Sin. 14 （3）：167，1995. *Erysiphe cichoracearum* sensu auct. non. DC.：Fr.：Tai & Wei, Sinensia 3：93. 1932. p. p；Tai, Sylloge Fungorum Sinicorum：134，1979.

菌丝体叶两面生，也生于叶柄、茎、花果等部位，初为白色圆形或无定形斑点，渐扩展形成厚而明显的白色斑片直至覆盖全叶或植株体，展生，存留；子囊果生于叶、叶柄等各部位，散生至聚生，扁球形，深褐色，直径 100～150μm，壁细胞不规则多角形，8.0～22.5μm；附属丝 20～52 根，一般不分枝，个别不规则简单分枝，弯曲至扭曲，互相纠缠或与菌丝纠缠在一起，长度为子囊果直径的 0.5～2.0 倍，长 40～220μm，基部粗，向上略变细或上下近等粗，宽 4～9μm，全长无色，或基部淡褐色，中上部无色，壁薄，平滑，有 0～3 个隔膜；子囊 10～25 个，长椭圆形、长卵圆形、卵椭圆形，（45～75）μm×（20～35）μm，有小柄；子囊孢子 2 个，卵形、长椭圆形、椭圆形，（16～28）μm×（13～19）μm。

寄生在桔梗科 Campanulaceae 植物上。

轮叶沙参 *Adenophora tetraphylla* （Thunb.）Fisch.：连云港市海州区花果山风景区玉女峰 HMAS 62147。

风铃草 *Campanula delavayi* Tranch.：徐州市泉山区卧牛山 Y83002。

国内分布：江苏、安徽、北京、河北、山西、陕西、内蒙古。

世界分布：亚洲（中国、日本、哈萨克斯坦以及俄罗斯远东地区），欧洲（俄罗斯）。

讨论：馆藏老标本，未观测到无性阶段。该菌还寄生在本地区杏叶沙参 *Adenophora axilliora* Borb.、紫沙参 *Adenophora paniculata* Nanif.、石沙参 *Adenophora polyantha* Nakai、荠苨 *Adenophora trachelioides* Maxim.、桔梗 *Platycodon grandiflorum* （Jacq.）A. DC. 等植物上。

豚草高氏白粉菌（豚草白粉菌） 图 58

Golovinomyces ambrosiae （Schwein.）U. Braun & R. T. A. Cook, in Cook & Braun, Mycol. Res. 113 （5）：628，2009；Braun & Cook, Taxonomic Manual of the Erysiphales （powdery mildews）：299，2012 ；Liu, Journal of Fungal Research 20 （1） 10，2022.

Erysiphe ambrosiae Schwein. , Trans. Amer. Philos. Soc. , N. S. , 4：270，1834.

Erysiphe cichoracearum var. *latispora* U. Braun, Mycotaxon 18 （1）：117，1983.

Golovinomyces cichoracearum var. *latisporus* （U. Braun） U. Braun, Schlechtendalia 3：51，1999.

A 寄生在荷兰菊 *Symphyotrichum novi-belgii*（Linn.）G. L. Nesom 上。

菌丝体叶两面生，亦生于茎、花等各部位，初为白色圆形或无定形斑点，后逐渐扩展连片，展生，存留或消失，后期布满全叶或覆盖整个植物体；菌丝无色，粗 3.0～7.5μm，附着胞乳头形，数量多；分生孢子梗脚胞柱形，无色，上下近等粗，光滑，直，（47.0～112.0）μm×（9.0～11.5）μm；分生孢子串生，椭圆形、矩状长椭圆形、长卵形、卵形、无色，（27.5～47.5）μm×（16.0～21.5）μm，长/宽为 1.5～2.9，平均 2.0。

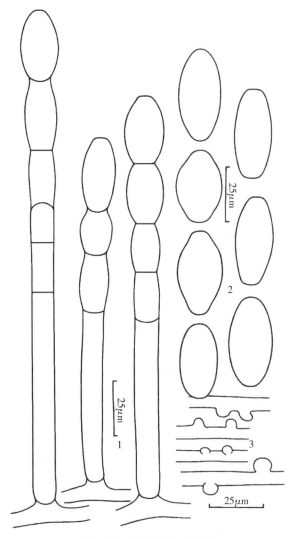

图 58A　豚草高氏白粉菌
Golovinomyces ambrosiae（Schwein.）U. Braun & R. T. A. Cook（HMAS 351823）
1. 分生孢子梗和分生孢子　2. 分生孢子　3. 附着胞

B 寄生在白头婆 *Eupatorium japonicum* Thunb. 上。

菌丝体叶两面生，亦生于茎、花等各部位，初为白色圆形或无定形斑点，后逐渐扩展，存留，后期布满全叶和覆盖整个植物体；菌丝无色，粗 4～9μm，附着胞乳头形，数量多；分生孢子梗脚胞柱形，无色，光滑，上下近等粗，直或有时略弯曲，（27.5～67.5）μm×（10.0～12.5）μm；分生孢子串生，椭圆形、长椭圆形、卵形，无色，[28.5～38.5（55.0）] μm×（15.0～22.5）μm。

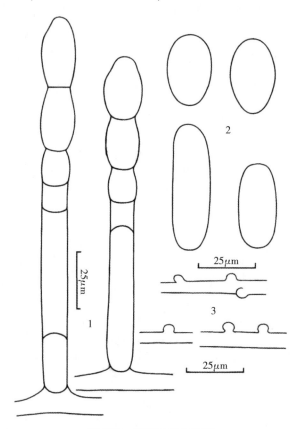

图 58B　豚草高氏白粉菌

Golovinomyces ambrosiae（Schwein.）U. Braun & R. T. A. Cook（Y20187）

1. 分生孢子梗和分生孢子　2. 分生孢子　3. 附着胞

C 寄生在一年蓬 *Erigeron annuus*（Linn.）Pers. 上。

菌丝体叶两面生，亦生于茎、花等部位，初为白色圆形或无定形斑点，后逐渐扩展连片并布满全叶，展生，存留或消失；菌丝无色，光滑，粗 4～8μm，附着胞乳头形；分生孢子梗脚胞柱形，直或略弯曲，无色，光滑，上下近等粗，（50.0～152.0）μm×（10.0～12.5）μm；分生孢子串生，矩状椭圆形、长椭圆形、椭圆形，无色，（26～43）μm×（15～20）μm，长/宽为 1.4～2.7，平均 2.0。

D 寄生在碱菀（竹叶菊）*Tripolium vulgare* Nees. 上。

菌丝体叶两面生，亦生于茎等部位，初为白色近圆形或无定形斑点，后扩展连片布满全叶，展生，存留；菌丝无色，粗 4～8μm，附着胞乳头形；分生孢子梗脚胞柱形，直，光滑，上下近等粗，（30.0～70.0）μm×（9.0～12.5）μm；分生孢子串生，椭圆形、长椭圆形、卵形、卵圆形等，无色，（25.0～54.0）μm×（10.0～22.5）μm，长/宽为 1.5～3.7，平均 2.0。

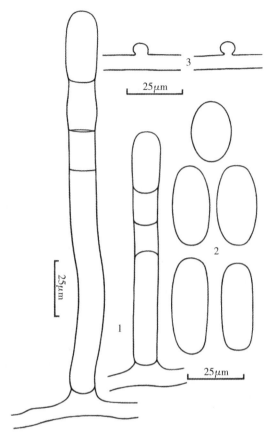

图 58C　豚草高氏白粉菌

Golovinomyces ambrosiae (Schwein.) U. Braun & R. T. A. Cook (Y19111)

1. 分生孢子梗和分生孢子　2. 分生孢子　3. 附着胞

寄生在菊科 Asteraceae (Compositae) 植物上。

佩兰 *Eupatorium fortunei* Turcz.：连云港市连云区猴嘴街道昌圩湖 HMAS 351830、朝阳街道尹宋村 HMAS 351654。

白头婆 *Eupatorium japonicum* Thunb.：连云港市连云区海上云台山风景区 Y20187 (HMJAU-PM)。

林泽兰（白鼓丁）*Eupatorium lindleyanum* DC.：连云港市海州区花果山风景区 HMAS 350378；连云港市连云区朝阳街道张庄村 Y18100；无锡市滨湖区惠山国家森林公园 HMAS 351028。

一年蓬 *Erigeron annuus* (Linn.) Pers.：苏州市吴中区旺山景区 Y19111 (HMJAU-PM)。

滨菊 *Leucanthemum vulgare* Lam.：连云港市海州区苍梧绿园 HMAS 350851、郁洲公园 Y21040 (HMJAU-PM)；徐州市泉山区云龙湖景区 HMAS 351281；淮安市清江浦区钵池山公园 HMAS 351096；苏州市虎丘区科技城太湖东堤 HMAS 350845。

荷兰菊 *Symphyotrichum novi-belgii* (Linn.) G. L. Nesom：连云港市海州区苍梧绿

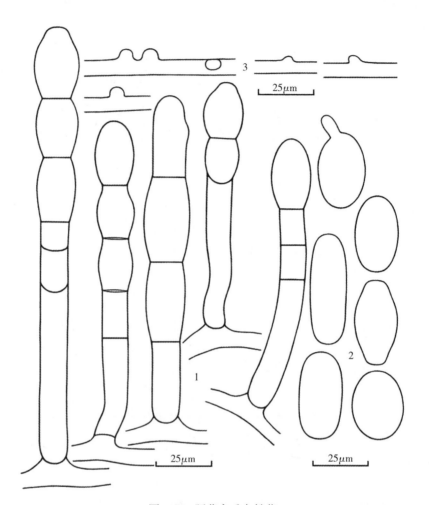

图 58D　豚草高氏白粉菌

Golovinomyces ambrosiae（Schwein.）U. Braun & R. T. A. Cook（HMAS 351740）

1. 分生孢子梗和分生孢子　2. 分生孢子　3. 附着胞

园 HMAS 351823、Y21041（HMJAU-PM）。

碱菀（竹叶菊）*Tripolium vulgare* Nees.：连云港市海州区海连中路 HMAS 351657；连云港市连云区朝阳街道 HMAS 351740；连云港市赣榆区城头镇大河洼村 HMAS 351623；盐城市射阳县合德镇 Y19141（HMJAU-PM）；无锡市滨湖区梁溪路 HMAS 351053。

讨论：本地区未采集到该菌有性阶段，笔者根据 DNA 分子鉴定的结果明确其种类。

地锦高氏白粉菌（地锦白粉菌）　　　　　　　　　　　　图 59

Golovinomyces andinus（Speg.）U. Braun，Schlechtendalia 3：51，1999；Braun & Cook，Taxonomic Manual of the Erysiphales（powdery mildews）：300，2012.

Erysiphe taurica var. *andina* Speg.，Anales Mus. Nac. Buenos Aires 8（1）：68，1902.

Erysiphe andina（Speg.）U. Braun，Mycotaxon 15：133，1982；Braun，Beih. Nova

Hedwigia 89：259，1987；Yu & Tian，Acta Mycol. Sin. 14（3）：166，1995.

菌丝体叶两面生，亦生于茎等部位，初为白色斑点，后展生形成斑片，存留；分生孢子串生，椭圆形；子囊果聚生至散生，球形，深褐色，直径 80～175μm（平均 128μm），壁细胞不规则多角形，直径 5～26.5μm；附属丝菌丝状，15～45 根，弯曲至扭曲等，少数分枝 1 次，长 35.5～294.5μm，为子囊果直径的 0.3～2.0 倍，粗细均匀或略有粗细变化，壁薄，平滑，有 1～5 个隔膜，基部淡褐色，上部无色；子囊 15～25 个，长椭圆形、长卵形、椭圆形，有柄，（56.5～70.0）μm×（26.5～40.0）μm（平均 63μm×33μm）；子囊孢子 2（～3）个，卵形、椭圆形，（23～33）μm×（13～16）μm。

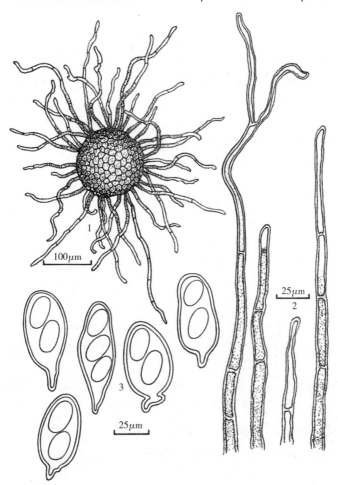

图 59　地锦高氏白粉菌 *Golovinomyces andinus*（Speg.）U. Braun（HMAS 62193）
1. 子囊果　2. 附属丝　3. 子囊和子囊孢子

寄生在大戟科 Euphorbiaceae 植物上。

斑地锦 *Euphorbia maculata* Linn.：连云港市连云区猴嘴街道 HMAS 62193。

国内分布：江苏。

世界分布：中国、阿根廷、智利。

讨论：中国新记录种。笔者在研究该菌时未观测无性阶段。

南芥高氏白粉菌（南芥白粉菌）   图 60

Golovinomyces arabidis （ R. Y. Zheng ＆ G. Q. Chen ） Heluta, Ukrayins '
  k. Bot. Zhurn. 45 （5）：62，1988；Liu, The Erysiphaceae of Inner Mongolia ：146,
  2010；Braun ＆ Cook, Taxonomic Manual of the Erysiphales （powdery mildews）：
  301，2012.

Erysiphe arabidis R. Y. Zheng ＆ G. Q. Chen, Sydowia 34：256，1981；Zheng ＆ Yu
  （eds.）, Flora Fungorum Sinicorum 1：56，1987；Braun, Beih. Nova Hedwigia 89：
  253，1987.

　　菌丝体叶两面生，以叶面为主，初为白色圆形薄而淡的斑点，后逐渐扩展连片，展
生，存留；菌丝无色，粗 4～9μm，附着胞乳头形；分生孢子梗脚胞柱形，无色，光滑，
直或基部略弯曲，上下近等粗或有缢缩和变细，（36～70）μm×（8～11）μm；分生孢子
串生，椭圆形，无色，（27～35）μm×（15～19）μm。

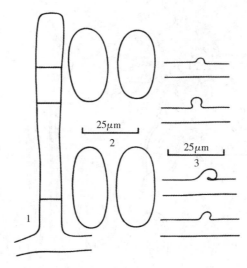

图 60　南芥高氏白粉菌 *Golovinomyces arabidis*（R. Y. Zheng ＆ G. Q. Chen）Heluta（HMAS 351710）
1. 分生孢子梗和分生孢子　2. 分生孢子　3. 附着胞

　　寄生在十字花科 Brassicaceae（Cruciferae）植物上。

　　风花菜 *Rorippa globosa*（Turcz.）Hayek：苏州市虎丘区科技城太湖大堤
HMAS 351710。

　　国内分布：东北、华北、华东、西北、西南地区。

　　世界分布：中国、韩国、日本以及俄罗斯远东地区。

　　讨论：笔者仅采集到该菌少量标本，未见有性阶段。风花菜是该菌新记录寄主。

蒿高氏白粉菌（蒿白粉菌）   图 61

Golovinomyces artemisiae （ Grev. ） Heluta, Ukrayins ' k. Bot. Zhurn. 45 （5）：62,
  1988；Liu, The Erysiphaceae of Inner Mongolia ：148，2010；Braun ＆ Cook,

Taxonomic Manual of the Erysiphales（powdery mildews）：301，2012.

Erysiphe artemisiae Grev.，Fl. edin.：459，1824；Zheng & Yu（eds.），Flora Fungorum Sinicorum 1：58，1987；Braun，Beih. Nova Hedwigia 89：254，1987；Yu & Tian，Acta Mycol. Sin. 14（3）：167，1995.

Erysiphe cichoracearum sensu auct. non. DC.：Salm.，Mem. Torrey Bot Club. 9：134.1900；Tai，Sylloge Fungorum Sinicorum：134，1979.

菌丝体叶两面生，以叶面为主，初为白色无定形斑点，后扩展连片，可布满全叶，展生，存留；菌丝无色，粗4～9μm，附着胞乳头形；分生孢子梗脚胞柱形，直或基部略弯曲，光滑，上下近等粗，（43.0～135.0）μm×（8.0～12.5）μm，上接1～3细胞；分生孢子串生，长椭圆形、椭圆形，含较多油球，无色，（28～43）μm×（15～24）μm，长/宽为1.6～2.6，平均1.9；子囊果散生，暗褐色，扁球形，直径82～162μm，壁细胞不规则多角形，直径7～32μm；附属丝15～50根，常弯曲，少数近直，多数不分枝，少数分枝，长度为子囊果直径的0.5～1.5倍，长50～200μm，粗细均匀或向上稍细，宽3.0～7.5μm，多数无色，少数淡褐色至褐色，壁薄，平滑或略粗糙，有1～6个隔膜；子囊6～21个，长椭圆形、椭圆形、长卵形、卵形、梨形等，（47.5～80.0）μm×（27.5～41.5）μm，有明显小柄，有的柄长达35μm以上；子囊孢子2个，短椭圆形、卵形、椭圆形，（21～30）μm×（15～20）μm，淡灰色。

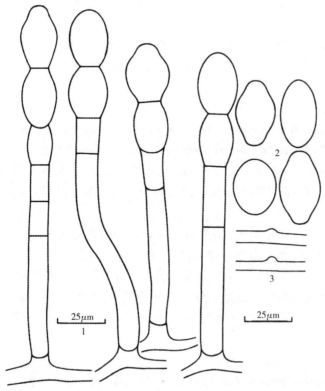

图61　蒿高氏白粉菌 *Golovinomyces artemisiae*（Grev.）Heluta（HMAS 351733）
1. 分生孢子梗和分生孢子　2. 分生孢子　3. 附着胞

寄生在菊科 Asteraceae（Compositae）植物上。

黄花蒿 *Artemisia annua* Linn.：淮安市盱眙县铁山寺国家森林公园 HMAS 351113。

艾 *Artemisia argyi* Levl. & Van.：连云港市海州区花果山风景区云台农场 HMAS 351277；宿迁市宿豫区三台山森林公园 HMAS 351140；扬州市广陵区大东门街 HMAS 350746；苏州市常熟市董浜镇 HMAS 351733（无性阶段）。

青蒿 *Artemisia carvifolia* Buch.：连云港市海州区花果山风景区玉女峰 HMAS 351744；连云港市连云区连云街道 HMAS 350978。

南牡蒿 *Artemisia eriopoda* Bge.：连云港市连云区猴嘴公园 HMAS 351329、HMAS 351661（有性阶段）。

野艾蒿 *Artemisia lavandulaefolia* DC.：连云港市海州区花果山风景区花果山街道 HMAS 62148、云台街道 HMAS 351743；徐州市泉山区云龙湖景区 HMAS 351282；徐州市沛县河滨公园 HMAS 351201；扬州市邗江区大明寺 HMAS 350733；无锡市滨湖区惠山国家森林公园 HMAS 351039。

蒙古蒿 *Artenmisia mongolica*（Fisch. & Bess.）Nakai：盐城市响水县陈家港 HMAS 350782。

魁蒿 *Artemisia princeps* Pamp.：连云港市海州区花果山风景区玉女峰 HMAS 350995。

萎蒿 *Artemisia selengensis* Turcz. ex Bess.：连云港市连云区朝阳街道 HMAS 351741。

国内分布：东北、华北、华东、华中、西北、西南地区。

世界分布：亚洲、欧洲、北美洲以及高加索地区。

勿忘草高氏白粉菌 图 62

Golovinomyces asperifolii（Erikss.）U. Braun & H. D. Shin.；Mycobiology，2018，46（3）199；Liu，Journal of Fungal Research 20（1）：10，2022.

Golovinomyces cynoglossi（Wallr.）Heluta，Ukrayins' k. Bot. Zhurn. 45（5）：62，1988；Braun & Cook，Taxonomic Manual of the Erysiphales（powdery mildews）：310，2012.

菌丝体叶两面生，亦生于茎、花等各部位，初为白色无定形斑点，后逐渐扩展连片，展生，存留，布满全叶和覆盖整个植物体；菌丝无色，粗 $5\sim10\mu m$，附着胞乳头形，不明显；分生孢子梗脚胞柱形，直或略弯曲，无色，光滑，上下近等粗，$(70\sim126)\mu m\times(10\sim14)\mu m$，上接 $1\sim5$ 个细胞；分生孢子串生，短椭圆形、椭圆形、卵形，无色，$(23\sim30)\mu m\times(14\sim20)\mu m$（平均 $26.5\mu m\times18\mu m$），长/宽为 $1.3\sim1.8$，平均 1.5；本地未见有性阶段。

寄生在紫草科 Boraginaceae 植物上。

附地菜 *Trigonotis peduncularis* Benth.：连云港市连云区猴嘴街道 HMAS 350353、朝阳街道朝东社区 HMAS 351683；连云港市赣榆区城头镇西茼湖村 HMAS 351601；徐州市泉山区云龙湖景区 HMAS 351229；徐州市沛县河滨公园 HMAS 351205；苏州市虎

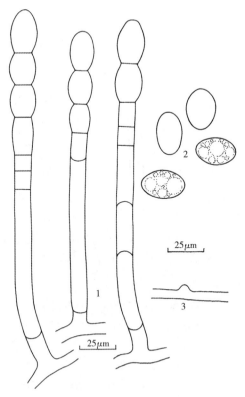

图 62 勿忘草高氏白粉菌

Golovinomyces asperifolii（Erikss.）U. Braun & H. D. Shin（HMAS 350353）

1. 分生孢子梗和分生孢子　2. 分生孢子　3. 附着胞

丘区苏州植物园 HMAS 351720。

国内分布：华东（江苏）、华北（内蒙古）、西北（新疆、甘肃）、西南（四川）地区。

世界分布：亚洲、欧洲、北美洲、南美洲、北非、南非。

讨论：该菌是 Braun 和 Shin（2018）利用分子系统学分析从琉璃草高氏白粉菌 *Golovinomyces cynoglossi*（Wallr.）Heluta 中分离出来成立的新种。

紫菀高氏白粉菌—枝黄花变种（菊科白粉菌）　图 63

Golovinomyces asterum（Schwein.）U. Braun var. **solidaginis** U. Braun, in Braun & Cook, Taxonomic Manual of the Erysiphales (powdery mildews)：304, 2012.

Erysiphe cichoracearum f. solidaginis Jacz.（Jaczewski 1927：210）.

Gen Bank No：MT929350

菌丝体叶两面生，初为白色无定形薄的斑点，后扩展连片并很快布满全叶或整个植株体，展生，存留或消失；菌丝无色，粗 4～8μm，附着胞乳头形；分生孢子梗脚胞柱形，直或基部略弯曲，光滑，上下近等粗，（44～100）μm×（9～12）μm，上接 1～3 个细胞；分生孢子串生，椭圆形、卵椭圆形、卵形，无色，（28～43）μm×（17～22）μm，长/宽为 1.4～2.3，平均 1.7；本地未见有性阶段。

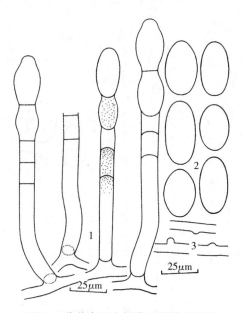

图 63 紫菀高氏白粉菌一枝黄花变种
Golovinomyces asterum var. *solidaginis* (Schwein.) U. Braun (HMAS 351717)
1. 分生孢子梗及分生孢子 2. 分生孢子 3. 附着胞

寄生在菊科 Asteraceae（Compositae）植物上。

加拿大一枝黄花 *Solidago canadensis* Linn.：宿迁市宿豫区三台山森林公园 HMAS 351133；淮安市清江浦区钵池山公园 HMAS 351099；盐城市射阳县合德镇 HMAS 248268；扬州市邗江区大明寺 HMAS 350732；镇江市句容市宝华山 Y19057；南通市海安市七星湖生态园 HMAS 350799；南京市玄武区龙宫路 HMAS 350671；苏州市虎丘区科技城 HMAS 351717。

国内分布：华东（江苏、浙江、福建）、华南、西南地区。

世界分布：北美洲（加拿大、美国），南美洲（阿根廷、乌拉圭），亚洲（中国、伊朗、日本、哈萨克斯坦、吉尔吉斯斯坦及俄罗斯远东地区），整个欧洲，高加索地区及新西兰。

讨论：笔者是根据 DNA 分子鉴定结果明确的种类，该菌是从菊科高氏白粉菌 *Golovinomyces cichoracearum* 分离出来成立的新变种。属中国新记录种。

菊科高氏白粉菌（菊科白粉菌）   图 64

Golovinomyces cichoracearum (DC.) Heluta, Ukrayins'k. Bot. Zhurn. 45 (5)：62，1988，s. str.（emend.）；Liu, The Erysiphaceae of Inner Mongolia：152，2010；Braun & Cook, Taxonomic Manual of the Erysiphales（powdery mildews）：308，2012.

Erysiphe cichoracearum DC., Fl. franç. 2：274，1805；Tai, Sylloge Fungorum Sinicorum：134，1979；Zheng & Yu (eds.), Flora Fungorum Sinicorum 1：68，1987；Braun, Beih. Nova Hedwigia 89：248，1987；Yu & Tian, Acta Mycol. Sin. 14 (3)：167，1995.

菌丝体叶两面生，初为白色圆形或无定形斑点，后扩展连片并布满全叶，展生，存留；菌丝无色，粗 4.5～9.0μm，附着胞乳头形；分生孢子梗脚胞柱形，直或基部略弯曲，光滑，上下近等粗，（33.0～135.0）μm×（9.0～11.5）μm，上接 1～3 个细胞；分生孢子串生，椭圆形、短椭圆形、卵形、腰鼓形，无色，有油泡，有时表面粗糙，（26.0～45.0）μm×（15.5～24.5）μm（平均34.5μm×20.3μm），长/宽为1.2～2.9，平均1.7；子囊果聚生至近聚生，暗褐色，扁球形，直径75～135（～145）μm，壁细胞不规则多角形，直径 6.0～27.5μm；附属丝 15～40（～45）根，常弯曲，有时曲折，与老熟菌丝纠缠在一起包裹子囊果，不分枝，长度为子囊果直径的 0.5～2.0 倍，长 50～325（～487）μm，粗细均匀或略有粗细变化，基部宽 4～10μm，顶部宽 2.5～5.0μm，全长褐色，少数上部淡褐色至无色，壁薄或中上部稍变厚，平滑，有 1～4 个隔膜；子囊 5～12 个，卵形、半圆状卵形、椭圆形、梨形等，有小柄，（42.5～85.0）μm×（26.5～51.0）μm；子囊孢子 2 个，短椭圆形、卵形、椭圆形，（22.5～37.5）μm×（12.0～25.0）μm，淡黄色。

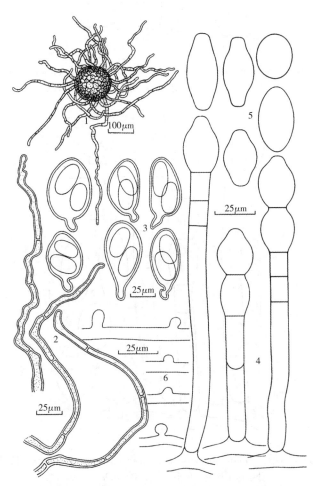

图 64A　菊科高氏白粉菌 *Golovinomyces cichoracearum*（DC.）Heluta（HMAS 351802）
1. 子囊果　2. 附属丝　3. 子囊孢子　4. 分生孢子梗及分生孢子　5. 分生孢子　6. 附着胞

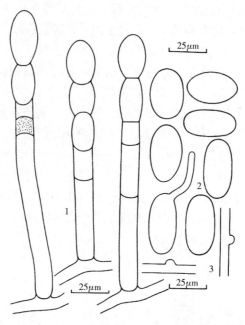

图 64B 菊科高氏白粉菌 *Golovinomyces cichoracearum*（DC.）Heluta（HMAS 351390）
1. 分生孢子梗及分生孢子 2. 分生孢子 3. 附着胞

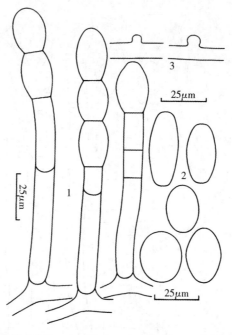

图 64C 菊科高氏白粉菌 *Golovinomyces cichoracearum*（DC.）Heluta（HMAS 350760）
1. 分生孢子梗及分生孢子 2. 分生孢子 3. 附着胞

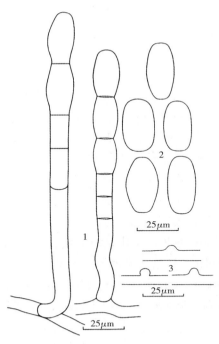

图 64D 菊科高氏白粉菌 *Golovinomyces cichoracearum*（DC.）Heluta（HMAS 351135）
1. 分生孢子梗及分生孢子 2. 分生孢子 3. 附着胞

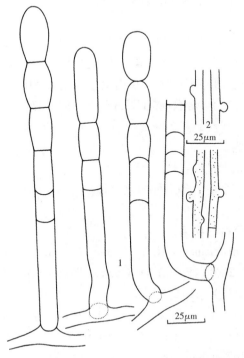

图 64E 菊科高氏白粉菌 *Golovinomyces cichoracearum*（DC.）Heluta（HMAS 350352）
1. 分生孢子梗和分生孢子 2. 分生孢子

寄生在菊科 Asteraceae（Compositae）植物上。

天名精 *Carpesium abrotanoides* Linn.：南京市玄武区中山植物园 HMAS 350691。

菊花脑 *Chrysanthemum indicum* Linn. var. *edule* Kitam.：连云港市连云区海上云台山风景区 HMAS 350868。

菊芋 *Helianthus tuberosus* Linn.：连云港市连云区朝阳街道 HMAS 350376、连云街道 HMAS 248395、宿城街道高庄村 HMAS 351850；连云港市海州区花果山景区南城街道 HMAS 351802（有性阶段）、孔雀沟 HMAS 351163；徐州市沛县河滨公园 HMAS 351202；南京市玄武区中山植物园 HMAS 350905；南通市海安市七星湖生态园 HMAS 350804；苏州市常熟市董浜镇 HMAS 351450。

中华苦荬 *Ixeris chinensis*（Thunb.）Kitag.：连云港市海州区海州公园 HMAS 351605、市行政审批中心 HMAS 351083、云台宾馆 HMAS 351608；连云港市连云区朝阳街道韩李村 HMAS 350760；徐州市泉山区云龙湖景区 HMAS 351283；盐城市响水县陈家港 HMAS350783；泰州市海陵区凤城河景区 HMAS 351068。

桃叶鸦葱 *Scorzonera sinensis* Lipsch.：宿迁市宿豫区三台山森林公园 HMAS 351135。

长裂苦苣菜 *Sonchus brachyotus* DC.：连云港市连云区猴嘴街道昌圩湖 HMAS 350384 、HMAS 351831。

串叶松香草 *Silphium perfoliatum* Linn.：南京市玄武区中山植物园 HMAS 350893。

长吻婆罗门参 *Tragopogon dubius* Scop.：连云港市海州区海州公园 HMAS 350352；连云港市连云区朝阳街道张庄村 HMAS 351631；连云港市赣榆区班庄镇抗日山景区 Y21035（HMJAU-PM）。

黄鹌菜 *Youngia* sp.：南京市浦口区老山景区 HMAS 350923。

百日菊 *Zinnia elegans* Jacq.：连云港市连云区朝阳街道韩李村 HMAS 351647、宿城街道 HNAS 249793；连云港市海州区花果山景区玉女峰 HMAS 350379、月牙岛 HMAS 351390；连云港市海州区海州公园 HMAS 351794；南京市玄武区钟山景区邮局 HMAS 350865。

国内分布：全国各地。

世界分布：广泛分布于世界各地。

讨论：该菌仍然是一个包含多个种的复合种。

葫芦科高氏白粉菌（葫芦科白粉菌）
图 65

Golovinomyces cucurbitacearum（R. Y. Zheng & G. Q. Chen）Vakal. & Kliron.，Mycotaxon 80：490，2001；Braun & Cook, Taxonomic Manual of the Erysiphales（powdery mildews）：310，2012.

Erysiphe cucurbitacearum R. Y. Zheng & G. Q. Chen，Sydowia 34：258，1981；Zheng & Yu（eds.），Flora Fungorum Sinicorum 1：78，1987；Yu & Tian, Acta Mycol. Sin. 14（3）：167，1995.

菌丝体叶两面生，亦生于茎、花等各部位，初为白色圆形斑点，后逐渐扩展连片，展生，存留，后期布满全叶或覆盖整个植物体；菌丝无色，光滑，粗 5～10μm，附着胞乳头形，不明显；分生孢子梗脚胞柱形，无色，上下近等粗，光滑，直或有时略弯曲，（52.5～160.0）μm×（9.0～12.5）μm，上接1～3个细胞；分生孢子串生，椭圆形、卵形、长卵形、广卵形，无色，（26.5～41.5）μm×（16.0～21.0）μm，长/宽为1.3～2.4，平均1.8；未见有性阶段。

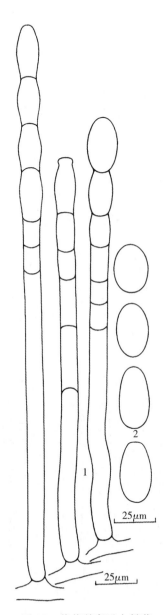

图65　葫芦科高氏白粉菌
Golovinomyces cucurbitacearum (R. Y. Zheng & G. Q. Chen) Vakal. & Kliron. （HMAS 351816）
1. 分生孢子梗及分生孢子　2. 分生孢子

寄生在葫芦科 Cucurbitaceae 植物上。

冬瓜 *Benincasa hispida* (Thunb.) Cogn.：连云港市海州区万山花园 HMAS 351816。

国内分布：江苏、新疆等多个省份。

世界分布：广泛分布于世界各地。

讨论：未见有性阶段。本地区葫芦科植物上有苍耳单囊白粉菌、盒子草白粉菌和葫芦科高氏白粉菌，以苍耳单囊白粉菌最常见，盒子草白粉菌和葫芦科高氏白粉菌较少。

琉璃草高氏白粉菌（琉璃草白粉菌）   图 66

Golovinomyces cynoglossi（Wallr.）Heluta, Ukrayins' k. Bot. Zhurn. 45（5）：62, 1988；Liu, The Erysiphaceae of Inner Mongolia：155, 2010；Braun & Cook, Taxonomic Manual of the Erysiphales（powdery mildews）：310, 2012.

Alphitomorpha cynoglossi Wallr., Ann. Wetterauischen Ges. Gesammte Naturk., N. F., 4：240, 1819.

Erysiphe cynoglossi（Wallr.）U. Braun, Mycotaxon 15：136, 1982；Zheng & Yu（eds.）, Flora Fungorum Sinicorum 1：80, 1987；Braun, Beih. Nova Hedwigia 89：243, 1987.

Erysiphe asperifoliorum Grev., Fl. edin.：461, 1824；Zheng & Chen, Sydowia 34：

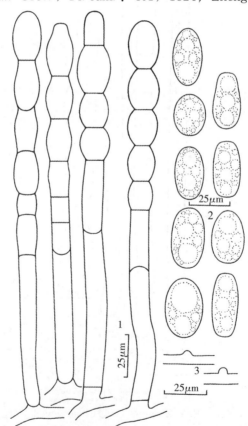

图 66　琉璃草高氏白粉菌 *Golovinomyces cynoglossi*（Wallr.）Heluta（HMAS 351273）
1. 分生孢子梗和分生孢子　2. 分生孢子　3. 附着胞

232，1981.

菌丝体叶两面生，亦生于茎、花、果实等各部位，展生，存留；初为白色薄的无定形斑点，后扩展布满全叶，并很快覆盖整个植株体。菌丝无色，粗 5～10μm，附着胞乳头形；分生孢子梗脚胞柱形，直或略弯曲，光滑，上下近等粗，（62～105）μm×（8～12）μm，上接 1～3 个细胞；分生孢子串生，椭圆形、卵椭圆形、卵圆形，无色，（24～35）μm×（14～21）μm，长/宽为 1.3～2.0，平均 1.6。本地未见有性阶段。

寄生在紫草科 Boraginaceae 植物上。

斑种草 Bothriospermum chinense Bge.：连云港市连云区朝阳街道 HMAS 351684；连云港市海州区花果山风景区孔雀沟 HMAS 352379；苏州市虎丘区科技城 HMAS 351713；南通市海安市安康小区 HMAS 350813。

柔弱斑种草 Bothriospermum tenellum（Hornem.）Fisch. et Mey.：连云港市海州区云台街道 HMAS 351273。

盾果草 Thyrocarpus sampsonii Hance：南京市玄武区中山植物园 HMAS 350690。

国内分布：华东（江苏）、华北（内蒙古）、西北（新疆、甘肃）、西南（四川）地区。

世界分布：亚洲、欧洲、北美洲、南美洲、北非、南非。

旋覆花高氏白粉菌   图 67

Golovinomyces inulae U. Braun & H. D. Shin，Braun & Cook，Taxonomic Manual of the Erysiphales（powdery mildews）：317，2012.

菌丝体叶两面生，初为白色圆形斑点，后逐渐扩展连片布满全叶，展生，存留；菌丝

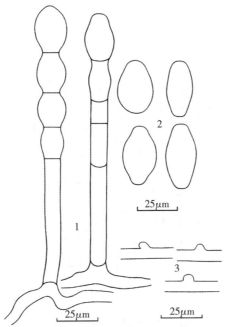

图 67　旋覆花高氏白粉菌 *Golovinomyces inulae* U. Braun & H. D. Shin（Y20189）
1. 分生孢子梗和分生孢子　2. 分生孢子　3. 附着胞

无色，光滑，粗 4～9μm，附着胞乳头形；分生孢子梗脚胞柱形，无色，光滑，直或略弯曲，上下近等粗，（55.0～87.5）μm×（10.0～11.5）μm，上接 1～2 个细胞；分生孢子串生，无色，椭圆形、宽卵形、腰鼓形，（30.0～45.0）μm×（17.5～22.5）μm，长/宽为 1.3～2.3，平均 1.8。

　　寄生在菊科 Asteraceae（Compositae）植物上。

　　旋覆花 *Inula japonica* Thunb.：连云港市海州区苍梧绿园 Y20189（HMJAU-PM）。

　　国内分布：江苏、内蒙古等。

　　世界分布：北美（美国），亚洲（中国、阿塞拜疆、印度、伊朗、以色列、日本、韩国、哈萨克斯坦、吉尔吉斯斯坦、土耳其、土库曼斯坦以俄罗斯西伯利亚地区），高加索地区（亚美尼亚），欧洲。

　　讨论：国内新描述种。

美国薄荷高氏白粉菌　　　　　　　　　　　　　　　　　　　　　　　　图 68

Golovinomyces monardae （G. S. Nagy）M. Scholler，U. Braun & Anke Schmidt，Mycol Progress，2016，15：56 (1-13)；Liu，Journal of Fungal Research 20 (1)：11，2022.

　　A 寄生在美国薄荷 *Monarda didyma* Linn. 上。

　　菌丝体叶两面生，初为白色圆形斑点，后逐渐扩展连片布满全叶，展生，存留；菌丝无色，光滑，粗 4～10μm，附着胞乳头形；分生孢子梗脚胞柱形，无色，光滑，直或略

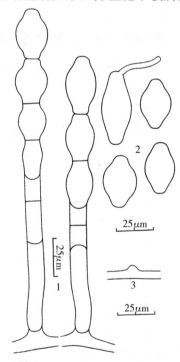

图 68A　美国薄荷高氏白粉菌
Golovinomyces monardae (G. S. Nagy) M. Scholler（Y18182）
1. 分生孢子梗和分生孢子　2. 分生孢子　3. 附着胞

弯曲，上下近等粗，（42.5～87.5）μm×（9.0～12.0）μm，上接 2～3 个细胞；分生孢子串生，无色，多腰鼓形（两端缢缩），少数卵形，（30.0～47.5）μm×（17.5～27.5）μm，长/宽为 1.4～2.4，平均 1.8。

B 寄生在留兰香 *Mentha spicata* Linn. 上。

菌丝体叶两面生，亦生于茎等部位，初为白色圆形斑点，后逐渐扩展连片布满全叶和植株体，展生，存留或消失；菌丝无色，光滑，粗 4～10μm，附着胞乳头形；分生孢子梗脚胞柱形，无色，光滑，直或略弯曲，上下近等粗，（62.5～107.5）μm×（10.0～12.5）μm。分生孢子串生，无色，柱形、矩状椭圆形、椭圆形、卵形，（27.5～47.5）μm×（15.0～25.0）μm，长/宽为 1.1～2.0，平均 1.3。

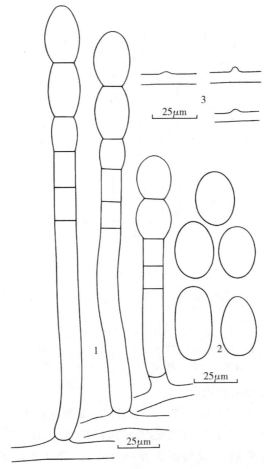

图 68B　美国薄荷高氏白粉菌
Golovinomyces monardae (G. S. Nagy) M. Scholler（HMAS 350857）
1. 分生孢子梗和分生孢子　2. 分生孢子　3. 附着胞

C 寄生在薄荷 *Mentha canadensis* Linn. 上。

菌丝体叶两面生，亦生于茎等部位，初为白色圆形斑点，后逐渐扩展连片布满全叶和植株体，展生，存留或消失；菌丝无色，光滑，粗 5～7μm，附着胞乳头形；分生孢子梗脚胞柱形，无色，光滑，直或略弯曲，上下近等粗，（47.5～122.5）μm×（10.0～12.5）μm。分生孢子串生，无色，矩状椭圆形、椭圆形、卵形，（25.0～40.0）μm×（19.5～23.5）μm，长/宽为 1.1～2.0，平均 1.4。

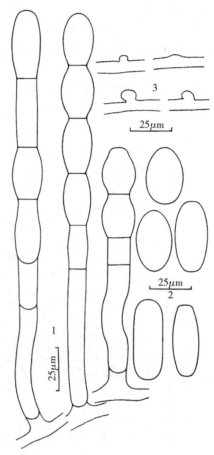

图 68C　美国薄荷高氏白粉菌

Golovinomyces monardae（G. S. Nagy）M. Scholler（HMAS 350772）

1. 分生孢子梗和分生孢子　2. 分生孢子　3. 附着胞

寄生在唇形科 Lamiaceae 植物上。

薄荷 *Mentha canadensis* Linn.：连云港市海州区龙河北路 HMAS 350849、郁洲公园 HMAS 350974；淮安市盱眙县铁山寺国家森林公园 HMAS 351117；镇江市海安市安平路 HMAS 350818；苏州市常熟市董浜镇天星苑 HMAS 350772；无锡市滨湖区梁溪路 HMAS 351051。

留兰香 *Mentha spicata* Linn.：连云港市赣榆区城头镇大河洼村 HMAS 350857。

美国薄荷 *Monarda didyma* Linn.：连云港市海州区苍梧绿园 HMAS 351662；连云港市连云区宿城街道 Y18182（HMJAU-PM）。

国内分布：江苏、内蒙古等。

世界分布：中国、德国、丹麦、亚美尼亚等。

讨论：该菌在不同寄主上形态有一定差异。在薄荷 *Mentha canadensis* Linn. 和留兰香 *Mentha spicata* Linn. 上的菌无性阶段形态相近，而与美国薄荷 *Mentha haplocalyx* Briq. 上的菌差异明显，美国薄荷上的菌分生孢子长/宽为 1.2～2.7，平均 1.8，孢子两端常有缢缩现象。薄荷与留兰香的分生孢子长/宽为 1.1～2.0，平均为 1.3～1.4，没有缢缩现象。国内新描述种。

蒙塔涅高氏白粉菌   图 69

Golovinomyces montagnei U. Braun，Braun & Cook，Taxonomic Manual of the
Erysiphales（powdery mildews）：321，2012；Liu，Journal of Fungal Research 20
(1)：11，2022.

Erysiphe communis m. carduacearum Fr.，Syst. mycol. 3：241，1829 p. p.

菌丝体叶两面生，亦生于茎、花等各部位，初为白色圆形斑点，后逐渐扩展连片布满全叶，展生，存留；菌丝无色，光滑，粗 4.0～6.5μm，附着胞乳头形；分生孢子梗脚胞柱形，无色，光滑，直，上下近等粗，(31.0～117.5) μm×(10.0～11.5) μm，上接 1～3 个细胞；分生孢子串生，无色，椭圆形、长椭圆形、短椭圆形，[26.5～38.5 (～43.5)] μm×(16.5～22.5) μm，长/宽为 1.2～2.9，平均 1.7；子囊果聚生至散生，暗褐色，扁球形，

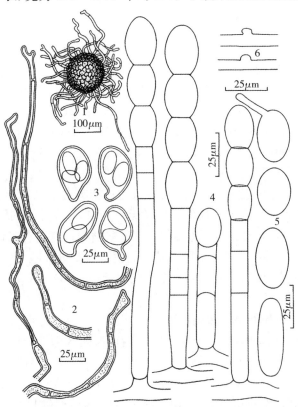

图 69　蒙塔涅高氏白粉菌 *Golovinomyces montagnei* U. Braun（HMAS 351790）
1. 子囊果　2. 附属丝　3. 子囊孢子　4. 分生孢子梗及分生孢子　5. 分生孢子　6. 附着胞

直经（90～）100～160μm，壁细胞不规则多角形，直径 7.0～37.5（～50）μm；附属丝 15～50 根，常弯曲，与菌丝纠缠在一起包裹子囊果，不分枝，长度为子囊果直径的 0.8～ 2.0 倍，长 80～250μm，全长褐色至淡褐色，或向上色渐变淡至上部无色，平滑，粗细均匀或略有粗细变化，宽 3.5～8.0μm，有 0～4 个隔膜；子囊 5～15 个，多 7～8 个，形状和大小变化较大，卵圆形、宽卵形、椭圆形、不规则形等，有短柄或长柄，少数无柄，[（35.0～）40.0～62.5（～70.0）] μm× [（27.5～）32.5～55.0] μm；子囊孢子 2（～3）个，椭圆形、卵形，（17.5～39.0）μm×（12.5～24.0）μm，淡灰色。

寄生在菊科 Asteraceae（Compositae）植物上。

大丽菊 *Dahlia pinnata* Cav.：连云港市连云区猴嘴街道昌圩湖 HMAS 248279（有性阶段），宿城街道高庄村 HMAS 351790（无性阶段）、HMAS 351819；南京市玄武区中山植物园 HMAS 350927。

苣荬菜 *Sonchus arvensis* Linn.：连云港市连云区猴嘴街道 HMAS 350385；徐州市泉山区云龙湖景区 HMAS 351288。

国内分布：江苏（可能还有很多其他省份）。

世界分布：北非，北美洲（加拿大、美国），亚洲（中国、阿富汗、印度、伊朗、伊拉克、以色列、日本、韩国以及俄罗斯西伯利亚及远东地区、中亚地区），高加索地区，欧洲全境。

讨论：国内新描述种。

奥隆特高氏白粉菌（奥隆特白粉菌）   图 70

Golovinomyces orontii (Castagne) Heluta, Ukrayins' k. Bot. Zhurn. 45（5）：63，1988；Liu，The Erysiphaceae of Inner Mongolia：159，2010；Braun & Cook，Taxonomic Manual of the Erysiphales（powdery mildews）：322，2012.

Erysiphe orontii Castagne，Suppl. Cat. pl. Marseille：52，1851；Braun，Beih. Nova Hedwigia 89：252，1987.

菌丝体叶两面生，亦生于茎、花、果等各部位；初为白色无定形斑点，后逐渐扩展，存留，后期布满全叶和覆盖整个植物体；菌丝无色，粗 5～10μm，附着胞乳头形；分生孢子梗脚胞柱形，无色，光滑，上下近等粗或基部略增粗，直或有时略弯曲，（50～165）μm×（10～12）μm，上接 1～3 个细胞，基部隔膜常远离母细胞 5～25μm；分生孢子串生，长椭圆形、椭圆形、柱状椭圆形，无色，（24.5～41.5）μm×（11.0～19.5）μm，长/宽为 1.5～2.8，平均 2.0。

寄生在玄参科 Scrophulariaceae 植物上。

直立婆婆纳 *Veronica arvensis* Linn.：连云港市海州区郁洲公园 HMAS 350342；南京市玄武区后标营路 HMAS 350678；苏州市虎丘区科技城 HMAS 351725，山湖湾 HMAS 350753、HMAS 351013；镇江市句容市宝华山 HMAS 350713；无锡市滨湖区锡惠公园 HMAS 351049；泰州市海陵区凤城河景区 HMAS 351061。

婆婆纳 *Veronica didyma* Tenore：连云港市海州区苍梧绿园 HMAS 351606、郁洲公园 HMAS350343；连云港市连云区朝阳街道尹宋村 HMAS 351593；连云港市灌南县六塘

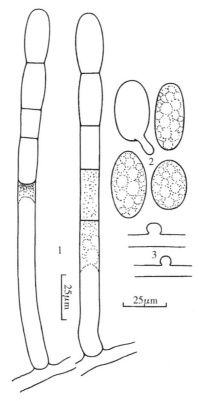

图 70　奥隆特高氏白粉菌 *Golovinomyces orontii*（Castagne）Heluta（HMAS 350343）
1. 分生孢子梗和分生孢子　2. 分生孢子　3. 附着胞

村 HMAS 350754。

阿拉伯婆婆纳（*Veronica persica* Poir.）：连云港市海州区郁洲公园 HMAS 350344；连云港市连云区朝阳街道 HMAS 351267、HMAS 351681；连云港市赣榆区城头镇西茆湖村 HMAS 351602；徐州生物工程学校 HMAS 351299；连云港市灌南县六塘 HMAS 350755；徐州市沛县河滨公园 HMAS 351206；苏州市虎丘区科技城 HMAS 351707、HMAS 351727；南京市玄武区中山植物园 HMAS 350693；扬州市邗江区白塔寺 HMAS 350747；镇江市海安市七星湖生态园 HMAS 350802；无锡市滨湖区惠山国家森林公园 HMAS 351035；泰州市海陵区凤城河景区 HMAS 351060。

蚊母草 *Veronica peregrina* Linn.：南京市玄武区龙宫路 HMAS 350673。

国内分布：江苏、内蒙古等省份。

世界分布：广泛分布于世界各地。

里特高氏白粉菌（里氏猪殃殃白粉菌）　　　　　图 71

Golovinomyces riedlianus（Speer）Heluta, Ukrayins' k. Bot. Zhurn. 45（5）：63，1988；Liu, The Erysiphaceae of Inner Mongolia：161，2010；Braun & Cook, Taxonomic Manual of the Erysiphales（powdery mildews）：325，2012.

Erysiphe riedliana Speer, Anz. Österr. Akad. Wiss., Math. ～ Nat. Kl., 106（1～4）：

244，"1969" 1970.

Erysiphe cichoracearum var. *riedliana* （Speer） U. Braun，Mycotaxon 18 （1）：121，1983；Braun，Beih. Nova Hedwigia 89：239，1987.

A 寄生在茜草科 Rubiaceae 植物上。

菌丝体叶两面生，亦生于茎、花、果实等各部位，初为白色无定形斑点，后扩展布满全叶，并很快覆盖整个植株体，展生，存留；菌丝无色，粗 4~9μm，附着胞乳头形；分生孢子梗脚胞柱形，直，光滑，上下近等粗，（60~125） μm×（8~11） μm，上接 1~2 个细胞；分生孢子串生，矩椭圆形、椭圆形、卵圆形，无色，（23.0~34.5） μm×（15.0~20.0） μm（平均 29.5μm×16.7μm），长/宽为 1.6~2.3（~2.8），平均 1.9。

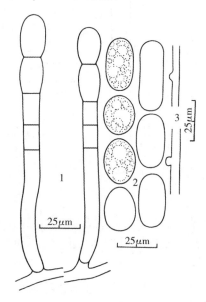

图 71A　里特高氏白粉菌 *Golovinomyces riedlianus*（Speer）Heluta（HMAS 351682）
1. 分生孢子梗和分生孢子　2. 分生孢子　3. 附着胞

猪殃殃 *Galium aparine* Linn.：连云港市连云区朝阳街道 HMAS 350339、HMAS 351682、Y19105 （HMJAU-PM）、Y19107 （HMJAU-PM），高公岛街道黄窝景区 HMAS 350347；连云港市海州区花果山风景区大门 HMAS 351261、云台街道 HMAS 351256；连云港市赣榆区城头镇西茜湖村 HMAS 351603；扬州市广陵区石塔寺 HMAS 350750；南京市玄武区龙宫路 HMAS 350674；苏州市虎丘区天佑路 HMAS 351696、马山村 HMAS 351729、山湖湾 HMAS 351008；泰州市兴化市乌巾荡风景区 HMAS 351072；苏州市常熟市董浜镇 HMAS 351731；无锡市滨湖区惠山国家森林公园 HMAS 351038。

茜草 *Rubia cordifolia* Linn.：连云港市海州区花果山风景区大门 HMAS 351262。

B 寄生在十字花科 Brassicaceae （Cruciferae） 植物上。

菌丝体叶两面生，亦生于茎、花、果实等各部位，初为白色圆形或无定形薄的斑点，后扩展并很快布满全叶，可覆盖整个植株体，展生，存留；菌丝无色，粗 5~10μm，附着胞乳头形，不明显；分生孢子梗脚胞柱形，直或略弯曲，光滑，上下近等粗，（45~90） μm×

（9～11）μm；分生孢子串生，椭圆形、卵椭圆形，无色，（26～36）μm×（15～21）μm，长/宽为1.4～2.3，平均1.7。

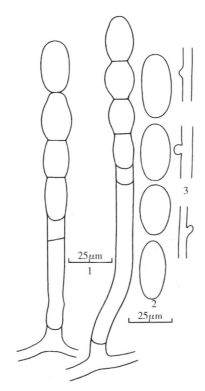

图 71B　里特高氏白粉菌 *Golovinomyces riedlianus*（Speer）Heluta（HMAS 351686）
1. 分生孢子梗和分生孢子　2. 分生孢子　3. 附着胞

荠 *Capsella bursa-pastoris*（L.）Medic.：连云港市海州区通灌北路 HMAS 351686、云台街道山东村 HMAS 351257；连云港市连云区朝阳街道 HMAS 351483、Y19108（HMJAU-PM），高公岛街道黄窝景区 HMAS 350348；扬州市广陵区石塔寺 HMAS 350749。

国内分布：江苏、内蒙古、新疆、甘肃等多个省份。

世界分布：亚洲、欧洲、北美洲。

讨论：在有关文献中，该菌的寄主仅限于茜草科 Rubiaceae 植物，没有荠菜 *Capsella bursa-pastoris* 的相关报道。2016 年笔者第一次采集到该菌侵染荠菜标本后，又连续多年、多地点观测、采集到该标本。因为猪殃殃 *Galium aparine* 和荠菜这两种植物在本地都是冬春季杂草，很多情况下紧密生长在一起，该菌就获得性跨科寄生在十字花科荠菜上，但症状明显轻于猪殃殃上。并且只有与发病的猪殃殃紧密靠在一起的荠菜才能感染发病，没有采集到单独发病植株。荠菜 *Capsella bursa-pastoris* 是该菌世界新记录寄主。

茜草高氏白粉菌（茜草白粉菌）　　　　　　　　　　图 72
Golovinomyces rubiae（H. D. Shin & Y. J. La）U. Braun，Schlechtendalia 3：51，1999；

147

Braun & Cook，Taxonomic Manual of the Erysiphales（powdery mildews）：326，2012.

Erysiphe rubiae H. D. Shin & Y. J. La，in Shin，Erysiphaceae of Korea：84，Seoul National University，Korea，1988.

Erysiphe cichoracearum auct. p. p. Ill.：Shin（1988：87，Fig. 19；2000：84，Fig. 24）. Lit.：Shin（2000：83）.

菌丝体叶两面生，亦生于茎、花、果等各部位，初为白色圆形或无定形斑点，后逐渐扩展连片布满全叶，展生，存留或消失；菌丝无色，光滑，粗 5.0～7.5μm；附着胞乳头形；分生孢子梗脚胞柱形，无色，光滑，直略弯曲，上下近等粗，（42～200）μm×（9～12）μm，上接 1～2 个细胞；分生孢子串生，无色，矩状椭圆形、卵椭圆形，［28.5～

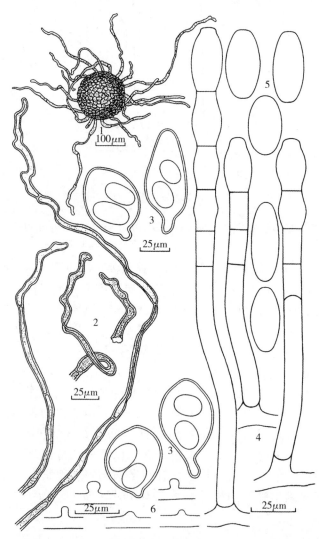

图 72　茜草高氏白粉菌 *Golovinomyces rubiae*（H. D. Shin & Y. J. La）U. Braun（HMAS 248278）
1. 子囊果　2. 附属丝　3. 子囊及子囊孢子　4. 分生孢子梗及分生孢子　5. 分生孢子　6. 附着胞

39.0（~47.5）］μm×（14.0~20.0）μm，长/宽为 1.4~2.9，平均 2.0；子囊果散生，暗褐色，扁球形、球形，直径 87~168μm，壁细胞不规则多角形，直径 7.5~35.0μm；附属丝 9~25 根，弯曲，不分枝，全长褐色至淡褐色，有的上部无色，平滑或略粗糙，有粗细变化，宽 5~9μm，（0~）1~4 个隔膜，长度为子囊果直径的 0.2~2.0 倍，长 15~337μm；子囊（8~）10~35（~40）个，卵形、梨形、椭圆形等，有较长的小柄，（52.5~80.0）μm×［（27.5~）31.0~50.0（~62.5）］μm；子囊孢子 2 个，短椭圆形、卵形、近圆形，（18.5~31.5）μm×（12.5~20.0）μm，淡灰色。

寄生在茜草科 Rubiaceae 植物上。

东南茜草 *Rubia argyi*（H. Lév. & Vaniot）H. Hara ex Lauener & D. K. Ferguson：连云港市连云区朝阳街道太白涧 HMAS 351808；淮安市盱眙县铁山寺国家森林公园 HMAS 351121。

茜草（*Rubia cordifolia* Linn.）：连云港市海州区云台街道山东村 HMAS248278、HMAS 351841；盐城市响水县陈家港 HMAS 350779。

国内分布：江苏。

世界分布：中国、日本、韩国。

讨论：国内新描述种。

苦苣菜生高氏白粉菌 图 73

Golovinomyces sonchicola U. Braun & R. T. A. Cook, in Cook & Braun, Mycol. Res. 113
(5)：629, 2009; Braun & Cook, Taxonomic Manual of the Erysiphales（powdery mildews）14：328, 2012; Liu, Journal of Fungal Research 20（1）：12, 2022.

Erysiphe cichoracearum f. sonchi Jacz.（Jaczewski 1927：210）.

菌丝体生于叶两面、茎、花等各部位，初为白色圆形斑点，后扩展连片并布满全叶，展生，存留；菌丝无色，光滑，粗 4~9μm，附着胞乳头形；分生孢子梗脚胞柱形，直，少数呈 90°弯曲，光滑，上下近等粗，（23~85）μm×（10~12）μm，上接 1~3 个细胞；分生孢子串生，矩状长椭圆形、矩状椭圆形、卵形，无色，［30.0~47.5（~62.5）］μm×（14.5~18.5）μm，长/宽为 1.4~3.4，平均 2.4；子囊果近聚生至聚生，暗褐色，扁球形，直径 82~138μm，壁细胞不规则多角形，直径 5.0~42.5μm；附属丝 10~26 根，粗细和长短变化较大，常弯曲、扭曲或膝曲等，不分枝，长度为子囊果直径的 0.1~4.0 倍，长 15~475μm，多数基部粗，向上稍变细，少数基部或中部明显膨大增粗或缢缩，宽 3~10μm，全长褐色，或基部深褐色，向上色渐变淡，上部无色，壁薄，平滑或稍粗糙，有（0~）1~6 个隔膜；子囊 5~20 个，卵形、卵圆形、椭圆形、近圆形等，有小柄，少数近无柄，（37.5~82.5）μm×（27.5~52.5）μm，吸水易破裂；子囊孢子 2 个，卵形、梨形、长卵形、椭圆形，（17.5~32.5）μm×（12.5~19.0）μm。

寄生在菊科 Asteraceae（Compositae）植物上。

苣荬菜 *Sonchus arvensis* Linn.：连云港市海州区通灌北路 HMAS 350847、云台街道山东村 HMAS 351275；连云港市连云区朝阳街道朝东社区 HMAS 248270、尹宋村 HMAS 351860；连云港市东海县牛山镇 HMAS 351145；徐州市沛县河滨公园 HMAS

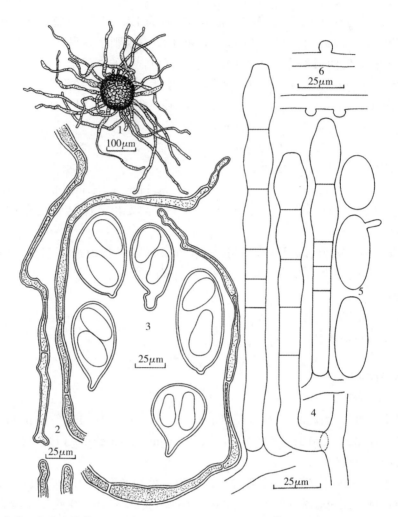

图 73　苦苣菜生高氏白粉菌 *Golovinomyces sonchicola* U. Braun ＆ R. T. A. Cook（HMAS 248270）
1. 子囊果　2. 附属丝　3. 子囊孢子　4. 分生孢子梗及分生孢子　5. 分生孢子　6. 附着胞

351204；盐城市亭湖区盐渎公园 HMAS 351078；盐城市射阳县后羿公园 HMAS 350795；扬州市邗江区大明寺 HMAS 350727；南通市海安市七星湖生态园 HMAS 350807；苏州市虎丘区科技城科新路 HMAS 350765、大阳山 HMAS 351700；无锡市滨湖区惠山国家森林公园 HMAS 351040。

　　花叶滇苦菜（续断菊）*Sonchus asper*（Linn.）Hill：连云港市连云区大港路 HMAS 352382；徐州市沛县河滨公园 HMAS 351203；扬州市邗江区大明寺 350728；苏州市虎丘区科技城潇湘路 HMAS 350768。

　　长裂苦苣菜 *Sonchus brachyotus* DC.：连云港市海州区市政府东 HMAS 351865。

　　国内分布：江苏、内蒙古等。

　　世界分布：非洲（摩洛哥），北美洲（加拿大、美国），亚洲（中国、印度、伊朗、以色列、日本、哈萨克斯坦、塔吉克斯坦、韩国、尼泊尔、乌兹别克斯坦、土耳其以及俄罗斯西伯利亚及远东地区），南美洲（阿根廷、巴西），高加索地区（亚美尼亚、阿塞拜疆）

150

以及整个欧洲。

讨论：该菌与菊科高氏白粉菌［*Golovinomyces cichoracearum*（DC.）Heluta］相似，前者子囊果直径 82~138μm，后者直径 75~135（~145）μm。但存在明显差异，前者分生孢子长/宽平均值大 2.4，附属丝较长，长度为子囊果直径的 0.1~4.0 倍，粗细变化明显，子囊数较多，5~20 个；后者分生孢子长/宽平均值小，为 1.7，附属丝较短，长度为子囊果直径的 0.5~2.0 倍，粗细变化不明显，子囊数较少，5~12 个。国内新描述种。

污色高氏白粉菌（污色白粉菌）   图 74

Golovinomyces sordidus（L. Junell）Heluta，Ukrayins'k. Bot. Zhurn. 45（5）：63，1988；
　　Liu，The Erysiphaceae of Inner Mongolia：164，2010；Braun & Cook，Taxonomic
　　Manual of the Erysiphales（powdery mildews）：329，2012.

Erysiphe sordida L. Junell，Trans. Brit. Mycol. Soc. 48：544，1965；Zheng & Yu
　　（eds.），Flora Fungorum Sinicorum 1：133，1987；Braun，Beih. Nova Hedwigia 89：
　　255，1987；Yu & Tian，Acta Mycol. Sin. 14（3）：167，1995.

菌丝体叶面生，亦生于叶柄、花穗等各部位，初为白色圆形或无定形斑点，后逐渐扩展

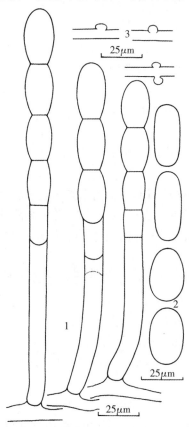

图 74　污色高氏白粉菌 *Golovinomyces sordidus*（L. Junell）Heluta（HMAS 351756）

1. 分生孢子梗和分生孢子　2. 分生孢子　3. 附着胞

连片，布满全叶或整个植株体，展生，存留；菌丝无色，粗 5.0～7.5μm，附着胞乳头形，较小；分生孢子梗脚胞柱形，无色，光滑，直或略弯曲，上下近等粗，（52.5～92.5）μm×（10.0～12.5）μm，上接 1～3 个细胞；分生孢子串生，矩状椭圆形、椭圆形、卵形，充满油泡，无色，（26.5～40.0）μm×（14.0～21.0）μm，长/宽为 1.4～2.5，平均 1.8；子囊果聚生至近聚生，暗褐色，扁球形，直径 85～150μm，壁细胞不规则多角形，直径 5.0～27.5μm；附属丝 10～30 根，常弯曲、扭曲等，不分枝，长度为子囊果直径的 0.3～1.5 倍，长 20～155μm，全长近等粗或略有粗细变化，宽 3.5～8.0μm，全长褐色至深褐色，少数由下向上色渐变淡，壁薄，平滑或稍粗糙，有 0～3 个隔膜；子囊 3～15（～18）个，卵形、宽卵形、卵椭圆形、近圆形等，有小柄，少数近无柄，（45.0～75.0）μm×（32.5～53.5）μm，水中膨大易破裂；子囊孢子 2（～3）个，椭圆形、卵形、长卵形，（20.0～37.5）μm×（12.0～21.5）μm，淡灰色。

寄生在车前科 Plantaginaceae 植物上。

车前 *Plantago asiatica* Linn.：连云港市海州区万山花园 HMAS 351813；连云港市连云区猴嘴街道 HMAS 62153、昌圩湖 HMAS 351826；连云港市赣榆区城头镇大河洼村 HMAS 351617；连云港市东海县牛山镇 HMAS 351174；徐州市泉山区云龙湖景区 HMAS 351322；徐州市沛县河滨公园 HMAS 351193；徐州市睢宁县城区 HMAS 351840（许永久）；宿迁市泗洪县体育南路 HMAS 351127；淮安市盱眙县铁山寺国家森林公园 HMAS 351111；扬州市邗江区大明寺 HMAS 350734；南京市玄武区龙宫路 HMAS 350676；苏州市吴中区穹窿山景区 HMAS 351018；无锡市滨湖区惠山国家森林公园 HMAS 351029。

平车前 *Plantago depressa* Willd.：连云港市赣榆区城头镇大河洼村 HMAS 351618；连云港市连云区朝阳街道 HMAS 351756；徐州市泉山区云龙山景区 HMAS 351321、云龙湖景区 HMAS 351374；南通市海安市安平路 HMAS 350820；无锡市宜兴市龙背山森林公园 HMAS 350956。

长叶车前 *Plantago lanceolata* Linn.：连云港市连云区大港路 HMAS 352381。

大车前 *Plantago major* Linn.：连云港市连云区朝阳街道 HMAS 350355、HMAS 351615；连云港市赣榆区城头镇大河洼村 HMAS 351616；苏州市常熟市董浜镇 HMAS 351738。

北美车前 *Plantago virginica* Linn.：连云港市连云区猴嘴街道 HMAS 351328；无锡市滨湖区宝界公园 HMAS 351055。

国内分布：全国各地均有分布。

世界分布：亚洲、欧洲、北美洲、北非洲。

烟草高氏白粉菌　　　　　　　　　　　　　　　　　　　　　　　　图 75

Golovinomyces tabaci (Sawada) H. D. Shin., S. Takam. & L. Kiss，Mycological Progress（2019）18：347，2018；Liu，Journal of Fungal Research 20（1）：12，2022.

Golovinomyces orontii (Castagne) Heluta，Ukrayins'k. Bot. Zhurn. 45（5）：63，1988；Braun & Cook，Taxonomic Manual of the Erysiphales（powdery mildews）：

322，2012.

Erysiphe tabaci Sawada，Bull. Dept. Agric. Gov. Res. Inst. Formosa 24：23，1927.

Erysiphe orontii var. *papaveris* Y. S. Paul & V. K. Thakur，Indian Erysiphaceae：
47，2006.

Erysiphe orontii Castagne，Suppl. Cat. pl. Marseille：52，1851；Braun，Beih. Nova
Hedwigia 89：252，1987.

菌丝体叶面生，亦生于茎和花梗等部位，初为白色圆形或无定形斑点，后逐渐扩展连
片，可布满全叶或整个植株体，展生，存留；菌丝无色，粗 5.0～7.5μm，附着胞乳头形；
分生孢子梗脚胞柱形，无色，光滑，直或略弯曲，上下近等粗，（80.0～140.5）μm×
（10.0～12.5）μm，上接 1～3 个细胞；分生孢子串生，长椭圆形、椭圆形，无色，
（24.5～37.5）μm×（10.0～19.5）μm，长/宽为 1.5～2.7，平均 2.0。

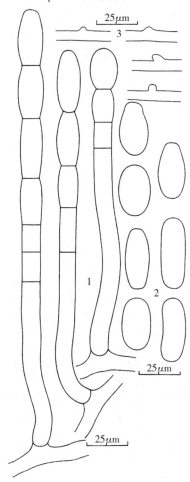

图 75　烟草高氏白粉菌 *Golovinomyces tabaci*（Sawada）H. D. Shin.（HMAS 351082）
1. 分生孢子梗和分生孢子　2. 分生孢子　3. 附着胞

寄生在罂粟科 Papaveraceae 植物上。

虞美人 *Papaver rhoeas* Linn.：连云港市连云区猴嘴街道 HMAS 350350，朝阳街道

HMAS 351082。

　　罂粟 *Papaver somniferum* Linn.：连云港市连云区朝阳街道 HMAS 350349。

　　国内分布：江苏、内蒙古等省份。

　　世界分布：广泛分布于世界各地。

　　讨论：Sawada（1927）以寄生在罂粟 *Papaver somniferum* Linn. 上的菌为模式种成立了 *Erysiphe tabaci* Sawada，寄主包含了 *Nicotiana tabacum* Linn. 和 *Rubia cordifolia* Linn.，后来该菌又被并入 *Golovinomyces orontii*（Castagne）Heluta 这个复合种中。之后的研究人员根据分子系统学分析将该菌从复合种中重新组合为 *Golovinomyces tabaci*（Sawada）H. D. Shin.。

毛蕊花高氏白粉菌（毛蕊花白粉菌）　　　　　　　　　　　　　　图 76

Golovinomyces verbasci（Jacz.）Heluta，Ukrayins' k. Bot. Zhurn. 45（5）：63，1988；Braun & Cook，Taxonomic Manual of the Erysiphales（powdery mildews）：331，2012.

Erysiphe verbasci（Jacz.）S. Blumer，Beitr. Krypt. -Fl. Schweiz 7（1）：284，1933；Zheng & Yu（eds.），Flora Fungorum Sinicorum 1：143，1987；Braun，Beih. Nova Hedwigia 89：266，1987.

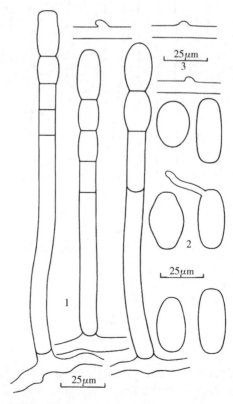

图 76　毛蕊花高氏白粉菌 *Golovinomyces verbasci*（Jacz.）Heluta（HMAS 350864）

1. 分生孢子梗和分生孢子　2. 分生孢子　3. 附着胞

Erysiphe communis s. *solanacearum* Fr.，Syst. mycol. 3：242，1829 p. p.

Erysiphe verbasci Fuss，Arch. Vereins. Siebenbürg. Landesk. N. F. 14（2）：460，1878，nom. nud.

菌丝体叶两面生，亦生于茎、花等部位，初为白色圆形或无定形斑点，后逐渐扩展连片并布满全叶覆盖整个植株体，展生，存留或消失；菌丝无色，光滑，粗5~8μm，附着胞乳头形；分生孢子梗脚胞柱形，直或略弯曲，无色，光滑或基部略粗糙，上下近等粗，有时中间略变粗，（65.0~130.0）μm×（9.0~12.5）μm；分生孢子串生，矩形、矩状椭圆形、卵形，无色，（20~40）μm×（14~20）μm，长/宽为1.2~2.7，平均1.8；未见有性阶段。

寄生在玄参科 Scrophulariaceae 植物上。

松蒿 *Phtheirospermum japonicum*（Thunb.）Kanitz：连云港市海州区花果山风景区玉女峰 HMAS 350864、HMAS 351384。

国内分布：江苏、新疆。

世界分布：北美洲（加拿大、美国），亚洲（中国、俄罗斯以及中亚地区），高加索地区及整个欧洲。

2 新白粉菌亚族

Subtribe ***Neoërysiphinae***（U. Braun）U. Braun & S. Takam.，Schlechtendalia 4：32，2000；Liu，The Erysiphaceae of Inner Mongolia ：169，2010；Braun & Cook，Taxonomic Manual of the Erysiphales（powdery mildews）：339，2012.

本亚族只含新白粉菌 *Neoërysiphe* 一属。江苏省有分布。

新白粉菌属

Neoërysiphe U. Braun，Schlechtendalia 3：50，1999；Liu，The Erysiphaceae of Inner Mongolia 3：169，2010；Braun & Cook，Taxonomic Manual of the Erysiphales（powdery mildews）14：339，2012.

Erysiphe R. Hedw. ex DC.：Fr.，in Lamarck & de Candolle，Fl. franç.，Edn. 3，2：272，1805；Zheng & Yu（eds.），Flora Fungorum Sinicorum 1：43，1987.

Erysiphe sect. *Galeopsidis* U. Braun，Nova Hedwigia 34：690，1981；Braun，Beih. Nova Hedwigia 89：165，1987.

Golovinomyces auct. p. p.（sensu Heluta 1988）.

模式种：鼬瓣花新白粉菌 *Neoërysiphe galeopsidis*（DC.）U. Braun.

无性型：条纹粉孢属 *Striatoidium*（R. T. A. Cook，A. J. Inman & C. Billings）R. T. A. Cook & U. Braun.

菌丝体表生，在寄主植物的表皮细胞内形成吸器，附着胞乳头形至裂瓣形，单生或对生；分生孢子梗生于表生菌丝，柱形，上接1~4个细胞，分生孢子串生；子囊果近球形至扁球形，无背腹性，包被多层，暗褐色；附属丝菌丝状，简单，少数可不规则分枝；子囊多个；子囊孢子总是在越冬后形成，2~8个。

讨论：新白粉菌属 *Neoërysiphe* 是 U. Braun（1999）从 *Erysiphe* 中分离出来的一个属，全世界有 11 个种。

江苏省有 3 种，寄生在 3 科 6 属 7 种植物上。

<h3 style="text-align:center">新白粉菌属 *Neoërysiphe* 分种检索表</h3>

1. 仅见无性阶段，分生孢子（22.5～52.5）μm×（12.5～20.0）μm，长/宽平均值 2.0，寄生在牻牛儿苗科植物上 ·· 老鹳草新白粉菌 *Neoërysiphe geranii*
1. 无性阶段和有性阶段均有 ·· 2
2. 分生孢子（25.0～40.0）μm×（15.5～21.0）μm，长/宽平均值 1.7，附属丝 9～40 根，长度为子囊果直径的 0.5～1.5 倍，寄生在唇形科植物上 ·············· 鼬瓣花新白粉菌 *Neoërysiphe galeopsidis*
2. 分生孢子（28～43）μm×（15～22）μm，长/宽平均值 2.0，附属丝 6～28 根，长度为子囊果直径的 0.2～2.5 倍，寄生在菊科植物上 ·············· 平田新白粉菌 *Neoërysiphe hiratae*

鼬瓣花新白粉菌（鼬瓣花白粉菌）   图 77

Neoërysiphe galeopsidis （DC.）U. Braun, Schlechtendalia 3：50, 1999；Liu, The Erysiphaceae of Inner Mongolia：170, 2010；Braun & Cook, Taxonomic Manual of the Erysiphales（powdery mildews）：341, 2012.

Erysiphe galeopsidis DC., Fl. franç. 6：108, 1815；Tai, Sylloge Fungorum Sinicorum：136, 1979；Zheng & Yu（eds.），Flora Fungorum Sinicorum 1：87, 1987；Braun, Beih. Nova Hedwigia 89：235, 1987；Yu & Tian, Acta Mycol. Sin. 14 （3）：167, 1995.

Alphitomorpha lamprocarpa Wallr., Verh. Ges. Naturforsch. Freunde Berlin 1：33, 1819.

Alphitomorpha lamprocarpa galeopsidis （DC.）Wallr., Verh. Ges. Naturforsch. Freunde Berlin 1：33, 1819.

Erysiphe lamprocarpa （Wallr.）Ehrenb., Nova Acta Phys. -Med. Acad. Caes. Leop. -Carol. Nat. Cur. 10 （1）：212, 1821.

Golovinomyces galeopsidis （DC.）Heluta, Ukrayins' k. Bot. Zhurn. 45 （5）：62, 1988.

菌丝体叶两面生，亦生于叶柄、茎等，初为白色圆形或无定形斑点，后逐渐扩展布满全叶，展生，存留或消失；菌丝无色，光滑，粗 4～10μm，附着胞乳头形至裂瓣形，单生或对生；分生孢子梗脚胞柱形，无色，平滑，直，上下近等粗，（28.5～75.0）μm×（8.5～11.5）μm；分生孢子串生，宽椭圆形、椭圆形，无色，（25.0～40.0）μm×（15.5～21.0）μm，长/宽为 1.2～2.7，平均 1.7；子囊果散生至近聚生，扁球形，暗褐色，直径 87～180μm，壁细胞不规则多角形，直径 6.0～21.5μm；附属丝 9～40 根，菌丝状，不分枝，弯曲、扭曲、屈膝状弯曲等，常相互缠绕，长度为子囊果直径的 0.5～1.5 （～2）倍，长 30～175μm，全长褐色至淡褐色，有时近无色，上下近等粗或略有粗细变化，宽 3.0～6.5μm，全长平滑，壁薄，0～5 个隔膜；子囊 5～15 个，椭圆形、长卵形、卵椭圆形、卵形，有小柄，（42.0～62.5）μm×（17.5～32.5）μm；未见子囊孢子。

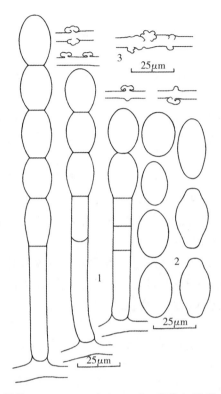

图 77A　鼬瓣花新白粉菌 *Neoërysiphe galeopsidis*（DC.）U. Braun（HMAS 351774）
1. 分生孢子梗和分生孢子　2. 分生孢子　3. 附着胞

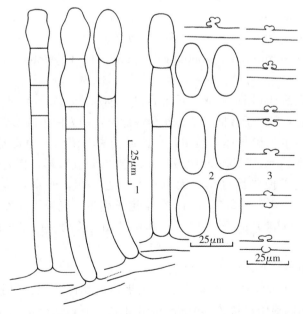

图 77B　鼬瓣花新白粉菌 *Neoërysiphe galeopsidis*（DC.）U. Braun（HMAS 350695）
1. 分生孢子梗和分生孢子　2. 分生孢子　3. 附着胞

寄生在唇形科 Lamiaceae 植物上。

夏至草 *Lagopsis supina*（Steph.）Ik.-Gal.：连云港市海州区云台街道山东村 HMAS 351005。

宝盖草 *Lamium amplexicaule* Linn.：扬州市广陵区白塔寺 HMAS 350748；泰州市兴化市乌巾荡风景区 HMAS 351070。

野芝麻 *Lamium barbatum* Sieb. & Zucc.：连云港市海州区花果山风景区三元宫 HMAS 350364；南京市玄武区中山植物园 HMAS 350695（无性阶段）；无锡市滨湖区锡惠公园 HMAS 351043。

益母草 *Leonurus japonicus* Houtt：连云港市海州区花果山风景区怪石园 HMAS62149（有性阶段）、金牛岭 HMAS 351385；连云港市连云区朝阳园艺场 HMAS 351774（无性阶段）；淮安市盱眙县铁山寺国家森林公园 HMAS 351115；苏州市虎丘区科技城诺贝尔湖公园 Y23001。

水苏 *Stachys japonica* Miq.：无锡市滨湖区惠山国家森林公园 HMAS 351025。

国内分布：东北、华北、华东（江苏、安徽、上海、福建、山东）、华中（河南、湖北）、西北、西南（四川）地区以及台湾省。

世界分布：广泛分布于世界各地。

讨论：水苏 *Stachys japonica* 和宝盖草 *Lamium amplexicaule* 是该菌国内新记录寄主。

老鹳草新白粉菌 图 78

Neoërysiphe geranii（Y. Nomura）U. Braun, Schlechtendalia 3：50，1999；Liu, The Erysiphaceae of Inner Mongolia：172，2010；Braun & Cook, Taxonomic Manual of the Erysiphales（powdery mildews）：343，2012.

Erysiphe geranii Y. Nomura, Taxonomical study of Erysiphaceae of Japan：217，Tokyo 1997.

Erysiphe kapoori Y. S. Paul & V. K. Thakur, J. Mycol. Pl. Pathol. 34（3）：939，2004.

菌丝体叶两面生，亦生于叶柄、茎、花等各部位，初为白色圆形斑点，后逐渐扩展连片，布满全叶或覆盖整个植物体，展生，存留或消失；菌丝无色，光滑，粗 $4\sim10\mu m$，母细胞（$57.5\sim72.5$）$\mu m\times$（$5.0\sim10.0$）μm，附着胞乳头形，偶有简单裂瓣形，通常较小，单生；分生孢子梗脚胞柱形，无色，上下近等粗，光滑或老熟时稍粗糙，直，（$15.0\sim130.0$）$\mu m\times$（$8.5\sim12.0$）μm；分生孢子串生，椭圆形、卵椭圆形，无色，大小变化较大，（$22.5\sim52.5$）$\mu m\times$（$12.5\sim20.0$）μm，长/宽为 $1.3\sim3.5$，平均 2.0；未见有性阶段。

寄生在牻牛儿苗科 Geraniaceae 植物上。

老鹳草 *Geranium wilfordii* Maxim.：连云港市海州区花果山风景区三元宫 HMAS 248391；南通市崇川区狼山风景区 HMAS 350822。

国内分布：江苏、内蒙古。

世界分布：亚洲（中国、日本、亚美尼亚），欧洲（英国、乌克兰、俄罗斯）以及新西兰。

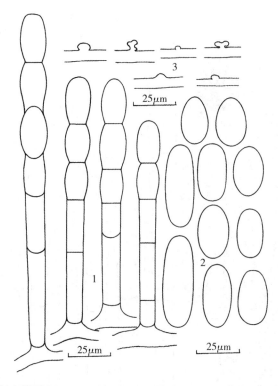

图 78　老鹳草新白粉菌 *Neoërysiphe geranii*（Y. Nomura）U. Braun（HMAS 350822）
1. 分生孢子梗和分生孢子　2. 分生孢子　3. 附着胞

平田新白粉菌（菊科白粉菌）　　　　　　　　　　　　　　　　　　图 79

Neoërysiphe hiratae Heluta & S. Takam., Persoonia. 24：87, 2010；Braun & Cook, Taxonomic Manual of the Erysiphales（powdery mildews）：345, 2012.

Erysiphe cichoracearum DC., Fl. franç. 2：274, 1805；Yu & Tian, Acta Mycol. Sin. 14 （3）：167, 1995.

Gen Bank No：MK799644

　　菌丝体叶两面生，亦生于叶柄、花穗等部位，初为白色圆形或无定形斑片，后逐渐扩展连片，布满全叶或整个植株体，形成厚的蛛网状菌丝层，展生，存留或消失；菌丝无色，粗 4～9μm，附着胞近乳头形或裂瓣形，常对生；分生孢子梗脚胞柱形，无色，直，光滑，上下近等粗或基部略膨大，（27.5～82.0）μm×（10.0～12.5）μm；分生孢子串生，椭圆形、长椭圆形、短椭圆形，无色，（28.5～42.5）μm×（15.0～22.0）μm，少数分生孢子较大，（60～65）μm×（15～19）μm，长/宽为 1.4～4.0，平均 2.0；子囊果散生至近聚生，球形，暗褐色，直径 90～175μm，被粗 3～5μm 的菌丝缠绕和包裹，壁细胞不规则多角形，直径 5.0～27.5μm；附属丝 6～28 根，菌丝状，形态变化较大，长短不一，基部至中部淡褐色，向上渐变至无色，短附属丝则全长淡褐色，少数树枝状分支，屈曲，长度为子囊果直径的 0.2～2.5 倍，长 27.5～262.0μm，上下近等粗，宽 4.0～7.5μm，壁薄，光滑或粗糙，1～3 个隔膜；子囊 5～12 个，长椭圆形、长卵形、卵椭圆

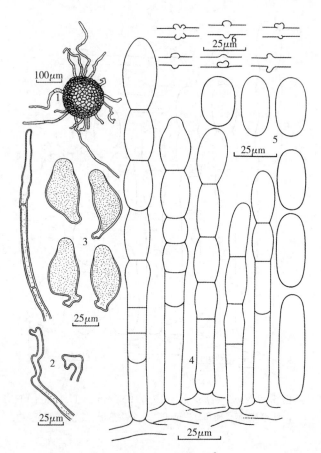

图 79　平田新白粉菌 *Neoërysiphe hiratae* Heluta & S. Takam.（HMAS 351775）
1. 子囊果　2. 附属丝　3. 子囊　4. 分生孢子梗和分生孢子　5. 分生孢子　6. 附着胞

形，淡黄色，有小柄，（55.0～62.5）μm×（25.0～31.5）μm，未见子囊孢子。

寄生在菊科 Asteraceae 植物上。

窄头橐吾 *Ligularia stenocephala*（Maxim.）Matsum. & Koidz.：连云港市海州区花果山风景区玉女峰 HMAS 69196（有性阶段）、HMAS 249801、HMAS 248272、HMAS 351422、HMAS 351775（无性阶段）、HMAS 351244。

国内分布：江苏。

世界分布：中国、日本、韩国。

讨论：中国新记录种。笔者 1995 年将该菌鉴定为菊科高氏白粉菌 *Golovinomyces cichoracearum*（DC.）Heluta，两者在形态特征和子囊产生子囊孢子等方面都有明显区别。

3　节丝壳亚族

Subtribe ***Arthrocladiellinae***（R. T. A. Cook et al.）U. Braun & S. Takam. Schlechtendalia 4：32，2000.

本亚族只含节丝壳属 *Arthrocladiella* 一属，江苏省有分布。

节丝壳属

Arthrocladiella Vassilkov，Bot. Zhurn. 45：1368，1960；Zheng & Yu（eds.），Flora
Fungorum Sinicorum 1：32，1987；Braun，Beih. Nova Hedwigia 89：439，1987；
Braun & Cook，Taxonomic Manual of the Erysiphales（powdery mildews）：
349，2012.

Microsphaera Lév.，Ann. Sci. Nat.，Bot.，Sér. 3，15：158，381，1851.

  无性型：细粉孢属 *Graciloidium*（R. T. A. Cook，A. J. Inman & C. Billings）
R. T. A. Cook & U. Braun.

  Oidium subgen. *Graciloidium* R. T. A. Cook，A. J. Inman & C. Billings，
Mycol. Res. 101：998，1997.

  菌丝体表生，在寄主植物的表皮细胞内形成吸器，附着胞乳头形；无性型为
Graciloidium，分生孢子串生，柱形；子囊果大，球形或扁球形，包被多层，暗褐色，外
壁细胞小，多角形；附属丝很多，生于"赤道"或"赤道"上部，顶部二叉状或三叉状分
枝；子囊多个，10～30 个；子囊孢子 2（～4）个。

  模式种：穆氏节丝壳 *Arthrocladiella mougeotii*（Lév.）Vassilkov.

  讨论：本属为单种属，是从 *Microsphaera* Lév. 中分离出来的，全世界只有 1 种。它
的分属特征是附属丝不仅是二叉状分枝，同时还有三叉状分枝，其次是分枝不弯曲，呈指
状，直立。

  本属只寄生在茄科 Solanaceae 枸杞属 *Lycium* 植物上，江苏省有分布，寄生在 2 种植
物上。

穆氏节丝壳   图 80

Arthrocladiella mougeotii（Lév.）Vassilkov，Bot. Mater. Otd. Sporov. Rast. Bot. Inst. Komarova
Akad. Nauk S. S. S. R. 16：112，1963；Zheng & Yu（eds.），Flora Fungorum
Sinicorum 1：32，1987；Braun，Beih. Nova Hedwigia 89：439，1987；Yu & Tian，
Acta Mycol. Sin. 14（3）：166，1995；Liu，The Erysiphaceae of Inner Mongolia：
175，2010；Braun & Cook，Taxonomic Manual of the Erysiphales（powdery mildews）：
349，2012.

Microsphaera mougeotii Lév.，Ann. Sci. Nat.，Bot.，Sér. 3，15：158，381，1851；
Tai，Sylloge Fungorum Sinicorum：234，1979.

  菌丝体叶两面生，亦生于茎、花和果实等各部位，初为白色圆形或无定型斑点，后逐
渐扩展，很快布满全叶或整个植株体，孢子粉层常浓厚，展生，存留或消失；菌丝无色，
光滑，粗 4.5～8.0μm，附着胞乳头形；分生孢子梗脚胞柱形，无色，光滑，直，上下近
等粗，（32.0～62.5）μm×（8.0～10.0）μm；分生孢子串生，柱形、柱状椭圆形、短椭
圆形、椭圆形，有时中部稍缢缩，无色，[23.5～47.5（～66.0）]×（10.0～19.0）μm，
长/宽为 1.5～4.2，平均 2.5；子囊果散生至近聚生，暗褐色，球形或扁球形，直径
87.5～160.0μm，壁细胞不规则多角形，直径 5～20μm；附属丝 10～65 根，生于子囊果

"赤道"以上部位，长度为子囊果直径的 0.5~2.5 倍，长 75~280μm，自中部向上双叉状分枝 1~5 次，有的三叉状或树枝状不规则分枝，分枝处有时呈结节状或出现隔膜，有的分枝弯曲或膝曲，分枝末端直，基部近等粗或向上稍变细，宽 5~10μm，无色，无隔，壁薄，基部一般稍厚，全长平滑；子囊 10~25 个，椭圆形、卵形、卵圆形等，有小柄、近无柄或无柄，(40.0~57.5) μm×(30.0~41.5) μm；子囊孢子形状和大小变化较大，矩状短椭圆形、椭圆形、卵形、肾形、圆形等，通常同一子囊内子囊孢子大小差异明显，可以看到退化的子囊孢子，多数 2 个成熟，偶见 1 或 3 个，[(8.0~) 12.5~37.5 (~42.5)] μm×[8.5~25 (~30)] μm。

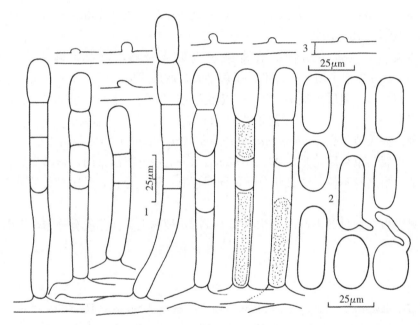

图 80　穆氏节丝壳 *Arthrocladiella mougeotii*（Lév.）Vassilkov（HMAS 248398）
1. 分生孢子梗和分生孢子　2. 分生孢子　3. 附着胞

寄生在茄科 Solanaceae 植物上。

枸杞 *Lycium chincnse* Mill.：连云港市连云区连云街道 HMAS 248398（有性阶段）、朝阳街道尹宋村 HMAS 351609、西山村 HMAS 351341；连云港市赣榆区城头镇大河洼村 HMAS 351624；徐州市泉山区云龙湖景区 HMAS 351306；宿迁市泗洪县体育南路 HMAS 351128；扬州市邗江区大明寺 HMAS 350739；盐城市响水县陈家港 HMAS 350780；盐城市亭湖区盐渎公园 HMAS 351075；淮安市盱眙县铁山寺国家森林公园 HMAS 351103；南京市玄武区后标营路 HMAS 350712；南通市海安市安平路 HMAS 350819；泰州市兴化市乌巾荡风景区 HMAS 351071；苏州市虎丘区科技城镇湖 HMAS 351724；苏州市吴中区穹窿山景区 HMAS 351019；无锡市滨湖区惠山国家森林公园 HMAS 351036。

宁夏枸杞 *Lycium barbarum* Linn.：连云港市连云区朝阳街道朝东社区 Y18089。

国内分布：全国各地。

162

世界分布：亚洲（中国、以色列、日本、韩国、土耳其及中亚地区），欧洲（俄罗斯），北美洲，南美洲，非洲（加纳利群岛），大洋洲（新西兰）。

讨论：该菌是本地区最常见的一种白粉菌，但通常以无性阶段为主，很少产生子囊果。本地区仅 1989 年、1993 年和 2019 年采集到有性阶段。国内只有新疆、甘肃、宁夏、河北和内蒙古等报道过有性阶段。

（六）白粉菌族

本族没有分亚族，只有白粉菌属 *Erysiphe*。江苏省有分布。

（1）白粉菌属

Erysiphe R. Hedw. ex DC.，in Lamarck & de Candolle，Fl. franç.，Edn. 3，2：272，1805（：Fr.，Syst. mycol. 3：234，1829）emend. U. Braun & S. Takam.（Braun & Takamatsu 2000：3）；Zheng & Yu（eds.），Flora Fungorum Sinicorum 1：43，1987；Braun，Beih. Nova Hedwigia 89：209，1987；Braun & Cook，Taxonomic Manual of the Erysiphales（powdery mildews）：351，2012.

Microsphaera Lév.，Ann. Sci. Nat.，Bot.，3 Sér.，15：154 & 381，1851；Zheng & Yu（eds.），Flora Fungorum Sinicorum 1：165，1987；Braun，Beih. Nova Hedwigia 89：274，1987.

Uncinula Lév.，Ann. Sci. Nat.，Bot.，3 Sér.，15：151（133），1851；Zheng & Yu（eds.），Flora Fungorum Sinicorum 1：354，1987；Braun，Beih. Nova Hedwigia 89：447，1987.

Tigria Trevis.，Spighe e Pagli：22，1853.

Erysiphe sect. Rhizocladia de Bary，Abh. Senkenb. Naturf. Ges. 7：409，1870〔also Beitr. Morph. Physiol. Pilze 1（3）：49，1870 and Hedwigia 10：68，1870.

Erysiphella Peck，Rep.（Annual）New York Stat. Mus. Nat. Hist. 28：63，1874.

Erysiphopsis Halst.，Bull. Torrey Bot. Club 26：594，1899.

Trichocladia Neger，Flora 88：350，1901；Zheng & Yu（eds.），Flora Fungorum Sinicorum 1：340，1987.

Ortochaeta Sawada，Taiwan Agric. Exp. Sta. 85：22，1943.

Linkomyces Golovin，Sborn. Rabot. Inst. Prikl. Zool. Fitopatol. 5：127，1958，nom. inval.

Salmonomyces Chidd.，Sydowia 13：55，1959.

Ischnochaeta Sawada，Bull. Gov. Forest Exp. Sta. Meguro 50：111，1951，nom. illeg. et inval. and Special Publ. Coll. Agric. Natl. Taiwan Univ. 8：16，1959.

Medusosphaera Golovin & Gamalitzk.，Bot. Mater. Otd. Sporov. Rast. Bot. Inst. Komarova Akad. Nauk S. S. S. R. 15：92，1962.

Furcouncinula Z. X. Chen，Acta Mycol. Sin. 1（1）：11，1982；Zheng & Yu（eds.），

Flora Fungorum Sinicorum 1：145，1987.

Setoerysiphe Y. Nomura，Trans. Mycol. Soc. Japan 25：163，1984；Braun，Beih. Nova Hedwigia 89：267，1987.

Bulbomicrosphaera A. Q. Wang，Acta Mycol. Sin. 6：74，1987.

Farmanomyces Y. S. Paul & V. K. Thakur，Indian Erysiphaceae：79，Jodhpur 2006.

Typhulochaeta S. Ito & Hara，Bot. Mag. Tokyo 29：20，1915.

模式种：蓼白粉菌 *Erysiphe polygoni* DC.（designated by Clements & Shear 1931）.

无性型：假粉孢 *Pseudoidium* Y. S. Paul，Indian Phytopathol. 38：762，"1985" 1986.

菌丝体表生，在寄主植物的表皮内形成吸胞，附着胞裂瓣形；无性型为假粉孢 *Pseudoidium*，分生孢子梗发生于表生菌丝，分生孢子单生；子囊果近球形至扁球形，无腹背性到稍有腹背性，包被多层，暗褐色；附属丝不分枝、不规则分枝到二叉状分枝，顶端直或钩状卷曲到拳卷；子囊多个，子囊孢子 2~8 个。

讨论：本属包含白粉菌组、薄壳白粉菌组、叉丝壳组、棒丝壳组和钩丝壳组 5 个组。分别是原来的白粉菌属 *Erysiphe*、薄壳白粉菌属 *Californiomyces*、叉丝壳属 *Microsphaera*、棒丝壳属 *Typhulochaeta* 和钩丝壳属 *Uncinula*。同时并入该属不同组的还有球叉丝壳属 *Bulbomicrosphaera*、球钩丝壳属 *Bulbouncinula*、顶叉钩丝壳属 *Furcouncinula*、波丝壳属 *Medusosphaera*、束丝壳属 *Trichocladia*、小钩丝壳属 *Uncinuliella* 等。本地区除薄壳白粉菌组外均有分布。

白粉菌属 *Erysiphe* 分组检索表

白粉菌组

sect. *Erysiphe*

Erysiphe R. Hedw. ex DC.，in Lamarck & de Candolle，Fl. franç.，Edn. 3，2：272，1805；Zheng & Yu（eds.），Flora Fungorum Sinicorum 1：43，1987；Braun，Beih. Nova Hedwigia 89：209，1987.

子囊果上的附属丝菌丝状，不分枝或少数不规则分枝，有时有第二型的附属丝。

白粉菌组 sect. *Erysiphe* 分种检索表

盒子草白粉菌 {图 81}

Erysiphe actinostemmatis U. Braun，Mycotaxon 18（1）：123，1983；Braun，Beih. Nova Hedwigia 89：205，1987；Yu，Acta Mycol. Sin. 14（4）：312，1995；Braun & Cook，Taxonomic Manual of the Erysiphales（powdery mildews）：359，2012.

菌丝体生于叶两面、叶柄、茎、卷须、花果等部位，初为白色圆形斑点，后渐扩展布满全叶，展生，存留或消失；菌丝无色，光滑，粗 3～7μm，附着胞裂瓣形，常对生；分生孢子梗长，脚胞柱形，直，无色，光滑，上下近等粗，（22～40）μm×（6～8）μm，上接 1～4 个细胞。分生孢子单生，长椭圆形、椭圆形、卵形，无色，（30.0～43.5）μm×（16.5～21.5）μm，长/宽为 1.5～2.5，平均 2.5；子囊果近聚生至聚生，暗褐色，扁球形或球形，直径 80.0～137.5μm，壁细胞多角形或近方形，直径 7.0～27.5μm；附属丝 14～43 根，长度为子囊果直径的（0.5～）1.0～3.0 倍，长（20～）120～415μm，不分枝，个别简单分枝 1 次，弯曲、折曲、扭曲等，全长褐色或基部褐色，中部向上色渐变淡，上部无色，壁薄，平滑，上下近等粗或由下向上稍变细，有时顶端膨大增粗，宽

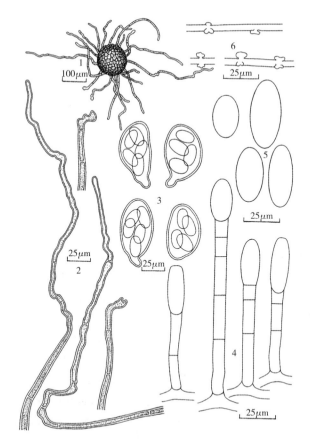

图 81A　盒子草白粉菌 *Erysiphe actinostemmatis* U. Braun（HMAS 351372）
1. 子囊果　2. 附属丝　3. 子囊　4. 分生孢子梗和分生孢子　5. 分生孢子　6. 附着胞

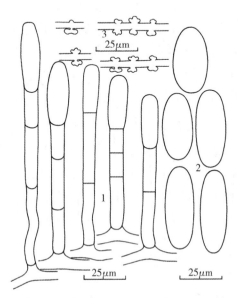

图 81B　盒子草白粉菌 *Erysiphe actinostemmatis* U. Braun（HMAS 351816）
1. 分生孢子梗和分生孢子　2. 分生孢子　3. 附着胞

3.5～10.0μm，1～5 个隔膜；子囊 5～8 个，卵形、卵椭圆形、椭圆形，有短柄，少数近无柄，（50.0～76.5）μm×（30.0～50.0）μm；子囊孢子（3～）4～5（～7）个，椭圆形、卵形、长椭圆形，（20.0～30.0）μm×（10.0～16.5）μm。

寄生在葫芦科 Cucurbitaceae 植物上。

盒子草 *Actinostemma tenerum* Griff.：连云港市连云区朝阳街道 HMAS 69195；徐州市泉山区云龙湖景区 HMAS 351317、HMAS 351372；徐州市新沂市窑湾镇 HMAS 351166；宿迁市宿豫区黄河公园 HMAS 351141；苏州市虎丘区科技城步青路 HMAS 248393、HMAS 350841。

冬瓜 *Benincasa hispida*（Thunb.）Cogn.：连云港市海州区万山花园 HMAS 351816。

黄瓜 *Cucumis sativus* Linn.：连云港市连云区猴嘴街道 HMAS 73704。

国内分布：江苏、浙江、福建、安徽、山东。

世界分布：中国、日本。

讨论：中国新记录种。冬瓜和黄瓜均为该菌世界新记录寄主。

耧斗菜白粉菌原变种　　　　　　　　　　　　　　　　　　　　　　　　　图 82

Erysiphe aquilegiae DC.，Fl. franç. 6：105，1815；Zheng & Yu（eds.），Flora Fungorum Sinicorum 1：53，1987；Braun，Beih. Nova Hedwigia 89：208，1987；Yu & Tian，Acta Mycol. Sin. 14（3）：167，1995；Braun & Cook，Taxonomic Manual of the Erysiphales（powdery mildews）：362，2012. var. ***aquilegiae***

Erysiphe communis a. ranunculacearum（Wallr.）Fr.，Syst. mycol. 3：240，1829.

寄生在耧斗菜 *Aquilegia viridiflora* Pall. 上。

菌丝体叶两面生，也生于叶柄等部位，初为白色圆形或无定形斑点，渐扩展连片并布满全叶，展生，存留或消失；菌丝无色，光滑或略粗糙，粗 5.0～7.5μm，附着胞裂瓣形，常对生；分生孢子梗脚胞柱形，无色，光滑，常弯曲，上下近等粗，（15.0～38.0）μm×

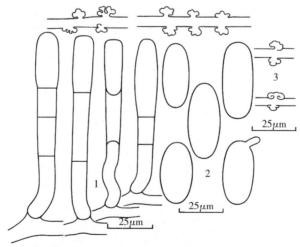

图 82A　耧斗菜白粉菌原变种 *Erysiphe aquilegiae* DC. var. *aquilegiae*（HMAS 350862）
1. 分生孢子梗和分生孢子　2. 分生孢子　3. 附着胞

（7.5～9.0）μm，上接 1～2 个细胞；分生孢子单生，柱形、柱状长椭圆形，无色，（30.0～57.5）μm×（15.0～20.0）μm，长/宽为 1.7～3.2，平均 2.1。

寄生在还亮草 *Delphinium anthriscifolium* Hance 上。

菌丝体叶两面生，亦生于叶柄、茎等部位，初为白色圆形或无定形斑点，后逐渐扩展连片，布满全叶，菌粉层淡薄，展生，存留或消失；菌丝无色，光滑，粗 5～8μm，附着胞裂瓣形，对生或单生；分生孢子梗脚胞柱形，无色，光滑，基部常弯曲，少数直，上下近等粗，（35～50）μm×（7～9）μm，上接 1～2 个细胞。分生孢子单生，柱形、柱状长椭圆形、椭圆形等，无色，（30.0～50.0）μm×［13.5～19.0（～21.0）］μm，长/宽为 1.7～3.3，平均 2.3。

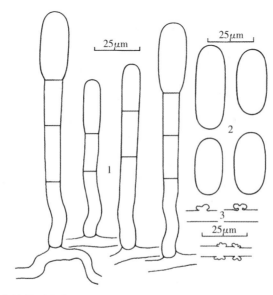

图 82B　耧斗菜白粉菌原变种 *Erysiphe aquilegiae* DC. var. *aquilegiae*（HMAS 350665）
1. 分生孢子梗和分生孢子　2. 分生孢子　3. 附着胞

寄生在东亚唐松草 *Thalictrum minus* var. *hypoleucum*（Sieb. et Zucc.）Miq. 上。

菌丝体生于叶两面、茎、花、果穗等各部位；初为白色圆形或无定形斑点，后渐扩展连片可布满全叶，菌丝层一般较淡薄，展生，存留或消失；菌丝无色，光滑，粗 3.5～7.0μm，附着胞裂瓣形，对生或单生；分生孢子梗长 50～120μm，脚胞柱形，无色，光滑，直，有时略弯曲，上下近等粗，［30.0～53.0（～72.0）］μm×（5.5～8.0）μm，上接 1～2 个细胞；分生孢子单生，无色，柱形、柱状长椭圆形，（32.0～60.0）μm×（12.5～22.0）μm，长/宽为 1.7～4.4，平均 2.5。

寄生在毛茛科 Ranunculaceae 植物上。

耧斗菜 *Aquilegia viridiflora* Pall.：连云港市海州区花果山风景区玉女峰 HMAS 350862。

还亮草 *Delphinium anthriscifolium* Hance：南京市玄武区明孝陵 HMAS 350665。

东亚唐松草 *Thalictrum minus* var. *hypoleucum*（Sieb. et Zucc.）Miq.：苏州市吴中区穹窿山景区 HMAS 351020。

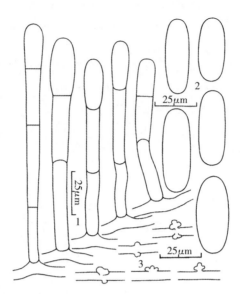

图82C　耧斗菜白粉菌原变种 *Erysiphe aquilegiae* var. *aquilegiae* DC.（HMAS 351020）
1. 分生孢子梗和分生孢子　2. 分生孢子　3. 附着胞

国内分布：华东、华北、东北、西南地区。

世界分布：南非、欧洲（俄罗斯）、北美洲（美国、加拿大、墨西哥）、南美洲以及中国、日本、印度、澳大利亚、新西兰、以色列。

耧斗菜白粉菌毛茛变种　　　　　　　　　　　　　　　　　　　　　　　图83

Erysiphe aquilegiae DC. var. ***ranunculi*** (Grev.) R. Y. Zheng & G. Q. Chen, Sydowia 34：302，1981；Zheng & Yu (eds.), Flora Fungorum Sinicorum 1：54，1987；Braun, Beih. Nova Hedwigia 89：209，1987；Yu & Tian, Acta Mycol. Sin. 14 (3)：167，1995；Liu, The Erysiphaceae of Inner Mongolia：23，2010；Braun & Cook, Taxonomic Manual of the Erysiphales (powdery mildews)：362，2012.

Erysiphe ranunculi Grev., Fl. Edin.：461，1824.

菌丝体叶两面生，亦生于茎等部位，初为无定形白色斑点，后逐渐扩展连片并布满全叶，展生，存留；菌丝无色，粗5～7μm，附着胞裂瓣形。分生孢子梗脚胞柱形，无色，基部弯曲，光滑或略粗糙，上下近等粗，（15～33）μm×（7～10）μm，上接2个细胞，少数1～3个；分生孢子单生，椭圆形，无色，（27.0～40.0）μm×（13.5～22.5）μm，长/宽为1.4～2.7，平均1.9；子囊果散生至近聚生，黑褐色，扁球形，直经67～114μm，壁细胞不规则多角形，直径5～30μm；附属丝4～17根，多数8～12根，菌丝状，长度为子囊果直径的1～5倍，长80～737μm，多数330～530μm，一般不分枝，多数弯曲，少数直，全长淡褐色，或基部褐色向上色渐变淡，壁薄，稍粗糙或平滑，上下近等粗，宽5～8μm，有1～5个隔膜；子囊5～8个，卵形、卵圆形、椭圆形、短椭圆形，有短柄或近无柄，（41.5～66.5）μm×（26.5～43.5）μm；子囊孢子2～5个，多为4个，椭圆形、卵椭圆形、卵形等，（20.0～28.5）μm×（11.5～17.0）μm。

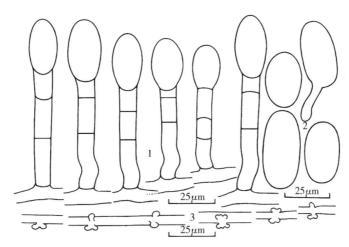

图 83 楼斗菜白粉菌毛茛变种

Erysiphe aquilegiae DC. var. *ranunculi*（Grev.）R. Y. Zheng & G. Q. Chen（HMAS 351410）

1. 分生孢子梗和分生孢子 2. 分生孢子 3. 附着胞

寄生在毛茛科 Ranunculaceae 植物上。

圆锥铁线莲（黄药子）*Clematis terniflora* DC.：连云港市连云区宿城街道船山飞瀑景区 HMAS 249790、HMAS 351410（无性阶段）。

威灵仙 *Clematis chinensis* Osbeck：徐州市泉山区云龙湖景区 HMAS 351224。

茴茴蒜 *Ranunculus chinensis* Bunge：连云港市连云区朝阳街道朝东社区 HMAS 352383；连云港市赣榆区城头镇西茴湖村 HMAS 351599。

毛茛 *Ranunculus japonicus* Thunb.：连云港市连云区宿城街道 HMAS 62512；连云港市海州区花果山风景区三元宫 HMAS 73703（有性阶段）；南京市玄武区龙宫路 HMAS 350672；苏州市常熟市董浜镇 HMAS 351436。

东亚唐松草 *Thalictrum minus* var. *hypoleucum*（Sieb. et Zucc.）Miq.：连云港市连云区猴嘴公园 HMAS 351419。

国内分布：全国各地。

世界分布：广泛分布于世界各地。

甜菜白粉菌
图 84

Erysiphe betae（Vaňha）Weltzien，Phytopathol. Z. 47：127，1963；Zheng & Yu（eds.），
　　Flora Fungorum Sinicorum 1：63，1987；Braun，Beih. Nova Hedwigia 89：217，
　　1987；Yu & Tian, Acta Mycol. Sin. 14（3）：168，1995；Liu，The Erysiphaceae of
　　Inner Mongolia：26，2010；Braun & Cook，Taxonomic Manual of the Erysiphales
　　（powdery mildews）：366，2012.

Microsphaera betae Vaňha, Z. Zuckerind. Böhmen 27：180，1903.

菌丝体生于叶两面、茎、花、果穗等各部位，初为白色圆形或无定形斑点，后渐扩展连片，病斑部位组织有时变为红褐色，后期布满全叶并覆盖整个植物体，展生，存留；菌丝无色，光滑，分生孢子梗母细胞（37.5～62.5）μm×（5.0～7.5）μm，附着胞裂瓣

形，对生或单生；分生孢子梗脚胞柱形，无色，光滑，略弯曲或直，上下近等粗，(27.5～75.0) μm×（6.5～9.0）μm，上接 1～2 个细胞；分生孢子单生，无色，柱形、柱状椭圆形、肾形，[33.5～51.5（～73.0）] μm×（15.0～20.0）μm，长/宽为 1.9～4.2（～5.6），平均 2.5；子囊果聚生至近聚生，黑褐色，扁球形，直经 75～125μm，壁细胞不规则多角形或多角形，有的近方形，直径 6.0～32.5μm；附属丝（15～）20～55 根，枯枝状或菌丝状，长度为子囊果直径的 0.4～1.5（～2.5）倍，长 20～238μm，弯曲、折曲、扭曲、波状弯曲等，不规则双叉状或树枝状分枝 1～3 次，或不分枝，分枝顶端形态多样，全长淡褐色，或基部淡褐色向上色渐变淡，上部无色，壁薄，平滑，有明显的粗细变化，一般基部较粗，向上渐变细，宽 2.5～10.0μm，0～3 个隔膜；子囊 3～5 个，卵圆形、卵形，有短柄，少数近无柄，(50.0～75.0) μm×（32.5～55.0）μm，易吸水膨胀破裂；子囊孢子 3～5 个，多为 4 个，椭圆形、短椭圆形、卵形等，(15.0～34.5) μm×（12.5～20.0）μm，淡灰色。

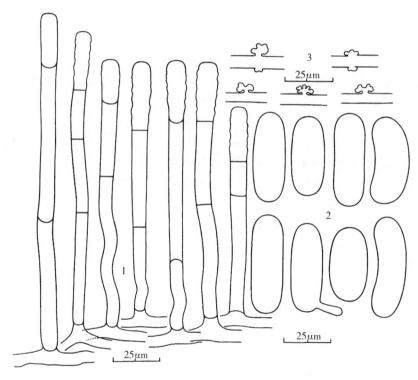

图 84　甜菜白粉菌 *Erysiphe betae*（Vaňha）Weltzien（HMAS 350996）
1. 分生孢子梗和分生孢子　2. 分生孢子　3. 附着胞

寄生在苋科 Amaranthaceae 植物上。

土荆芥 *Chenopodium ambrosioides* Linn.：连云港市连云区朝阳街道 HMAS 73705；连云港市赣榆区城头镇大河洼村 HMAS 350996、HMAS 350997；连云港市东海县桃林镇上河村 HMAS 351650；淮安市盱眙县铁山寺国家森林公园 HMAS 351112。

莙荙菜 *Beta vulgaris* Linn. var. *cicla* Linn.：连云港市连云区朝阳街道 HMAS 351085。

国内分布：江苏、山东、内蒙古、新疆、甘肃、吉林、云南、台湾。

世界分布：亚洲、欧洲、北美洲、南美洲、非洲。

讨论：通常情况下，该菌分生孢子梗上未成熟的分生孢子明显粗糙，是有别于其他种类的特征。

班氏白粉菌（香茶菜白粉菌） 图85

Erysiphe bunkiniana U. Braun，Feddes Repert. 91（7-8）：441，1980；Zheng & Yu（eds.），Flora Fungorum Sinicorum 1：65，1987；Braun，Beih. Nova Hedwigia 89：232，1987；Liu，The Erysiphaceae of Inner Mongolia：29，2010；Braun & Cook，Taxonomic Manual of the Erysiphales（powdery mildews）：368，2012.

Erysiphe labiatarum f. *plectranthi* Golovin & Bunkina，Novosti Sist. Niszh. Rast. 5：141，1968.

Erysiphe rabdosiae R. Y. Zheng & G. Q. Chen，Sydowia 34：276，1981.

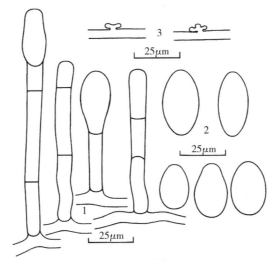

图85　班氏白粉菌 *Erysiphe bunkiniana* U. Braun（HMAS 351176）
1. 分生孢子梗和分生孢子　2. 分生孢子　3. 附着胞

菌丝体叶两面生，亦生于叶柄、茎等部位，初为白色圆形斑点，后渐扩展连片布满全叶，展生，存留或消失；菌丝无色，光滑，粗 3~6μm，附着胞裂瓣形，单生；分生孢子梗脚胞柱形，无色，光滑，直或基部略弯曲，上下近等粗，（25.0~47.5）μm×（6.0~10.0）μm，上接 1~2 个细胞；分生孢子单生，无色，椭圆形、卵形，（23~39）μm×（15~21）μm，长/宽为 1.3~2.1，平均 1.7；子囊果散生，暗褐色，扁球形或近球形，直径 73~100μm，壁细胞多角形或近方形，直径 10~30μm；附属丝 10~30 根，菌丝状不分枝，硬挺，直或弯曲，常膝曲、扭曲等，不相互缠绕，长度为子囊果直径的 0.5~3.0（~4.0）倍，长 40~365μm，上下近等粗，少数由下向上稍变细，宽 3.5~7.0μm，壁薄，全长平滑或基部稍粗糙，全长无色，有 0~3（~5）个隔膜；子囊 2~7 个，卵形、宽卵形、卵圆形，有短柄，少数近无柄，（40.0~62.5）μm×（32.5~50.0）μm；子囊孢子 3～7，卵形、椭圆形、近圆形，（14～23）μm×（11～17）μm，淡灰色。

寄生在唇形科 Lamiaceae（Labiatae）植物上。

香茶菜 *Isodon amethystoides*（Benth.）H. Hara：连云港市东海县羽山景区 HMAS 351176；南京市玄武区中山植物园 HMAS 350900。

国内分布：江苏、北京、吉林、内蒙古、甘肃、云南等多个省份。

世界分布：中国、印度以及俄罗斯远东地区。

讨论：该菌的特征是无性阶段分生孢子较小，分生孢子长宽比例较小，为 1.3～2.1，平均 1.7。这个菌在本地还寄生内折香茶菜 *Isodon inflexa*（Thunb.）Kudô、大萼香茶菜 *Isodon macrocalyx*（Dunn）Kudô、溪黄草 *Isodon serra*（Maxim.）Kudô 等。

梓树白粉菌 图 86

Erysiphe catalpae S. Simonyan，Mikol. Fitopatol. 18（6）：463，1984；Braun & Cook，
  Taxonomic Manual of the Erysiphales（powdery mildews）：370，2012.

Erysiphe communis f. *bignoniae* Jacz.（Jaczewski 1927：231）.

Oidium bignoniae Jacz.，Ezhegodnik 5：247，1909.（无性型）

菌丝体叶两面生，初为白色圆形或无定形薄的斑点，后逐渐扩展连片，可布满全叶，展生，存留或消失；菌丝无色，粗 3.5～8.0μm，附着胞裂瓣形；分生孢子梗脚胞柱形，无色，光滑，上下近等粗，基部常弯曲，（18.0～48.0）μm×（6.5～9.0）μm，上接 1～2 个细胞；分生孢子单生，矩状椭圆形，无色，（27.0～41.5）μm×（15.0～20.0）μm，长/宽为 1.6～2.7，平均 1.9；未见有性阶段。

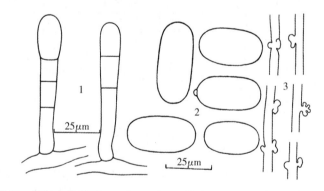

图 86　梓树白粉菌 *Erysiphe catalpae* S. Simonyan（HMAS 351401）
1. 分生孢子梗和分生孢子　2. 分生孢子　3. 附着胞

寄生在紫葳科 Bignoniaceae 植物上。

楸树 *Catalpa bungei* C. A. Mey.：连云港市连云区高公岛街道黄窝景区 HMAS 351401。

国内分布：江苏等省份。

世界分布：亚洲（伊拉克、韩国及俄罗斯远东地区），高加索地区（亚美尼亚、格鲁吉亚语），欧洲（捷克、爱沙尼亚、法国、德国、英国、意大利、立陶宛、荷兰、波兰、葡萄牙、罗马尼亚、乌克兰）。

　　讨论：中国新记录种。该菌在本地零星发生，笔者仅采集到少量标本，也未见有性阶段。

青葙白粉菌   图 87

Erysiphe celosiae Tanda，Mycoscience 41：155，2000；Braun，Beih. Nova Hedwigia 89：
　　579，1987；Braun & Cook，Taxonomic Manual of the Erysiphales（powdery mildews）：
　　371，2012.

Erysiphe munjalii Y. S. Paul & L. N. Bhardwaj，J. Mycol. Pl. Pathol. 31（1）：89，2001.

Erysiphe munjalii Y. S. Paul & L. N. Bhardwaj var. *amaranthicola* T. Z. Liu & S. R. Yu，

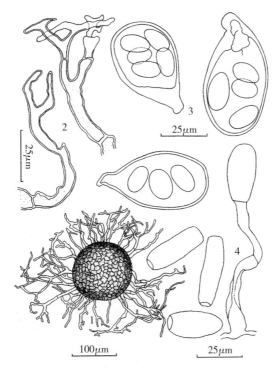

图 87　青葙白粉菌 *Erysiphe celosiae* Tanda
1. 子囊果　2. 附属丝　3. 子囊和子囊孢子　4. 分生孢子梗和分生孢子

Mycosystema 24（4）：477，2005.

　　菌丝体叶两面生，形成白色圆形或无定形斑点，后期相互连片，展生，存留至近消失；分生孢子单生，无色，柱形、桶柱形、柱状长椭圆形，（26～50）μm×（10～18）μm；子囊果聚生至近聚生，黑褐色，扁球形，直径 80～140（～160）μm，平均 118μm，壁细胞不规则多角形，直径 6～22μm；附属丝 20～50 根，生于子囊果下部，弯曲至曲折状，往往不规则或近二叉状分枝 1～4（～5）次，或有突起状小分枝，较少不分枝，常相互缠绕，长度为子囊果直径的 0.3～2.0 倍，长 40～200μm，粗细不均，宽 3～8（～10）μm，壁薄，平滑或稍粗糙，有 0～3（～4）个隔膜，无色至淡褐色；子囊 3～7 个，卵形、不规则卵形，有短柄，（51～74）μm×（32～51）μm，平均 62μm×38μm；子囊孢子（2～）3～

5个，卵形、广卵形、椭圆形等，（15～22）μm×（11～18）μm，平均 19μm×14μm。

寄生在苋科 Amaranthaceae 植物上。

皱果苋 *Amaranthus viridis* Linn.：连云港市连云区朝阳街道 HMAS 130330。

国内分布：江苏。

世界分布：欧洲以及中国、日本、印度、巴基斯坦、美国、墨西哥以及俄罗斯远东地区。

讨论：Braun（1998）将苋科 Amaranthaceae 植物上的白粉菌鉴定为甜菜白粉菌 *Erysiphe betae*（Vaňha）Weltzien，Tanda（2000）根据采自日本青葙 *Celosia argentea* Linn. 上的白粉菌建立了新种青葙白粉菌 *Erysiphe celosiae* Tanda。Paul 和 Bhardwaj（2001）将产于印度索兰，生于 *Amaranthus mangostanus* Linn. 上的白粉菌命名为 *Erysiphe munjalii* Y. S. Paul & L. N. Bhardwaj。Braun 和 Takam（2012）认为 *Erysiphe munjalii* 是根据不成熟的材料建立的，把它作为 *Erysiphe celosiae* 的异名。刘铁志和于守荣（2005）在研究该菌时将其命名为蒙（孟）加拉白粉菌苋生变种 *Erysiphe munjalii* Y. S. Paul & L. N. Bhardwaj var. *amaranthicola* T. Z. Liu & S. R. Yu，从形态特征分析，笔者采集鉴定的菌与 *Erysiphe celosiae* 一致。中国新记录种（刘铁志等 2005）。

醉蝶花白粉菌　　　　　　　　　　　　　　　　　　　　　　　　图 88

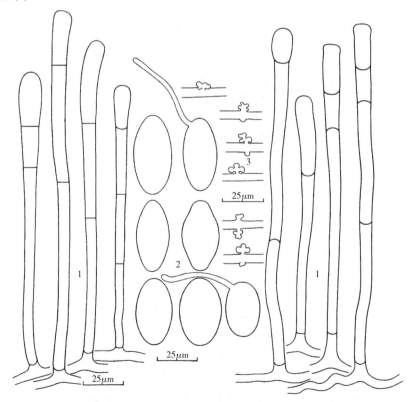

图 88　醉蝶花白粉菌 *Erysiphe cleomes* R. X. Li & D. S. Wang（HMAS 350870）
1. 分生孢子梗和分生孢子　2. 分生孢子　3. 附着胞

Erysiphe cleomes R. X. Li & D. S. Wang，Acta Mycol. Sin. 9（4）：266，1990；Liu，The Erysiphaceae of Inner Mongolia：31，2010.

菌丝体生于叶两面、叶柄、茎、花、果等部位，初为白色圆形斑点，渐扩展连片覆盖全叶，展生，存留。菌丝无色，光滑，粗 3.0～7.5μm，附着胞裂瓣形，对生或单生；分生孢子梗脚胞柱形，无色，光滑，直，上下近等粗，（30.0～117.5）μm×（6.0～7.5）μm，上接 1～2 个细胞；分生孢子单生，椭圆形、菱椭圆形、卵形，无色，（30.0～46.5）μm×（18.0～26.5）μm，长/宽为 1.3～2.2，平均 1.7；仅采集到个别子囊果。

寄生在白花菜科 Cleomaceae 植物上。

醉蝶花 *Tarenaya hassleriana*（Chodat）H. H. Iltis：连云港市连云区连云街道HMAS 350870。

国内分布：江苏、内蒙古、甘肃、贵州。

世界分布：欧洲以及中国、日本、韩国、新西兰。

讨论：笔者采集的标本（HMAS 350870）上，同时有两种不同种类的白粉菌混生在一起：*Erysiphe cleomes* R. X. Li & D. S. Wang 和 *Erysiphe cruciferarum* Opiz. ex L. Junll。两者的无性阶段在形态上差异显著，前者分生孢子梗脚胞长，（30.0～117.5）μm×（6.0～7.5）μm，分生孢子椭圆形或菱状椭圆形，长/宽为 1.3～2.2，平均 1.7；后者分生孢子梗脚胞较短，（12.5～52.5）μm×（6.0～10.0）μm，分生孢子柱形，长/宽为 1.7～4.0，平均 2.4。说明白花菜科上植物上除了有 *Erysiphe cruciferarum* 寄生外，同时也有 *Erysiphe cleomes* 寄生。这也是国外作者大多把白花菜科植物上的白粉菌放在 *Erysiphe cruciferarum* Opiz. ex L. Junll 名下的原因。所以，Braun（2012）在他的专著里也没有承认这个种，而是把它视为十字花科白粉菌的异名放在 *Erysiphe cruciferarum* 的名下。笔者认为该菌在形态特征（无性阶段）上与 *Erysiphe cruciferarum* 存在显著差异，是两个完全不同的种。李荣喜等（1990）的描述中无性型仅有分生孢子的形状和大小，此次笔者做了全面补充描述。

旋花白粉菌原变种 图89

Erysiphe convolvuli DC. Fl. franç. 2：274，1805；Zheng & Yu（eds.），Flora Fungorum Sinicorum 1：70，1987；Braun，Beih. Nova Hedwigia 89：221，1987；Yu & Tian，Acta Mycol. Sin. 14（3）：167，1995；Liu，The Erysiphaceae of Inner Mongolia：33，2010；Braun & Cook，Taxonomic Manual of the Erysiphales（powdery mildews）：373，2012. var. ***convolvuli***

菌丝体叶两面生，亦生于叶柄、茎、花等部位，初为白色圆形斑点，后逐渐扩展连片，可布满全叶，展生，存留或消失；菌丝无色，光滑，粗 5～8μm，附着胞裂瓣形，单生，少数对生；分生孢子梗脚胞柱形，无色，光滑，直或基部略弯曲，上下近等粗，（14～45）μm×（6～9）μm，上接 1～2 个细胞；分生孢子单生，无色，柱形、柱状椭圆形，（35.5～56.5）μm×（13.0～19.5）μm（平均 43.3μm×16.3μm），长/宽为 1.9～3.8，平均 2.7；子囊果聚生至近聚生，暗褐色，扁球形或球形，直径 77～130μm，壁细胞多角形或近方形，直径 7～25μm；附属丝 10～48 根，不分枝，少数不规则或双叉状分

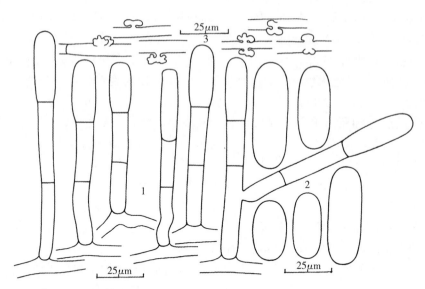

图 89　旋花白粉菌原变种 *Erysiphe convolvuli* DC. var. *convolvuli*（HMAS 350992）

1. 分生孢子梗和分生孢子　2. 分生孢子　3. 附着胞

枝 1（～2）次，形态和长短变化较大，弯曲、折曲、扭曲等，常相互缠绕，长度为子囊果直径的 0.2～2.0 倍，长 15～220μm，有粗细变化，宽 4.5～8.0μm，壁薄，平滑或稍粗糙，全长淡褐色，或基部淡褐色向上色渐变淡，上部无色，有时全长无色，有 0～3 个隔膜；子囊 3～7 个，卵形、宽卵形、椭圆形，有短柄，少数近无柄，（52.5～85.0）μm×［32.5～63.5（～75.0）］μm，壁薄，遇水易膨大破裂；子囊孢子 3～5，椭圆形、卵形，（20.0～37.0）μm×（12.5～22.5）μm，淡灰色，遇水很快破裂。

寄生在旋花科 Convolvulaceae 植物上。

打碗花 *Calystegia hederacea* Wall.：连云港市海州区新浦公园 HMAS 351864、花果山街道 HMAS 73707、云台宾馆 HMAS 350372；连云港市连云区朝阳街道 HMAS 351331、HMAS 350992，宿城街道高庄村 HMAS 351847；徐州市泉山区云龙湖景区 HMAS 351367；徐州市沛县杨屯镇 HMAS 351220；徐州市新沂市窑湾镇 HMAS 351171。

国内分布：东北、华北、西北、华东、华中地区。

世界分布：亚洲、欧洲、北非、南美洲。

十字花科白粉菌　　　　　　　　　　　　　　　　　　　　　　　　图 90

Erysiphe cruciferarum Opiz ex L. Junell，Svensk. Bot. Tidskr. 61（1）：217，1967；Zheng & Chen，Sydowia 34：255，1981；Zheng & Yu（eds.），Flora Fungorum Sinicorum 1：76，1987；Braun，Beih. Nova Hedwigia 89：203，1987；Liu，The Erysiphaceae of Inner Mongolia：36，2010；Braun & Cook，Taxonomic Manual of the Erysiphales（powdery mildews）：375，2012.

A 寄生在十字花科 Brassicaceae（Cruciferae）植物上。

菌丝体生于叶两面、叶柄、茎、花、果等部位，初为白色圆形斑点，渐扩展连片覆盖

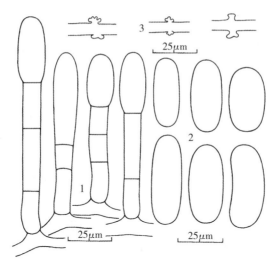

图90A　十字花科白粉菌 *Erysiphe cruciferarum* Opiz ex L. Junell（HMAS 350660）
1. 分生孢子梗和分生孢子　2. 分生孢子　3. 附着胞

全叶，展生，存留；菌丝无色，光滑，粗3～8μm，附着胞裂瓣形，对生或单生；分生孢子梗脚胞柱形，无色，光滑，基部直或弯曲，上下近等粗，（12.5～52.5）μm×（6.0～10.0）μm，上接（0～）1～2个细胞；分生孢子单生，柱形、柱状长椭圆形，无色，[26.5～53.5（～55.0）]μm×（12.0～20.0）μm，平均37.3μm×15.3μm，长/宽为1.7～4.0，平均2.4。

青菜 *Brassica chinensis* Linn.：连云港市连云区朝阳街道 HMAS 350354、HMAS 350660；徐州市贾汪区蓝山 HMAS 351323；盐城市射阳县合德镇 HMAS 350786；泰州市海陵区凤城河景区 HMAS 351066；无锡市滨湖区惠山国家森林公园 HMAS 351027。

芥菜 *Brassica juncea*（Linn.）Czern.：徐州市泉山区云龙山景区 HMAS 351324；连云港市海州区孔望山景区 HMAS 350987。

雪里蕻 *Brssica juncea* var. *multiceps* Tsen & Lee：连云港市海州区云台农场 HMAS 351278；徐州市沛县河滨公园 HMAS 351207；苏州市常熟市董浜镇 HMAS 351735；无锡市滨湖区惠山国家森林公园 HMAS 351026。

油菜 *Brassica napus* Linn.：连云港市海州区月牙岛 HMAS 351007；连云港市连云区朝阳街道新县街社区 HMAS 351607；镇江市句容市宝华山 HMAS 350717；南通市海安市七星湖生态园 HMAS 350806；苏州市虎丘区通安 HMAS 351014；苏州市常熟市董浜镇 HMAS 350338。

荠 *Capsella bursa-pastoris*（Linn.）Medic.：连云港市连云区朝阳街道 HMAS 350661。

播娘蒿 *Descurainia sophia*（Linn.）Webb.：连云港市连云区朝阳街道尹宋村 HMAS 350761。

诸葛菜 *Orychophragmus violaceus*（Linn.）O. E. Schulz：连云港市海州区花果山风景区十八盘 HMAS 350363、玉女峰 HMAS 351338；南京市玄武区龙宫路 HMAS

350675；扬州市邗江区大明寺 HMAS 350729；无锡市滨湖区惠山国家森林公园 HMAS 351045。

萝卜 *Raphanus sativus* Linn.：连云港市连云区朝阳街道 HMAS 350757。

B 寄生在白花菜科 Cleomaceae 植物上。

菌丝体生于叶两面、叶柄、茎、花、果等部位，初为白色圆形斑点，渐扩展连片覆盖全叶，展生，存留；菌丝无色，光滑，粗 4～8μm，附着胞裂瓣形，对生或单生；分生孢子梗脚胞柱形，无色，光滑，基部多弯曲，少数直，上下近等粗，（12.5～52.5）μm×（6.0～10.0）μm，上接（0～）1～2 个细胞；分生孢子单生，柱形、柱状长椭圆形，无色，（32.5～55.0）μm×（15.0～21.0）μm，长/宽为 1.7～3.8，平均 2.5。

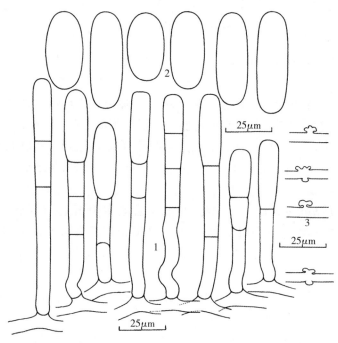

图 90B　十字花科白粉菌 *Erysiphe cruciferarum* Opiz ex L. Junell（HMAS 350870）
1. 分生孢子梗和分生孢子　2. 分生孢子　3. 附着胞

醉蝶花 *Tarenaya hassleriana*（Chodat）H. H. Iltis：连云港市连云区连云街道 HMAS 350870。

国内分布：广泛分布于全国各地。

世界分布：亚洲、欧洲、美洲、非洲以及澳大利亚和新西兰。

讨论：本地以无性阶段为主，有性阶段罕见，仅 1986 年在北美独行菜上见到个别未成熟的子囊果。还寄生白菜 *Brassica pekinensis*（Lour.）Rupr.、北美独行菜 *Lepidium virginicum* Linn. 等。

大戟白粉菌

Erysiphe euphorbiae Peck，Rep.（Annual）New York Stat. Mus. Nat. Hist. 26：80，

图 91

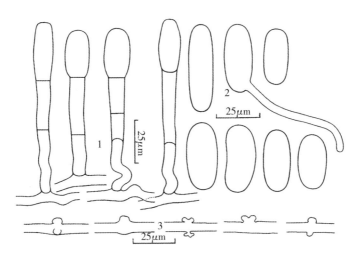

图 91　大戟白粉菌 *Erysiphe euphorbiae* Peck（HMAS 351021）
1. 分生孢子梗和分生孢子　2. 分生孢子　3. 附着胞

1874；Braun，Beih. Nova Hedwigia 89：212，1987；Liu，The Erysiphaceae of Inner Mongolia ：40，2010；Braun & Cook，Taxonomic Manual of the Erysiphales （powdery mildews）：380，2012.

菌丝体生于叶两面、叶柄、茎、花、果等各部位，初为白色圆形斑点，渐扩展连片并布满全叶，展生，存留或消失；菌丝无色，光滑或略粗糙，粗 4～8μm，附着胞裂瓣形，单生，少数对生；分生孢子梗脚胞柱形，无色，光滑，直或略弯曲，上下近等粗，（25～43）μm×（6～10）μm，上接 1～2 个细胞；分生孢子单生，柱形、柱状椭圆形、椭圆形，无色，［27.5～60.0（～66.0）］μm×（15.0～22.5）μm，长/宽为 1.6～3.5，平均 2.2；未见有性阶段。

寄生在大戟科 Euphorbiaceae 植物上。

斑地锦 *Euphorbia maculata* Linn.：徐州市泉山区云龙湖景区水街 HMAS 351232。

湖北算盘子 *Glochidion wilsonii* Hutch.：苏州市吴中区穹窿山景区 HMAS 351021。

国内分布：江苏、内蒙古。

世界分布：北美洲，亚洲（中国、印度、日本以及俄罗斯远东地区），南美洲（波多黎各、委内瑞拉）。

讨论：斑地锦和湖北算盘子均为该菌的新记录寄主。

大豆白粉菌 图 92

Erysiphe glycines F. L. Tai，Lingnan Sci. J. 18 （4）：457，1939；Zheng & Yu（eds.），Flora Fungorum Sinicorum 1：91，1987；Braun，Beih. Nova Hedwigia 89：192，1987；Yu & Tian，Acta Mycol. Sin. 14 （3）：167，1995；Liu，The Erysiphaceae of Inner Mongolia ：41，2010；Braun & Cook，Taxonomic Manual of the Erysiphales （powdery mildews）：383，2012.

Erysiphe amphicarpaeae R. Y. Zheng & G. Q. Chen，Sydowia 34：283，1982.

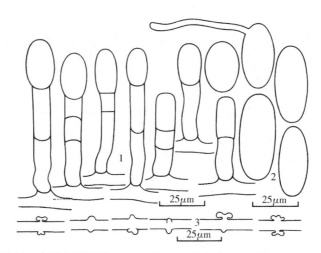

图 92　大豆白粉菌 *Erysiphe glycines* F. L. Tai（HMAS 350875）
1. 分生孢子梗和分生孢子　2. 分生孢子　3. 附着胞

菌丝体生于叶两面、叶柄、茎、卷须、荚果等各部位，初为白色圆形斑点，渐扩展连片并布满全叶，展生、存留或消失；菌丝无色，光滑，粗 4～8μm，附着胞裂瓣形，对生；分生孢子梗脚胞柱形，无色，光滑，直或略弯曲，上下近等粗，（12.5～25.0）μm×（8.5～10.0）μm，上接 1～2 个细胞；分生孢子单生，柱状椭圆形、椭圆形、卵形，无色，[25.0～38.5（～46.5）] μm×[15.0～21.0] μm，长/宽为 1.4～3.3，平均 1.9；子囊果散生至近聚生，暗褐色，扁球形或近球形，直径 87～152μm，壁细胞多角形，直径 7.5～25.0μm；附属丝 9～35 根，生于子囊果底部，菌丝状，多数不分枝，个别作枯枝状分枝或简单分枝，直或弯曲、膝曲、折曲等，长度为子囊果直径的 0.5～4.5 倍，长 45～450μm，全长近等粗或向上稍变细，有时局部粗细不均，宽 2.5～6.5μm，全长无色，少数淡褐色，壁薄，平滑，有时稍粗糙，0～3 个隔膜；子囊 4～11 个，半圆状椭圆形、长椭圆形、长卵形、卵形等，有短柄，（50～80）μm×（25～40）μm，淡黄色；子囊孢子 5～7 个，卵形、椭圆形，（15～25）μm×（10～15）μm，淡黄色。

寄生在豆科 Fabaceae（Leguminosae）植物上。

两型豆 *Amphicarpaea edgeworthii* Benth.：连云港市海州区花果山风景区玉女峰 HMAS 249822、HMAS 351380。

山蚂蝗 *Desmodium racemosum*（Thunb.）DC.：连云港市海州区花果山风景区七十二洞 HMAS 62150。

大豆 *Glycine max*（Linn.）Merr.：连云港市连云区朝阳街道 HMAS 350373、张庄村 HMAS350875（无性阶段）；徐州生物工程学校 HMAS 351310（周保亚）；苏州市常熟市董浜镇 HMAS 351441。

野大豆 *Glycine soja* Sieb. & Zucc.：苏州市虎丘区大阳山国家森林公园 HMAS 351475、镇湖 HMAS 350840、连云港市海州区郁洲公园 HMAS 350975。

国内分布：全国各地均有分布。

世界分布：亚洲（中国、日本以及俄罗斯远东地区），北美洲（加拿大、美国）。

独活白粉菌 图 93

Erysiphe heraclei DC.，Fl. franç. 6：107，1815；Zheng & Yu（eds.），Flora Fungorum
　　Sinicorum 1：97，1987；Braun，Beih. Nova Hedwigia 89：192，1987；Yu & Tian，
　　Acta Mycol. Sin. 14（3）：167，1995；Liu，The Erysiphaceae of Inner Mongolia：43，
　　2010；Braun & Cook，Taxonomic Manual of the Erysiphales（powdery mildews）：
　　384，2012.

　　菌丝体叶两面生，形成薄而淡的白色圆形或无定形斑片，渐扩展连片布满全叶，后期
也可布满植株体各部位，展生，存留或近存留；菌丝光滑、无色，粗 4～9μm，附着胞裂
瓣形或近乳头形，常对生。分生孢子梗长 30～100μm，脚胞柱形，无色，光滑，直或略
弯曲，上下近等粗，（15～62）μm×（6～10）μm，上接 1～2 个细胞；分生孢子单生，
柱形、柱状长椭圆形，无色，（31.0～52.5）μm×（12.5～18.0）μm，长/宽为 2.1～
3.5，平均 2.8；子囊果散生至近聚生，暗褐色，扁球形或球形，直径 87～138μm，壁细
胞不规则多角形，直径 7～25μm；附属丝 7～26 根，菌丝状，多数呈树枝状不规则分枝，
直、弯曲或屈曲等，长度为子囊果直径的 0.2～1.5 倍，长 20～150μm，全长近等粗，宽
4～9μm，壁薄，平滑或有时稍粗糙，中下部淡褐色，有时全长无色或淡褐色，多数无隔
膜，少数有 1～3 个隔膜；子囊 2～9 个，椭圆形、卵形、梨形等，有短柄，少数近无柄，
（50～70）μm×（30～43）μm；子囊孢子 3～5，椭圆形、卵形，（20.0～37.0）μm×
（12.5～22.5）μm。

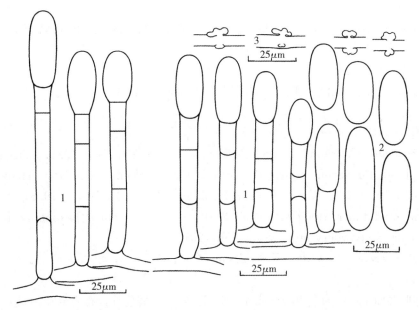

图 93　独活白粉菌 *Erysiphe heraclei* DC.（HMAS 351768）
1. 分生孢子梗和分生孢子　2. 分生孢子　3. 附着胞

　　寄生在伞形科 Apiaceae 植物上。

　　拐芹 *Angelica polymorpha* Maxim.：连云港市连云区高公岛街道黄窝景区
HMAS 249830。

蛇床 *Cnidium monnieri*（Linn.）Cuss.：连云港市海州区花果山街道小村 HMAS66399；连云港市赣榆区城头镇大河洼村 HMAS 351352；苏州市虎丘区科技城潇湘路 HMAS 351712、苏州植物园 HMAS 351719。

野胡萝卜 *Daucus carota* Linn.：连云港市连云区朝阳街道 HMAS 351349；徐州市泉山区韩山 HMAS 351320；淮安市盱眙县铁山寺国家森林公园 HMAS 351108；南通市海安市安平路 HMAS 350816；苏州市虎丘区科技城大阳山 HMAS 351468、HMAS 350838。

胡萝卜 *Daucus carota* Linn. var. *sativa* Hoffm.：连云港市连云区朝阳街道 HMAS 351335；连云港市海州区花果山风景区 HMAS 351745；宿迁市泗洪县体育南路 HMAS 351126；南通市海安市七星湖生态园 HMAS 350810；苏州市虎丘区科技城 HMAS 351852。

茴香 *Foeniculum vulgare* Mill.：连云港市连云区宿城街道高庄村 HMAS 351788（无性阶段）。

短毛独活 *Heracleum moellendorffii* Hance：连云港市海州区花果山风景区玉女峰 HMAS 249829（有性阶段）。

滨海前胡 *Peucedanum japonicum* Thunb.：连云港市连云区朝阳街道 HMAS 351768（无性阶段）；连云港市海州区花果山风景区玉女峰 HMAS 351780。

变豆菜 *Sanicula chinensis* Bunge：淮安市盱眙县铁山寺国家森林公园 HMAS 351101。

窃衣 *Torilis scabra*（Thunb.）DC.：苏州市虎丘区科技城大阳山 HMAS 351716；无锡市滨湖区惠山国家森林公园 HMAS 351037。

国内分布：全国各地。

世界分布：亚洲、欧洲、美洲、非洲以及澳大利亚和新西兰。

本间白粉菌 图 94

Erysiphe hommae U. Braun, Feddes Repert. 92（7～8）：50，1981；Zheng & Yu（eds.），Flora Fungorum Sinicorum 1：99，1987；Braun, Beih. Nova Hedwigia 89：202，1987；Yu & Tian, Acta Mycol. Sin. 14（3）：167，1995；Liu, The Erysiphaceae of Inner Mongolia：45，2010；Braun & Cook, Taxonomic Manual of the Erysiphales（powdery mildews）：386，2012.

Erysiphe elsholtziae（Sawada）R. Y. Zheng & G. Q. Chen, Sydowia 34：273，1981，nom. inval.

菌丝体叶两面生，初为白色圆形或无定形斑点，后扩展连片，布满全叶，展生，存留或消失；菌丝无色，光滑，粗 4～10μm，附着胞裂瓣形，对生；分生孢子梗脚胞柱形，直或有时基部弯曲，光滑，上下近等粗，（17.5～45.0）μm×（7.5～10.0）μm，上接 1～2 个细胞；分生孢子单生，长椭圆形、椭圆形、短椭圆形，无色，（27.5～46.5）μm×（15.0～22.5）μm，长/宽为 1.3～3.1，平均 2.0；子囊果近聚生于叶两面，暗褐色，球形，直径 65～150μm，壁细胞不规则多角形，直径 10～30μm；附属丝 8～22 根，不分枝，一般较

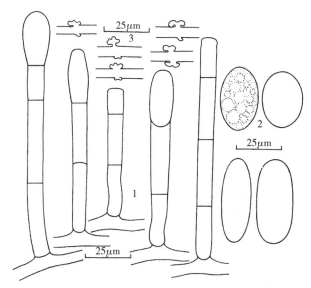

图 94   本间白粉菌 *Erysiphe hommae* U. Braun（HMAS 351803）
1. 分生孢子梗和分生孢子   2. 分生孢子   3. 附着胞

直挺、弯曲或屈曲，有时有结节，少数顶端膨大呈棒槌状，全长略有粗细变化，基部常较粗，向上渐变细，粗 5.0～11.5μm，全长褐色或向上色变淡，壁薄，平滑或略粗糙，长度为子囊果直径的（0.7～）1～3 倍，长 50～487μm，1～6 个隔膜；子囊 6～14 个，椭圆形、卵形，有短柄，（50.0～67.5）μm×（31.5～50.0）μm；子囊孢子（2～）3～4（～5）个，椭圆形、长卵形、卵形，淡黄色，（19.0～31.0）μm×（12.5～17.5）μm。

寄生在唇形科 Lamiaceae（Labiatae）植物上。

海州香薷 *Elsholtzia splendens* Nakai：连云港市连云区猴嘴公园（东山头）HMAS62151，连云港市海州区南城街道西山 HMAS 351803。

国内分布：东北，华北，西北，西南（四川、云南），华东（江苏、浙江、福建）。

世界分布：中国、印度、日本、韩国、加拿大以及俄罗斯远东地区。

月见草白粉菌   图 95

Erysiphe howeana U. Braun, Mycotaxon 14（1）：373，1982；Braun, Beih. Nova
　　Hedwigia 89：202，1987；Braun & Cook, Taxonomic Manual of the Erysiphales
　　（powdery mildews）：387，2012；Studies on Taxonomy, Phylogeny and Flora
　　Powdery Mildews（Erysiphales）in the Qinling MTS 30.
Erysiphe communis f. *oenotherae* Jacz.（Jaczewski 1927：250）.

　　菌丝体叶两面生，亦生于叶柄、茎、花萼等部位，初为圆形或无定形白色斑点，后逐渐扩展，布满全叶，形成薄而淡的粉层，展生，存留或消失；菌丝无色，粗 4.0～6.5μm，附着胞裂瓣形，对生；分生孢子梗脚胞柱形，无色，光滑，上下近等粗，直，（19～38）μm×（8～10）μm，上接 1～4 个细胞；分生孢子单生，柱形、长椭圆形、椭圆形，无色，（30～46）μm×（12～21）μm，长/宽为 1.6～3.7，平均 2.1；未见有性阶段。

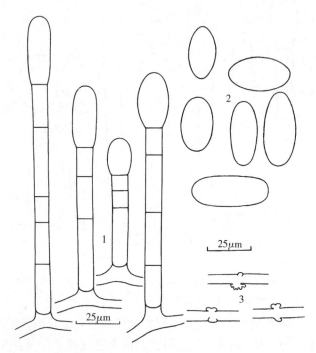

图 95　月见草白粉菌 *Erysiphe howeana* U. Braun（HMAS 351730）
1. 分生孢子梗和分生孢子　2. 分生孢子　3. 附着胞

寄生在柳叶菜科 Onagraceae 植物上。

美丽月光草 *Oenothera speciosa* Linn.：连云港市海州区郁洲公园 HMAS 351694；徐州市云龙区狮子山景区 HMAS 351369；南京市玄武区中山植物园 HMAS 248386；淮安市清江浦区钵池山公园 HMAS 351092；苏州市虎丘区科技城 HMAS 351225、HMAS 351730。

国内分布：江苏、陕西。

世界分布：南非、欧洲以及中国、加拿大、美国、阿根廷。

讨论：U. Braun 报道该菌脚胞上接 1～2 细胞，笔者采集鉴定的菌脚胞上接 1～4 个细胞。

胡枝子白粉菌　　　　　　　　　　　　　　　　　　　　　　　　图 96

Erysiphe lespedezae R. Y. Zheng & U. Braun, Mycotaxon 18（1）：142，1983；Liu,
　　The Erysiphaceae of Inner Mongolia：47，2010；Braun & Cook, Taxonomic Manual
　　of the Erysiphales（powdery mildews）：390，2012.

Erysiphe glycines var. *lespedezae*（R. Y. Zheng & U. Braun）U. Braun & R. Y. Zheng,
　　Mycotaxon 22（1）：88，1985；Zheng & Yu（eds.）, Flora Fungorum Sinicorum 1：
　　93，1987；Braun, Beih. Nova Hedwigia 89：193，1987；Yu & Tian, Acta
　　Mycol. Sin. 14（3）：167，1995.

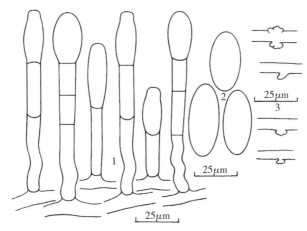

图 96　胡枝子白粉菌 *Erysiphe lespedezae* R. Y. Zheng & U. Braun（HMAS 351375）
1. 分生孢子梗和分生孢子　2. 分生孢子　3. 附着胞

菌丝体叶两面生，初为白色斑点，后扩展布满全叶，展生，存留或消失；菌丝无色，光滑，粗 6～8μm，附着胞简单裂瓣状或近乳头形，常对生；分生孢子梗脚胞柱形，基部常弯曲，无色，光滑或略粗糙，上下近等粗或向下略变细，（12.5～40.0）μm×（5.0～7.5）μm，上接 1～2 个细胞；分生孢子单生，椭圆形、长椭圆形，无色，（25.0～42.5）μm×（13.5～18.5）μm，长/宽为 1.4～2.7，平均 2.0；子囊果聚生至近聚生，暗褐色，球形，直径75～140μm，壁细胞不规则多角形，直径 5～20μm；附属丝菌丝状，10～65 根，长度为子囊果直径的 0.5～4.0 倍，长 30～450μm，不分枝或有简单分枝，近直、弯曲、膝曲、扭曲、屈曲等，有时有结节，少数较短呈指状或拳状，全长近等粗或略有粗细变化，粗3～7.5（～10）μm，全长无色，少数基部淡褐色，壁薄，全长粗糙，少数平滑，无隔膜或有 1～3 个隔膜；子囊 5～11 个，卵形、宽卵形、椭圆形、梨形等，有短柄，（42.5～62.5）μm×（30.0～42.5）μm，淡黄色；子囊孢子 5～7 个，椭圆形、卵形、卵圆形，（14～28）μm×（9～15）μm。

寄生在豆科 Fabaceae（Leguminosae）植物上。

截叶铁扫帚 *Lespedeza cuneata* G. Don：连云港市连云区猴嘴街道 HMAS 351375、HMAS 351250。

短梗胡枝子 *Lespedeza cyrtobotrya* Miq.：无锡市宜兴市龙背山森林公园 HMAS 350959。

多花胡枝子 *Lespedeza floribunda* Bunge：连云港市海州区石棚山景区 HMAS 351771。

胡枝子属 *Lespedeza* sp.：南京市玄武区中山植物园 HMAS 350989。

国内分布：东北，华北（河北、内蒙古），华中（湖北），华东（江苏、浙江），西北（甘肃）及台湾省。

世界分布：中国、日本、韩国以及俄罗斯远东地区。

讨论：本地区该种还寄生胡枝子 *Lespedeza bicolor* Turcz.、绿叶胡枝子 *Lespedeza buergeri* Miq.、中华胡枝子 *Lespedeza chinensis* G. Don、兴安胡枝子 *Lespedeza daurica*

（Laxm.）Schindl.、美丽胡枝子 *Lespedeza formosa* （Vog.）Koehne、阴山胡枝子 *Lespedeza inschanica*（Maxim.）Schindl.、铁马鞭 *Lespedeza pilosa*（Thunb.）Sieb. et Zucc.、绒毛胡枝子 *Lespedeza tomentosa*（Thunb.）Sieb. ex Maxim.、细梗胡枝子 *Lespedeza virgata*（Thunb.）DC. 等多种植物。

补血草白粉菌

Erysiphe limonii L. Junell，Sv. Bot. Tidskr. 61（1）：225，1967；Zheng & Yu（eds.），Flora Fungorum Sinicorum 1：10，1987；Braun，Beih. Nova Hedwigia 89：219，1987；Yu & Tian，Acta Mycol. Sin. 14（3）：167，1995；Braun & Cook，Taxonomic Manual of the Erysiphales（powdery mildews）：391，2012；Liu，Journal of Fungal Research 20（1）：13，2022.

Erysiphe communis f. *statices* Poteb.，Gribnye parasity vysshikh rasteny Kharkovskoy i smezhnykh guberny：230，1916.

菌丝体叶两面生，形成扩展全叶的厚斑片，存留；分生孢子单生，无色，柱形，（25.0～37.5）μm×（12.5～18.5）μm；子囊果聚生，暗褐色，扁球形、球形，直径 92～125μm，壁细胞多角形至近方形，直径 7.5～18.5μm；附属丝 7～15（～22）根，菌丝状，长度为子囊果直径的 0.5～1.0 倍，长 44～135μm，一般不分枝，稍弯曲，曲折状至曲膝状等，粗细不均，宽 3.5～7.5μm，顶端往往钝尖，壁薄，光滑，少数稍粗糙，有 0～7 个隔膜，近基部褐色，向上色渐变淡，顶部无色或全长无色；子囊 4～8 个，卵形、近卵形或不规则形，有短柄或无柄，（43.5～65.0）μm×（35.0～48.5）μm；子囊孢子（3～）4～5 个，卵形、广卵形、近球形，（17.5～22.5）μm×（12.5～17.5）μm，淡黄色。

寄生在白花丹科 Plumbaginaceae 植物上。

补血菜 *Limonium sinense*（Girard）Kuntze：连云港市海州区花果山街道新滩村 Y89021、Y89200。

国内分布：江苏、河北、内蒙古。

世界分布：亚洲、欧洲，高加索地区及加纳利群岛。

讨论：1989 年因标本保存不善，标本和观测资料损毁和遗失。

千屈菜白粉菌   图 97

Erysiphe lythri L. Junell，Svensk Bot. Tidskr. 61（1）：223，1967；Braun & Cook，Taxonomic Manual of the Erysiphales（powdery mildews）：393，2012；Lu et al. Journal of Inner Mongolia University（Natural Science Edition）44（1）：50，2013.

Eeysiphe communis f. *cupheae* Jacz.（Jaczewski 1927：249），f. lythri Jacz.（l. c.）

菌丝体叶两面生，亦生于茎、花序等部位，初为白色圆形斑点，后逐渐扩展连片，布满全叶，展生，存留或消失；菌丝无色，光滑，粗 3～7μm，附着胞裂瓣形，常单生；分生孢子梗脚胞柱形，无色，光滑，直或略弯曲，上下近等粗，（17.5～50.0）μm×（6.0～10.0）μm，上接（0～）1（～2）个细胞；分生孢子单生，无色，长椭圆形、椭圆

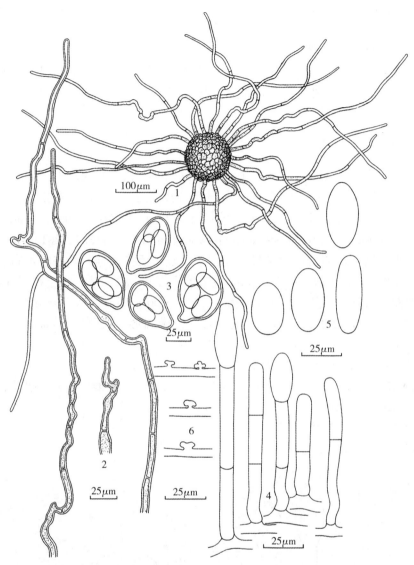

图 97　千屈菜白粉菌 *Erysiphe lythri* L. Junell（HMAS 248402）

1. 子囊果　2. 附属丝　3. 子囊　4. 分生孢子梗和分生孢子　5. 分生孢子　6. 附着胞

形、卵形，（30.0～45.0）μm×（15.0～21.5）μm；子囊果散生，暗褐色，扁球形、球形，直经 75～125μm，壁细胞多角形至近方形，直径 5.0～33.5μm；附属丝 11～28（～45）根，菌丝状，长度为子囊果直径的 1～10 倍，长 75～985μm，直或弯曲，有时局部出现折曲、扭曲、膝曲等，全长近等粗或向上略细，个别顶部稍粗，宽 4～10μm，不分枝，个别有简单短指状分枝，基部褐色至淡褐色，中上部无色，壁薄，平滑，1～9 个隔膜；子囊 3～5 个，卵形、椭圆形、卵状椭圆形，有短柄或近无柄，（40.0～70.0）μm×（27.5～57.5）μm；子囊孢子 3～6 个，椭圆形、卵形，（17.5～30.0）μm×（10.0～17.5）μm，淡灰黄色。

寄生在千屈菜科 Lythraceae 植物上。

千屈菜 *Lythrum salicaria* Linn.：连云港市海州区郁洲公园 HMAS 248402、HMAS 350883。

国内分布：江苏、内蒙古。

世界分布：中国、日本、美国、丹麦、芬兰、法国、德国、匈牙利、意大利、立陶宛、挪威、波兰、罗马尼亚、斯洛伐克、瑞士、英国、乌克兰以及俄罗斯西伯利亚及远东地区。

野桐白粉菌　　　　　　　　　　　　　　　　　　　　　　　　　　　　　图 98

Erysiphe malloti Zhi X. Chen & R. X. Gao，Acta Mycol. Sin. 3（2）：75，1984；Zheng & Yu（eds.），Flora Fungorum Sinicorum 1：112，1987；Braun，Beih. Nova Hedwigia 89：191，1987；Yu & Tian，Acta Mycol. Sin. 14（3）：167，1995；Braun & Cook，Taxonomic Manual of the Erysiphales（powdery mildews）：394，2012.

菌丝体叶两面生，初为白色圆形或无定形斑点，后扩展连片，有时可布满全叶，展生，存留；菌丝无色，光滑，粗 4～6μm，附着胞裂瓣形，常对生；分生孢子梗脚胞柱形，直或基部弯曲，无色，光滑，上下近等粗，（23.0～50.0）μm×（7.0～10.0）μm，上接（0～）1～2 个细胞；分生孢子单生，椭圆形、短椭圆形，无色，（26.0～44.0）μm×（15.0～21.5）μm，长/宽为 1.3～2.5，平均 1.8。

寄生在大戟科 Euphorbiaceae 植物上。

野梧桐 *Mallotus japonicus*（Thunb.）Muell. Arg.：连云港市连云区宿城街道船山飞瀑景区 HMAS 62511。

国内分布：江苏、福建。

世界分布：中国、日本。

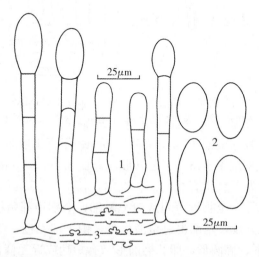

图 98　野桐白粉菌 *Erysiphe malloti* Zhi X. Chen & R. X. Gao（HMAS 62511）
1. 分生孢子梗和分生孢子　2. 分生孢子　3. 附着胞

芍药白粉菌 图 99

Erysiphe paeoniae R. Y. Zheng & G. Q. Chen，Sydowia 34：300，1981；Zheng & Yu (eds.)，Flora Fungorum Sinicorum 1：114，1987；Braun，Beih. Nova Hedwigia 89：225，1987；Liu，The Erysiphaceae of Inner Mongolia：54，2010；Braun & Cook，Taxonomic Manual of the Erysiphales（powdery mildews）：397，2012.

菌丝体叶两面生，亦生于茎、花和果实等各部位；初为白色圆形斑点，后逐渐扩展布满全叶，展生，常形成致密的白色菌丝层覆盖全叶或整个植株体，存留或消失；菌丝无色，光滑，粗 3～7μm，附着胞裂瓣形，常对生；分生孢子梗脚胞柱形，无色，光滑，直或基部略弯曲，上下近等粗，（15.0～30.0）μm×（7.5～10.0）μm，上接 1～2 个细胞；分生孢子单生，无色，长椭圆形、椭圆形，（27.5～45.0）μm×（13.5～17.5）μm，长/宽为 1.6～28，平均 2.1；子囊果聚生至散生，暗褐色，扁球形、球形，直径 85～137μm，壁细胞多角形或近方形，直径 5～30μm；附属丝 8～33 根，多呈枯枝状分枝，形状极不规则，反复扭曲或屈曲，上部或顶端常略变粗呈姜块状，长度为子囊果直径的 0.5～1.8 倍，长 50～195（～225）μm，全长淡褐色或无色，有时中下部淡褐色，上部无色，壁薄，光滑或粗糙，粗细不均，宽 4.0～7.5μm，多数无隔膜，少数有 1（～2）个隔膜；子囊 3～8 个，卵形、椭圆形、广卵形、近球形，有短柄或近无柄，（52.5～80.0）μm×（35.0～54.0）μm；子囊孢子 4～7 个，椭圆形、卵形，（15～30）μm×（10～17）μm，淡灰色。

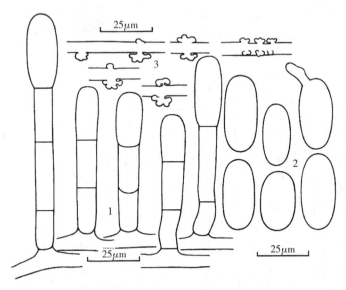

图 99　芍药白粉菌 *Erysiphe paeoniae* R. Y. Zheng & G. Q. Chen（HMAS 351758）
1. 分生孢子梗和分生孢子　2. 分生孢子　3. 附着胞

寄生在芍药科 Paeoniaceae 植物上。

芍药 *Paeonia lactiflora* Pall.：连云港市海州区板浦镇李汝珍纪念馆 HMAS 351637；连云港市连云区中云街道云龙涧风景区 HMAS 249780、朝阳街道 HMAS 249819、HMAS 249820、HMAS 351758；连云港市灌云县李集镇小垛 HMAS 351149；徐州市新沂市窑湾镇 HMAS 351170；南通市崇川区狼山风景区 HMAS 350821。

　　牡丹 *Paeonia suffruticosa* Andrews：连云港市连云区朝阳街道张庄村 HMAS 350759。

　　国内分布：东北，华北（内蒙古、山西），华东（江苏、山东），西北（甘肃）。

　　世界分布：亚洲，欧洲，北美洲以及澳大利亚。

　　讨论：牡丹 *Paeonia suffruticosa* Andrews 是该菌世界新记录寄主。

冷水花白粉菌　　　　　　　　　　　　　　　　　　　　　　　　　　图 100

Erysiphe pileae (Jacz.) Bunkina, Komarovskie Chteniya (Vladivostok) 21：72，1974；
　　Zheng & Yu (eds.), Flora Fungorum Sinicorum 1：115，1987；Braun, Beih. Nova
　　Hedwigia 89：194，1987；Lu et al. Journal of Chifeng University (Natural Science
　　Edition) 30 (7)：9，2014；Braun & Cook, Taxonomic Manual of the Erysiphales
　　(powdery mildews)：399，2012.

Erysiphe pileae R. Y. Zheng & G. Q. Chen, Sydowia 34：319，1981.

Gen Bank No：MN640607

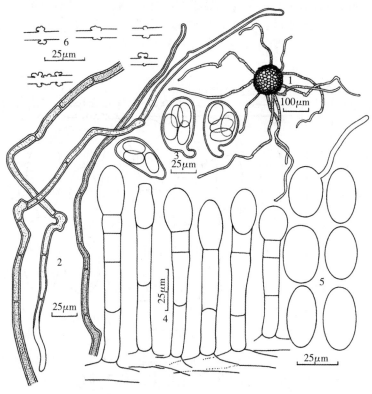

图 100　冷水花白粉菌 *Erysiphe pileae* (Jacz.) Bunkina (HMAS 248267)
1. 子囊果　2. 附属丝　3. 子囊　4. 分生孢子梗和分生孢子　5. 分生孢子　6. 附着胞

　　菌丝体叶两面生，亦生于茎、花等各部位。初为白色圆形或无定形斑点，后逐渐扩展连片，展生，存留，后期布满全叶并覆盖整个植物体，浓密；菌丝无色，光滑，粗 3.5～

9.5μm；附着胞简单裂瓣形，常对生；分生孢子梗脚胞柱形，无色，光滑，直，上下近等粗或基部略增粗，（12.5～45.0）μm×（7.5～10.0）μm，上接1～3个细胞；分生孢子单生，无色，椭圆形，［24.0～37.5（～43.5）］μm×［（15.0～）17.5～22.5（～25）］μm，长/宽为1.2～2.5，平均1.6；子囊果散生至近聚生，暗褐色，扁球形至近球形，直径70～110μm，壁细胞不规则多角形，直径5～32μm；附属丝6～27根，不分枝，常较直挺或略弯曲，有时曲折、扭曲等，中下部褐色至淡褐色，上部无色，有时全长褐色，壁薄，光滑或略粗糙，宽4～10μm，具1～13个隔膜，长度为子囊果直径的2～7倍，长（87～）210～650μm；子囊3～5个，卵形、卵状椭圆形，有短柄，少数近无柄，（40～70）μm×（31～51）μm；子囊孢子（2～）3～5（～8）个，椭圆形，（17.5～26.5）μm×（12.0～15.0）μm。

寄生在荨麻科 Urticaceae 植物上。

透茎冷水花 *Pilea pumila*（Linn.）A. Gray：连云港市海州区花果山风景区玉女峰 HMAS 249821、玉皇阁 HMAS 351481；连云港市连云区海上云台山风景区 HMAS 248267；镇江市句容市宝华山 HMAS 350936；南京市玄武区中山植物园 HMAS 350903。

国内分布：江苏、内蒙古。

世界分布：中国、日本、韩国以及俄罗斯远东地区。

讨论：Braun 和 Cook（2012）报道该菌分生孢子［25～50（～55）］μm×（12～28）μm，长/宽为1.5～3.1；附属丝长（5～）50～210（～400）μm，长度为子囊果直径的0.5～2（～4）倍，有0～4个隔膜；子囊（3～）4～6个，（50～66）μm×（31～41）μm；子囊孢子2～4个，［17.5～22.9（～25.4）］μm×（11.0～14.0）μm。笔者采集鉴定的菌的分生孢子［24.0～37.5（～43.5）］μm×［15.0～22.5（～25）］μm，长/宽为1.2～2.5，平均1.6；附属丝长210～650μm，长度为子囊果直径的2～7倍，有1～13个隔膜；子囊3～5个，（40～70）μm×（31～51）μm；子囊孢子（2～）3～5（～8）个，（17.5～26.5）μm×（12.0～15.0）μm。两者在附属丝长度、隔膜数有显著差别，子囊孢子数量等方面也有一定区别，笔者认为应该视为其新变种。刘铁志等（2014）报道内蒙古的冷水花白粉菌 *Erysiphe pileae* 附属丝长度为子囊果直径的（0.5～）1～4倍，长（50～）100～400（～500）μm，隔膜可达12个，他认为（个人通讯联系）仅凭附属丝稍长就建立新变种依据不够充分，因为在 *Erysiphe* sect. *Erysiphe* 里，同一个种的附属丝长短往往与菌的成熟度、寄主种类和环境条件有关，有的种即使在同一株寄主植物的不同部位，附属丝的长短也有区别，且这种变化是很常见的。因此，笔者仍将其鉴定为本种。

在本地区寄主透茎冷水花 *Pilea pumila*（Linn.）A. Gray 上通常有两种形态不同的白粉菌：冷水花白粉菌 *Erysiphe pileae* 和冷水花长梗假粉孢 *Pseudoidium* sp.，后者无性阶段最显著的特征是分生孢子梗较长70～188μm，脚胞（20.0～37.5）μm×（7.5～9.5）μm，上接细胞数量多2～5个；分生孢子单生，柱形、柱状长椭圆形，（31.0～57.5）μm×（15.0～22.5）μm，长/宽为1.6～3.8，平均2.5。两者差异显著，应该是两个不同的种，但由于没有采集到有性阶段，无法确其种类。

豌豆白粉菌原变种 图 101

Erysiphe pisi DC.，Fl. franç. 2：274，1805；Braun，Beih. Nova Hedwigia 89：195，1987；Zheng & Yu（eds.），Flora Fungorum Sinicorum 1：115，1987；Yu & Tian，Acta Mycol. Sin. 14（3）：167，1995；Liu，The Erysiphaceae of Inner Mongolia：56，2010；Braun & Cook，Taxonomic Manual of the Erysiphales（powdery mildews）：400，2012. var. ***pisi***

菌丝体叶两面生，亦生于茎、花、果等部位，初为白色圆形或无定形斑点，后扩展连片布满全叶，展生，存留或消失；菌丝无色，光滑或略粗糙，粗 5.0~9.5μm，附着胞裂瓣形，对生或单生；分生孢子梗脚胞柱形，弯曲，少数直，无色，光滑，上下近等粗，（25~40）μm×（6~9）μm，上接 1~2 个细胞；分生孢子单生，柱形、长椭圆形、椭圆形，无色，[27.5~47.5（~55.0）] μm×（15.0~21.5）μm，长/宽为 1.3~2.8（~3.7），平均 2.0；子囊果聚生至近聚生，暗褐色，扁球形或近球形，直经 82~138μm，壁细胞不规则多角形，直径 5~25μm；附属丝 7~30 根，多数不分枝，个别简单分枝 1（~2）次，中间常有结节，曲折状、膝状弯曲或扭曲，长度为子囊果直径的（0.5~）1~4（~6）倍，长 90~588（~750）μm，基部褐色至淡褐色，向上色渐变淡，中上部无色，少数全长无色，壁薄，光滑或略有粗糙，全长近等粗或向上稍变细，局部有粗细变化，宽 4.0~11.5μm，无隔膜或基部有 1~3 个隔膜；子囊 3~9 个，卵形、椭圆形，有短柄，（47.5~75.0）μm×（30.0~50.0）μm；子囊孢子 3~5 个，长椭圆形、椭圆形、卵形，（18.5~34.0）μm×（10.5~15.5）μm，淡灰色。

寄生在豆科 Fabaceae（Leguminosae）植物上。

合萌 *Aeschynomene indica* Linn.：连云港市连云区朝阳街道 HMAS 350371；苏州市虎丘区科技城 HMAS 351459。

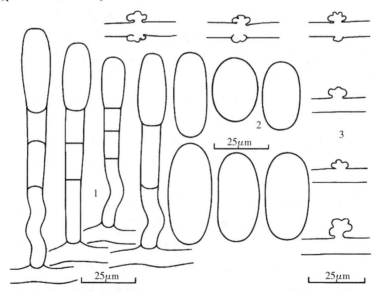

图 101A　豌豆白粉菌原变种 *Erysiphe pisi* DC. var. *pisi*（HMAS 351129）
1. 分生孢子梗和分生孢子　2. 分生孢子　3. 附着胞

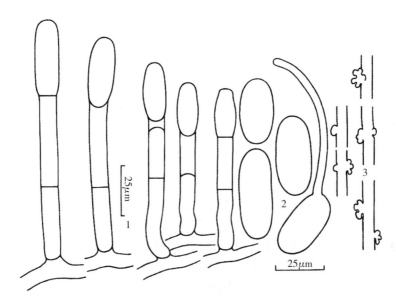

图 101B　豌豆白粉菌原变种 *Erysiphe pisi* DC. var. *pisi*（HMAS 351689）
1. 分生孢子梗和分生孢子　2. 分生孢子　3. 附着胞

华黄耆 *Astragalus chinensis* Linn. f.：扬州市邗江区大明寺 HMAS 350738。

蓝花赝靛 *Baptisia australis*（Linn.）R. Br.：南京市玄武区中山植物园 HMAS 350896。

南苜蓿 *Medicago polymorpha* Linn.：苏州市常熟市董浜镇 HMAS 351736；镇江市句容市宝华山 HMAS 350716；无锡市滨湖区惠山国家森林公园 HMAS 351041。

黄香草木樨 *Melilotus officinalis*（Linn.）Pall.：连云港市连云区猴嘴街道 HMAS 62152、HMAS 351409，朝阳街道 HMAS 350395；连云港市海州区月牙岛 HMAS 351429；徐州生物工程学校 HMAS 351855（周保亚）；徐州市新沂市窑湾镇 HMAS 351169；宿迁市泗洪县大楼街道体育南路 HMAS 351129。

豌豆 *Pisum sativum* Linn.：南京市玄武区中山植物园 HMAS 350692；苏州市虎丘区科技城 HMAS 351718。

苦参 *Sophora flavescens* Aiton：镇江市句容市宝华山 HMAS 350941；南京市玄武区中山植物园 HMAS 350904；苏州市虎丘区苏州植物园 HMAS 350970。

大花野豌豆 *Vicia bungei* Ohwi：连云港市海州区苍梧绿园 HMAS 352377。

广布野豌豆 *Vicia cracca* Linn.：苏州市虎丘区大阳山国家森林公园 HMAS 351721。

小巢菜 *Vicia hirsuta*（Linn.）S. F. Gray.：连云港市连云区朝阳街道 HMAS 350346；连云港市海州区海州公园 HMAS 351688；苏州市虎丘区科技城大阳山 HMAS 351689、山湖湾 HMAS 351010；苏州市吴中区穹窿山景区 HMAS 351017。

救荒野豌豆 *Vicia sativa* Linn.：连云港市海州区苍梧绿园 HMAS 351087。

四籽野豌豆 *Vicia tetrasperma*（Linn.）Schreber：苏州市虎丘区科技城大阳山 HMAS 351699、山湖湾 HMAS 351009。

长柔毛野豌豆 *Vicia villosa* Roth：连云港市连云区朝阳街道 HMAS 350345。

国内分布：全国各地。
世界分布：广泛分布于世界各地。

蓼白粉菌 图 102

Erysiphe polygoni DC.，Fl. franc. 2：273，1805；Tai，Sylloge Fungorum Sinicorum：137，1979；Zheng & Yu（eds.），Flora Fungorum Sinicorum 1：119，1987；Braun，Beih. Nova Hedwigia 89：200，1987；Yu & Tian，Acta Mycol. Sin. 14（3）：167，1995；Liu，The Erysiphaceae of Inner Mongolia：60，2010；Braun & Cook，Taxonomic Manual of the Erysiphales（powdery mildews）：403，2012.

菌丝体叶两面生，亦生于茎、花、果等各部位，初为白色圆斑片，后逐渐扩展连片布满全叶或整个植株体，粉层浓厚，展生，存留或消失；菌丝无色，光滑，菌丝粗 4～9μm，附着胞裂瓣形，单生或对生；分生孢子梗总长 67～134μm，脚胞柱形，无色，光滑，直或基部略弯曲，上下近等粗，（25～45）μm×（6～10）μm；分生孢子单生，无色，柱形、柱状椭圆形、长椭圆形、椭圆形，［28.5～65.0（～87.5）］μm×［13.5～25.0（～30.0）］μm，长/宽为 1.9～3.0，平均 2.4；子囊果密生近聚生，暗褐色，球形，直径 87～125μm，壁细胞不规则多角形，直径 10～30μm；附属丝 16～35 根，菌丝状，不分枝，少数树枝状连续分枝 1～2 次，有时呈结节状或局部膨大增粗，粗细变化明显，粗 3.5～9.0μm，短的附属丝全长褐色，长的中下部褐色，向上色渐变淡，顶部无色，壁薄，平滑或略粗糙，长度为子囊果直径的 1～4 倍，长 95～438μm，有 1～7 个隔膜；子囊

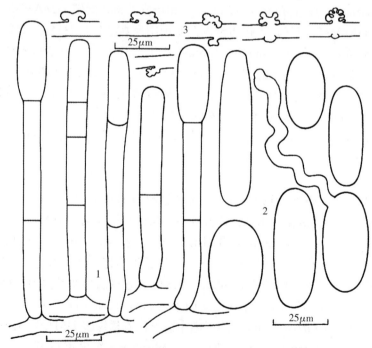

图 102A 蓼白粉菌 *Erysiphe polygoni* DC.（HMAS 351342）
1. 分生孢子梗和分生孢子 2. 分生孢子 3. 附着胞

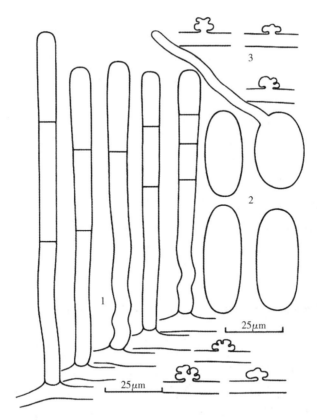

图 102B 蓼白粉菌 *Erysiphe polygoni* DC.（HMAS 248377）
1. 分生孢子梗和分生孢子 2. 分生孢子 3. 附着胞

3~5 个，卵形、卵圆形、椭圆形，有短柄，（57.5~77.5）μm×（37.5~52.5）μm；子囊孢子 2~5 个，椭圆形、卵形，淡黄色，（20~35）μm×（15~20）μm，淡灰色。

寄生在蓼科 Polygonaceae 植物上。

何首乌 *Fallopia multifora*（Thunb.）Haraldson：连云港市连云区朝阳街道尹宋村 HMAS 248377。

萹蓄 *Polygonum aviculare* Linn.：连云港市海州区郁洲路 HMAS 351633；连云港市连云区朝阳街道 HMAS 351785；连云港市赣榆区城头镇大河洼村 HMAS 351619；宿迁市泗洪县体育南路 HMAS 351125；淮安市盱眙县铁山寺国家森林公园 HMAS 351106；盐城市射阳县人民西路 HMAS 350784；南通市海安市七星湖生态园 HMAS 350803；扬州市广陵区四望亭路 HMAS 350744；南京市玄武区东苑路 HMAS 350667；苏州市虎丘区科技城镇湖 HMAS 351726；无锡市滨湖区梁溪路 HMAS 351050。

酸模叶蓼 *Polygonum lapathifolium* Linn.：连云港市连云区高公岛街道黄窝景区 HMAS62153。

绵毛酸模叶蓼 *Polygonum lapathifolium* Linn. *var. salicifolium* Sibth.：徐州市沛县杨屯镇 HMAS 351211；南通市崇川区滨江公园 HMAS 350825；苏州市姑苏区南门路 HMAS 351454；苏州市常熟市董浜镇 HMAS 351451、HMAS 350770。

皱叶酸模 *Rumex crispus* Linn.：连云港市连云区猴嘴街道 HMAS 350340、朝阳街道 HMAS 351342；连云港市海州区花果山风景区仙人桥 HMAS 350362；连云港市海州区通灌北路 HMAS 350848；淮安市盱眙县铁山寺国家森林公园 HMAS 351105；苏州市虎丘区科技城 HMAS 351470、大阳山国家森林公园 HMAS 350764；无锡市滨湖区惠山国家森林公园 HMAS 351030。

齿果酸模 *Rumex dentatus* Linn.：连云港市海州区通灌北路 HMAS 350846。

羊蹄 *Rumex japonicus* Houtt.：连云港市连云区连云街道 HMAS 249824；南通市海安市七星湖生态园 HMAS 350800。

国内分布：全国各地。

世界分布：亚洲、欧洲、美洲、非洲以及澳大利亚。

讨论：本地还寄生红蓼 *Polygonum orientale* Linn.、杠板归 *Polygonum perfoliatum* Linn. 等。

郑儒永白粉菌 图 103

Erysiphe ruyongzhengiana S. R. Yu & S. Y. Liu, Mycoscience 63：169，2022.

Gen Bank No：MB842390

菌丝体叶两面生，以叶面为主，初为白色圆形斑点，后逐渐扩展，布满全叶，展生，存留；菌丝光滑，无色，粗 3～7μm，附着胞裂瓣形，单生或对生；分生孢子梗脚胞柱形，无色，光滑，上下近等粗，直或略弯曲，（28.5～60.0）μm×（7.0～9.0）μm，上接 1～2 个细胞；分生孢子单生，柱形、长椭圆形、椭圆形、长卵形等，无色，[30～65（～70）]μm×（13～20）μm，长/宽为 1.7～4.5，平均 2.6；子囊果聚生至近聚生，褐色至暗褐色，扁球形至近球形，直径 60～125μm（平均 95μm），壁细胞多角形或近方形，直径 5～32μm；附属丝 10～55 根，菌丝状，不分枝，个别简单分枝，长为子囊果直径的（0.2～）1～7（～9）倍，长（22～）75～655μm，较硬挺，弯曲、扭曲、膝曲或屈曲，有时有结节，中下部淡褐色至褐色，向上色渐变淡，上部无色，有时全长褐色，壁薄或基部壁稍厚，平滑，全长近等粗或由下向上稍变细，局部有粗细变化，基部宽 4.0～8.5μm，上部宽 3～7μm，有 0～6 个隔膜，多数 2～4 个隔膜；子囊 3～8 个，宽卵形、卵形、卵圆形、椭圆形，有小柄，（45.0～67.5）μm×（29.0～61.5）μm；子囊孢子 3～6 个，多数 4 个左右，椭圆形、卵形、长卵形，（21.0～35.0）μm×（11.0～17.5）μm。

寄生在马兜铃科 Aristolochiaceae 植物上。

马兜铃 *Arstolochia debilis* Sieb. & Zucc.：连云港市海州区新浦街道 HMAS 249782、连云港市连云区朝阳街道朝东社区 HMAS 249832、HMAS 351247、HMJAU-PM 92032；徐州市泉山区云龙山景区 HMAS 351363；徐州市沛县汉城景区 HMAS 351194（Gen Bank No：MZ831517）。

国内分布：江苏、山东等。

世界分布：中国。

讨论：2022 年命名的新种，该菌附属丝较长，子囊孢子较大。

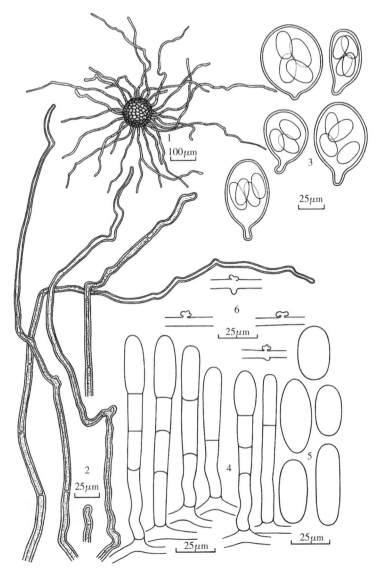

图 103　郑儒永白粉菌 *Erysiphe ruyongzhengiana* S. R. Yu & S. Y. Liu（HMAS 249832）
1. 子囊果　2. 附属丝　3. 子囊　4. 分生孢子梗和分生孢子　5. 分生孢子　6. 附着胞

接骨木白粉菌原变种　　　　　　　　　　　　　　　　　　　　　　　　图 104

Erysiphe sambuci Ahmad，Biologia（Lahore）6（2）：118，1960；Braun，Beih. Nova
　　Hedwigia 89：226，1987；Zheng & Yu（eds.），Flora Fungorum Sinicorum 1：128，
　　1987；Braun & Cook，Taxonomic Manual of the Erysiphales（powdery mildews）：
　　407，2012. var. ***sambuci***

Erysiphe polygoni sensu auct. Non DC.；Tai，Sylloge Fungorum Sinicorum：
　　137，1979.

　　菌丝体生于叶两面、茎、花、果穗等，初为白色圆形斑点，后渐扩展连片并布满全叶或植株体各部位，菌丝层蛛网状，展生，存留；菌丝无色，光滑，粗 3～7μm，附着胞裂瓣形，常对生，少数单生；分生孢子梗脚胞柱形，无色，光滑，直或少数弯曲，上下近等粗或向下稍粗，（15～50）μm×（6～10）μm，上接 1～2 个细胞；分生孢子单生，柱形、柱状长椭圆形、长椭圆形，无色，（28.5～57.5）μm×（15.0～20.5）μm，长/宽为 1.6～3.5，平均 2.4；仅见个别未成熟子囊果。

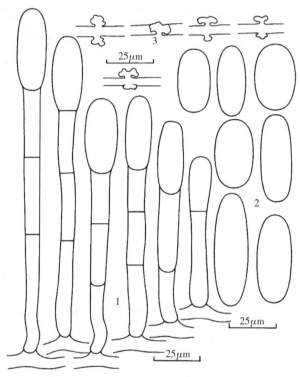

图 104　接骨木白粉菌原变种 *Erysiphe sambuci* Ahmad var. *sambuci*（HMAS 350877）
1. 分生孢子梗和分生孢子　2. 分生孢子　3. 附着胞

寄生在五福花科 Adoxaceae 植物上。

接骨草 *Sambucus chinensis* Lindl.：南京市玄武区美玲广场 HMAS 350877、博爱园 HMAS 351663；南京市栖霞区栖霞山 HMAS 350908。

国内分布：江苏、四川、云南。

世界分布：中国、巴基斯坦。

景天白粉菌　　　　　　　　　　　　　　　　　　　　　　　　　　　　　图 105

Erysiphe sedi U. Braun, Feddes Repert. 92（7～8）：502，1981；Zheng & Yu（eds.），Flora Fungorum Sinicorum 1：129，1987；Braun, Beih. Nova Hedwigia 89：200，1987；Liu, The Erysiphaceae of Inner Mongolia ：63，2010；Braun & Cook, Taxonomic Manual of the Erysiphales（powdery mildews）：408，2012.

Erysiphe sedi R. Y. Zheng & G. Q. Chen, Sydowia 34：253，1981，nom. illeg.，non E. sedi U. Braun；1981.

菌丝体叶两面生，亦生于叶背、茎等部位，初为白色圆形斑点，后逐渐扩展连片并布满全叶和茎等部位，展生，存留；菌丝无色，粗 5～7μm，附着胞裂瓣形，常对生；分生孢子梗脚胞柱形，无色，光滑，直，上下近等粗，（17～38）μm×（8～10）μm，上接（0～）1 个细胞。分生孢子单生，短椭圆形、椭圆形，无色，（25.0～41.5）μm×（17.5～22.5）μm，长/宽 1.2～2.5，平均 1.8；本地未见有性阶段。

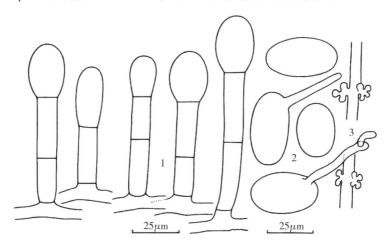

图 105　景天白粉菌 *Erysiphe sedi* U. Braun（HMAS 351399）
1. 分生孢子梗和分生孢子　2. 分生孢子　3. 附着胞

寄生在景天科 Crassulaceae 植物上。

长药八宝（八宝景天）*Hylotelephium spectabile*（Bor.）H. Ohba：连云港市连云区猴嘴街道昌圩湖 HMAS 350397；连云港市海州区月牙岛 HMAS 351399。

费菜 *Sedum aizoon* Linn.：连云港市海州区新浦街道 HMAS 249834。

垂盆草 *Sedum sarmentosum* Bunge：连云港市连云区朝阳街道 HMAS 351084。

国内分布：江苏、吉林、内蒙古、河北、台湾。

世界分布：欧洲，中国、日本以及俄罗斯远东地区。

锡金白粉菌

Erysiphe sikkimensis Chona, J. N. Kapoor & H. S. Gill, Indian Phytopathol. 13：72, 1960；Zheng & Yu（eds.）, Flora Fungorum Sinicorum 1：131, 1987；Braun, Beih. Nova Hedwigia 89：224, 1987；Braun & Cook, Taxonomic Manual of the Erysiphales（powdery mildews）：409, 2012.

Erysiphe fagacearum R. Y. Zheng & G. Q. Chen, Acta Microbiol. Sin. 21：27, 1981.

菌丝体叶两面生，形成白色薄的不定形斑点，逐渐连片，后期呈灰白色，展生，存留；子囊果聚生或近聚生，扁球形，暗褐色，70～102μm（平均 95μm）；附属丝 4～12根，菌丝状，不分枝至不规则分枝，长 10～60μm；子囊 4～7 个，近球形、广卵形，无柄或近无柄，（50.0～55.5）μm×（40.0～50.0）μm；子囊孢子 4～6 个，椭圆形，大小为（18～22）μm×（11～13）μm。

寄生在壳斗科 Fagaceae 植物上。

短柄泡栎 *Quercus serrata var. brevipetiolata*（A. DC.）Nakai：连云港市连云区宿城街道船山飞瀑景区 HMAS 249808。

国内分布：江苏、安徽、四川、云南、台湾。

世界分布：中国、印度、锡金。

讨论：馆藏老标本。笔者仅采集到数量不多的子囊果，未见到无性阶段，且与粉状白粉菌 *Erysiphe alphitoides*（Griff. & Maubl.）U. Braun & S. Takam. 混生在一起。

荨麻白粉菌 图 106

Erysiphe urticae （Wallr.）S. Blumer，Beitr. Krypt. -Fl. Schweiz 7（1）：224，1933；Zheng & Chen，Sydowia 34：318，1981；Zheng & Yu（eds.），Flora Fungorum Sinicorum 1：139，1987；Braun，Beih. Nova Hedwigia 89：214，1987；Liu，The Erysiphaceae of Inner Mongolia：69，2010；Braun & Cook，Taxonomic Manual of the Erysiphales（powdery mildews）：414，2012.

Alphitomorpha urticae Wallr.，Ann. Wetterauischen Ges. Gesammten Naturk.，N. F.，4：238，1819.

菌丝体叶面生，亦生于叶柄、茎、花等部位，初为白色圆形斑点，后逐渐扩展连片，布满全叶，展生，存留或消失；菌丝无色，光滑，粗 3.5～8.0μm，附着胞简单裂瓣形，较小，常对生；分生孢子梗脚胞柱形，无色，光滑，直，上下近等粗或向下略增粗，（22.0～50.0）μm×（7.5～11.0）μm，上接（0～）1（～2）个细胞；分生孢子单生，

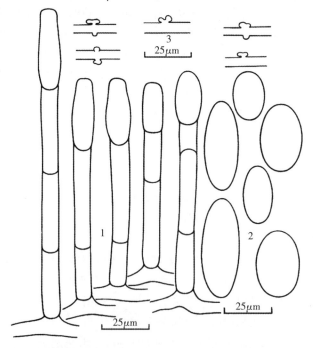

图 106　荨麻白粉菌 *Erysiphe urticae*（Wallr.）S. Blumer（HMAS 350687）

1. 分生孢子梗和分生孢子　2. 分生孢子　3. 附着胞

长椭圆形、椭圆形，无色，（25.0～50.0）μm×（15.0～22.5）μm，长/宽为 1.4～2.9，平均 2.0。未见有性阶段。

寄生在荨麻科 Urticaceae 植物上。

花点草 *Nanocnide japonica* Blume：南京市玄武区中山植物园 HMAS 350687。

国内分布：东北、华北、华东、西北、西南地区。

世界分布：亚洲（中国、印度、伊朗、以色列、朝鲜、黎巴嫩、沙特阿拉伯、斯里兰卡、土耳其以及小亚细亚地区、俄罗斯西伯利亚及远东地区和中亚地区），高加索地区（亚美尼亚、格鲁吉亚），欧洲。

叉丝壳组

Erysiphe sect. *Microsphaera*（Lév.）U. Braun & Shishkoff, in Braun & Takamatsu, Schlechtendalia 4：4, 2000；Liu, The Erysiphaceae of Inner Mongolia：63, 2010；Braun & Cook, Taxonomic Manual of the Erysiphales（powdery mildews）：419, 2012.

Microsphaera Lév., Ann. Sci. Nat., Bot, Sér. 3, 15：154 & 381, 1851；Zheng & Yu（eds.）, Flora Fungorum Sinicorum 1：165, 1987；Braun, Beih. Nova Hedwigia 89：274, 1987.

Erysiphe sect. *Calocladia* de Bary［as "（Lév.）de Bary"］, Abh. Senkenb. Naturf. Ges. 7：411, 1870.

Erysiphe sect. *Trichocladia* de Bary, Abh. Senkenb. Naturf. Ges. 7：411, 1870.

Trichocladia Neger, Flora 88：350, 1901；Zheng & Yu（eds.）, Flora Fungorum Sinicorum 1：340, 1987.

Medusosphaera Golovin & Gamalitsk., Bot. Mater. Otd. Sporov. Rast. Bot. Inst. Komarova Akad. Nauk S. S. S. R. 15：92, 1962；Zheng & Yu（eds.）, Flora Fungorum Sinicorum 1：165, 1987.

Bulbomicrosphaera A. Q. Wang, Acta Mycol. Sin. 6：74, 1987.

子囊果上的部分或全部附属丝顶部二叉状分枝，个别种类有第二型的短附属丝。

模式种：*Erysiphe divaricata*（Wallr.）U. Braun & S. Takam.

叉丝壳组 sect. *Microsphaera* 分种检索表

1. 仅见无性阶段 ……………………………………………………………………… 2
1. 无性阶段和有性阶段均有 ……………………………………………………… 7
2. 附着胞单生 ………………………………………………………………………… 3
2. 附着胞对生 ………………………………………………………………………… 5
3. 脚胞长（18.5～75.0）μm×（4.0～7.0）μm，分生孢子（25.0～42.5）μm×（13.5～19.0）μm，长/宽平均值 2.0，寄生在酢浆草科植物上 …………… 拉塞尔白粉菌 *Erysiphe russellii*
3. 脚胞短，寄生在其他科植物上 ………………………………………………… 4
4. 脚胞（20～55）μm×（6～9）μm，分生孢子（30～46）μm×（15～20）μm，长/宽平均值 2.1，寄生在豆科植物上 …………… 田菁白粉菌 *Erysiphe sesbaniae*

4. 脚胞 （30～45）μm×（7～9）μm，分生孢子（30～48）μm×（15～20）μm，长/宽平均值 2.3，寄生在豆科植物上 ·················· 车轴草白粉菌 *Erysiphe trifoliorum*

5. 分生孢子梗脚胞较短 （16.0～40.0）μm×（5.5～8.0）μm，上接 1～3 个细胞，寄生在苦木科植物上 ·················· 苦木白粉菌 *Erysiphe picrasmae*

5. 分生孢子梗脚胞较长，上接 1～2 个细胞，寄生在其他科植物上 ·················· 6

6. 分生孢子梗脚胞直，寄生在忍冬科植物上 ··················
·················· 忍冬白粉菌埃氏变种 *Erysiphe lonicerae* var. *ehrenbergii*

6. 分生孢子梗脚胞弯曲，寄生在鼠李科植物上 ·················· 鼠李生白粉菌 *Erysiphe rhamnicola*

7. 附属丝长，超过 350μm ·················· 8

7. 附属丝短，不超过 350μm ·················· 9

8. 附属丝 3～10 根，为子囊果直径的 5～11 倍，长 500～1300μm，基部粗糙，顶部二叉状分枝 5～7 次，寄生在豆科植物上 ·················· 长丝白粉菌 *Erysiphe longissima*

8. 附属丝 3～9 根，为子囊果直径的 3～25 倍，长 200～1000μm，全长平滑，顶部二叉状分枝 1～5 次，寄生在大戟科植物上 ·················· 叶底珠白粉菌 *Erysiphe securinegae*

9. 附属丝基部膨大呈球形，子囊果直径 75～118μm，附属丝 4～8 根，长 70～115μm，寄生在木兰科植物上 ·················· 球叉丝白粉菌 *Erysiphe bulbosa*

9. 附属丝基部不膨大 ·················· 10

10. 分生孢子长/宽平均值小于 2.0 ·················· 11

10. 分生孢子长/宽平均值大于 2.0 ·················· 17

11. 分生孢子梗脚胞长，（50～175）μm×（5～10）μm，上接 1～4 个细胞，子囊果直径 82～128μm，附属丝 2～20 根，寄生在悬铃木科植物上 ·················· 悬铃木白粉菌 *Erysiphe platani*

11. 分生孢子梗脚胞短，寄生在其他科植物上 ·················· 12

12. 附属丝数最多超过 20 根 ·················· 13

12. 附属丝数最多不超过 20 根 ·················· 14

13. 分生孢子长/宽平均值 1.9，子囊果直径 70～150μm，子囊孢子 3～5 个，寄生在忍冬科植物上
·················· 忍冬科白粉菌原变种 *Erysiphe caprifoliacearum*

13. 分生孢子长/宽平均值 1.6，子囊果直径 95～137μm，子囊孢子 6～8 个，寄生在壳斗科植物上
·················· 叶背白粉菌 *Erysiphe hypophylla*

14. 附属丝多数不分枝，少数顶部简单二叉状分枝 1～3 次，寄生在木樨科植物上 ··················
·················· 女贞白粉菌 *Erysiphe ligustri*

14. 附属丝多数分枝 ·················· 15

15. 子囊果小，直径 65～100μm，附属丝 4～10 根，为子囊果直径的 1.5～2.5 倍，寄生在山矾科植物上 ·················· 山矾属白粉菌 *Erysiphe symplocigena*

15. 子囊果大，直径最大超过 100μm ·················· 16

16. 子囊果直径 80～150μm，附属丝基部无隔膜，寄生在壳斗科植物上··················
·················· 粉状白粉菌 *Erysiphe alphitoides*

16. 子囊果直径 67～135μm，附属丝基部有 1～2 个隔膜，寄生在胡桃科植物上 ··················
·················· 胡桃白粉菌 *Erysiphe juglandis*

17. 分生孢子梗脚胞长，最长超过 100μm ·················· 18

17. 分生孢子梗脚胞短，最长不超过 100μm ·················· 19

18. 分生孢子梗脚胞（47.5～150.0）μm×（4.5～6.5）μm，上接 1～3 个细胞，子囊果直径 70～110μm，寄生在悬铃木科等植物上 ·················· 悬铃木白粉菌 *Erysiphe platani*

18. 分生孢子梗脚胞（40.0～105.0）μm×（5.5～8.0）μm，上接 1～2 个细胞，子囊果直径 65～150μm，寄生在防己科植物上 ······························· 防己白粉菌 *Erysiphe pseudolonicerae*

19. 附属丝数量超过 20 根 ·· 20

19. 附属丝数量不超过 20 根 ·· 22

20. 附属丝长度为子囊果直径的 1～4 倍，长 90～325μm，子囊 2～8 个，寄生在小檗科植物上 ······························ 小檗生白粉菌 *Erysiphe berberidicola*

20. 附属丝长度不超过子囊果直径的 2 倍 ··· 21

21. 子囊果直径 107～161μm，附属丝 4～30 根，子囊 7～12 个，子囊孢子 8 个，寄生在壳斗科植物上 ······························ 茅栗白粉菌 *Erysiphe seguinii*

21. 子囊果直径 82～135μm，附属丝 6～26 根，子囊 4～8 个，子囊孢子 3～6 个，寄生在壳斗科植物上 ······ 万布白粉菌原变种 *Erysiphe vanbruntiana* var. *vanbruntiana*

22. 子囊果直径 62～100μm，附属丝 7～16 根，子囊 2～5 个，子囊孢子 4～8 个，寄生在榛科植物上 ····························· 榛科白粉菌 *Erysiphe corylacearum*

22. 子囊果直径大于 100μm ··· 23

23. 附属丝长度为子囊果直径的 1.0～3.0 倍 ·· 24

23. 附属丝长度为子囊果直径的 1.0～1.5 倍 ·· 25

24. 子囊果直径 80～135μm，附属丝 2～15 根，子囊 5～10 个，子囊孢子 5～7 个，寄生在豆科植物上 ····························· 帕氏白粉菌 *Erysiphe palczewskii*

24. 子囊果直径 77～114μm，附属丝 3～13 根，子囊 2～7 个，子囊孢子 6～8 个，寄生在鼠李科植物上 ····························· 山田白粉菌 *Erysiphe yamadae*

25. 分生孢子（27.5～55.0）μm×（12.5～16.0）μm，长/宽为 2.1～4.4，平均 2.9，子囊果直径 87～125μm，寄生在木通科植物上 ····················· 木通白粉菌 *Erysiphe akebiae*

25. 分生孢子（26～60）μm×（10～19）μm，长/宽为 1.5～4.1，平均 2.5，子囊果直径 80～147μm，寄生在卫矛科植物上 ··········· 连云港白粉菌 *Erysiphe lianyungangensis*

木通白粉菌（木通叉丝壳） 图 107

Erysiphe akebiae (Sawada) U. Braun & S. Takam. Schlechtendalia 4：5，2000；Braun & Cook，Taxonomic Manual of the Erysiphales (powdery mildews)：431，2012.

Microsphaera akebiae，Sawada，Bull. Gov. Forest Exp. Sta. Meguro 50：116，1951；Tai，Sylloge Fungorum Sinicorum：230，1979；Zheng & Yu (eds.)，Flora Fungorum Sinicorum 1：171，1987；Braun，Beih. Nova Hedwigia 89：400，1987；Yu & Tian，Acta Mycol. Sin. 14 (3)：167，1995.

　　菌丝体叶两面生，也生于叶柄、茎、果实或嫩枝、嫩梢等部位，初为白色圆形或无定形斑点，后逐渐扩展连片并布满全叶或整个枝梢，可致叶片、枝梢皱缩变形，展生，存留或消失；菌丝无色，光滑，粗 4.5～8.0μm，附着胞裂瓣形，常对生；分生孢子梗脚胞柱形，无色，光滑，直或弯曲，上下近等粗，（18.5～30.0）μm×（6.0～8.5）μm，上接 1 个细胞；分生孢子单生，柱形、柱状长椭圆形，无色，（27.5～55.0）μm×（12.5～16.0）μm，近半数分生孢子中间稍缢缩，长/宽为 2.1～4.4，平均 2.9；子囊果散生至聚生，暗褐色，扁球形，直径 87～125μm，平均 105μm，壁细胞多角形至近方形，直径 6～30μm；附属丝 4～14 根，多数直，少数稍弯曲，为子囊果直径的 1.0～1.5 倍，长 100～150μm，基部略粗，向上渐变细，或上下近等粗，基部宽 7～9μm，顶端宽 4.5～7.5μm，全长平滑，个别基部略粗糙，基部壁厚，向上略变薄，全长无色，少数基部淡褐色，无隔膜，少数在最基部有 1 个隔膜，顶部二叉状分枝 4～7 次，多数为 5～6 次，分枝紧凑，分枝末端反卷，少数不反卷；子囊 5～13 个，卵形、椭圆形、宽卵形、卵状三角形等，有小柄或近无柄，（37～58）μm×（27～43）μm；子囊孢子 4～8 个，椭圆形、长椭圆形、长卵形等，(17～25) μm×（10～13）μm。

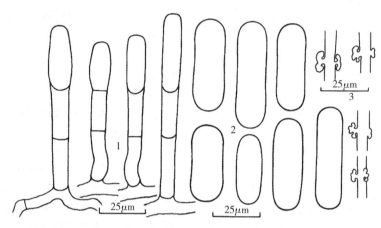

图 107　木通白粉菌 Erysiphe akebiae（Sawada）U. Braun & S. Takam.（HMAS 350688）
1. 分生孢子梗和分生孢子　2. 分生孢子　3. 附着胞

寄生在木通科 Lardizabalaceae 植物上。

木通 Akebia quinata（Houtt.）Decne.：连云港市连云区宿城街道枫树湾 HMAS 62154（有性阶段）；淮安市盱眙县铁山寺国家森林公园 HMAS 351116；南京市玄武区中山植物园 HMAS 350688（无性阶段）；镇江市句容市宝华山 HMAS 350714。

国内分布：华东、华北、华中。

世界分布：中国，日本，韩国以及欧洲（荷兰、英国）。

讨论：该菌分生孢子单生，柱形、柱状长椭圆形，长/宽比值较大，平均可达 2.9，与其他种类差异明显。

粉状白粉菌（粉状叉丝壳）　　　　　　　　　　　　　　　　　　　　　　　图 108

Erysiphe alphitoides（Griff. & Maubl.）U. Braun & S. Takam.，Schlechtendalia 4：5，2000；Liu，The Erysiphaceae of Inner Mongolia 3：77，2010；Braun & Cook，Taxonomic Manual of the Erysiphales（powdery mildews）：432，2012.

Microsphaera alphitoides Griff. & Maubl.，Bull. Soc. Mycol. France 28：100，1912；Tai，Sylloge Fungorum Sinicorum：231，1979；Zheng & Yu（eds.），Flora Fungorum Sinicorum 1：173，1987；Braun，Beih. Nova Hedwigia 89：386，1987；Yu & Tian，Acta Mycol. Sin. 14（3）：167，1995.

菌丝体叶两面生，以叶面为主，初为白色圆形或无定形斑点，渐扩展连片并布满全叶，菌粉层较厚，通常以叶梢部位发病明显，展生，存留；菌丝无色，光滑或粗糙，常致密地纠缠在一起，粗 3.5～10.0μm，附着胞裂瓣形，常对生；分生孢子梗脚胞柱形，无色，光滑，直或稍弯曲，上下近等粗，（17.5～37.5）μm×（6.0～7.5）μm，上接 1～2 个细胞；分生孢子单生，椭圆形、卵形，无色，（22.5～37.5）μm×（13.0～20.0）μm，长/宽为 1.3～2.3，平均 1.7；子囊果聚生至散生，暗褐色，扁球形，直径 85～150μm，壁细胞多角形，直径 10～35μm；附属丝 4～12（～17）根，直挺或略弯曲，为子囊果直径的 0.5～2.0 倍，长 72～175μm，上下近等粗或向上稍变细，基部粗 6～9μm，壁薄，全长平滑或稍粗糙，全长无色或基部隔膜以下浅褐色，多数无隔膜，少数于基部 1/3 处有一个隔膜，顶端二叉状分枝 3～7 次，多数分枝 4～6 次，分枝末端指状或钝圆，不反卷；子囊 2～10 个，宽卵形、卵圆形、卵形，有小柄，（55.0～71.5）μm×（35.0～55.0）μm，易破裂；子囊孢子 6～8 个，椭圆形、卵形、肾形等，（17.5～33.5）μm×（11.5～17.5）μm，淡黄色。

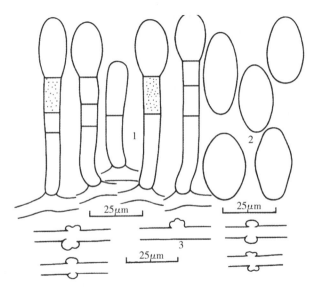

图 108　粉状白粉菌

Erysiphe alphitoides (Griff. & Maubl.) U. Braun & S. Takam. （HMAS 351827）

1. 分生孢子梗和分生孢子　2. 分生孢子　3. 附着胞

寄生在壳斗科 Fagaceae 植物上。

短柄泡栎 *Quercus serrata* var. *brevipetiolata* (A. DC.) Nakai：连云港市连云区宿城街道船山飞瀑景区 HMAS 351827。

国内分布：东北、华北、西北（陕西）、西南（四川）、华中、华东、华南（广西）。

世界分布：亚洲（中国、印度、伊朗、伊拉克、以色列、斯里兰卡、土耳其、土库曼斯坦），欧洲，南美洲，北美洲，南非洲（南非、埃塞俄比亚、摩洛哥），以及高加索地区（阿塞拜疆、亚美尼亚）和澳大利亚、新西兰。

讨论：该菌在无性阶段形态、子囊果大小、子囊和子囊孢子等方面与叶背白粉菌 *Erysiphe hypophylla* (Nevod.) U. Braun & Cunnington 相似，但前者附着胞较小，脚胞较细，（17.5～37.5）μm×（6.0～7.5）μm，附属丝数量较少，4～12 根，也较短，长 72～175μm，顶端双叉状分枝 3～7 次；后者附着胞较大，裂瓣明显，脚胞较粗，（15～47）μm×

（6～10）μm，附属丝数量较多，7～24 根，也较长，长 107～312μm，顶端双叉状分枝
3～5 次。

小檗生白粉菌（小檗生叉丝壳） 图 109

Erysiphe berberidicola （F. L. Tai）U. Braun & S. Takam.，Schlechtendalia 4：6，2000；
Liu，The Erysiphaceae of Inner Mongolia 3：84，2010；Braun & Cook，Taxonomic
Manual of the Erysiphales（powdery mildews）：438，2012.

Microsphaera berberidicola F. L. Tai，Bull. Torrey Bot. Club 73（2）：115，1946；Tai，
Sylloge Fungorum Sinicorum：232，1979；Zheng & Yu（eds.），Flora Fungorum
Sinicorum 1：177，1987；Braun，Beih. Nova Hedwigia 89：364，1987.

菌丝体叶面生，以侵染当年生的嫩茎、嫩叶为主，初为白色圆形或无定形斑点，很快
扩展连片，布满全叶，叶面形成浓厚的菌粉层，展生，存留；菌丝无色，光滑或略粗糙，
粗 4～7μm，附着胞裂瓣形，对生或单生；分生孢子梗脚胞柱形，无色，光滑，直或略弯
曲，上下近等粗，（20.0～32.5）μm×（7.0～9.0）μm，上接（0～）1～2 个细胞；分生孢
子单生，柱形、矩状椭圆形、椭圆形等，无色，（25.0～41.5）μm×（13.0～18.0）μm，
长/宽为 1.4～3.1，平均 2.2；子囊果聚生至散生，暗褐色，扁球形，直径 62～130μm，
壁细胞不规则多角形或近方形，直径 7.0～27.5μm；附属丝 4～22 根，直或弯曲，少数
扭曲、膝曲等，为子囊果直径的 1～3（～4）倍，长 90～325μm，由基部向上稍变细或上
下近等粗，基部宽 6～11μm，上部宽 4.0～6.5μm，壁厚，向上渐变薄，全长平滑或粗
糙，有时基部粗糙上部平滑，基部褐色至淡褐色，向上色渐变淡，上部无色，有的全长无
色，基部有 0～1 个隔膜，顶端二叉状分枝 2～6 次，分枝疏松，第一次分枝多且较长，略
呈反卷，分枝末端指状不反卷，少数反卷；子囊 2～8 个，卵形、卵圆形、扁卵形，有小
柄，（35.0～62.5）μm×（22.5～40.0）μm；子囊孢子 3～6 个，椭圆形、长椭圆形、卵
形，（16.0～25.5）μm×（9.0～12.5）μm。

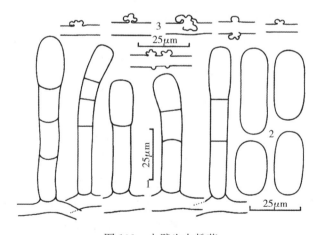

图 109　小檗生白粉菌
Erysiphe berberidicola（F. L. Tai）U. Braun & S. Takam.（HMAS 350694）
1. 分生孢子梗和分生孢子　2. 分生孢子　3. 附着胞

寄生在小檗科 Berberidaceae 植物上。

紫叶小檗 *Berberis thunbergii* DC. var. *atropurpurea* Chenault：连云港市海州区滨河花园 HMAS 351340、海连东路 HMAS 351086；南京市玄武区龙宫路 HMAS 350711；南通市海安市安康小区 HMAS 350814。

十大功劳 *Mahonia fortunei* （Lindl.）Fedde：连云港市连云区猴嘴公园 HMAS 249786、楚愚宾馆 HMAS 249788；连云港市海州区三禾小区 HMAS 351276；徐州市泉山区珠山风景区 HMAS 351316；宿迁市宿豫区黄河公园 HMAS 351143；淮安市清江浦区钵池山公园 HMAS 351097；扬州市广陵区东圈门 HMAS 350743；南京市玄武区中山植物园 HMAS 350694；南通市崇川区南通植物园 HMAS 350830；苏州市虎丘区科技城太湖大道 HMAS 351253；无锡市滨湖区宝界公园 HMAS 351054。

国内分布：江苏、河南、内蒙古。

世界分布：中国、日本。

球叉丝白粉菌（木兰球叉丝壳）　　　　　　　　　　　　　　　　　图 110

Erysiphe bulbosa （U. Braun）U. Braun & S. Takam.，Schlechtendalia 4：6，2000；Braun & Cook，Taxonomic Manual of the Erysiphales （powdery mildews）：442，2012.

Microsphaera bulbosa U. Braun，Mycotaxon 31 （1）：171，1988.

Bulbomicrosphaera magnoliae A. Q. Wang，Acta Mycol. Sin. 6 （2）：74，1987，non *Microsphaera magnoliae* Sawada 1951，nec Erysiphe magno-liae （Sawada）U. Braun & S. Takam. 2000.

菌丝体叶两面生，亦生于茎等部位，通常嫩叶、嫩枝发病较重，初为白色圆形或无定形斑片，后逐渐扩展连片布满全叶或整个枝梢，展生，存留或消失；菌丝无色，光滑，粗 $5\sim8\mu m$，附着胞简单裂瓣形或近乳头形；分生孢子梗长 $67\sim134\mu m$，脚胞柱形，无色，光滑，直，上下近等粗或基部略膨大，$(20\sim35)$ $\mu m\times(7\sim10)$ μm，上接 $1\sim2$ 个细胞；分生孢子单生，无色，椭圆形、短椭圆形、长椭圆形，光滑，有时表面粗糙，顶端有孔，$(26.5\sim55.0)$ $\mu m\times(10.0\sim21.5)$ μm（平均 $38.4\mu m\times16.8\mu m$），长/宽为 $1.6\sim3.8$ (~5.0)，平均 2.3；子囊果聚生至散生，暗褐色，扁球形，直径 $75\sim118\mu m$，壁细胞多角形或近方形，直径 $10\sim30\mu m$；附属丝 $4\sim8$ 根，生于子囊果"赤道"部位，直，少数弯曲，多数与子囊果直径相等，长 $70\sim115\mu m$，上下近等粗或向上略变细，宽 $5\sim10\mu m$，平滑或略粗糙，壁厚薄均匀或向上稍变薄，基部有 1 个隔膜，隔膜以下常明显膨大呈球形，褐色，宽 $12.5\sim25.0\mu m$，少数无隔膜，隔膜以上无色或淡褐色，向上色渐变淡至无色，顶端二叉状分枝 $3\sim7$ 次，略呈反卷，分枝末端钝圆、平截、指状不反卷；子囊 $3\sim8$ 个，宽卵形、卵圆形、卵形，无柄或近无柄，$(42.5\sim57.5)$ $\mu m\times(32.5\sim42.5)$ μm；子囊孢子 $5\sim7$ 个，椭圆形、卵形，$(18.5\sim25.0)$ $\mu m\times(8.5\sim12.5)$ μm。

寄生在木兰科 Magnoliaceae 植物上。

紫玉兰 *Magnolia liliflora* Desr.：连云港市海州区花果山风景区仙人桥 HMAS 73706；连云港市连云区朝阳街道 HMAS 249812、HMAS 351392；南京市玄武区钟山景

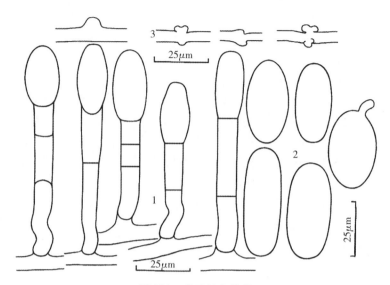

图 110　球叉丝白粉菌

Erysiphe bulbosa (U. Braun) U. Braun & S. Takam.　(HMAS 351392)

1. 分生孢子梗和分生孢子　2. 分生孢子　3. 附着胞

区仰止亭 HMAS 350890。

　　国内分布：江苏、江西。

　　世界分布：中国。

忍冬科白粉菌原变种（忍冬科叉丝壳）　　　　　　　　　　　　　图 111

Erysiphe caprifoliacearum （U. Braun）U. Braun & S. Takam.，Schlechtendalia 4：6，2000（a）；Braun & Cook，Taxonomic Manual of the Erysiphales（powdery mildews）：443，2012. var. ***caprifoliacearum***

　　Microsphaera caprifoliacearum U. Braun，Mycotaxon 14：369，1982；Braun，Beih. Nova Hedwigia 89：431，1987.

　　菌丝体叶两面生，亦生于叶柄、茎等部位，初为白色圆形或无定形薄斑点，后逐渐扩展，可布满全叶，展生，存留或消失；菌丝无色，光滑，粗 4～8μm，附着胞裂瓣形，常对生；分生孢子梗脚胞柱形，弯曲或直，无色，光滑，上下近等粗，（17～33）μm×（7～9）μm，上接 1～2 个细胞；分生孢子单生，椭圆形、短椭圆形，无色，（30.0～47.5）μm×（16.0～22.5）μm，长/宽为 1.4～2.7，平均 1.9；子囊果散生，暗褐色，扁球形至球形，直径 70～150μm，壁细胞不规则多角形，少数近方形，直径 9～32μm；附属丝 4～24 根，直挺或略弯曲，为子囊果直径的 0.8～3.5 倍，长 85～415μm，多数 125～275μm，上下近等粗或基部略粗顶端细，有时则反之，粗 6.5～12.5μm，壁厚，向上渐变薄，全长平滑或基部略粗糙，全长无色，少数近基部浅褐色，无隔膜，少数有一个隔膜，顶部二叉状分枝 4～8 次，分枝紧凑规整，分枝末端多反卷，个别不反卷呈锚状；子囊 2～8 个，椭圆形、卵形、近圆形，有小柄或近无柄，（46.0～72.5）μm×（36.0～58.5）μm；子囊孢子 3～5 个，椭圆形、卵形，（18.5～28.0）μm×（11.5～16.0）μm，淡灰色。

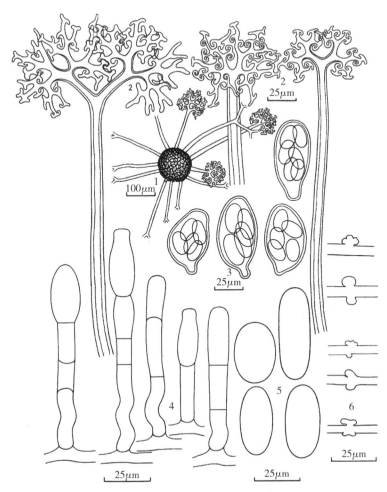

图 111　忍冬科白粉菌原变种

Erysiphe caprifoliacearum (U. Braun) U. Braun & S. Takam. var. *caprifoliacearum* （HMAS 248265）

1. 子囊果　2. 附属丝　3. 子囊　4. 分生孢子梗和分生孢子　5. 分生孢子　6. 附着胞

寄生在忍冬科 Caprifoliaceae 植物上。

忍冬 *Lonicera japonica* Thunb.：连云港市海州区海连中路 HMAS 351480，云台街道 HMAS248265、HMAS 351271；连云港市赣榆区城头镇西茼湖村 HMAS 351595；连云港市东海县羽山景区 HMAS 351183；南京市玄武区玄武湖公园 HMAS 350686、秦淮区乌衣巷 HMAS 350680；南通市海安市安平路 HMAS 350817。

国内分布：江苏。

世界分布：北美洲（加拿大、美国）。

讨论：中国记录种。

榛科白粉菌（本间叉丝壳）

Erysiphe corylacearum U. Braun & S. Takam.，Schlechtendalia 8：33，2002；Braun & Cook，Taxonomic Manual of the Erysiphales（powdery mildews）：450，2012.

Microsphaera hommae U. Braun，Mycotaxon 15：124，1982；Zheng & Yu（eds.），
　　Flora Fungorum Sinicorum 1：195，1987；Braun，Beih. Nova Hedwigia 89：384，
　　1987；Yu & Tian，Acta Mycol. Sin. 14（3）：167，1995.

Erysiphe hommae（U. Braun）U. Braun & S. Takam.，Schlechtendalia 4：9，2000.

　　菌丝体叶两面生，初为白色无定形斑点，后扩展形成不规则斑块，展生，存留；分生孢子单生；子囊果聚生至散生，暗褐色，扁球形，直径 62～100μm，壁细胞多角形，直径 7～20μm；附属丝 7～16 根，直或略弯曲，为子囊果直径的 0.8～1.7 倍，多数与子囊果等长，长 52～125μm，基部略粗，向上渐变细，基部宽 7～9μm，顶端宽 3.0～6.5μm，基部壁厚但不连合，向上渐变薄，全长粗糙或中下部粗糙，顶部平滑，基部淡褐色，中上部无色，无隔膜，顶部二叉状分枝 3～6 次，多 4～5 次，分枝末端反卷或不反卷；子囊 2～5 个，近球形、宽卵形、卵圆形，无柄，少数有很短的小柄，（40～48）μm×（30～45）μm；子囊孢子 4～8 个，椭圆形、卵形，（15.0～21.5）μm×（9.0～13.0）μm。

　　寄生在榛科 Corylaceae 植物上。

　　川榛 *Corylus heterphylla* Fisch. ex Bess. var. *sutchuenensis* Franch.：连云港市连云区中云街道云龙涧风景区 HMAS 62515。

　　国内分布：东北，华北，西北（甘肃），华东（江苏、浙江），华中（河南），西南（四川）。

　　世界分布：亚洲（中国、日本、韩国以及俄罗斯远东地区），北美洲（加拿大、美国）。

　　讨论：馆藏老标本，未观测无性阶段。

叶背白粉菌（叶背叉丝壳）　　　　　　　　　　　　图 112

Erysiphe hypophylla（Nevod.）U. Braun & Cunnington，Schlechtendalia 10：92，2003；Braun & Cook，Taxonomic Manual of the Erysiphales（powdery mildews）：471，2012.

Microsphaera hypophylla Nevod.，Griby SSSR 1：4，1952；Zheng & Yu（eds.），
　　Flora Fungorum Sinicorum 1：197，1987；Braun，Beih. Nova Hedwigia 89：338，
　　1987；Yu & Tian，Acta Mycol. Sin. 14（3）：168，1995.

　　菌丝体叶两面生，亦生于叶柄、茎等部位，初为白色圆形或无定形薄斑点，后逐渐扩展，可布满全叶，展生，存留或消失；菌丝无色，光滑或略粗糙，粗 2.5～7.5μm，附着胞裂瓣形，单生或对生；分生孢子梗脚胞柱形，直，有时略弯曲，无色，光滑，上下近等粗或向下略细，（15～47）μm×（6～10）μm，上接 1～2 个细胞；分生孢子单生，短椭圆形、椭圆形，无色，（22.5～39.0）μm×（15.5～22.0）μm，长/宽为 1.2～2.2，平均 1.6；子囊果散生至近聚生，暗褐色，扁球形，直径 95～137μm，壁细胞多角形至近方形，直径 9.0～37.5μm；附属丝 7～24 根，多数 10～15 根，直，有时略弯曲，为子囊果直径的 1～3 倍，多数为 1.5～2 倍，长 107～312μm，基部略粗，顶端略细，基部宽 6.5～10.0μm，顶端宽 4.5～7.0（～9.0）μm，基部壁厚但不连合，向上渐变薄，基部呈明显疣状粗糙，中部略粗糙，有时全长略粗糙，基部淡褐色，中上部无色，无隔膜，顶部二叉状分枝 3～5 次，分枝紧凑规整，分枝末端不反卷；子囊 3～10 个，宽卵形、卵形、

卵圆形，有小柄，少数近无柄，（40~59）μm×（30~44）μm，壁薄易破裂；子囊孢子6~8个，椭圆形、卵形、长卵形，（17.5~32.5）μm×（10.0~15.0）μm。

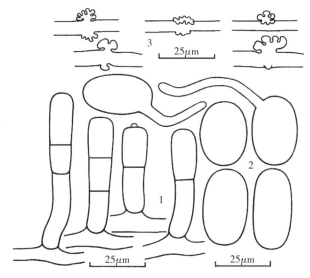

图 112　叶背白粉菌
Erysiphe hypophylla（Nevod.）U. Braun & Cunnington（HMAS 350863）
1. 分生孢子梗和分生孢子　2. 分生孢子　3. 附着胞

寄生在壳斗科 Fagaceae 植物上。

栓皮栎 *Quercus variabilis* Bl.：连云港市海州区花果山风景区玉女峰 HMAS 62155；苏州市吴中区穹窿山景区 HMAS 351022。

麻栎 *Quercus acutissima* Carruth.：连云港市海州区花果山风景区玉女峰 HMAS 350863（无性阶段）；无锡市滨湖区惠山国家森林公园 HMAS 350966（有性阶段）。

国内分布：东北（吉林、辽宁），华北，华东（江苏、浙江、安徽），华中（湖北），西北（甘肃、新疆），西南（四川、贵州）。

世界分布：亚洲（中国、日本及中亚地区），欧洲大部分地区以及新西兰。

讨论：该菌最大特征是无性阶段分生孢子梗短，分生孢子呈短椭圆形、椭圆形，长1宽比例较小，为 1.2~2.2μm，平均 1.6μm，与其他菌差异明显。

胡桃白粉菌（胡桃叉丝壳）　　　　　　　　　　　　　　　图 113

Erysiphe juglandis（Golovin）U. Braun & S. Takam.，Schlechtendalia 4：10，2000；Braun & Cook，Taxonomic Manual of the Erysiphales（powdery mildews）：474，2012.；Lu et al. Journal of Inner Mongolia University（Natural Science Edition）44（1）：51，2013.

Microsphaera juglandis Golovin, Trudy Sredne-Aziatsk. Gosud. Univ. , Nov. Ser. , 14, Biol. Nauk，5：8，1950；Zheng & Yu（eds.），Flora Fungorum Sinicorum 1：231，1987；Braun，Beih. Nova Hedwigia 89：376，1987；Chen，Powdery mildews in Fujian 25，1993.

菌丝体叶两面生，亦生于叶柄、茎等部位，初为白色圆形或无定形斑点，后逐渐扩展连片，布满全叶，通常菌粉层淡薄，有时也可形成浓厚的菌粉层，展生，存留或消失；菌丝无色，光滑或略粗糙，粗 3～9μm，附着胞简单裂瓣形或近乳头形，常单生；分生孢子梗脚胞柱形，无色，光滑，直，上下近等粗，（17.0～30.0）μm×（6.0～7.5）μm，上接（0～）1 个细胞；分生孢子单生，柱形、长椭圆形、椭圆形、卵形、近圆形等，无色，（18.0～42.5）μm×（13.5～17.5）μm，长/宽为 1.1～3.1，平均 1.8；子囊果散生至聚生，暗褐色，扁球形或近球形，直径 67～135μm，壁细胞不规则多角形，直径 5～25μm；附属丝 3～16 根，直或略弯曲，少数屈膝状弯曲，为子囊果直径的 1～2 倍，长 80～160μm，全长近等粗或上部略变细，宽 6～10μm，基部明显呈瘤疣状粗糙，全长粗糙或中下部粗糙上部平滑，基部或基部 1/3～1/2 处有 1～2（～3）个隔膜，罕见无隔膜，隔膜以下淡褐色，顶部二叉状分枝（1～）2～4（～5）次，分枝通常对称规整，第一次分枝和第二次分枝均较长，末端多数钩状卷曲 1.0～1.5 圈，少数简单反卷；子囊 2～6 个，多数 3～5 个，宽卵形、近圆形、卵圆形，有小柄或近无柄，（37.5～70.0）μm×（27.5～60.0）μm，水中易吸水膨大；子囊孢子（4～）5～7 个，椭圆形、卵形，（16.0～27.5）μm×（10.0～16.0）μm，淡灰色。

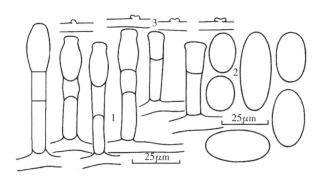

图 113　胡桃白粉菌
Erysiphe juglandis (Golovin) U. Braun & S. Takam.　(HMAS 350701)
1. 分生孢子梗和分生孢子　2. 分生孢子　3. 附着胞

寄生在胡桃科 Juglandaceae 植物上。

枫杨 *Pterocarya stenoptera* C. DC.：连云港市海州区云台街道 HMAS 69198；南京市栖霞区栖霞山 HMAS 350701；南京市玄武区午朝门公园 HMAS 350706；扬州市邗江区瘦西湖公园 HMAS 350752；南通市崇川区狼山风景区 HMAS 350832。

核桃 *Juglans regia* Linn.：连云港市海州区海州公园 HMAS 351834；连云港市连云区宿城景区 HMAS 249811；连云港市海州区花果山风景区 HMAS 62160、云台街道 HMAS 249803；连云港市连云区朝阳街道 HMAS 350407、HMAS 351407；徐州市沛县杨屯镇 HMAS 351212；苏州市常熟市董浜镇 HMAS 351456。

国内分布：东北，华北（北京、山西、宁夏），华中（河南），西北（甘肃），华东（江苏、山东）。

世界分布：亚洲（中国、印度、日本、韩国以及俄罗斯远东地区、中亚地区），欧洲。

讨论：该菌无性阶段附着胞小，单生，分生孢子梗短，脚胞上接细胞数量少，分生孢子小。枫杨 *Pterocarya stenoptera* 是该菌新纪录寄主。

连云港白粉菌（连云港叉丝壳） 图 114

Erysiphe lianyungangensis （S. R. Yu）U. Braun & S. Takam., Schlechtendalia 4：10, 2000；Liu, The Erysiphaceae of Inner Mongolia：97, 2010；Braun & Cook, Taxonomic Manual of the Erysiphales（powdery mildews）：475, 2012.

Microsphaera lianyungangensis S. R. Yu, Acta Mycol. Sin. 14（3）：164, 1995.

Erysiphe euonymicola U. Braun, Braun & Cook, Taxonomic Manual of the Erysiphales（powdery mildews）14：461, 2012.

Pseudoidium euonymi-japonici （Arcang.）U. Braun & R. T. A. Cook., Braun & Cook, Taxonomic Manual of the Erysiphales（powdery mildews）14：461, 2012.

Oidium leucoconium var. *euonymi-japonici* Arcang., Atti Soc. Tosc. Sci. Nat. Pisa Processi Verbali 12：108, 1900.

Oidium euonymi-japonici （Arcang.）Sacc., in Salmon, Ann. Mycol. 3：1, 1905. and Sacc., Syll. Fung. 18：506, 1906.

Acrosporium euonymi-japonici （Arcang.）Sumst., Mycologia 5（2）：58, 1913 ［as "（E. S. Salmon）Sumst."］.

Microsphaera euonymi-japonici （Arcang.）Hara, Bull. Agric. Soc. Shizuoka Pref. 282：29, 1921.

Uncinula euonymi-japonici （Arcang.）Hara, Dendropathology：22, 1922.

Microsphaera euonymi-japonici （Arcang.）Herter, Estad. Bot. Reg. Urug., Florula Uruguayensis, Plantes Avasculares：33, 1933.

Gen Bank No：MT929351

菌丝体叶两面生，亦生于叶柄、嫩茎等部位，以为害嫩茎和叶片为主，初为白色圆形斑点，后逐渐扩展连片覆盖整个叶片和嫩茎，展生，常形成浓厚的白粉层，存留或消失；菌丝体无色，光滑，粗 3.0～7.5μm，附着胞裂瓣形，单生，少数对生；分生孢子梗长 25～50μm，脚胞柱形，无色光滑，上下近等粗，基部多膝状弯曲，有时弯曲不明显，个别直，（10～35）μm×（6～9）μm，上接（0～）1～2 个细胞；分生孢子单生，柱形、柱状长椭圆形、椭圆形，无色，（26～60）μm×（10～19）μm，长/宽为 1.5～4.1，平均 2.5；子囊果聚生至密聚生，暗褐色，扁球形，直径 80～147μm，平均 113μm，壁细胞多角形至近方形，直径 7.5～35.5μm；附属丝 3～18 根，多数 6～15 根，直或稍弯曲，为子囊果直径的 1.0～1.5 倍，长 94～188μm，平均 130μm，基部略粗，顶端略细，基部宽 6.5～10.0μm，顶端宽 5.5～7.0μm，平滑或基部略粗糙，壁厚，全长无色，无隔膜，少数基部呈浅褐色，顶部二叉状分枝 4～8 次，多数 5～7 次，分枝紧凑，分枝末端钝圆呈指状，反卷或不反卷；子囊 7～13 个，宽卵形、近球形、卵形、卵圆形、梨形、椭圆形，有小柄或近无柄，［（43.0～）50.0～66.0（～83.5）］μm×［（30.0～）36.5～56.5（～66.5）］μm；子囊孢子 8 个，长椭圆形、卵形、长卵形、肾形等，（16.5～35.0）μm×

（8.0～15.0）μm。

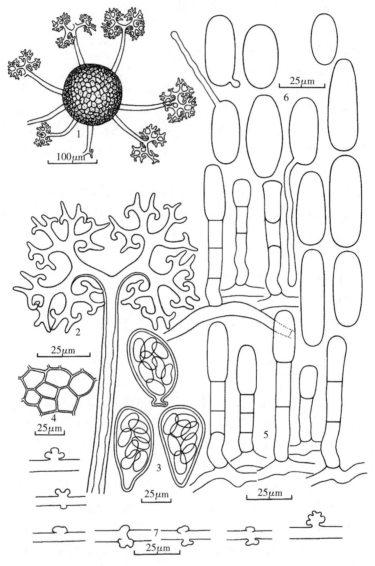

图 114　连云港白粉菌

Erysiphe lianyungangensis (S. R. Yu) U. Braun & S. Takam.　(HMAS 66401)

1. 子囊果　2. 附属丝　3. 子囊　4. 壁细胞　5. 分生孢子梗和分生孢子　6. 分生孢子　7. 附着胞

寄生在卫矛科 Celastraceae 植物上。

冬青卫矛 *Euonymus japonicus* Linn.：连云港市连云区朝阳街道 HMAS 66401、HMAS 351336，猴嘴街道 HMAS 69197；连云港市海州区新浦街道 HMAS 351260、HMAS 350773（金边冬青卫矛），花果山风景区玉女峰 CFSZ 9584；徐州市泉山区云龙湖景区 HMAS 351307；徐州市沛县滨河公园 HMAS 351208；宿迁市泗洪县体育南路 HMAS 351124；盐城市射阳县后羿公园 HMAS 350790；泰州市海陵区凤城河景区 HMAS 351059；苏州市虎丘区大阳山国家森林公园 HMAS 351254。

扶芳藤 *Euonymus fortunei*（Turcz.）Hand.-Mazz.：连云港市海州区郁洲公园 HMAS 350357；连云港市连云区朝阳街道尹宋村 HMAS 351649；连云港市海州区云台街道 HMAS 351259；徐州市泉山区云龙山景区 HMAS 351365。

国内分布：全国大部分地区均有分布。

世界分布：世界各地。

讨论：1995 年（于守荣）发表的新种。关于冬青卫矛 *Euonymus japonicus* Linn. 上的白粉菌先后有多个名称，1900 年 Arcang. 以无性型建立了 *Oidium leucoconium* var. *euonymi-japonici* Arcang. 这个种，此后，又有 *Oidium euonymi-japonici*（Arcang.）Sacc.（1905）、*Acrosporium euonymi-japonici*（Arcang.）Sumst.（1913）、*Microsphaera euonymi-japonici*（Arcang.）Hara（1921）、*Uncinula euonymi-japonici*（Arcang.）Hara（1922）、*Microsphaera euonymi-japonici*（Arcang.）Herter（1933）和 *Pseudoidium euonymi-japonici*（Arcang.）U. Braun & R. T. A. Cook（2012）等。2012 年 Braun 根据采自法国卢瓦尔河地区冬青卫矛（HAL 2360 F）上的白粉菌有性阶段建立了新种卫矛生白粉菌 *Erysiphe euonymicola* U. Braun（Braun 和 Cook，2012），并对其无性阶段和有性阶段同时做了 rDNA 分析，并确认 *Pseudoidium euonymi-japonici*（≡ *Oidium euonymi-japonici*）的有性阶段就是 *Erysiphe euonymicola*。与连云港白粉菌 *Erysiphe lianyungangensis*（S. R. Yu）U. Braun & S. Takam. 比较，除了前者附属丝数量较少（4～8 根）、子囊数量少（3～6 个）外，分生孢子梗、分生孢子、子囊果大小、附属丝形态、子囊和子囊孢子等方面都非常接近。笔者认为卫矛生白粉菌 *Erysiphe euonymicola* U. Braun 与连云港白粉菌 *Erysiphe lianyungangensis*（S. R. Yu）U. Braun & S. Takam. 为同一个种，所以前者是后者的异名。

笔者采集鉴定的菌主要特征为子囊果较大，附属丝数目较多、较短，顶端二叉状分枝 4～8 次，末端反卷或不反卷，无隔膜，子囊较大数目较多，子囊孢子较大数目较多等。与卫矛科上已报道的 *Erysiphe celastri*（Y. N. Yu & Y. Q. Lai）U. Braun & S. Takam.、*Erysiphe euonymi* DC.，*Erysiphe mayumi*（Y. Nomura）U. Braun & S. Takam. 和 *Erysiphe pseudopusilla* U. Braun & S. Takam. 比较，与连云港白粉菌接近的是 *Erysiphe euonymi*，其附属丝 5～20 根，无隔膜，子囊 4～12 个，子囊孢子长度达 27μm 而与连云港白粉菌有一定相似之处，但它的子囊果直径仅 80～115μm，附属丝长度为子囊果直径的 2～7 倍，顶端完全不反卷，仅 3～4 个子囊孢子。其他三个已知种与连云港白粉菌的差别更大。

我国冬青卫矛 *Euonymus japonicus* Linn. 上的白粉菌发生普遍，分布较广，危害明显。该菌通常情况下以无性繁殖为主，无性型产孢能力强，产孢效率高，常形成浓厚的白粉层，有性阶段极为罕见。国内仅山东（姜淑霞等，2001）曾报道，在人工诱导下产生有性阶段，子囊果为叉丝壳，但没有具体形态描述，也没有明确具体分类地位。笔者曾于 1991 年和 1993 年先后 2 次采集到自然状态下产生的有性阶段子囊果标本，但数量都很少。在研究该菌有性型时，没有足够重视无性阶段，并把分生孢子单生误定为分生孢子串生。此次笔者对该菌无性阶段的第一次全面描述。

女贞白粉菌（女贞叉丝壳） 图 115

Erysiphe ligustri （Homma）U. Braun & S. Takam.，Schlechtendalia 4：10，2000；
Braun & Cook，Taxonomic Manual of the Erysiphales（powdery mildews）：
476，2012.

Microsphaera ligustri Homma，J. Fac. Agric. Hokkaido Univ. 38：386，1937；Braun，
Beih. Nova Hedwigia 89：393，1987.

Gen Bank No：MZ817999

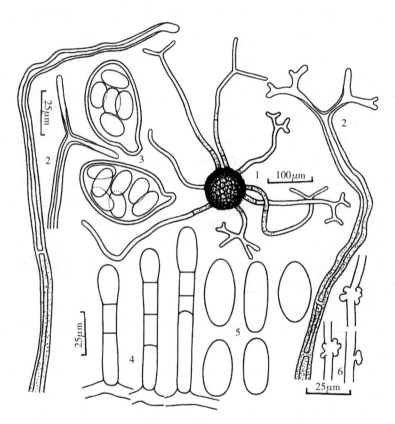

图 115　女贞白粉菌
Erysiphe ligustri（Homma）U. Braun & S. Takam.（HMAS 248263）
1. 子囊果　2. 附属丝　3. 子囊　4. 分生孢子梗和分生孢子　5. 分生孢子　6. 附着胞

　　菌丝体叶两面生，以叶面为主，亦生于嫩茎等部位，展生，初为白色圆形或无定形薄
斑点，后逐渐扩展，可布满全叶，存留或消失；菌丝无色，粗 3.5～11.0μm，附着胞裂
瓣状，对生或单生；分生孢子梗脚胞呈柱形，基部弯曲或直，光滑，上下近等粗，
（25.0～37.5）μm×（6.0～9.0）μm，上接 1～2 个细胞；分生孢子单生，形态变化较
大，椭圆形、卵椭圆形、长椭圆形、卵形，无色，（23～47.5）μm×（12.0～21.0）μm，
平均 32.2μm×17.2μm，长/宽为 1.3～3.0，平均 1.9，具明显油泡；子囊果散生或近聚
生，暗褐色，球形，直径 75～114μm，壁细胞不规则多角形，直径 5.0～22.5μm；附属
丝 3～12 根，部分屈膝状弯曲，为子囊果直径的 1～3 倍，长 55～275μm，上下近等粗或

向上略变细，粗 4.0～7.5μm，壁厚，略粗糙，中下部淡褐色或全长无色，0～3 个隔膜，多数不分枝，少数顶部简单二叉状分枝 1～3 次，个别二叉状分枝 4～5 次，第一次分枝常较长，分枝末端指状不反卷；子囊 4～7 个，卵形、宽卵形、梨形、卵椭圆形，有短柄或近无柄，（37.5～55.0）μm×（25.0～45.0）μm，子囊壁厚 5～6μm；子囊孢子 6～8 个，椭圆形、卵形，（15～25）μm×（10～15）μm。

寄生在木樨科 Oleaceae 植物上。

小腊 *Ligustrum sinense* Lour.：连云港市海州区花果山风景区玉女峰 HMAS 248263、HMAS 350993、CFSZ 9588。

国内分布：江苏、河南。

世界分布：中国、日本、韩国。

讨论：中国新记录。

长丝白粉菌（长丝叉丝壳）

Erysiphe longissima (M. Y. Li) U. Braun & S. Takam.，Schlechtendalia 4：10，2000；Liu，The Erysiphaceae of Inner Mongolia：104，2010；Braun & Cook，Taxonomic Manual of the Erysiphales (powdery mildews)：477，2012.

Microsphaera longissima M. Y. Li，Acta Microbiol. Sin. 17（2）：96，1977；Zheng & Yu (eds.)，Flora Fungorum Sinicorum 1：200，1987；Braun，Beih. Nova Hedwigia 89：308，1987.

菌丝体叶两面生，以叶面为主，形成白色不定形斑点，后扩展铺满全叶，菌粉层呈絮状，展生，存留。子囊果散生，暗褐色，扁球形，直径 85～125μm，壁细胞不规则多角形，直径 5～25μm；附属丝 3～10 根，自然弯曲，为子囊果直径的 5～11 倍，长 500～1300μm，有粗细变化，宽 5～9μm，基部壁厚，向上渐变薄，基部粗糙，上部平滑，基部淡褐色，中上部无色，无隔膜，个别有 1 个隔膜，顶部二叉状分枝 5～7 次，分枝长短和形态变化较大，有时第一次分枝较长，分枝末端指状不反卷；子囊 4～9 个，椭圆形、卵形、梨形，有小柄，（47.5～75.0）μm×（27.5～42.5）μm；子囊孢子 5～7 个，长椭圆形、椭圆形，（17.5～29.0）μm×（8.5～12.5）μm。

寄生在豆科 Fabaceae (Leguminosae) 植物上。

锦鸡儿 *Caragana leveillei* Kom. *sinica* (Buc' hoz) Rehder：徐州市泉山区珠山风景区 HMAS 351280、徐州市泉山区云龙山风景区 HMAS 351312。

国内分布：江苏、北京、内蒙古、甘肃。

世界分布：中国。

讨论：馆藏老标本，没有观测到无性阶段。

忍冬白粉菌埃氏变种（忍冬叉丝壳）　　　　　　　　　　　　　　　　　图 116

Erysiphe lonicerae DC. var. *ehrenbergii* (Lév.) U. Braun & S. Takam.，Schlechtendalia 4：10，2000；Liu，The Erysiphaceae of Inner Mongolia：106，2010；Braun & Cook，Taxonomic Manual of the Erysiphales (powdery mildews)：478，2012.

Microsphaera ehrenbergii Lév.，Ann. Sci. Nat.，Bot.，Sér. 3，15：155 & 381，1851.

Microsphaera lonicerae var. *ehrenbergii* （Lév.）U. Braun，Mycotaxon 15：127，1982；

　Braun，Beih. Nova Hedwigia 89：329，1987.

　　菌丝体叶两面生，初为白色圆形斑点，后逐渐扩展连片并布满全叶，展生，存留；菌丝无色，粗4～7.5μm，附着胞近乳头形或简单裂瓣形，常对生；分生孢子梗脚胞柱形，无色，直，光滑或略粗糙，上下近等粗，（22～42）μm×（7～9）μm，上接2个细胞；分生孢子单生，长椭圆形、椭圆形，无色，（27.5～45.0）μm×（15.0～20.0）μm，长/宽为1.5～2.8，平均2.2。未采集到有性阶段。

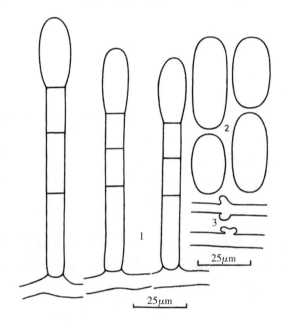

图116　忍冬白粉菌埃氏变种

Erysiphe lonicerae DC. var. *ehrenbergii* （Lév.）U. Braun & S. Takam. （HMAS 351420）

1. 分生孢子梗和分生孢子　2. 分生孢子　3. 附着胞

　　寄生在忍冬科 Caprifoliaceae 植物上。

　　金银忍冬 *Lonicera maackii* （Rupr.）Maxim.：连云港市连云区猴嘴公园 HMAS 351420；淮安市盱眙县铁山寺国家森林公园 HMAS 351120。

　　郁香忍冬 *Lonicera fragrantissima* Lindl. et Paxton：南京市玄武区中山植物园 HMAS 350689。

　　国内分布：江苏、新疆、内蒙古。

　　世界分布：欧洲，亚洲，北美。

　　讨论：该菌无性阶段与忍冬科白粉菌原变种 *Erysiphe caprifoliacearum* （U. Braun）U. Braun & S. Takam. 相似，最大的区别是前者分生孢子梗脚胞直，没有弯曲现象。

帕氏白粉菌（帕氏叉丝壳、近三叉叉丝壳）　　　　　　　　　　图117

Erysiphe palczewskii （Jacz.）U. Braun & S. Takam.，Schlechtendalia 4：12，2000；

220

Liu，The Erysiphaceae of Inner Mongolia：110，2010；Braun & Cook，Taxonomic Manual of the Erysiphales（powdery mildews）：490，2012.

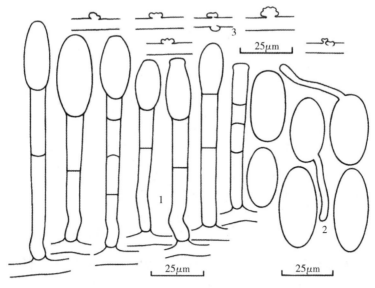

图 117A　帕氏白粉菌

Erysiphe palczewskii（Jacz.）U. Braun & S. Takam.（HMAS 350837）

1. 分生孢子梗和分生孢子　2. 分生孢子　3. 附着胞

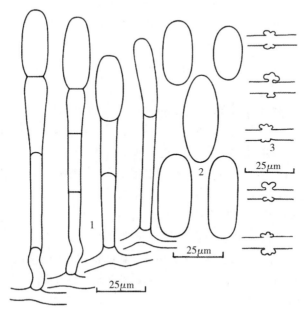

图 117B　帕氏白粉菌

Erysiphe palczewskii（Jacz.）U. Braun & S. Takam.（HMAS 350930）

1. 分生孢子梗和分生孢子　2. 分生孢子　3. 附着胞

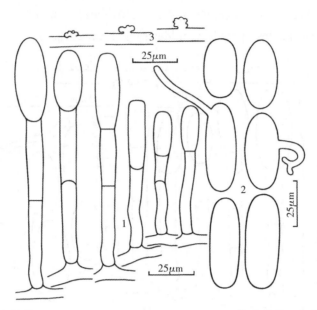

图 117C　帕氏白粉菌 *Erysiphe palczewskii*（Jacz.）U. Braun & S. Takam.（HMAS 350836）

1. 分生孢子梗和分生孢子　2. 分生孢子　3. 附着胞

Microsphaera palczewskii Jacz.，Karmanny opredelitel' gribov. Vyp. 2. Muchnisto-rosjanye griby：339，Leningrad 1927；Zheng & Yu（eds.），Flora Fungorum Sinicorum 1：208，1987；Braun, Beih. Nova Hedwigia 89：339，1987.

Microsphaera subtrichotoma U. Braun，Mycotaxon 22（1）：90，1985；Braun, Beih. Nova Hedwigia 89：345，1987.

Erysiphe subtrichotoma（U. Braun）U. Braun & S. Takam.，Schlechten-dalia 4：14，2000.

　　菌丝体叶两面生，亦生于叶柄、茎等部位，初为白色圆形或无定型斑点，后扩展连片，布满全叶并覆盖整个嫩枝、嫩梢，展生，存留或消失；菌丝无色，光滑，粗 4～9μm，附着胞裂瓣形，单生或对生；分生孢子梗脚胞柱形，直或弯曲，光滑，上下近等粗，（24.0～40.0）μm×（5.0～7.5）μm，上接 1～3 个细胞。分生孢子单生，柱形、长椭圆形、椭圆形，无色，（27.5～40.0）μm×（15.0～20.0）μm，长/宽为 1.7～2.7，平均 2.3；子囊果聚生至密聚生，暗褐色，扁球形，直径 80～135μm，壁细胞多角形或近方形，直径 10～35μm；附属丝生于子囊果"赤道"部位，2～8（～15）根，直挺或略弯曲，为子囊果直径的 1～3 倍，长 135～350μm，基部稍粗，向上渐变细，有时中部较粗，基部粗 7.0～11.5μm，上部粗 5.0～7.5μm，基部壁厚，向上渐变薄，以中间为过度带，基部至中部粗糙，中部至上部光滑，全长无色，无隔膜，少数基部浅褐色，有 1～3 个隔膜，顶部二叉状分枝 3～8 次，多数分枝密而整齐，常见枝干状分枝，主杆上侧生由大到小的分枝，分枝末端不反卷，尖削、顿圆或平截；子囊 5～10 个，卵形、椭圆形、卵圆形，有小柄、近无柄或无柄，（52.5～75.0）μm×（31.0～50.0）μm；子囊孢子（4～）5～7 个，椭圆形、长椭圆形、卵形，（20.0～27.5）μm×（11.0～15.0）μm。

寄生在豆科 Fabaceae（Leguminosae）植物上。

苏木蓝 *Indigofera carlesii* Craib：连云港市海州区花果山风景区 HMAS 62157；苏州市虎丘区大阳山国家森林公园 HMAS 350836。

小槐花 *Ohwia caudata*（Thunb.）H. Ohashi：南京市玄武区博爱园 HMAS 350930。

刺槐 *Robinia pseudoacacia* Linn.：连云港市海州区花果山风景区仙人桥 HMAS 350365；连云港市连云区连云街道 HMAS 350876、HMAS 350984；徐州市泉山区云龙湖景区 HMAS 351228；苏州市虎丘区大阳山国家森林公园 HMAS 351463、HMAS 350837；南京市浦口区老山景区 HMAS 350921；南京市玄武区博爱园 HMAS 351235；常州市溧阳市燕山公园 HMAS 350946。

国内分布：江苏、黑龙江、辽宁、甘肃、宁夏、内蒙古。

世界分布：亚洲（中国、韩国、哈萨克斯坦、塔吉克斯坦以及俄罗斯西伯利亚及远东地区），北美洲（加拿大、美国），欧洲（奥地利、白俄罗斯、捷克、爱沙尼亚、芬兰、德国、匈牙利、拉脱维亚、立陶宛、挪威、波兰、亚美尼亚、俄罗斯、斯洛伐克、斯洛文尼亚、西班牙、瑞士、乌克兰）。

苦木白粉菌（苦木叉丝壳）   图 118

Erysiphe picrasmae（Sawada）U. Braun & S. Takam., Schlechtendalia 4：12，2000；Braun & Cook, Taxonomic Manual of the Erysiphales（powdery mildews）：493，2012.

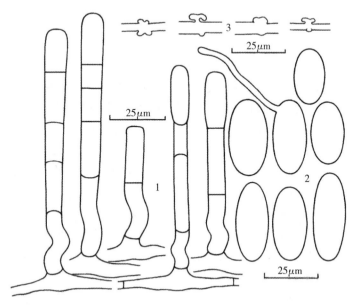

图 118　苦木白粉菌 *Erysiphe picrasmae*（Sawada）U. Braun & S. Takam.（HMAS 350865）
1. 分生孢子梗和分生孢子　2. 分生孢子　3. 附着胞

Microsphaera picrasmae Sawada, Bull. Gov. Forest Exp. Sta. Meguro 50：121，1951；

Zheng & Yu（eds.），Flora Fungorum Sinicorum 1：209，1987；Braun，Beih. Nova
Hedwigia 89：402，1987；Yu & Tian，Acta Mycol. Sin. 14（3）：168，1995.

菌丝体叶两面生，以叶面为主，初为白色圆形薄而淡的斑点，后逐渐扩展连片并布满
全叶，展生，存留或消失；菌丝无色，光滑，粗 2.5～7.0μm，附着胞裂瓣形，常对生；
分生孢子梗脚胞柱形，无色，光滑，膝状弯曲，上下近等粗，（16.0～40.0）μm×
（5.5～8.0）μm，上接（0～）1～3 个细胞；分生孢子单生，椭圆形、长椭圆形，无色，
（22.5～42.5）μm×（12.5～17.5）μm，长/宽为 1.5～3.1，平均 2.2。

寄生在苦木科 Simaroubaceae 植物上。

苦树 *Picrasma quassioides*（D. Don）Benn.：连云港市海州区花果山风景区一线天
HMAS 350865；淮安市盱眙县铁山寺国家森林公园 HMAS 351104；南京市浦口区老山景
区 HMAS 350918。

国内分布：江苏、陕西、四川。

世界分布：中国、日本、韩国。

悬铃木白粉菌（悬铃木叉丝壳）　　　　　　　　　　　　　　　　　　　　　图 119

Erysiphe platani（Howe）U. Braun & S. Takam.，Schlechtendalia 4：12，2000；Braun
　& Cook，Taxonomic Manual of the Erysiphales（powdery mildews）：494，2012.

Microsphaera platani Howe，Bull. Torrey Bot. Club 5：4，1874；Braun，Beih. Nova
　Hedwigia 89：430，1987.

A 寄生在悬铃木科 Platanaceae 植物上。

菌丝体叶两面生，亦生于叶柄、嫩茎等部位，侵染嫩枝、嫩叶时，初为不规则白色斑
点，逐渐扩展成不定形白色大斑块，致使叶片皱缩变形，有浓厚的白粉层，存留，侵染叶
片时，生于叶两面，形成白色薄而淡的圆形或无定形斑点，后逐渐扩展并布满全叶，展
生，存留或消失；菌丝粗 3～7μm，无色，附着胞裂瓣形，对生或单生；分生孢子梗长
60～315μm，脚胞菌丝状，细长而直，少数基部弯曲，上下近等粗或向下略变细，光滑，
无色，（50～175）μm×（5～10）μm，上接 1～4 个细胞；分生孢子单生，椭圆形、长椭
圆形、短椭圆形、卵圆形，无色，（30.0～47.5）μm×（16.0～27.5）μm，长/宽为
1.3～2.3，平均 1.7；子囊果聚生至散生，暗褐色，扁球形，直径 82～128μm，壁细胞不
规则多角形，直径 8～22μm；附属丝 2～20 根，直线形，长为子囊果直径的 0.8～1.8 倍，
长 77～183μm，上下近等粗，粗 5～8μm，上部壁薄，向基部渐增粗，平滑或基部略粗
糙，全长无色或中下部略带浅褐色，无隔膜，少数基部有 1 个隔膜，顶端双叉状分枝
（3～）4～6 次，分枝末端多反卷，个别指状不反卷；子囊 3～7 个，广卵形、卵形、近圆形
等，多数无柄或近无柄，少数有短柄，（45.0～58.5）μm×［（30.0～）38.5～59.0］μm，
子囊壁厚 0.5～1.0μm，易破裂；子囊孢子（2～）3～5 个，椭圆形、卵形、短椭圆形、肾
形，个别孢子大而形状奇特，［17.5～37.5（～42.5）］μm×［12.5～19.0（～25.0）］μm，
淡灰色。

二球悬铃木 *Platanus acerifolia*（Aiton）Willd.：连云港市海州区新浦公园 HMAS
249804、HMAS 350409；连云港市东海县西双湖景区 HMAS 351635。

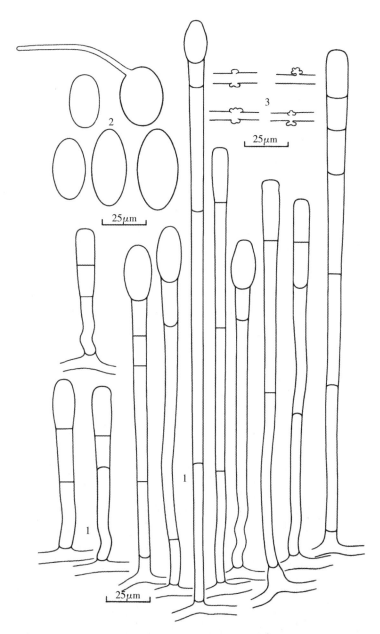

图 119A　悬铃木白粉菌 *Erysiphe platani*（Howe）U. Braun & S. Takam.（HMAS 351755）
1. 分生孢子梗和分生孢子　2. 分生孢子　3. 附着胞

一球悬铃木 *Platanus occidentalis* Linn.：连云港市海州区新浦街道 HMAS 248378、HMAS 351755；连云港市连云区朝阳街道 HMAS 351345；连云港市灌南县人民路 HMAS 351636；徐州市泉山区云龙湖景区 HMAS 351362；徐州市沛县滨河公园 HMAS 351191；盐城市射阳县人民西路 HMAS 350785；南通市崇川区 HMAS 350834；南京市雨花区雨花台 HMAS 350708；南京市玄武区东苑路 HMAS 350944；苏州市虎丘区苏州植物园 HMAS 350972；无锡市滨湖区锡惠公园 HMAS 351046；宜兴市龙背山森林公园

HMAS 350954。

三球悬铃木 *Platanus orientalis* Linn.：连云港市连云区朝阳街道尹宋村 HMAS 351639。

国内分布：江苏、河南、湖北、吉林等。

世界分布：亚洲（中国、以色列、日本），南美洲（巴西），欧洲（奥地利、保加利亚、捷克、法国、德国、波兰、匈牙利、意大利、希腊、斯洛伐克、斯洛文尼亚、英国、西班牙、瑞士），南非以及澳大利亚。

B 寄生在豆科 Fabaceae（Leguminosae）植物上。

菌丝体叶两面生，以叶面为主，初为白色圆形或无定形薄而淡的斑点，后逐渐扩展连片，布满全叶，展生，存留；菌丝无色，光滑，粗 3～7μm，附着胞裂瓣形，常对生；分生孢子梗长 47.5～166.5μm，脚胞柱形，基部多弯曲，少数弯曲不明显，无色，光滑，向下稍变细，有时上下近等粗，（47.5～150.0）μm×（4.5～6.5）μm，上接 1～3 个细胞；分生孢子单生，长椭圆形、椭圆形、卵形，无色，（28.5～50.0）μm×（13.0～21.5）μm，长/宽为 1.6～3.8，平均 2.5；子囊果散生，暗褐色，扁球形，直径 70.0～110.0μm（平均 93.5μm），壁细胞不规则多角形，直径 5～23μm；附属丝 3～16 根，为子囊果直径的 0.5～2.0 倍，长 50～225μm，直或略弯曲，上下近等粗或基部略粗，粗 5～8（～10）μm，壁厚，全长平滑或中下部略粗糙，多数无隔膜、无色，少数基部有 1 个隔膜，隔膜以下浅褐色，顶部二叉状分枝 4～7 次，分枝末端多反卷，少数不反卷；子囊 3～6 个，卵圆形、卵形、近圆形、不规则形等，子囊壁厚 2.5～4.0μm，有小柄或近

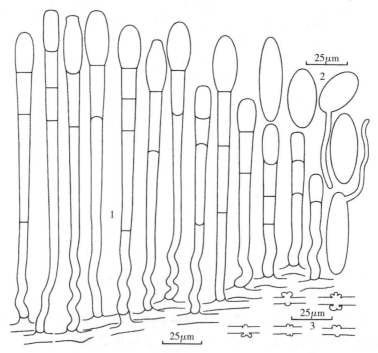

图 119B-1 悬铃木白粉菌 *Erysiphe platani*（Howe）U. Braun & S. Takam.（HMAS 248273）
1. 分生孢子梗和分生孢子　2. 分生孢子　3. 附着胞

无柄，（35.0～50.0）μm×（27.5～42.5）μm；子囊孢子 4～6 个，椭圆形、卵形，
（15～25）μm×（10～15）μm，无色。

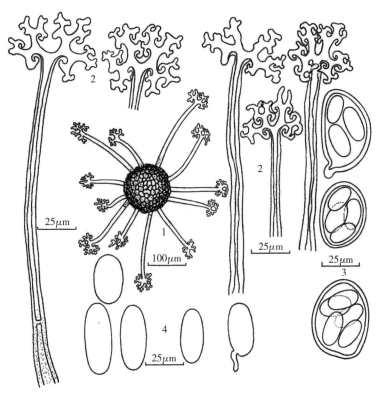

图 119B-2　悬铃木白粉菌 *Erysiphe platani*（Howe）U. Braun & S. Takam.（HMAS 248273）
1. 子囊果　2. 附属丝　3. 子囊和子囊孢子　4. 分生孢子

紫荆 *Cercis chinensis* Bunge：连云港市海州区新浦公园 HMAS 248273。

C 寄生在无患子科 Sapindaceae 植物上。

菌丝体叶两面生，以叶面为主，初为白色圆形或无定形斑点，后逐渐扩展连片并布满
全叶，展生，存留或消失；菌丝无色，光滑，粗 3～6μm，附着胞裂瓣形，常对生；分生
孢子梗长 89～250μm，脚胞柱形，无色，光滑，基部常呈波状弯曲，少数直，上下近等
粗，（42.5～130.0）μm×（5.0～6.5）μm，上接 1～4 个细胞；分生孢子单生，椭圆形、
长椭圆形、短椭圆形、卵形，无色，（29.0～50.0）μm×（16.5～26.5）μm，长/宽为
1.4～2.7，平均 1.8。

复羽叶栾树 *Koelreuteria bipinnata* Franch.：南京市玄武区东苑路 HMAS 248383。

无患子 *Sapindus mukorossi* Gaertn.：无锡市宜兴市龙背山森林公园 HMAS 350957。

D 寄生在旋花科 Convolvulaceae 植物上。

菌丝体叶两面生，初为白色圆形斑点，后逐渐扩展连片，可布满全叶，展生，存留或
消失；菌丝无色，光滑，粗 3.5～8.0μm，附着胞裂瓣形，常对生；分生孢子梗长 100～
205μm，脚胞柱形，无色，光滑，略弯曲，少数直，上下近等粗或向下略变细，（50～
165）μm×（5～9）μm，上接 1～4 个细胞；分生孢子单生，短椭圆形、椭圆形、长椭圆

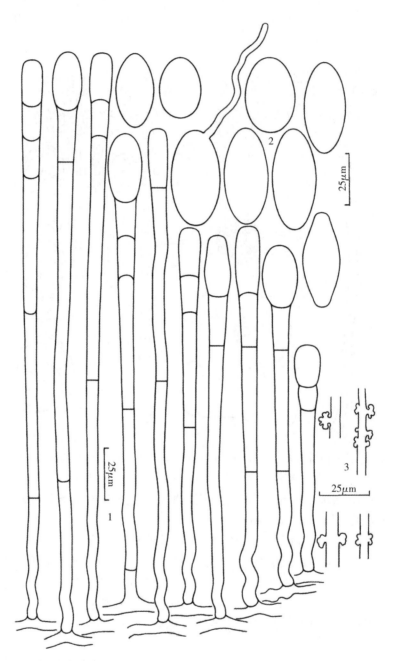

图 119C 悬铃木白粉菌 *Erysiphe platani*（Howe）U. Braun & S. Takam.（HMAS 248383）
1. 分生孢子梗和分生孢子 2. 分生孢子 3. 附着胞

形、卵圆形，无色，[25.0～47.5（～52.5）]μm×（15.5～26.5）μm，长/宽为 1.2～2.3，平均 1.7。有性阶段未见。

牵牛 *Ipomoea nil*（Linn.）Rorh.；连云港市连云区朝阳街道 HMAS248280；连云港市连云区海上云台山风景区 HMAS 351185、连云街道环山路 HMAS 350999；南京市玄武区中山植物园 HMAS 350926。

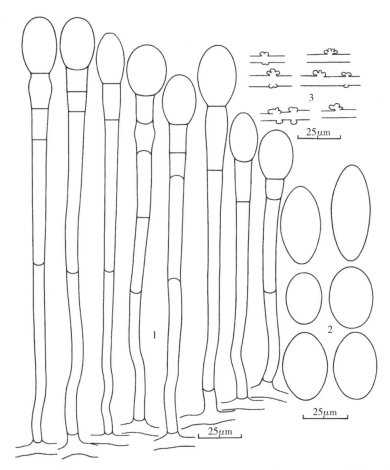

图 119D　悬铃木白粉菌 *Erysiphe platani*（Howe）U. Braun & S. Takam.（HMAS 248280）
1. 分生孢子梗和分生孢子　2. 分生孢子　3. 附着胞

讨论：该菌分生孢子梗和脚胞均明显较长，区别于其他种类，分生孢子椭圆形而非柱形，长/宽为 1.3～2.3，平均 1.7。悬铃木白粉菌 *Erysiphe platani*（Howe）U. Braun & S. Takam. 于 1874 年被 Howe 命名为悬铃木叉丝壳 *Microsphaera platani* Howe，2000 年才重新组合为悬铃木白粉菌，其名下寄主仅仅局限在悬铃木科 Platanaceae 一球悬铃木 *Platanus occidentalis* Linn.、二球悬铃木 *Platanus acerifolia*（Aiton）Willd. 和三球悬铃木 *Platanus orientalis* Linn. 三种植物上。在本地除了三种悬铃木上采集到该菌外，还在豆科 Fabaceae 紫荆 *Cercis chinensis* Bunge、无患子科 Sapindaceae 复羽叶栾树 *Koelreuteria bipinnata* Franch. 和无患子 *Sapindus mukorossi* Gaertn.、旋花科 Convolvulaceae 牵牛 *Ipomoea nil*（Linn.）Rorh. 等植物上同时采集到该菌（ITS＋28SrDNA 分析），国内还在湖北武汉采集到栾树 *Koelreuteria paniculata*、吉林采集到苦木科 Simaroubaceae 臭椿 *Ailanthus altissima*（Mill.）Swingle 上有该菌侵染并形成有性阶段。说明该菌可以跨科寄生 5 科 9 种植物，这种现象在白粉菌属 *Erysiphe* 中非常罕见。由此，白粉菌的专性寄生性也被质疑，类似的情况在高氏白粉菌中也较常见。豆科、无患

229

子科、旋花科均为该菌世界新记录寄主。

笔者采集的标本中，只有悬铃木和紫荆上无性阶段和有性阶段均有，无患子和牵牛只有无性阶段。4 科植物上无性阶段形态非常相近，分生孢子梗 47.5～315.0μm，其中悬铃木最长 60～315μm，紫荆最短 47.5～166.0μm，脚胞长度近似，分生孢子长/宽比值多数为 1.2～2.7，平均 1.7～1.8，只有紫荆区别明显，长/宽比值为 1.6～3.8，平均 2.5。

防己白粉菌（防己叉丝壳） 图 120

Erysiphe pseudolonicerae (E. S. Salmon) U. Braun & S. Takam. , Schlechtendalia 4：12，2000；Liu, The Erysiphaceae of Inner Mongolia ：113，2010；Braun & Cook, Taxonomic Manual of the Erysiphales (powdery mildews) ：495，2012.

Microsphaera alni var. *pseudolonicerae* E. S. Salmon，Ann. Mycol. 6：4，1908.

Microsphaera pseudolonicerae （E. S. Salmon）S. Blumer，Beitr. Krypt. -Fl. Schweiz 7 (1)：351，1933；Braun, Beih. Nova Hedwigia 89：341，1987.

Microsphaera pseudolonicerae (E. S. Salmon) Homma，J. Fac. Agric. Hokkaido Univ. 38：393，1937；Tai, Sylloge Fungorum Sinicorum：234，1979；Zheng & Yu (eds.), Flora Fungorum Sinicorum 1：211，1987；Yu & Tian, Acta Mycol. Sin. 14 （3）：

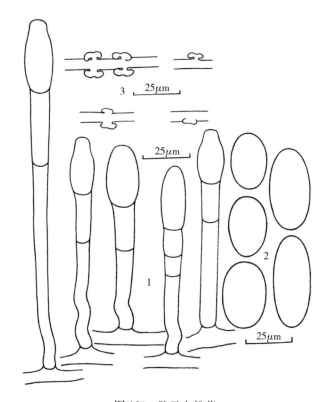

图 120 防己白粉菌

Erysiphe pseudolonicerae (E. S. Salmon) U. Braun & S. Takam. （HMAS 351764）

1. 分生孢子梗和分生孢子 2. 分生孢子 3. 附着胞

168，1995.

菌丝体叶两面生，亦生于叶柄、茎等各部位，初为白色圆形或无定形斑片，后逐渐扩展连片布满全叶，展生，存留或消失；菌丝无色，光滑，粗 4.0～7.5μm，附着胞裂瓣形，常对生；分生孢子梗脚胞柱形，无色，光滑，基部常弯曲，上下近等粗或向下略变细，（40.0～105.0）μm×（5.5～8.0）μm，上接 1～2 个细胞，多数 1 个；分生孢子单生，无色，椭圆形、长椭圆形、卵形，（26.5～55.0）μm×（10.0～21.5μm（平均 38.4μm×16.8μm），长/宽为 1.4～3.0，平均 2.4；子囊果聚生至近聚生，暗褐色，扁球形或双凸镜形，直径 65～150μm，壁细胞多角形，少数近方形，较大，壁薄，直径 9.0～37.5（～50.0）μm；附属丝 3～14 根，长短、分枝和形态变化较大，直或略弯曲，有时结节状弯曲，为子囊果直径的 1～2 倍，长 67～190μm，基部宽 6.5～9.0μm，向上略变细，宽 5.0～7.5μm，壁厚，全长平滑，少数中下部略粗糙，无隔膜，少数有 1～2 个隔膜，全长无色，有时隔膜以下或中下部呈淡褐色，顶部二叉状分枝 3～10 次，多数 4～8 次，分枝多细而长，分枝末端钝圆、平截或指状，不反卷或反卷；子囊 3～8 个，宽卵形、卵形，多数无柄或近无柄，少数有小柄，（57.5～75.0）μm×（36.0～59.0）μm；子囊孢子 5～7 个，椭圆形、卵形、短椭圆形，（16.0～30.0）μm×（13.5～18.0）μm，灰黄色。

寄生在防己科 Menispermaceae 植物上。

木防己 *Cocculus orbiculatus*（Linn.）DC.：连云港市海州区花果山风景区 HMAS 62156、云台街道 HMAS 351764、新浦街道 HMAS 351829；连云港市连云区朝阳街道 HMAS 62520；连云港市赣榆区班庄镇夹谷山景区 HMAS 351641；徐州市泉山区珠山风景区 HMAS 351314；宿迁市宿豫区三台山森林公园 HMAS 351137；南京市浦口区老山景区 HMAS 350919；苏州市虎丘区大阳山国家森林公园 HMAS 351448；无锡市宜兴市龙背山森林公园 HMAS 350955；常州市溧阳市燕山公园 HMAS 350945。

蝙蝠葛 *Menispermum daurium* DC.：连云港市连云区朝阳街道韩李水库 HMAS 351614。

千金藤 *Stephania japonica*（Thunb.）Miers：南京市玄武区中山植物园 HMAS 350901；南京市浦口区老山景区 HMAS 350922。

国内分布：江苏、北京、内蒙古、山东、安徽、湖南、江西、台湾

世界分布：中国、日本、印度、韩国以及俄罗斯远东地区。

鼠李生白粉菌（鼠李生叉丝壳） 图 121

Erysiphe rhamnicola（Y. N. Yu）U. Braun & S. Takam.，Schlechtendalia 4：13，2000；Liu，The Erysiphaceae of Inner Mongolia：114，2010；Braun & Cook，Taxonomic Manual of the Erysiphales（powdery mildews）：499，2012.

Microsphaera rhamnicola Y. N. Yu，in Yu & Lai，Acta Microbiol. Sin. 21（1）：18，1981；Zheng & Yu（eds.），Flora Fungorum Sinicorum 1：213，1987；Braun，Beih. Nova Hedwigia 89：391，1987；Yu & Tian，Acta Mycol. Sin. 14（3）：168，1995.

菌丝体叶两面生，亦生于叶柄、茎等各部位，初为白色圆形或无定形斑片，后逐渐扩

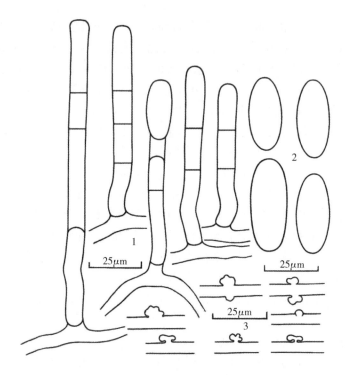

图 121　鼠李生白粉菌

Erysiphe rhamnicola (Y. N. Yu) U. Braun & S. Takam. （HMAS 351325）

1. 分生孢子梗和分生孢子　2. 分生孢子　3. 附着胞

展连片布满全叶，展生，存留或消失；菌丝无色，光滑，粗 3～8μm，附着胞裂瓣形，对生或单生；分生孢子梗脚胞柱形，无色，光滑，直或略弯曲，上下近等粗，（30～45）μm×（6～9）μm，上接 1～2 个细胞；分生孢子单生，无色，长椭圆形、柱状椭圆形，（30.0～41.5）μm×（13.0～17.0）μm，长/宽为 1.8～2.7。

寄生在鼠李科 Rhamnaceae 植物上。

猫乳 *Rhamnella frangulaides* (Maxim.) Weberb.：连云港市连云区宿城景区 HMAS 351187；徐州市泉山区珠山风景区 HMAS 351325、云龙湖景区 HMAS 351221。

国内分布：江苏、浙江、四川、内蒙古、甘肃。

世界分布：中国。

拉塞尔白粉菌（拉塞尔叉丝壳）　　　　　　　　　　　　　　　　图 122

Erysiphe russellii (Clinton) U. Braun & S. Takam.，Schlechtendalia 4：13，2000；Liu，The Erysiphaceae of Inner Mongolia：115，2010；Braun & Cook，Taxonomic Manual of the Erysiphales（powdery mildews）：502，2012.

Microsphaera russellii Clinton，in Peck，Rep.（Annual）New York Stat. Mus. Nat. Hist. 26：80，1874；Tai，Sylloge Fungorum Sinicorum：235，1979；Braun，Beih. Nova Hedwigia 89：295，1987.

Oidium oxalidis McAlpine，Proc. Roy. Soc. Victoria，N. S.，6：219，1894.

菌丝体叶两面生，初为不定形薄而淡的白色斑点，后逐渐扩展，布满全叶，展生，近存留或消失；菌丝无色，粗 3～6μm，附着胞裂瓣形或近乳头形，单生，少数对生；分生孢子梗脚胞柱形，无色，光滑或基部略粗糙，上下近等粗，与菌丝近等粗，直线形，(18.5～75.0) μm×(4.0～7.0) μm，上接 1～2 个细胞；分生孢子单生，长椭圆形、梭状椭圆形、椭圆形，无色，(25.0～42.5) μm×(13.5～19.0) μm，长/宽为 1.8～2.5，平均 2.0。

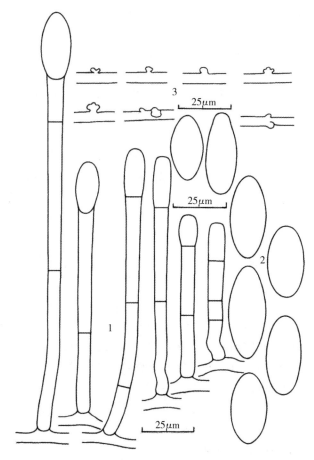

图 122 拉塞尔白粉菌 *Erysiphe russellii* (Clinton) U. Braun & S. Takam. (HMAS 351728)
1. 分生孢子梗和分生孢子 2. 分生孢子 3. 附着胞

寄生在酢浆草科 Oxalidaceae 植物上。

酢浆草 *Oxalis corniculata* Linn.：连云港市连云区朝阳街道尹宋村 HMAS 351279；连云港市海州区东盐河路 HMAS 351691；徐州市泉山区云龙山景区 HMAS 351319；徐州市沛县滨河公园 HMAS 351209；宿迁市宿豫区三台山森林公园 HMAS 351139；南京市玄武区龙宫路 HMAS 350670；扬州市广陵区小秦淮河 HMAS 350745；南通市崇川区滨江公园 HMAS 350828；苏州市虎丘区马山村 HMAS 351728；常熟市董浜镇 HMAS 350771、HMAS 351734；连云港市灌南县六塘 HMAS 350756；泰州市兴化市英武中路

HMAS 351069。

国内分布：江苏、云南、贵州、内蒙古、台湾。

世界分布：亚洲，北美洲，欧洲，南非以及大洋洲（澳大利亚、新西兰）。

讨论：该菌无性阶段分生孢子梗长而细，分生孢子椭圆形或梭状椭圆形。本地区仅见无性阶段。

叶底珠白粉菌（叶底珠叉丝壳） 图 123

Erysiphe securinegae （F. L. Tai & C. T. Wei) U. Braun & S. Takam. ，Schlechtendalia 4∶
13，2000；Liu，The Erysiphaceae of Inner Mongolia ∶118，2010；Braun & Cook，
Taxonomic Manual of the Erysiphales (powdery mildews)∶503，2012.

Microsphaera securinegae F. L. Tai & C. T. Wei，Sinensia 3∶120，1932；Tai，Sylloge
Fungorum Sinicorum∶235，1979；Zheng & Yu (eds.)，Flora Fungorum Sinicorum
1∶216，1987；Braun，Beih. Nova Hedwigia 89∶357，1987；Yu & Tian，Acta
Mycol. Sin. 14 (3)∶168，1995.

菌丝体叶两面生，初为白色圆形或无定形斑点，后逐渐扩展连片并布满全叶直至覆盖整个植株体，展生，存留或消失；菌丝无色，光滑或粗糙，粗 3～7μm，附着胞裂瓣形，单生，数量少而小；分生孢子梗脚胞柱形，无色，光滑，常弯曲，上下近等粗，（20～50）μm×（5～7）μm，上接 1～2 个细胞；分生孢子单生，柱形、柱状椭圆形，无色，[21.0～42.5（～47.5）] μm×（12.5～17.0）μm，长/宽为 1.5～2.8，在水中易破裂；子囊果聚生至散生，深褐色，球形或近球形，直径 60～127μm，壁细胞多角形或近方形，直径 6～30μm；附属丝 3～9 根，为子囊果直径的 3～25 倍，长 200～1 000μm，全长近等粗或向上略变粗，基部宽 3～5μm，顶部宽 5～9μm，全长平滑或基部略粗糙或上部略粗糙，全长无色，无隔膜，少数靠近基部有 1 个隔膜，隔膜以下淡褐色，中间有时有数个结节或结节状膨大，壁薄，顶部二叉状分枝 1～5 次，个别三叉状分枝或不分枝，分枝呈平角，第一次分枝多较长，长 25～165μm，顶端分枝紧密，末端反卷；子囊 3～7 个，个别 1～2 个，宽卵形、卵圆形，有柄或无柄，（37.5～62.5）μm×[（20.0～）30.0～47.5] μm；子囊孢子 8 个，少数 5～7 个，椭圆形、卵形，（12.5～28.5）μm×（8.0～15.0）μm，淡灰黄色。

寄生在大戟科 Euphorbiaceae 植物上。

叶底珠 *Flueggea suffruticosa* （Pall.）Baill.：连云港市海州区花果山风景区 HMAS 62158、云台街道 HMAS 249792；连云港市连云区朝阳街道 HMAS 350979；镇江市句容市宝华山 HMAS 350940；南京市玄武区博爱园 HMAS 351237。

国内分布：江苏、安徽、内蒙古。

世界分布：中国、日本、韩国以及俄罗斯远东地区。

讨论：该菌无性阶段分生孢子梗细弱，分生孢子小，附着胞也很小。与胡桃白粉菌 *Erysiphe juglandis* （Golovin) U. Braun & S. Takam. 相似，但前者分生孢子梗长，后者分生孢子梗短。

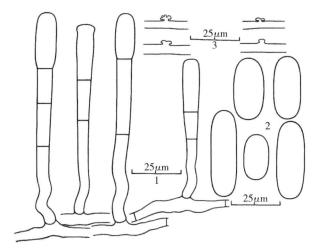

图 123　叶底珠白粉菌

Erysiphe securinegae（F. L. Tai & C. T. Wei）U. Braun & S. Takam.（HMAS 350979）

1. 分生孢子梗和分生孢子　2. 分生孢子　3. 附着胞

茅栗白粉菌（茅栗叉丝壳）　　　　　　　　　　　　　　　　　　　　图 124

Erysiphe seguinii（Y. N. Yu & Y. Q. Lai）U. Braun & S. Takam.，Schlechtendalia 4：13，2000；Braun & Cook，Taxonomic Manual of the Erysiphales（powdery mildews）：504，2012.

Microsphaera seguinii（as "sequinii"）Y. N. Yu & Y. Q. Lai，J. N. E. Forest. Inst.，Harbin 4：31，1982；Zheng & Yu（eds.），Flora Fungorum Sinicorum 1：219，1987；Braun，Beih. Nova Hedwigia 89：391，1987；Yu & Tian，Acta Mycol. Sin. 14（3）：168，1995.

菌丝体叶两面生，初为白色圆形或无定形斑点，渐扩展连片并布满全叶，展生，存留或近存留；菌丝无色，光滑，粗 4～9μm，附着胞裂瓣形，对生或单生；分生孢子梗脚胞柱形，无色，光滑，直线形，有时稍弯曲，上下近等粗或向下略细，（16～45）μm×（6～9）μm，上接 1～2 个细胞；分生孢子单生，椭圆形、长椭圆形形，无色，（31.0～54.5）μm×（16.5～24.0）μm，长/宽为 1.6～2.7，平均 2.1；子囊果聚生至散生，暗褐色，扁球形，直径 107～161μm，平均 136μm，壁细胞不规则多角形，直径 10.0～22.5μm；附属丝 4～30 根，直挺或略弯曲，为子囊果直径的 0.6～1.5 倍，长 80～254μm，平均 110μm，壁薄，全长平滑或稍粗糙，全长无色或基部褐色至浅褐色，有 1～2（～5）个隔膜，顶端二叉状分枝 5～6 次，紧凑，分枝末端反卷或不反卷呈指状；子囊 7～12 个，长椭圆形、椭圆形、卵形，有小柄，（53～70）μm×（30～44）μm；子囊孢子 8 个，椭圆形、卵形等，（16.0～25.0）μm×（10.0～16.5）μm。

寄生在壳斗科 Fagaceae 植物上。

锐齿槲栎 *Quercus aliena* Blume var. *acuteserrata* Maxim. et Wenz.：南京市江宁区牛首山风景区 HMAS 350682。

栗 *Castanea mollissima* Blume：连云港市海州区三禾小区 HMAS 351354、HMAS

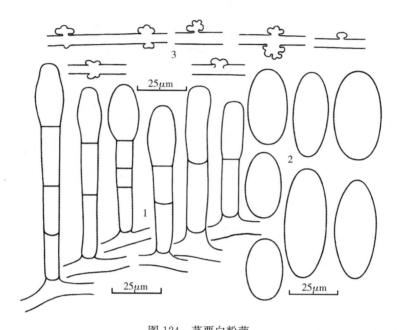

图 124　茅栗白粉菌

Erysiphe seguinii (Y. N. Yu & Y. Q. Lai) U. Braun & S. Takam. （HMAS 351006）

1. 分生孢子梗和分生孢子　2. 分生孢子　3. 附着胞

351006，花果山风景区 HMAS 351355，云台街道 HMAS 351272；连云港市连云区宿城景区 Y18147、法起寺 HMAS 351807；南京市江宁区牛首山景区 HMAS 350696。

茅栗 *Castanea seguinii* Dode：淮安市盱眙县铁山寺国家森林公园 HMAS 351109。

泡栎 *Quercus serrata* Murray：南京市江宁区牛首山景区 HMAS 350683；苏州市虎丘区大阳山国家森林公园 HMAS 351445。

国内分布：江苏、广西。

世界分布：中国。

田菁白粉菌　　　　　　　　　　　　　　　　　　　　　　　　图 125

Erysiphe sesbaniae Wolcan & U. Braun, Mycotaxon 112：181，2010；Braun & Cook, Taxonomic Manual of the Erysiphales（powdery mildews）：505，2012.

菌丝体叶两面生，初为白色圆形斑点，后逐渐扩展连片布满全叶，展生，存留或消失；菌丝无色，光滑，粗 4～7 μm，附着胞裂瓣形，多单生；分生孢子梗脚胞柱形，无色，光滑，直或基部弯曲，上下近等粗，（20～55）μm×（6～9）μm，上接（0～）1～2 个细胞；分生孢子单生，无色，长椭圆形、椭圆形，（30～46）μm×（15～20）μm，长/宽为 1.7～2.6，平均 2.1；未见有性阶段。

寄生在蝶形花科 Papilionaceae 植物上。

田菁 *Sesbania cannabina*（Retz.）Poir.：连云港市连云区中云街道云龙涧风景区 HMAS 351824。

国内分布：江苏等。

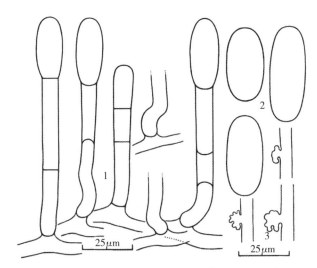

图 125 田菁白粉菌 *Erysiphe sesbaniae* Wolcan & U. Braun（HMAS 351824）

1. 分生孢子梗和分生孢子 2. 分生孢子 3. 附着胞

世界分布：中国以及南美洲（阿根廷）。

山矾属白粉菌（山矾叉丝壳） 图 126

Erysiphe symplocigena U. Braun & S. Takam.，Schlechtendalia 8：34，2002；Braun &
Cook，Taxonomic Manual of the Erysiphales（powdery mildews）：510，2012.

Microsphaera symploci Y. N. Yu & Y. Q. Lai，Acta Microbiol. Sin. 21（1）：19，1981；
Zheng & Yu（eds.），Flora Fungorum Sinicorum 1：225，1987；Braun，Beih. Nova
Hedwigia 89：366，1987.

Erysiphe symplocicola U. Braun & S. Takam.，Schlechtendalia 4：14，2000.

菌丝体叶两面生，以叶面为主，初为白色圆形斑点，后逐渐扩展连片，布满全叶，展
生，存留或消失；菌丝无色，光滑，着生分生孢子处常明显增粗，粗 4.5～10.0μm，附
着胞裂瓣形，对生或单生；分生孢子梗脚胞柱形，无色，光滑，直或弯曲，上下近等粗，
（21.0～50.0）μm×（7.5～10.0）μm，上接 1～2 个细胞；分生孢子单生，柱形、长椭
圆形、椭圆形、宽椭圆形，无色，（30.5～48.5）μm×（20.0～27.5）μm，长/宽为
1.2～2.4，平均 1.7；子囊果散生至聚生，深褐色，球形或近球形，直径 65～100μm，壁
细胞多角形或近方形，直径 8～30μm；附属丝 4～10 根，为子囊果直径的 1.5～2.5 倍，
长 150～250μm，直或略弯曲，全长近等粗，基部宽 6～8μm，顶部宽 5～9μm，全长平滑
或基部瘤状粗糙，全长无色，有时基部淡褐色，无隔膜，个别基部有 1 个隔膜，壁厚，基
部通常连合，顶部二叉状分枝 3～6 次，第一次和第二次分枝多较长，呈平角或大于 180°，
分枝末端指状反卷，少数不反卷；未见成熟子囊。

寄生在山矾科 Symplocaceae 植物上。

白檀 *Symplocos paniculata*（Thunb.）Miq.：南京市栖霞区栖霞山 HMAS 350699、
HMAS 350916；无锡市滨湖区惠山国家森林公园 HMAS 248381。

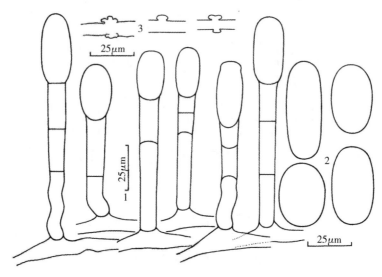

图 126 山矾属白粉菌 *Erysiphe symplocigena* U. Braun & S. Takam. (HMAS 350699)
1. 分生孢子梗和分生孢子 2. 分生孢子 3. 附着胞

国内分布：江苏、湖北。

世界分布：中国。

讨论：仅采集到少数子囊果，且子囊和子囊孢子多未成熟。

车轴草白粉菌（车轴草叉丝壳）   图 127

Erysiphe trifoliorum (Wallr.) U. Braun, Mycotaxon112：175，2010；Braun & Cook, Taxonomic Manual of the Erysiphales (powdery mildews)：515，2012.

Alphitomorpha trifoliorum Wallr.，Ann. Wetterauischen Ges. Gesammte Naturk.，N. F.，4：238，1819.

Erysiphe trifolii Grev.，Fl. edin.：459，1824；R. Y. Zheng & G. Q. Chen, Sydowia 34：282，1981；Zheng & Yu (eds.)，Flora Fungorum Sinicorum 1：138，1987；Liu, The Erysiphaceae of Inner Mongolia 3：126，2010；

Microsphaera trifolii (Grev.) U. Braun, Nova Hedwigia 34：685，1981；Braun, Beih. Nova Hedwigia 89：291，1987.

Erysiphe lathyri Grev.，Fl. edin.：460，1824.

Erysibe communis var. *leguminosarum* Link，Sp. pl. 4，6 (1)：105，1824，p. p.

Erysiphe martii Lév. (Léveillé 1851：166)，nom. illeg. (superfl.) [sensu Blumer 1933，1967].

Microsphaera martii Y. S. Paul & V. K. Thakur (as "comb. nov.")，Indian Erysiphaceae：53，Jodhpur 2006.

Microsphaera paulii Hosag. & D. K. Agarwal，Powdery mildews of India~ check list：25，New Delhi 2009.

　　菌丝体叶两面生，初为白色无定形斑点，后逐渐扩展连片，可布满全叶，展生，存留或消失；菌丝无色，光滑，粗 5～8μm，附着胞裂瓣形或近乳头形，多单生；分生孢子梗脚胞柱形，无色，光滑，直或基部略弯曲，上下近等粗，（30～45）μm×（7～9）μm，上接 1～2 个细胞；分生孢子单生，长椭圆形，无色，（30～48）μm×（15～20）μm，长/宽为 1.8～2.8，平均 2.3；本地未见有性阶段。

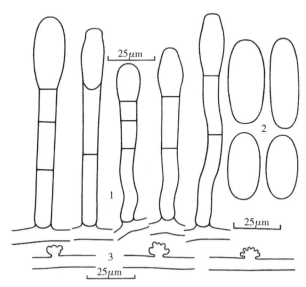

图 127　车轴草白粉菌 *Erysiphe trifoliorum*（Wallr.）U. Braun（HMAS 351311）
1. 分生孢子梗和分生孢子　2. 分生孢子　3. 附着胞

寄生在豆科 Fabaceae（Leguminosae）植物上。

合欢 *Albizia julibrissin* Durazz.：连云港市海州区海连东路 HMAS 352386。

狭叶米口袋 *Gueldenstaedtia stenophylla* Bunge：徐州市云龙区云龙湖景区 HMAS 351311；连云港市海州区瀛洲南路 HMAS 351685。

红车轴草 *Trifolium pratense* Linn.：连云港市海州区花果山风景区孔雀沟 HMAS 351164。

紫穗槐 *Amorpha fruticosa* Linn.：连云港市海州区大村 Y 89039、云台街道 Y93036。

国内分布：华东（江苏），华北（北京、内蒙古），华中（河南），东北，西北（新疆），台湾。

世界分布：亚洲、欧洲、美洲、北非、大洋洲。

讨论：该菌本地还可寄生少花米口袋 *Gueldenstaedtia verna*（Georgi）Boriss. 等。

万布白粉菌原变种（万布叉丝壳）　　　　　　　　　　　　图 128

Erysiphe vanbruntiana（Gerard）U. Braun & S. Takam.，Schlechtendalia 4：15，2000；Liu, The Erysiphaceae of Inner Mongolia：128，2010；Braun & Cook, Taxonomic Manual of the Erysiphales（powdery mildews）：517，2012. var. ***vanbruntiana***

Microsphaera vanbruntiana Gerard，Bull. Torrey Bot. Club 6：31，1875；Zheng & Yu（eds.），Flora Fungorum Sinicorum 1：227，1987；Braun, Beih. Nova Hedwigia 89：

337，1987；Yu & Tian，Acta Mycol. Sin. 14 （3）：168，1995.

Microsphaera bidentis F. L. Tai，Lingnan Sci. J. 18：458，1939.

菌丝体叶两面生，亦生于叶柄、茎、果穗和花等各部位，初为白色圆形或无定形斑点，后扩展连片，布满全叶，覆盖整个枝梢，展生，存留；菌丝无色，粗 5～8μm，附着胞裂瓣形，对生；分生孢子梗脚胞柱形，直或有时基部略弯曲，光滑，上下近等粗，（20.0～35.0）μm×（8.0～10.0）μm，上接 1～2 个细胞；分生孢子单生，柱形、长椭圆形、椭圆形，无色，（28.5～46.5）μm×（15.0～19.0）μm，长/宽为 1.5～3.4，平均 2.3；子囊果聚生至近聚生，深褐色，扁球形，直径 82～135μm，壁细胞不规则多角形，直径 10～25μm；附属丝 6～26 根，多数 10～20 根，直挺，长度为子囊果直径的 1.0～1.8 倍，长 80～175μm，由基部向上略变细，基部宽 7～10μm，上部宽 5.0～7.5μm，基部略粗糙或平滑，中下部平滑，壁薄，多数基部有 1 个隔膜，个别 2～3 个隔膜或无隔膜，隔膜以下淡褐色，有时中下部浅褐色，顶部二叉状分枝 3～6 次，多数 4～5 次，分枝多为锐角，分枝末端钝圆或平截，多指状不反卷；子囊 4～8 个，卵形、宽卵形、梨形、椭圆形等，有小柄，（49.0～70.0）μm×（32.5～50.0）μm；子囊孢子 3～6 个，椭圆形、卵形、卵圆形，（17.5～32.5）μm×（12.5～20.0）μm，淡灰黄色。

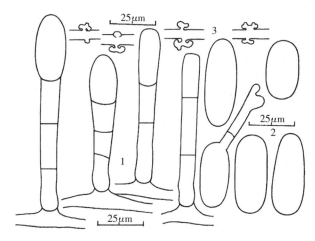

图 128　万布白粉菌原变种

Erysiphe vanbruntiana （Gerard）U. Braun & S. Takam. var. *vanbruntiana* （HMAS 351835）

1. 分生孢子梗和分生孢子　2. 分生孢子　3. 附着胞

寄生在五福花科 Adoxaceae 植物上。

接骨木 *Sambucus williamsii* Hance：连云港市海州区新浦街道市化路 HMAS 350356；连云港市连云区猴嘴街道 HMAS 62514、HMAS 249781，朝阳街道尹宋村 HMAS 351835，宿城景区 HMAS 351791；连云港市赣榆区罗阳镇后罗阳村 HMAS 351160。

国内分布：江苏、黑龙江、辽宁、内蒙古、青海、四川、西藏。

世界分布：亚洲（中国、日本、韩国以及俄罗斯远东地区），北美洲（加拿大、美国），欧洲（意大利、德国等）。

山田白粉菌（山田叉丝壳） 图129

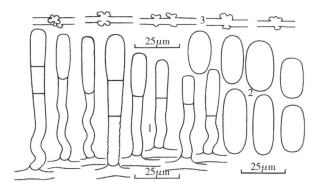

图129A 山田白粉菌
Erysiphe yamadae（E. S. Salmon）U. Braun & S. Takam.（HMAS 350867）
1. 分生孢子梗和分生孢子 2. 分生孢子 3. 附着胞

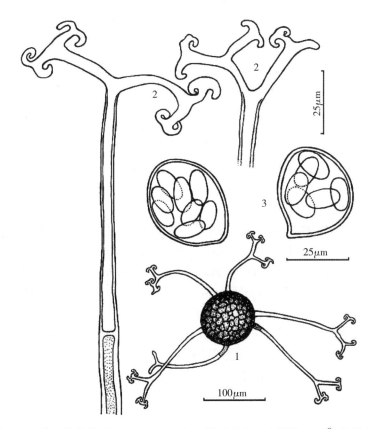

图129B 山田白粉菌 *Erysiphe yamadae*（E. S. Salmon）U. Braun & S. Takam.
1. 子囊果 2. 附属丝 3. 子囊和子囊孢子

Erysiphe yamadae（E. S. Salmon）U. Braun & S. Takam.，Schlechtendalia 4：15，2000；Braun
& Cook，Taxonomic Manual of the Erysiphales（powdery mildews）：521，2012.

Microsphaera alni var. *yamadae* [as "yamadai"] E. S. Salmon，Ann. Mycol. 6：3，1908；Zheng & Yu（eds.），Flora Fungorum Sinicorum 1：231，1987；Braun，Beih. Nova Hedwigia 89：375，1987；Yu & Tian，Acta Mycol. Sin. 14（3）：167，1995；T. Z. Liu & S. R. Yu，Mycosystema 24（4）：479，2005.

菌丝体叶两面生，以叶面为主，初为白色圆形斑点，渐扩展连片并布满全叶，菌粉层淡薄，展生，存留或消失；菌丝无色，光滑或略粗糙，粗 2.5～5.0μm，附着胞裂瓣形，常对生；分生孢子梗脚胞柱形，无色，光滑或略粗糙，常弯曲，少数直，上下近等粗，（20.0～45.0）μm×（5.0～6.5）μm，上接 0～1 个细胞；分生孢子单生，柱形、柱状椭圆形，无色，（21.0～35.0）μm×（12.5～15.5）μm，长/宽为 1.6～3.3，平均 2.2；子囊果散生至近聚生，暗褐色，扁球形，直径 77～114μm，壁细胞不规则多角形，直径 10～26μm；附属丝 2～13 根，直或弯曲，长为子囊果直径的 1～3 倍，长 80～241μm（平均 160μm），基部宽 6～9μm，局部略有粗细变化，平滑或中部以下略粗糙，基部有（0～）1（～2）个隔膜，全长无色或略带浅褐色，隔膜以下淡褐色，顶端双叉状分枝（2～）3～5 次，松散且不对称，第一次分枝通常较长，分枝末端指状或近螺旋状反卷；子囊 2～7 个，广卵形、卵形、近圆形等，无柄或少数有短柄，（43.0～66.5）μm×（32.0～43.5）μm（平均 53.0μm×36.0μm），易破裂。子囊孢子 6～8 个，椭圆形、卵形、短椭圆形，（16.5～23.5）μm×[9.0～13.0（～25.0）]μm，淡黄色。

寄生在鼠李科 Rhamnaceae 植物上。

拐枣（北枳椇）*Hovenia dulcis* Thunb.：连云港市连云区连云镇旗台山 HMAS 62195（有性阶段）；连云港市连云区海上云台山风景区 HMAS 350867（无性阶段）；南京市玄武区中山植物园 HMAS 350924；南京市栖霞区栖霞山 HMAS 350912。

国内分布：江苏、福建。

世界分布：中国、日本。

讨论：中国新记录种。戴芳澜（1979）将胡桃属 *Juglans* 植物上的胡桃白粉菌 *Microsphaera juglandis* Golovin [*Erysiphe juglandis*（Golovin）U. Braun & S. Takam.] 鉴定为本种，并认为 *Microsphaera juglandis* Golovin 是本种的异名。而该菌的原始描述寄主是鼠李科的 *Hovenia dulcis* Thunb.，按照"种的寄主范围不跨科"的原则，二者不能混用。笔者采集鉴定的菌正是该寄主植物上的标本，其子囊孢子 6～8 个，而胡桃白粉菌 *Erysiphe juglandis*（Golovin）U. Braun & S. Takam. 的子囊孢子（3～）4～8。笔者采集到胡桃科 Juglandaceae 寄主上的菌具子囊孢子（4～）5～7 个，二者应为不同的种。

棒丝壳组

Erysiphe sect. *Typhulochaeta*（S. Ito & Hara）U. Braun；Braun & Cook，Taxonomic Manual of the Erysiphales（powdery mildews）14：522，2012.

Typhulochaeta S. Ito & Hara，Bot. Mag. Tokyo 29：20，1915；Zheng & Yu（eds.），Flora Fungorum Sinicorum 1：352，1987；Braun，Beih. Nova Hedwigia 89：

552，1987.

菌丝体表生，无性型未见；子囊果半球形或扁球形，包被多层；附属丝简单，棍棒形，无色透明，无隔膜，呈 2～4 行环状排列于子囊果的上部，遇水易胶化；子囊多个；子囊孢子 6～8 个。

模式种：棒丝壳 *Typhulochaeta japonica* S. Ito & Hara.

讨论：分子生物学研究表明，棒丝壳属 *Typhulochaeta* 的模式种棒丝壳 *Typhulochaeta japonica* 聚集在白粉菌属 *Erysiphe* 进化枝内（Mori 等，2000）。Braun 和 Cook（2012）将棒丝壳属 *Typhulochaeta* 作为白粉菌属的异名，列为白粉菌属内的一个组。

棒丝白粉菌（棒丝壳）

Erysiphe japonica (S. Ito & Hara) C. T. Wei, Nanking J. 11 (3)：105，1942；Braun & Cook，Taxonomic Manual of the Erysiphales (powdery mildews)：523，2012.

Typhulochaeta japonica S. Ito & Hara, Bot. Mag. Tokyo 29：20，1915；Tai, Sylloge Fungorum Sinicorum：337，1979；Braun, Beih. Nova Hedwigia 89：553，1987；Zheng & Yu (eds.), Flora Fungorum Sinicorum 1：354，1987；Yu & Tian, Acta Mycol. Sin. 14 (3)：170，1995.

菌丝体叶背生，初为圆形白色斑点，后扩展形成大的较稀薄的白色斑片，展生，存留；子囊果散生，半球形至近球形，暗色，直径 150～200μm，壁细胞不规则多角形或近方形，直径 5～20μm；附属丝 100～170 根，在子囊果"赤道"上呈环状，棍棒形，简单，长 35～115μm，宽 8～15μm，无色，无隔膜，顶部常在水中胶化形成一个小洞；子囊 12～20 个，柱形、长椭圆形、长卵形、卵形，具有明显的短柄，（70～90）μm×（27～40）μm，子囊壁厚 2～3μm，子囊顶端壁薄，有子囊眼；子囊孢子（7～）8 个，矩圆形、椭圆形、卵形等，无色，（17.5～27.0）μm×（10.0～13.5）μm。

寄生在壳斗科 Fagaceae 植物上。

泡栎 *Quercus serrata* Murray：连云港市连云区高公岛街道黄窝景区 HMAS 62516。

国内分布：江苏、四川。

世界分布：中国、日本、韩国。

讨论：馆藏老标本，未观测无性阶段。

钩丝壳组

Erysiphe sect. *Uncinula* (Lév.) de Bary, Abh. Senkenb. Naturf. Ges. 7：412，1870 [also Beitr. Morph. Physiol. Pilze1 (3)：52，1870 and Hedwigia 10：70，1870]；Liu, The Erysiphaceae of Inner Mongolia：129，2010；Braun & Cook, Taxonomic Manual of the Erysiphales (powdery mildews)：524，2012.

Uncinula Lév., Ann. Sci. Nat., Bot., Sér. 3, 15：151, 133，1851；Zheng & Yu (eds.), Flora Fungorum Sinicorum 1：354，1987；Braun, Beih. Nova Hedwigia 89：447，1987.

Erysiphe sect. *Uncinula* U. Braun & Shishkoff，in Braun & Takamatsu，Schlechtendalia
    4：4，2000.

Uncinuliella R. Y. Zheng & G. Q. Chen，Acta Microbiol. Sin. 19（3）：283；1979；Zheng
    & Yu（eds.），Flora Fungorum Sinicorum 1：432，1987；Braun，Beih. Nova
    Hedwigia 89：545，1987.

Bulbouncinula R. Y. Zheng & G. Q. Chen，Acta Microbiol. Sin. 19（4）：376；1979；
    Zheng & Yu（eds.），Flora Fungorum Sinicorum 1：37，1987；Braun，Beih. Nova
    Hedwigia 89：550，1987.

Furcouncinula Z. X. Chen，Acta Mycol. Sin. 1（1）：11，1982；Zheng & Yu（eds.），
    Flora Fungorum Sinicorum 1：145，1987.

    子囊果发育前期或多或少产生丝状细胞，基生或表生，后逐渐脱落，部分有残留；子
囊果上的附属丝不分枝，偶尔有分枝，或多或少刚毛状，顶端钩状卷曲至拳卷。

    模式种：榆白粉菌 *Erysiphe ulmi* Castagne 。

    讨论：郑儒永和陈桂清（1979a）把子囊果上后期残留的丝状细胞作为子囊果的短
附属丝（appendiculae），并据此成立了小钩丝壳属 *Uncinuliella* U. Braun & S. Takam.
（2012），在他们的专著中也称之为"刚毛状附属丝"bristle-like appendage（anchor
hyphae）或者"丝状附属丝"filiform-mycelioid appendage。而根据笔者研究观测表明，
丝状细胞普遍存在于钩丝壳组 *Erysiphe* sect. *Uncinula* 白粉菌种群中，即在子囊果发育
的前期几乎都有丝状细胞出现。不同种类在丝状细胞的产生数量、形态特征、脱落时
间、残留数量等方面存在明显差异。通常，随着子囊的成熟和钩状附属丝的产生逐渐
脱落，一部分种类残留明显，一部分种类则全部脱落，有的如细雅白粉菌 *Erysiphe
gracilis* 则明显呈菌丝状，只有少数种类如顶旋白粉菌 *Erysiphe kenjiana* 很少产生或
不产生丝状细胞。同时，该类群白粉菌中部分种类无性阶段的分生孢子等的原生质
呈颗粒状灰白色，而与其他种类区别明显，与此对应的是菌丝体附着胞大而呈珊
瑚状。

钩丝壳组 sect. *Uncinula* 分种检索表

  1. 仅见无性阶段，寄生在五福花科植物上 ····························· 荚蒾生白粉菌 *Erysiphe viburnicola*

  1. 无性阶段和有性阶段均有 ··· 2

  2. 子囊果没有真正的附属丝，丝状细胞菌丝状，长为子囊果直径的 0.5～6.0 倍，长 50～615μm，
     寄生在壳斗科植物上 ····················· 细雅白粉菌原变种 *Erysiphe gracilis* var. *gracilis*

  2. 子囊果有钩状附属丝 ··· 3

  3. 附属丝长，最长可达子囊果直径的 5 倍 ··· 4

  3. 附属丝短，最长不超过子囊果直径的 2.5 倍 ·· 5

  4. 附属丝有 1（～2）个隔膜，长度为子囊果直径的 0.5～4.5 倍，长 80～435μm，寄生在猕猴桃科
     植物上 ····················· 猕猴桃白粉菌软枣猕猴桃变种 *Erysiphe actinidiae* var. *argutae*

  4. 附属丝有 2～13 个隔膜，长为子囊果直径的 2～5 倍，长 100～512μm，寄生在葡萄科植物上 ···
     ····················· 葡萄白粉菌原变种 *Erysiphe necator* var. *necator*

  5. 子囊果直径最大可超过 150μm ·· 6

猕猴桃白粉菌软枣猕猴桃变种（猕猴桃钩丝壳软枣猕猴桃变种）　　　图 130

Erysiphe actinidiae* var. *argutae (Y. Nomura) U. Braun & S. Takam. , Schlechtendalia 4：
　　15，2000；Braun & Cook，Taxonomic Manual of the Erysiphales (powdery mildews)：
　　534，2012.

Uncinula actinidiae var. *argutae* Y. Nomura，Taxonomical study of Erysiphaceae of
　　Japan：82～83，Tokyo 1997.

Uncinula actinidiae var. *argutae* Y. Nomura，Erysiphaceae of Japan：150，1992；Chen，
　　Powdery mildews in Fujian 50，1993.

　　菌丝体叶两面生，亦生于嫩茎等部位，初为白色近圆形斑点，后逐渐扩展形成不规则形大的斑片，常使被侵染的嫩叶、嫩梢或叶片增生、皱缩和变形；菌丝无色，粗 3.5 ～7.0μm，附着胞裂瓣形或近乳头形，对生或单生；分生孢子梗脚胞柱状，无色，直，光滑或略粗糙，上下近等粗，（12～33）μm×（6～9）μm，上接 1～2 个细胞；分生孢子单生，椭圆形、卵椭圆形、卵形，无色，（21.0～44.0）μm×（12.0～21.5）μm，长/宽为1.3～2.5，平均 1.9；子囊果散生至近聚生，球形或扁球形，暗褐色，直径 75.0～117.5μm，壁细胞不规则多角形，直径 7～20μm；附属丝 5～24 根，直或明显弯曲，顶端简单钩状或钩状卷曲 1.0～1.5 圈，中下部略粗糙，上部光滑，通常基部有 1 个隔膜，个别 2 个隔膜，隔膜以下略膨大，中部向上略变粗，粗 5 ～10μm，基部深褐色，向上渐变至无色，长度为子囊果直径的 0.5～4.5 倍，长 80～435μm，壁厚；子囊 4～7 个，卵形、长卵形、椭圆形，有小柄，（45～62）μm×（32～43）μm；子囊孢子 4～7 个。

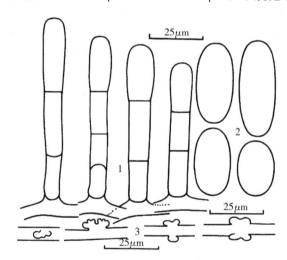

图 130A　猕猴桃白粉菌软枣猕猴桃变种
Erysiphe actinidiae var. *argutae* (Y. Nomura) U. Braun & S. Takam. （HMAS 351748）
1. 分生孢子梗和分生孢子　2. 分生孢子　3. 附着胞

　　寄生在猕猴桃科 Actinidiaceae 植物上。

　　软枣猕猴桃 *Actinidia arguta* Planch.：连云港市海州区花果山风景区照海亭 HMAS 248269（有性阶段）、HMAS 350361、HMAS 351748（无性阶段）、CFSZ 9585。

　　国内分布：江苏。

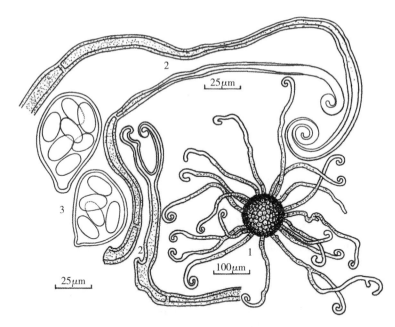

图130B　猕猴桃白粉菌软枣猕猴桃变种
Erysiphe actinidiae var. *argutae*（Y. Nomura）U. Braun & S. Takam.（HMAS 248269）
1. 子囊果　2. 附属丝　3. 子囊和子囊孢子

世界分布：中国、日本。

讨论：中国新记录种。

钩状白粉菌原变种（钩状钩丝壳）

Erysiphe adunca（Wallr. ;）Fr.，Syst. mycol. 3：245，1829；Liu，The Erysiphaceae of Inner Mongolia：130，2010；Braun & Cook，Taxonomic Manual of the Erysiphales（powdery mildews）：534，2012. var. ***adunca***

Alphitomorpha adunca [α] Wallr.，Verh. Ges. Naturf. Freunde Berlin 1：37，1819.

Uncinula adunca（Wallr. : Fr.）Lév.，Ann. Sci. Nat.，Bot.，Sér. 3，15：151，1851；Zheng & Yu（eds.），Flora Fungorum Sinicorum 1：359，1987；Braun，Beih. Nova Hedwigia 89：471，1987；Yu & Tian，Acta Mycol. Sin. 14（3）：170，1995；Chen，Powdery mildews in Fujian 50，1993.

菌丝体叶两面生，形成白色薄的斑片，展生，消失或存留；子囊果散生至聚生，扁球形，深褐色，直径94～150μm，壁细胞不规则多角形，6.5～21.0μm；附属丝钩状，25～65根，直或弯曲，长110～160μm，为子囊果直径的1.0～1.5倍，顶端钩状部分简单钩状或卷曲1.0～1.5圈；子囊4～8个，短椭圆形、椭圆形、卵形，有小柄，（40.0～66.5）μm×（25.0～45.5）μm；子囊孢子6～8个。

寄生在杨柳科Salicaceae植物上。

垂柳 *Salix babylonica* Linn.：连云港市灌云县杨集 Y92204。

国内分布：东北、华北、西北、华东（江苏、安徽、福建）、华中（河南、湖南）、华南（广西）、西南（四川、云南）地区。

世界分布：亚洲（中国、印度、伊朗、日本、韩国、蒙古、巴基斯坦以及俄罗斯西伯利亚及远东地区、中亚地区），北美洲（加拿大、美国、阿拉斯加），欧洲。

讨论：笔者于 1992 年 10 月 2 日在灌云县杨集镇采集到该菌的少量标本，仅见到少数几个子囊果，所采集的数据不完整。之后该标本损毁。

南方白粉菌（南方小钩丝壳） 图 131

Erysiphe australiana （McAlp. ）U. Braun & S. Takam. ，Schlechtendalia 4：17，2000；Braun & Cook，Taxonomic Manual of the Erysiphales （powdery mildews）：542，2012.

Uncinula australiana McAlp. ，Proc. Linn. Soc. New South Wales 24：302，1899；Tai，Sylloge Fungorum Sinicorum：338，1979；Braun，Beih. Nova Hedwigia 89：548，1987.

Uncinuliella australiana （McAlp. ）R. Y. Zheng & G. Q. Chen，Acta Bot. Yunnanica 4 （4）：364，1982；Zheng & Yu （eds. ），Flora Fungorum Sinicorum 1：432，1987；Yu & Tian，Acta Mycol. Sin. 14 （3）：170，1995.

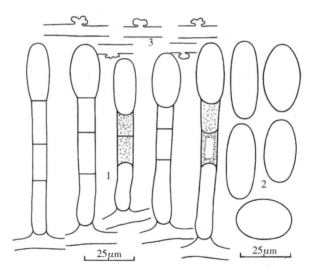

图 131 南方白粉菌 *Erysiphe australiana* （McAlp. ）U. Braun & S. Takam. （Y18147）
1. 分生孢子梗和分生孢子 2. 分生孢子 3. 附着胞

菌丝体叶两面生，亦生于茎、花、果等部位，主要以为害嫩枝、嫩梢和叶片为主，初为白色圆形斑点，后逐渐扩展连片布满全叶和整个枝梢，展生，存留或消失；菌丝无色，光滑，粗 4～7μm，附着胞简单裂瓣形，常单生，较小；分生孢子梗脚胞柱形，无色，光滑，直，上下近等粗或基部略膨大，（22.0～37.5）μm×（6.5～9.0）μm，上接（1～）2 个细胞；分生孢子单生，无色，长椭圆形、椭圆形、短椭圆形，（23.0～37.5）μm×（11.5～20.0）μm（平均 28.8μm×16.0μm），长/宽为 1.5～2.8，平均 2.1；子囊果散生至聚生，暗褐色，扁球形至近球形，直径 75～110μm，壁细胞不规则多角形，直径

$5.0\sim22.5\mu m$；丝状细胞表生型，易脱落，成熟子囊果丝状细胞残留数量在 30 根以内或更少；附属丝 5～26 根，多数 10～22 根，直或弯曲，不分枝，长为子囊果直径的 1～2 倍，长 70～202μm，上下近等粗或向上稍变细，有的略有粗细变化，基部宽 4～8μm，上部宽 3.5～7.0μm，壁薄或基部稍厚，全长平滑或基部略粗糙，多数中下部有 1～3 个隔膜，隔膜以下淡褐色至深褐色，或向上色渐变淡，上部无色，个别无色无隔膜，顶端钩状卷曲 1～2 圈，圈紧；未见子囊及子囊孢子。

寄生在千屈菜科 Lythraceae 植物上。

紫薇 *Lagerstroemia indica* Linn.：连云港市海州区花果山风景区 HMAS 62186、郁洲公园 Y18147；连云港市连云区宿城街道船山飞瀑景区 HMAS 249806；连云港市赣榆区金山镇徐福村 HMAS 351638；徐州市泉山区云龙湖景区 HMAS 351318；宿迁市泗洪县体育南路 HMAS 351123；淮安市盱眙县铁山寺国家森林公园 HMAS 351102；盐城市射阳县后羿公园 HMAS 350791；盐城市亭湖区盐渎公园 HMAS 351080；扬州市邗江区瘦西湖 HMAS 350751；泰州市海陵区凤城河景区 HMAS 351063；镇江市句容市宝华山 HMAS 350720；南通市海安市七星湖生态园 HMAS 350805；南京市玄武区南京农业大学 HMAS 350679；苏州市虎丘区科技城 HMAS 351471；苏州市吴中区穹窿山景区 HMAS 351015；苏州市常熟市董浜镇 HMAS 351442。

南紫薇 *Lagerstroemia subcostata* Koehne：南通市崇川区滨江公园 HMAS 350826；南京市钟山景区邮局 HMAS 350887。

国内分布：江苏、浙江、山东、湖北、四川、云南、台湾。

世界分布：南非洲，美洲，亚洲（中国、印度、日本、韩国、土耳其以及俄罗斯远东地区），欧洲（意大利、葡萄牙、俄罗斯、西班牙、瑞士、英国、法国、乌克兰），以及新西兰和澳大利亚。

球钩丝白粉菌（球钩丝壳） 图 132

Erysiphe bulbouncinula U. Braun & S. Takam.，Schlechtendalia 4：17，2000；Braun & Cook，Taxonomic Manual of the Erysiphales (powdery mildews)：546，2012.

Uncinula clintonii var. *bulbosa* F. L. Tai & C. T. Wei，Sinensia 3：104，1932.

Uncinula bulbosa (F. L. Tai & C. T. Wei) F. L. Tai，Bull. Chinese Bot. Soc. 1：16，1935；Braun，Beih. Nova Hedwigia 89：550，1987.

Bulbouncinula bulbosa (F. L. Tai & C. T. Wei) R. Y. Zheng & G. Q. Chen，Acta Microbiol. Sin. 19 (4)：376，1979；Zheng & Yu (eds.)，Flora Fungorum Sinicorum 1：38，1987.

菌丝体叶两面生，以叶背为主，初为白色圆形或无定形斑点，后逐渐扩展连片布满全叶，展生，存留或消失；菌丝无色，光滑，粗 3～7μm，附着胞裂瓣形，对生或常单生；分生孢子梗脚胞柱形，无色，光滑，侧生状或直角状弯曲，上下近等粗，(25.0～40.0) μm×(6.0～7.5) μm，上接 1～2 个细胞；分生孢子单生，无色，长椭圆形、椭圆形、柱形，(24.5～35.0) μm×(11.0～15.0) μm；子囊果散生至聚生，暗褐色，扁球形，直径 92～130μm，壁细胞不规则多角形，直径 3.5～21.5μm；丝状细胞 39～150 根，前期均匀

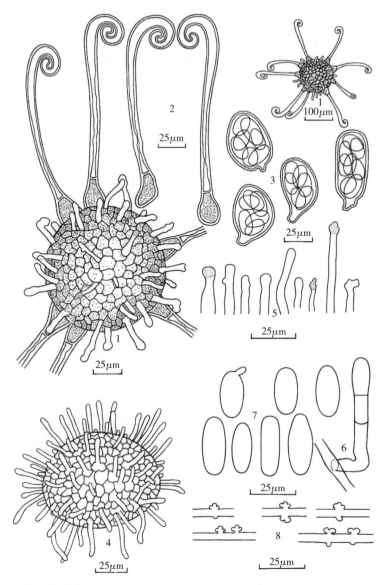

图 132　球钩丝白粉菌 *Erysiphe bulbouncinula* U. Braun & S. Takam.（HMAS 248384）
1. 子囊果　2. 附属丝　3. 子囊　4. 子囊果丝状细胞　5. 丝状细胞
6. 分生孢子梗和分生孢子　7. 分生孢子　8. 附着胞

分布在幼小子囊果球面，直或稍弯曲，不分枝，无色，后期部分变淡褐色，光滑，无隔膜，上下近等粗或顶部稍细或顶端略膨大呈棒槌形，粗 3.0～5.5μm，多数随子囊果成熟而脱落，部分残留在老熟的子囊果上，多为棒槌形、火柴棒形、指形等，个别有隔膜；附属丝 7～12 根，直或弯曲，长为子囊果直径的 0.7～1.5 倍，长 90～170μm，基部有 1 个隔膜，隔膜膨大呈球形或瓶形，淡褐色至褐色，大小（11.0～22.5）×（12.0～27.5）μm，隔膜以上由下向上渐变粗，少数近等粗，基部宽 5.5～7.5μm，上部宽 6～10μm，平滑，壁薄，向下增厚，无色，顶端钩状卷曲 1.0～1.5 圈，明显增粗，圈紧；子囊 5～10 个，卵形、椭圆形，有短柄，少数近无柄，（42.5～65.0）μm×（26.0～38.5）μm；子囊孢子 6～8 个，椭圆形、卵形、近圆形等，［13.0～27.5（～29.0）］μm×（9.0～16.5）μm，淡灰色。

寄生在无患子科 Sapindaceae 植物上。

复羽叶栾树 *Koelreuteria bipinnata* Franch.：南京市玄武区钟山景区地震台 HMAS 248384。

国内分布：江苏、浙江。

世界分布：中国。

讨论：该菌分生孢子小，无色。丝状细胞前期形态均匀一致，后期老熟后遗留下来的丝状细胞才略有形态变化。

香椿白粉菌原变种（香椿钩丝壳） 图 133

Erysiphe cedrelae（F. L. Tai）U. Braun & S. Takam.，Schlechtendalia 4：17，2000；
Braun & Cook，Taxonomic Manual of the Erysiphales（powdery mildews）：
549，2012. var. *cedrelae*

Uncinula cedrelae F. L. Tai，Bull. Chinese Bot. Soc. 2：20，1936；Zheng & Yu（eds.），
Flora Fungorum Sinicorum 1：372，1987；Braun，Beih. Nova Hedwigia 89：502，
1987；Yu & Tian，Acta Mycol. Sin. 14（3）：170，1995.

Uncinula delavayi var. *cedrelae*（F. L. Tai）F. L. Tai，Bull. Torrey Bot. Club 73：
120，1946.

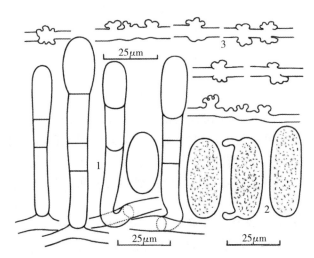

图 133 香椿白粉菌原变种

Erysiphe cedrelae（F. L. Tai）U. Braun & S. Takam. var. *cedrelae*（HMAS 350854）

1. 分生孢子梗和分生孢子 2. 分生孢子 3. 附着胞

菌丝体叶两面生，初为白色圆形或无定形斑点，渐扩展连片布满全叶，展生，存留或消失；菌丝无色，光滑，粗 2.5～7.5μm，附着胞裂瓣形，对生，有时群生；分生孢子梗脚胞柱形，无色，光滑，多呈侧生状弯曲或膝曲，少数直，上下近等粗，（14～57）μm×（6～8）μm，上接 1～2 个细胞；分生孢子单生，柱形、柱状长椭圆形，（27.5～52.5）μm×（11.0～19.0）μm，长/宽为 1.8～3.8，平均 2.3，淡灰色；子囊果近聚生至散生，深褐

色，扁球形，直径 100~130μm，壁细胞不规则多角形，直径 5.0~37.5μm；丝状细胞未见；附属丝 7~17 根，直或略弯曲，少数中部有结节，长为子囊果直径的 0.8~2.5 倍，长 47~287μm，由下向上稍变粗，少数上下近等粗，基部宽 6.0~8.5μm，上部宽 7~10μm，平滑，壁薄，最基部有一个隔膜，少数无隔膜，隔膜以下淡褐色，顶端钩状卷曲 1.0~1.5 圈，圈紧，少数松弛；子囊（3~）5~10 个，椭圆形、卵形、卵椭圆形、半圆形等，有短柄，少数近无柄，（50.0~75.0）μm×（30.0~47.5）μm；子囊孢子 5~7 个，卵形、椭圆形等，（20.0~28.5）μm×（12.0~17.0）μm，淡黄色。

寄主在楝科 Meliaceae 植物上。

香椿 Toona sinensis（A. Juss.）Roem.：连云港市连云区云山街道 HMAS 62179，宿城街道高庄村 HMAS 249789（有性阶段），高公岛街道柳河村 HMAS 351809，连云街道 HMAS 350872、Y19355，朝阳街道 HMAS 350854（无性阶段）；连云港市海州区花果山风景区 HMAS 350390、HMAS 351382。

国内分布：江苏、北京、云南。

世界分布：中国、日本、韩国。

讨论：该菌分生孢子梗多呈侧生性弯曲，分生孢子原生质略呈颗粒状淡灰色。与细雅白粉菌 Erysiphe gracilis、顶旋白粉菌 Erysiphe kenjiana、桑白粉菌 Erysiphe mori 等相似。

细雅白粉菌原变种 图 134

Erysiphe gracilis R. Y. Zheng & G. Q. Chen，Acta Microbiol. Sin. 21（1）：29，1981；Zheng & Yu（eds.），Flora Fungorum Sinicorum 1：95，1987；Braun，Beih. Nova Hedwigia 89：222，1987；Braun & Cook，Taxonomic Manual of the Erysiphales（powdery mildews）14：384，2012. var. ***gracilis***

Erysiphe hiratae U. Braun，Feddes Repert. 92：500，1981.

菌丝体叶两面生，以叶面为主，初为白色圆形或无定形斑点，渐扩展连片布满全叶，展生，存留或消失，菌丝层和子囊果常呈毡状紧贴叶片；菌丝无色，光滑或粗糙，粗 5~8μm，附着胞珊瑚形，大而明显，对生；分生孢子梗脚胞柱形，无色，光滑，直或稍弯曲，上下近等粗或基部略细，（30.0~50.0）μm×（7.0~12.5）μm，上接 1 个细胞；分生孢子单生，柱形、柱状椭圆形、长椭圆形、长卵形，（32.5~61.0）μm×（12.5~22.0）μm，长/宽为 2.0~4.1，平均 3.0，淡灰色；子囊果密聚生至聚生，暗褐色，扁球形，直径 70~120μm，壁细胞不规则多角形，直径 7~30μm；丝状细胞基生型，8~40 根，多数存留而发达，呈附属丝状，长为子囊果直径的 0.5~6.0 倍，长 50~615μm，弯曲、扭曲或呈波状弯曲等，不分枝，个别简单指状分枝，全长无色或最基部淡褐色，全长平滑或基部平滑中上部略粗糙，有时全长略粗糙，多数顶端瘤疣状粗糙，上下等粗，宽 2~5μm，无隔膜；未见附属丝产生；子囊 5~10 个，卵形、卵圆形等，有短柄或近无柄，（35.0~57.5）μm×（31.0~45.0）μm；子囊孢子 4~7 个。

寄生在壳斗科 Fagaceae 植物上。

青冈 Cyclobalanopsis glauca（Thunb.）Oerst.：南京市玄武区中山植物园

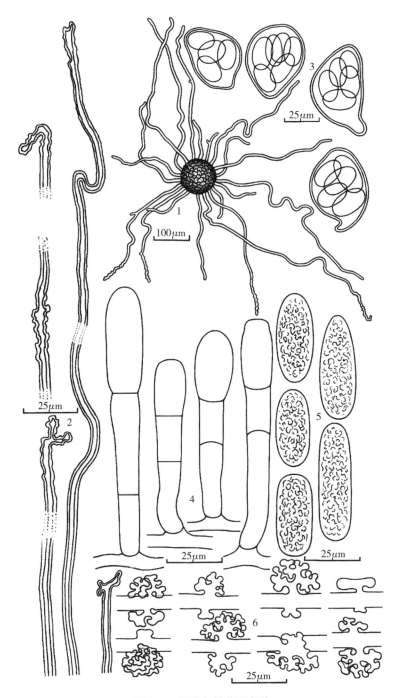

图 134　细雅白粉菌原变种

Erysiphe gracilis var. *gracilis* R. Y. Zheng & G. Q. Chen（HMAS 248281）

1. 子囊果和丝状细胞　2. 丝状细胞　3. 子囊　4. 分生孢子梗和分生孢子　5. 分生孢子　6. 附着胞

HMAS 248281。

国内分布：江苏、浙江、云南。

世界分布：中国、日本。

讨论：关于该菌的丝状细胞，笔者是基于对其无性阶段的观测和研究后得出的结论。实际观测表明，该菌无性阶段附着胞大，多呈珊瑚形，分生孢子原生质呈颗粒状，孢子淡灰色等特征与草野白粉菌 *Erysiphe kusanoi*（Syd.）U. Braun & S. Takam.、桑白粉菌 *Erysiphe mori*（Miyake）U. Braun & S. Takam. 和漆树白粉菌 *Erysiphe verniciferae* (Henn.) U. Braun & S. Takam. 等钩丝壳组的种类非常相似（此类白粉菌对应的多是基生型丝状细胞），属于钩丝壳组 sect. *Uncinula* 无疑，但该菌有性阶段子囊果上并没有真正的附属丝，而是被丝状细胞所取代。此外，该菌丝状细胞宽 2～5μm，远较 *Erysiphe* sect. *Erysiphe* 任何已知种的附属丝为细，且宽度上非常均匀，全长完全没有局部粗细不均的现象，这在 *Erysiphe* sect. *Erysiphe* 内也是很罕见的。Braun 却对此持怀疑和反对态度，他认为把它视为丝状细胞是不可接受的。笔者则认为两者不能混为一谈，所以把它归于钩丝壳组 *Erysiphe* sect. *Uncinula*。根据 rDNA 分析结果表明，该菌在系统发育上属于 *Uncinula* 谱系，也佐证了这一观点。笔者采集到该菌标本的时间是春末夏初，很多子囊果像汉堡状开裂，且多为空子囊，只有数量很少的子囊果产生子囊，但不成熟。从该菌发达的附着胞和丝状细胞，以及淡灰色的分生孢子等特征看，笔者认为该菌在系统分类上应该是一个比较原始的种类。

在钩丝壳组 *Erysiphe* sect. *Uncinula* 白粉菌中分生孢子可明显分成两种类型：一种类型分生孢子原生质颗粒状呈淡灰色，另一种类型分生孢子原生质非颗粒状呈无色。相对应的前者附着胞较大，多呈珊瑚形，子囊果上的丝状细胞多为基生型；后者附着胞通常较小，裂瓣形，子囊果上的丝状细胞多为表生型。当然也有部分种类例外。而分生孢子原生质呈颗粒状，是笔者在研究钩丝壳组白粉菌时的一个新发现，也是白粉菌科内仅出现在钩丝壳组的特殊性状。

在笔者观测研究的钩丝壳组 *Erysiphe* sect. *Uncinula* 白粉菌中，具有分生孢子原生质颗粒状呈淡灰色这一特征的共有：香椿白粉菌原变种 *Erysiphe cedrelae*（F. L. Tai）U. Braun & S. Takam. var. *Cedrelae*、细雅白粉菌原变种 *Erysiphe gracilis* var. *gracilis* R. Y. Zheng & G. Q. Chen、草野白粉菌 *Erysiphe kusanoi*（Syd.）U. Braun & S. Takam.、顶旋白粉菌 *Erysiphe kenjiana*（Homma）U. Braun & S. Takam.、桑白粉菌 *Erysiphe mori*（Miyake）U. Braun & S. Takam.、漆树生白粉菌 *Erysiphe toxicodendricola*（Z. X. Chen & Y. J. Yao）U. Braun & S. Takam. 和漆树白粉菌 *Erysiphe verniciferae* (Henn.) U. Braun & S. Takam. 共 7 种，占总数的 35%。

顶旋白粉菌（反卷钩丝壳） 图 135

Erysiphe kenjiana（Homma）U. Braun & S. Takam., Schlechtendalia 4：20，2000；Liu, The Erysiphaceae of Inner Mongolia：134，2010；Braun & Cook, Taxonomic Manual of the Erysiphales（powdery mildews）：564，2012.

Uncinula kenjiana Homma, Trans. Sapporo Nat. Hist. Soc. 11（3）：172，1930；Tai, Sylloge Fungorum Sinicorum：341，1979；Zheng & Yu（eds.）, Flora Fungorum Sinicorum 1：393，1987；Braun, Beih. Nova Hedwigia 89：506，1987；Yu & Tian,

Acta Mycol. Sin. 14（3）：170，1995.

菌丝体叶两面生，初为白色圆斑点，渐扩展连片并布满全叶，菌丝层淡薄，展生，存留或消失；菌丝无色，光滑，粗 3～9μm，附着胞裂瓣形或珊瑚形，对生；分生孢子梗脚胞柱形，无色，光滑，侧生状弯曲或膝状弯曲，上下近等粗，（35～55）μm×（8～9）μm，上接 1～2 个细胞；分生孢子单生，柱形、柱状椭圆形，淡灰黄色，（26.5～40.5）μm×（15.0～19.5）μm，长/宽为 1.5～2.8，平均 2.1；子囊果散生至近聚生，暗褐色，扁球形，直径 65～110μm，壁细胞多角形或近方形、五角形，直径 13～25μm；丝状细胞基生型，近无或数量少；附属丝 7～29 根，多数 10～20 根，直或略弯曲，长为子囊果直径的 0.5～1.0（～1.3）倍，长 45～112μm，上下近等粗或向上稍变细，基部宽 5.0～6.5μm，上部宽 3.5～5.0μm，全长粗糙，基部壁厚，向上渐变薄，无色，无隔膜，个别基部有一个隔膜，顶端由内向外反向卷曲 1.5～2.0 圈，圈松弛，卷曲部分突然明显膨大，直径可达 20～35μm；子囊 3～5 个，宽卵形、近圆形、卵形等，多数无柄或近无柄，少数有短柄，（43.5～55.0）μm×（33.0～47.5）μm，易破裂；子囊孢子 2 个，椭圆形、矩状卵形、肾形等，（21～40）μm×（15～24）μm，淡黄色。

寄生在榆科 Ulmaceae 植物上。

大果榆 *Ulmus macrocarpa* Hance：连云港市连云区猴嘴公园 HMAS 351427；连云港市海州区龙尾河 HMAS 351844。

榆树 *Ulmus pumila* Linn.：连云港市连云区朝阳街道 HMAS 62526（有性阶段）、猴嘴街道 HMAS 350394；连云港市海州区郁洲北路 HMAS 350401。

国内分布：东北、华北、西北（陕西、新疆）、华东（山东、江苏、安徽）、华中（河南）。

世界分布：中国、哈萨克斯坦、乌兹别克斯坦、韩国以及俄罗斯远东地区、欧洲（乌克兰）。

讨论：该菌丝状细胞数量少。

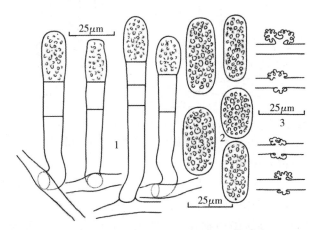

图 135　顶旋白粉菌 *Erysiphe kenjiana*（Homma）U. Braun & S. Takam.（HMAS 350394）

1. 分生孢子梗和分生孢子　2. 分生孢子　3. 附着胞

草野白粉菌（草野钩丝壳）   图 136

Erysiphe kusanoi (Syd.) U. Braun & S. Takam.，Schlechtendalia 4：20，2000；Braun & Cook，Taxonomic Manual of the Erysiphales (powdery mildews)：564，2012.

Uncinula kusanoi Syd.，Mém. Herb. Boissier 4：4，1900；Zheng & Yu (eds.)，Flora Fungorum Sinicorum 1：396，1987；Braun，Beih. Nova Hedwigia 89：496，1987；Chen，Powdery mildews in Fujian 53，1993；Yu & Tian，Acta Mycol. Sin. 14 (3)：170，1995.

菌丝体叶两面生，初为白色圆斑点，渐扩展连片并布满全叶，展生，存留或消失；菌丝无色，光滑或略粗糙，粗 4.5～7.5μm，附着胞珊瑚形，少数裂瓣形，较大，对生；分生孢子梗脚胞柱形，无色，光滑，多侧生状弯曲或膝状弯曲，上下近等粗，（30～40）μm×（7～9）μm，上接 1～2 个细胞；分生孢子单生，柱形、柱状长椭圆形，淡灰色，（27.5～43.5）μm×（13.5～17.5）μm，长/宽为 1.7～2.6，平均 2.3；子囊果密聚生至近聚生，暗褐色，扁球形，直径 75～125μm，壁细胞多角形，直径 5～30μm；丝状细胞基生型，近无或数量少；附属丝 8～30 根，直或略弯曲，长为子囊果直径的 0.5～1.5（～2.0）倍，长 70～203μm，上下近等粗或向上略变粗，基部宽 5.0～6.5μm，上部宽 5.5～7.5μm，全长粗糙，少数平滑，全长无色，无隔膜，个别基部有 1 个隔膜，顶端钩状卷曲 1.0～1.5 圈，圈紧，少数松弛；子囊 3～6 个，宽卵形、近球形等，多数近无柄，少数有短柄，（45.0～65.0）μm×（35.0～52.5）μm；子囊孢子 4～7 个，椭圆形、长卵形、肾形等，（23.5～36.0）μm×（12.0～18.0）μm，淡黄色。

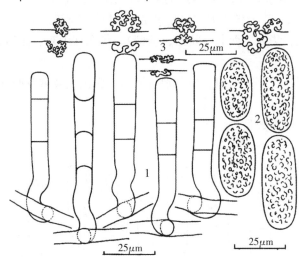

图 136　草野白粉菌 *Erysiphe kusanoi* (Syd.) U. Braun & S. Takam.（HMAS 351412）
1. 分生孢子梗和分生孢子　2. 分生孢子　3. 附着胞

寄生在榆科 Ulmaceae 植物上。

朴树 *Celtis sinensis* Pers.：连云港市海州区花果山风景区水帘洞 HMAS62180、玉女峰 HMAS 351383、孔雀沟 HMAS 351165；连云港市连云区高公岛街道黄窝景区 HMAS 350404、HMAS 351394，宿城街道枫树湾 HMAS 351412，海上云台山风景区 Y18142；连云港市连云区猴嘴公园 HMAS 351426；连云港市赣榆区班庄镇夹谷山景区 HMAS 351642；南京市玄武区钟山景区 HMAS 350878；南京市浦口区老山景区 HMAS 350980；

无锡市滨湖区惠山国家森林公园 Y19338、HMAS 350982；无锡市宜兴市龙背山国家森林公园 HMAS 350951；常州市溧阳市西郊公园 HMAS 350949。

国内分布：江苏、河南、陕西、浙江、福建、广西、云南、四川、台湾。

世界分布：中国、印度、日本、韩国。

枫香白粉菌原变种（枫香小钩丝壳）　　　　　　　　　　　　　　　　　　　图 137

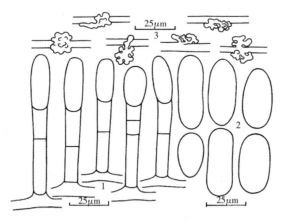

图 137A　枫香白粉菌原变种

Erysiphe liquidambaris (R. Y. Zheng & G. Q. Chen) U. Braun & S. Takam. var. *liquidambaris* (HMAS 62187)

1. 分生孢子梗和分生孢子　2. 分生孢子　3. 附着胞

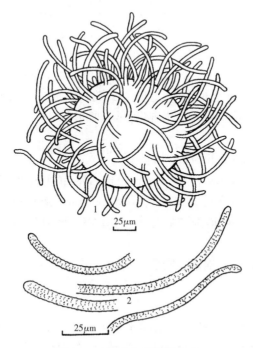

图 137B　枫香白粉菌原变种

Erysiphe liquidambaris (R. Y. Zheng & G. Q. Chen) U. Braun & S. Takam. var. *liquidambaris*

1. 子囊果和丝状细胞　2. 丝状细胞

Erysiphe liquidambaris （R. Y. Zheng ＆ G. Q. Chen） U. Braun ＆ S. Takam.，Schlechtendalia 4：21，2000；Braun ＆ Cook，Taxonomic Manual of the Erysiphales （powdery mildews）：566，2012. var. ***liquidambaris***

Uncinula liquidambaris R. Y. Zheng ＆ G. Q. Chen，Acta Microbiol. Sin. 18 （1）：12，1978；Braun，Beih. Nova Hedwigia 89：547，1987.

Uncinuliella liquidambaris （R. Y. Zheng ＆ G. Q. Chen） R. Y. Zheng，G. Q. Chen ＆ Z. X. Chen，Acta Mycol. Sin. 4 （3）：145，1985；Zheng ＆ Yu （eds.），Flora Fungorum Sinicorum 1：434，1987；Yu ＆ Tian，Acta Mycol. Sin. 14 （3）：170，1995.

菌丝体叶两面生，以叶面为主，初为白色淡薄的圆形或无定形斑点，后渐扩展连片，布满全叶，展生，存留或消失；菌丝无色，光滑，粗 4～8.5μm，附着胞裂瓣形或珊瑚形，对生或单生，较大；分生孢子梗脚胞柱形，无色，光滑或略粗糙，直，上下近等粗，（20.0～35.0） μm×（7.5～9.0） μm，上接 1～2 个细胞。分生孢子单生，无色，长椭圆形、椭圆形、卵形，（27.5～50.0） μm×（16.0～20.0） μm，长/宽为 1.6～2.9，平均 2.3；子囊果聚生至散生，暗褐色，扁球形，直径 90～175μm，壁细胞不规则多角形，直径 6～25μm；丝状细胞表生型，75～200 根，前期均匀分布在幼小子囊果球面，弯曲，不分枝，无色，无隔膜，个别有结节或 1 个隔膜，长 26～110μm，全长粗糙，由下向上渐变细，基部粗 4～7μm，上部粗 2～4μm，多数随子囊果成熟而脱落，后期约 10％ 残留在老熟的子囊果上；附属丝 5～45 根，多数 15～30 根，直，较少弯曲，长为子囊果直径的 1.0～1.8 倍，长 100～215μm，通常中部略粗，基部和顶部略细，基部宽 6～10μm，中部宽 6.0～11.5μm，上部宽 3.5～7.5μm，个别全长近等粗，壁厚，上部平滑，中下部粗糙，无隔膜或基部有 1 个隔膜，基部淡褐色或黄色，中上部无色，顶端钩状卷曲 1.0～1.5 圈，少数简单卷曲，圈紧；子囊 5～10 个，椭圆形、长椭圆形、卵形等，有小柄，（32.5～92.5） μm×（35.0～65.0） μm，淡黄色；子囊孢子（4～）5～7 个，椭圆形、长椭圆形、卵形等，（18.5～33.5） μm×（9.0～19.0） μm，淡灰黄色。

寄生在金缕梅科 Hamamelidaceae 植物上。

枫香树 *Liquidambar formosana* Hance：连云港市连云区宿城街道枫树湾 HMAS 62187、HMAS 62188、HMAS 62190、HMAS 249800；南京市玄武区钟山景区地震台 HMAS 350888；南京市栖霞区栖霞山 HMAS 350915；镇江市句容市宝华山 HMAS 350981。

国内分布：江苏、浙江、福建、安徽。

世界分布：中国、日本。

讨论：该菌无性阶段附着胞较大，多呈珊瑚形。郑儒永和陈桂清（1979b）把子囊果上后期残留的丝状细胞作为子囊果的短附属丝（appendiculae），在他们的专著中也称之为"刚毛状附属丝"（bristle-like appendage）或者"丝状附属丝"（filiform-mycelioid appendage）。而根据笔者的研究观测表明丝状细胞普遍存在于钩丝壳组 *Erysiphe* sect. *Uncinula* 白粉菌种群中，即在子囊果发育的前期几乎都有丝状细胞出现，不同种类的数量不等，形态不一，着生的部位也可分为表生型和基生型两种。之后随着子囊果的成熟和钩状附属丝的产生而逐渐脱落，一部分种类残留明显，一部分种类则全部脱落，只有少数种类不产生或很少出现丝状细胞。特别是基生型丝状细胞通常脱落时间早，极易被忽略。所以，丝状细胞并非是 *Uncinuliella* 特有的结构特征，而是 *Erysiphe* sect. *Uncinula* 的一种常见结构特征，是幼小子囊果的一种附着结构（anchor hyphae），没有丝状细胞倒是少数或个别现象。在钩丝壳组 *Erysiphe* sect. *Uncinula* 白粉菌种群中，不同种类的丝状细胞在产生数量、长短粗细、形态特征、脱落时间、残留数量等方面存在明显差异，可以作为种类鉴定的一项参考指标。

桑白粉菌（桑表白粉菌）　　　　　　　　　　　　　　　　　　　　　图 138

Erysiphe mori (Miyake) U. Braun & S. Takam.，Schlechtendalia 4：21，2000；Braun & Cook，Taxonomic Manual of the Erysiphales (powdery mildews)：571，2012.

Uncinula mori Miyake，Bot. Mag. Tokyo 21：1，1907；Tai，Sylloge Fungorum Sinicorum：342，1979；Zheng & Yu (eds.)，Flora Fungorum Sinicorum 1：406，1987；Braun，Beih. Nova Hedwigia 89：540，1987；Chen，Powdery mildews in Fujian 53，1993；Yu & Tian，Acta Mycol. Sin. 14 (3)：170，1995.

菌丝体叶面生，初为白色圆斑点，渐扩展连片并布满全叶，展生，存留或消失；菌丝无色，光滑或略粗糙，粗 3～10μm，附着胞珊瑚形或裂瓣形，较大，对生；分生孢子梗脚胞柱形，无色，光滑，多侧生状弯曲或膝状弯曲，上下近等粗，（15.0～32.5）μm×（7.0～10.0）μm，上接 1～2 个细胞；分生孢子单生，柱状椭圆形、长椭圆形、长卵形，淡灰色，（30～45）μm×（14～21）μm，长/宽为 1.5～2.7，平均 1.9；子囊果密聚生至近聚生，暗褐色，扁球形，直径 75～113μm，壁细胞多角形，直径 5～25μm；丝状细胞基生型，5～30 根，生于子囊果底部，菌丝状，长 10～120μm，弯曲、扭曲等，不分枝，全长无色，无隔膜，全长略粗糙，上下等粗，粗 3～5μm；附属丝 9～28 根，多数弯曲或屈膝状弯曲，少数直，长为子囊果直径的 1.0～1.5 倍，长 90～200μm，基部细，向上略变粗，至顶部钩状部分又明显变细，基部宽 4.5～6.0μm，上部宽 5.0～11.5μm，上部壁薄，向下渐变厚，全长粗糙或基部粗糙上部平滑，全长无色或隔膜以下淡褐色，无隔膜或基部有一个隔膜，顶端简单钩状或钩状卷曲 1.0～1.5 圈，圈紧；子囊 3～4 个，宽卵形、近球形等，多数近无柄，少数有短柄，（47～62）μm×（34～55）μm；子囊孢子 4 个，少数 3 到 5 个，椭圆形、卵形、肾形等，（22.5～35.0）μm×（12.0～18.0）μm，淡黄色。

寄生在桑科 Moraceae 植物上。

桑 *Morus alba* Linn.：连云港市海州区花果山风景区九龙桥 HMAS 62181；南京市玄武区博爱园 HMAS 351234（有性阶段）；连云港市赣榆区班庄镇夹谷山景区 HMAS 351640。

鸡桑 *Morus australis* Poir.：淮安市盱眙县铁山寺国家森林公园 HMAS 351110（无性阶段）。

国内分布：江苏、江西、湖北、湖南。

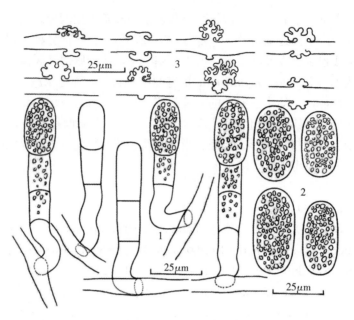

图 138A　桑白粉菌 *Erysiphe mori*（Miyake）U. Braun & S. Takam.（HMAS 351110）
1. 分生孢子梗和分生孢子　2. 分生孢子　3. 附着胞

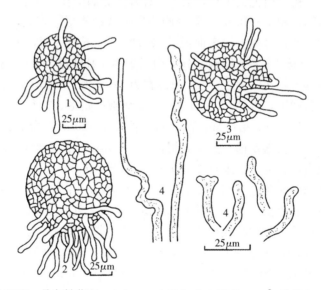

图 138B　桑白粉菌 *Erysiphe mori*（Miyake）U. Braun & S. Takam.
1. 幼小子囊果及丝状细胞　2. 中期子囊果及丝状细胞　3. 子囊果腹面　4. 丝状细胞

世界分布：亚洲（中国、日本、哈萨克斯坦、乌兹别克斯坦），欧洲（乌克兰、俄罗斯）。

葡萄白粉菌原变种（葡萄钩丝壳）　　　　　　　　　　　　　图 139

Erysiphe necator Schwein.，Trans. Amer. Philos. Soc. II，4：270，1834；Liu，The
　　Erysiphaceae of Inner Mongolia：136，2010；Braun & Cook，Taxonomic Manual of
　　the Erysiphales（powdery mildews）：572，2012. var. ***necator***

Uncinula necator (Schwein.) Burrill，in Ellis & Everh.，North Amer. Pyrenomyc.：15，1892；Tai，Sylloge Fungorum Sinicorum：342，1979；Zheng & Yu（eds.），Flora Fungorum Sinicorum 1：409，1987；Braun，Beih. Nova Hedwigia 89：465，1987；Chen，Powdery mildews in Fujian 54，1993；Yu & Tian，Acta Mycol. Sin. 14（3）：170，1995.

菌丝体叶两面生，亦生于嫩茎、卷须、花、果等部位，初为白色薄而淡的圆形或无定形斑点，后渐扩展连片，可布满全叶，展生，存留或消失；菌丝无色，光滑，粗 3～7 μm，附着胞裂瓣形，单生或对生；分生孢子梗总长 32～107 μm，脚胞柱形，无色，光滑，基部常弯曲，上下近等粗或向下略变细，（15.0～82.5）μm×（5.0～7.0）μm，上接 1 个细胞；分生孢子单生，椭圆形、卵椭圆形、卵形，无色，（28.0～43.0）μm×（15.5～21.5）μm（平均 33.4 μm×18.2 μm）；子囊果散生至近聚生，多生于叶面，黑褐色，扁球形至近球形，直径 72～118 μm，壁细胞不规则多角形，直径 10～30 μm；丝状细胞未见；附属丝 5～21 根，多数直挺，少数弯曲、膝曲或折曲等，长为子囊果直径的（1～）2～5 倍，长 100～512 μm，上下近等粗，个别局部有不明显粗细变化，宽 4.0～8.5 μm，壁薄，平滑或粗糙，有 2～7 个隔膜，基部深褐色至褐色，向上色渐变淡，上部无色，顶端钩状卷曲 1.0～2.5（～3.0）圈，圈紧密或松散，少数简单钩状或不卷曲；子囊 3～7 个，宽卵形、卵形、卵椭圆形等，多数有小柄，少数近无柄，（40.0～57.5）μm×（25.0～50.0）μm；子囊孢子 3～5 个，椭圆形、卵形，（15.0～27.5）μm×（9.0～15.0）μm。

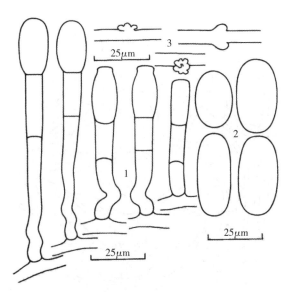

图 139　葡萄白粉菌原变种 *Erysiphe necator* Schwein. var. *necator*（HMAS 351754）
1. 分生孢子梗和分生孢子　2. 分生孢子　3. 附着胞

寄生在葡萄科 Vitaceae 植物上。

葎叶蛇葡萄 *Ampelopsis humulifolia* Bge.：扬州市邗江区大明寺 HMAS 350740。

山葡萄 *Vitis amurensis* Rupr.：连云港市连云区朝阳街道 HMAS 249814、张庄村

HMAS 351858；连云港市海州区云台街道山东村 HMAS 351754（无性阶段）；南京市玄武区龙宫路 HMAS 350880；无锡市宜兴市龙背山国家森林公园 HMAS 350950。

毛葡萄 *Vitis heyneana* Roem. & Schult：连云港市连云区旗台山 HMAS 249813（有性阶段）。

葡萄 *Vitis vinifera* Linn.：连云港市连云区猴嘴街道 HMAS 350659，高公岛街道黄窝景区 HMAS 350406；徐州生物工程学校 HMAS 351308（周保亚）；徐州市沛县杨屯镇 HMAS 351214；南通市海安市安平路 HMAS 350815、崇川区狼山风景区 HMAS 350824；苏州市常熟市董浜镇 HMAS 351458。

国内分布：全国各地。

世界分布：世界各地。

讨论：寄主毛葡萄 *Vitis heyneana* Roem. & Schult 上的菌在附属丝等形态上有一定区别：子囊果直径 80～110μm，壁细胞直径 10.0～27.5μm；附属丝 6～21 根，长为子囊果直径的 2～7 倍，长 160～675μm，上下近等粗，宽 5～10μm，壁薄，平滑或粗糙，有3～15 个隔膜，多数 7～10 个隔膜，基部深褐色至褐色，向上色渐变淡，上部无色，顶端钩状卷曲 1～3 圈，圈紧密或松散，少数简单钩状或不卷曲；子囊 3～6 个，椭圆形、卵形、卵椭圆形、卵圆形等，多数有小柄，少数近无柄，（45.0～65.0）μm×（30.0～42.5）μm；子囊孢子不成熟。

黄连木白粉菌（黄连木小钩丝壳）   图 140

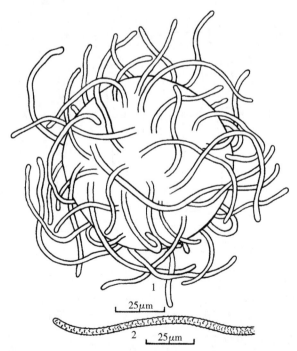

图 140　黄连木白粉菌 *Erysiphe pistaciae* (J. Y. Lu & K. R. Wang) U. Braun & S. Takam.
1. 幼小子囊果及丝状细胞　2. 丝状细胞

Erysiphe pistaciae (J. Y. Lu & K. R. Wang) U. Braun & S. Takam. , Schlechtendalia 4：22，2000；Braun & Cook，Taxonomic Manual of the Erysiphales（powdery mildews）：578，2012.

Uncinuliella pistaciae J. Y. Lu & K. R. Wang，Acta Mycol. Sin. 6（3）：133，1987；Yu & Tian，Acta Mycol. Sin. 14（3）：170，1995.

Uncinula pistaciae （J. Y. Lu & K. R. Wang） U. Braun，The powdery mildews （Erysiphales） of Europe：335，Jena，Stuttgart，New York 1995.

菌丝体叶两面生，初为白色圆形或无定形斑点，后渐扩展连片，布满全叶，菌丝层淡薄，展生，存留或消失；菌丝无色，光滑，粗 3～6μm，附着胞裂瓣形，对生或单生；分生孢子梗未见；分生孢子单生，无色，柱形、长椭圆形，（20.0～40.0）μm×（12.5～15.0）μm，淡灰色；子囊果散生，暗褐色，扁球形，直径 75～120μm，壁细胞不规则多角形，直径 4～20μm；丝状细胞表生型，11～50 根，前期均匀分布在幼小子囊果球面，弯曲，不分枝，无色，无隔膜，长 40～120μm，全长略粗糙，粗细均匀或向上稍变细，粗 2.5～5.0μm，多数随子囊果成熟而脱落；附属丝 11～28 根，直或弯曲，长为子囊果直径的 1.0～1.8 倍，长 80～185μm，由下向上略变细，基部宽 5.5～7.5μm，上部宽 2.5～4.5μm，壁厚，全长平滑或上部平滑中下部稍粗糙，基部 0～1 个隔膜，个别 2 个隔膜，全长无色或基部淡褐色中上部无色，顶端钩状卷曲 1.0～1.5 圈，圈紧；子囊 3～6 个，椭圆形、卵形等，有小柄或近无柄，（47.5～60.0）μm×（27.5～50.0）μm；子囊孢子 5～7（～8）个，矩状椭圆形、椭圆形等，（17.5～31.5）μm×（10.0～16.0）μm，淡灰色。

寄生在漆树科 Anacardiaceae 植物上。

黄连木 *Pistacia chinensis* Bunge：连云港市连云区宿城街道枫树湾 HMAS 62189；南京市浦口区老山景区 HMAS 350920；南京市玄武区博爱园 Y19301。

国内分布：江苏。

世界分布：中国。

极长小钩丝白粉菌（极长小钩丝壳）　　　　图 141

Erysiphe praelonga （S. R. Yu） U. Braun & S. Takam. , Schlechtendalia 4：22，2000；Braun & Cook，Taxonomic Manual of the Erysiphales （powdery mildews） ：579，2012.

Uncinuliella praelonga S. R. Yu，Acta Mycol. Sin. 12（4）：261，1993.

Uncinula praelonga （S. R. Yu） U. Braun，The powdery mildews （Erysiphales） of Europe：335，Jena，Stuttgart，New York 1995.

菌丝体叶两面生，通常是菌丝穿透叶肉组织，由叶面到叶背或叶背到叶面，初为白色圆形斑点，后染病部位的叶肉组织逐渐坏死，呈轮纹状扩展成近圆形或无定形病斑，病斑多不连片，存留；分生孢子单生；子囊果聚生至近聚生，暗褐色，扁球形，直径（87～）138～170（～197）μm，壁细胞不规则多角形，直径 3.5～16.5μm；丝状细胞表生型，老熟子囊果上的丝状细胞 9～30 根，零散分布在子囊果球面，弯曲，不分枝，无色，平滑，

263

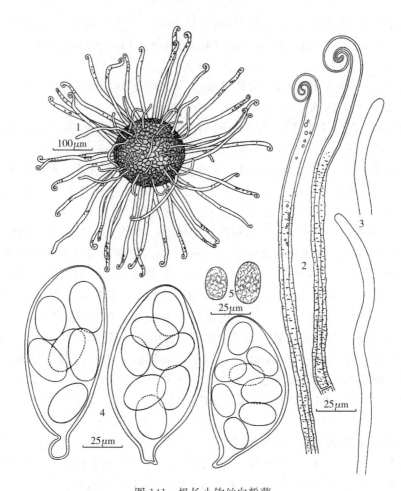

图 141　极长小钩丝白粉菌

Erysiphe praelonga (S. R. Yu) U. Braun & S. Takam.　(HMAS 62197)

1. 子囊果　2. 附属丝　3. 丝状细胞　4. 子囊和子囊孢子　5. 子囊孢子

无隔膜，长（40～）60～135（～250）μm，全长近等粗，粗 3～5μm；附属丝 18～55 根，直，少数弯曲，有时屈膝状弯曲，长为子囊果直径的 1～2 倍，长 146～312μm（平均 197μm），上下近等粗或向上稍变粗，基部宽 4.5～11.0μm，上部宽 8～12μm，壁厚，中下部 1/3～2/3 粗糙，有的全长粗糙，无隔膜，少数在最基部有 1 个隔膜，上部无色，中下部淡黄色，顶端钩状卷曲 1～2 圈，少数 1.5 圈，圈紧；子囊（2～）7～15（～17）个，椭圆形、长椭圆形、长卵形、偏卵形等，有小柄，（71.5～111.5）μm×（32.0～54.5）μm；子囊孢子（4～）7～8 个，矩状椭圆形、短椭圆形、椭圆形等，（19.5～35.0）μm×（12.5～18.5）μm，淡灰色。

寄生在金缕梅科 Hamamelidaceae 植物上。

枫香树 *Liquidambar formosana* Hance：连云港市海州区花果山风景区九龙桥 HMAS 62197。

国内分布：江苏、贵州。

世界分布：中国。

讨论：1993 年发表的新种，笔者在研究该菌时未观测子囊果上丝状细胞的生长情况。

萨蒙白粉菌（粗壮钩丝壳） 图 142

Erysiphe salmonii（Syd.）U. Braun & S. Takam.，Schlechtendalia 4：23，2000；Liu, The Erysiphaceae of Inner Mongolia：138，2010；Braun & Cook，Taxonomic Manual of the Erysiphales（powdery mildews）：583，2012.

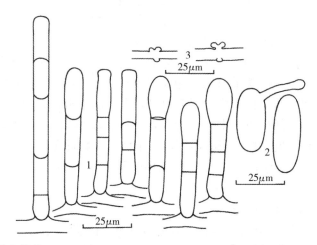

图 142A 萨蒙白粉菌 *Erysiphe salmonii*（Syd.）U. Braun & S. Takam.（HMAS 351821）
1. 分生孢子梗和分生孢子 2. 分生孢子 3. 附着胞

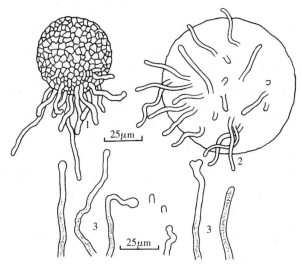

图 142B 萨蒙白粉菌 *Erysiphe salmonii*（Syd.）U. Braun & S. Takam.
1. 子囊果及丝状细胞 2. 子囊果腹面 3. 丝状细胞

Uncinula salmonii Syd.，Ann. Mycol. 11：114，1913；Zheng & Yu（eds.），Flora Fungorum Sinicorum 1：420，1987；Braun，Beih. Nova Hedwigia 89：494，1987；

Chen，Powdery mildews in Fujian 54，1993；Yu & Tian，Acta Mycol. Sin. 14（3）：170，1995.

　　菌丝体叶两面生，亦生于叶柄和嫩茎等部位，初为白色薄而淡的圆形或无定形斑点，后逐渐扩大连片并布满全叶，展生，存留或消失；菌丝无色，粗 3～7μm，附着胞简单裂瓣形，对生；分生孢子梗脚胞柱形，直，无色，光滑，上下近等粗或基部略增粗，（12.0～24.0）μm×（6.0～7.5）μm，上接 1～3 个细胞；分生孢子单生，柱形、长椭圆形，无色，（25.0～45.0）μm×［11.5～15.0（～17.5μm）］μm，长/宽为 1.7～3.0，平均 2.4；子囊果聚生至散生，暗褐色，扁球形，直径 74～130μm，壁细胞多角形，直径6～24μm；丝状细胞基生型，5～25 根，生于子囊果底部，菌丝状，长 5～80μm，直或弯曲、扭曲等，不分枝，全长无色，无隔膜，中下部或全长略粗糙，上下等粗或局部略有粗细变化，粗 2.5～5.0μm；附属丝 6～27 根，直或弯曲，长为子囊果直径的 1.0～1.5（～2.0）倍，长 75～220μm，多数向上略变粗，少数上下近等粗，基部宽 5.0～6.5μm，上部宽 5～10μm，壁薄，向下稍变厚，下部粗糙，中上部平滑，有的全长略粗糙，无隔膜或基部有 1 个隔膜，基部褐色，中上部无色，顶端钩状卷曲 1.0～1.5 圈，圈紧；子囊（3～）5～7 个，卵形、偏卵形、卵圆形等，有小柄，少数近无柄，（40.0～57.5）μm×（28.5～43.5）μm；子囊孢子 5～8 个，椭圆形、卵形等，（14.0～21.5）μm×（8.0～12.5）μm。

　　寄生在木樨科 Oleaceae 植物上。

　　小叶梣 *Fraxinus bungeana* DC.：连云港市海州区花果山风景区大门 HMAS 351479；连云港市连云区宿城街道船山飞瀑景区 HMAS 73702、HMAS 249805，高公岛街道黄窝景区 HMAS 249807、柳河村 HMAS 351796。

　　白蜡树 *Fraxinus chinensis* Roxb.：连云港市海州区郁洲公园 HMAS 351821；连云港市连云区宿城街道高庄村 HMAS 350861。

　　国内分布：全国各地。

　　世界分布：中国、日本。

　　讨论：该菌分生孢子梗脚胞较细、较短，分生孢子小，无色。本地区该菌还寄生尖叶梣 *Fraxinus szaboana* Lingelsh.、苦枥木 *Fraxinus insularis* Hemsl. 等。

无患子白粉菌（无患子钩丝壳）　　　　　　　　　　　　　　　　　　　　图 143
Erysiphe sapindi （S. R. Yu）U. Braun & S. Takam.，Schlechtendalia 4：23，2000；Braun & Cook，Taxonomic Manual of the Erysiphales（powdery mildews）：584，2012.

Uncinula sapindi S. R. Yu，Acta Mycol. Sin. 12（4）：259，1993.

　　菌丝体叶两面生，初为白色圆形斑点，后扩展形成很薄的白色斑片，连片直至布满全叶，展生，存留或消失；分生孢子梗脚胞柱形，基部细，全长 60～100μm；分生孢子单生，长椭圆形、椭圆形，（26.5～37.0）μm×（13.0～16.5）μm；子囊果散生至近聚生，暗褐色，扁球形，直径（87～）100～120（～134）μm，平均 109μm，壁细胞不规则多角形，直径 7.0～27.5μm；丝状细胞未作观测；附属丝 4～19 根，形态变化较大，直或弯曲，少数屈膝状弯曲，个别双叉状或不规则分枝一次，长为子囊果直径的 0.5～1.5 倍，多数 1.0 倍，长（40～）80～120（～161）μm，平均 98μm，粗细不均，上部 1/4～1/3 以上渐变细，基部宽 6～10μm，上部宽 4.0～5.5μm，壁厚，中下部粗糙，少数全长明显粗糙，无隔膜，少数在最基部有 1 个隔膜，无色或中下部淡黄色，顶端钩状卷曲 1.0～1.5 圈，圈松弛；子囊（4～）6～8（～10）个，椭圆形、长椭圆形、卵形，有小柄或近无柄，（46.0～66.5）μm×（26.5～38.5）μm；子囊孢子（4～）5～6（～8）个，椭圆形、卵形等，（18.0～26.5）μm×（8.0～12.0）μm。

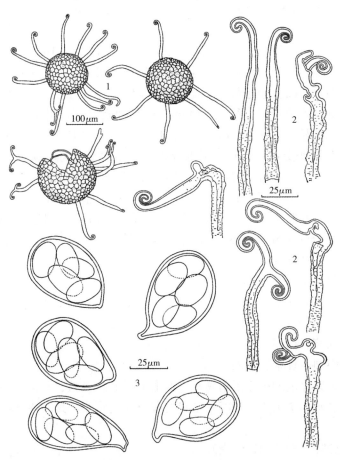

图 143　无患子白粉菌 *Erysiphe sapindi*（S. R. Yu）U. Braun & S. Takam.（HMAS 62196）
1. 子囊果　2. 附属丝　3. 子囊和子囊孢子

寄生在无患子科 Sapindaceae 植物上。

栾树 *Koelreuteria paniculata* Laxm.：连云港市海州区苍梧绿园 HMAS 249779。

无患子 *Sapindus mukorossi* Gaertn.：连云港市连云区宿城街道枫树湾 HMAS 62196。

国内分布：江苏。

世界分布：中国。

讨论：1993 年发表的新种，笔者在研究该菌时没有注意丝状细胞的情况，模式标本上也看不到丝状细胞。栾树 *Koelreuteria paniculata* Laxm. 是该菌的寄主新记录属（种）。

卫矛白粉菌（卫矛钩丝壳）

Erysiphe sengokui (E. S. Salmon) U. Braun & S. Takam. ，Schlechtendalia 4：23，2000；Braun & Cook，Taxonomic Manual of the Erysiphales（powdery mildews）：585，2012.

Uncinula sengokui E. S. Salmon，Mem. Torrey Bot. Club 9：120，1900；Braun，Beih. Nova Hedwigia 89：526，1987；Zheng & Yu (eds.)，Flora Fungorum Sinicorum 1：422，1987；Yu & Tian，Acta Mycol. Sin. 14（3）：170，1995.

菌丝体叶两面生，初为白色圆形斑点，后扩展形成很薄的白色斑片，展生，存留或消失；子囊果生叶两面，散生至近聚生，暗褐色，扁球形，直径 90～110μm，多数 100μm 左右，壁细胞不规则多角形，直径 6～20μm；丝状细胞未见；附属丝 9～18 根，直或略弯曲，长为子囊果直径的 1.0～1.5 倍，多数 1.0～1.3 倍，长 105～150μm，基部细，向上渐变粗，或略有粗细变化，有时上下近等粗，顶端钩状部分又明显变细，基部宽 7～11μm，上部宽 8.0～12.5μm，基部壁厚，有时相互连合，向上渐变薄，基部粗糙，中上部平滑，紧靠基部有 1 个隔膜，少数在中下部有第二个隔膜，基部淡褐色，中上部无色，顶端简单钩状或钩状卷曲 1.0～1.5 圈，圈紧；子囊 5～10 个，卵形、卵椭圆形，有小柄或近无柄，（40～55）μm×（26～33）μm；子囊孢子 4～6 个，卵形、短椭圆形等，（16～22）μm×（9～14）μm。

寄生在卫矛科 Celastraceae 植物上。

南蛇藤 *Celastrus orbiculatus* Thunb.：连云港市连云区云山街道白果树村 HMAS 62184。

国内分布：江苏、福建、辽宁。

世界分布：中国、日本、韩国。

讨论：笔者采集鉴定的菌除了附属丝一般由下向上渐变粗、基部粗糙、壁厚、偶有 2 个隔膜等，与郑儒永、余永年（1987）鉴定的有一定差异外，其他特征均一致。

野茉莉白粉菌原变种（野茉莉钩丝壳）　　　　　　　　　　图 144

Erysiphe togashiana (U. Braun) U. Braun & S. Takam. ，Schlechtendalia 4：24，2000；Braun & Cook，Taxonomic Manual of the Erysiphales（powdery mildews）：588，2012. var. *togashiana*

Uncinula togashiana U. Braun，Mycotaxon 15：141，1982；Braun，Beih. Nova Hedwigia 89：530，1987；Yu & Tian，Acta Mycol. Sin. 14（3）：166，1995. var. *togashiana*

菌丝体叶两面生，以叶面为主，形成白色薄的斑片，展生，消失或存留；子囊果散生至聚生，扁球形，深褐色，直径 67～121μm，多数 80～94μm（平均 86.5μm），壁细胞不规则多角形，10.0～25.5μm；丝状细胞未作观测；附属丝钩状，15～45 根，直或弯曲，少数屈膝状，长（47～）93.8～160.8（～215）μm（平均 127.5μm），为子囊果直径的

0.5～2.5 倍（平均 1.5 倍），基部粗糙，淡褐色，上部无色，壁薄，少数具 1 个隔膜，基部宽 5.0～8.5μm，向上渐变细，顶端宽 2.3～4.0μm，顶端钩状部分简单钩状或卷曲 1.0～1.5 圈，圈紧；子囊 3～10 个，宽卵形、近球形、卵形，有很短的小柄，（39.5～60.0）μm×（25.0～50.5）μm（平均 50.5μm×38.0μm）；子囊孢子 4 个，少数 3 或 5 个，椭圆形、卵圆形，（20.0～30.0）μm×（10.0～16.5）μm。

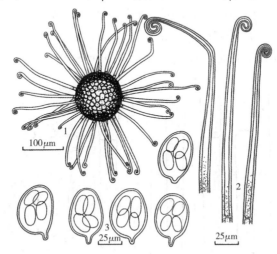

图 144　野茉莉白粉菌原变种
Erysiphe togashiana (U. Braun) U. Braun & S. Takam. var. *togashiana*（HMAS 62191）
1. 子囊果　2. 附属丝　3. 子囊和子囊孢子

寄生在安息香科 Styracaceae 植物上。

野茉莉 *Styrax japonicus* Sieb. et Zucc.：连云港市连云区宿城街道船山飞瀑景区 HMAS 62191。

国内分布：江苏。

世界分布：中国、日本、韩国。

讨论：中国新记录种。

漆树生白粉菌（漆树生钩丝壳）　　　　　　　　　　　　　　　　　图 145

Erysiphe toxicodendricola（Z. X. Chen & Y. J. Yao）U. Braun & S. Takam.，Schlechtendalia 4：24，2000；Braun & Cook，Taxonomic Manual of the Erysiphales（powdery mildews）：588，2012.

Uncinula toxicodendricola Z. X. Chen & Y. J. Yao，Wuyi Sci. J. 8：157，1991.

菌丝体叶两面生，初为白色圆形或无定形斑点，后逐渐扩展连片并布满全叶，展生，存留或消失；菌丝无色，光滑，粗 3～7μm，附着胞裂瓣形，对生；分生孢子梗长 70～140μm，脚胞柱形，无色，光滑，侧生状弯曲或膝状弯曲，上下近等粗，（42～80）μm×（6～9）μm，上接 1～2 个细胞；分生孢子单生，柱形、柱状椭圆形，无色或淡灰色，（29.0～40.5）μm×（12.5～17.0）μm，长/宽为 1.7～3.2，平均 2.4；子囊果聚生至近聚生，暗褐色，扁球形，直径 80～135μm，壁细胞多角形，直径 10～30μm；丝状细胞基

269

生型，数量少，（0～）3～10 根，弯曲，不分枝，无色，无隔膜，粗细均匀，多数随子囊果成熟而脱落；附属丝 3～15 根，弯曲或扭状弯曲，少数直，长为子囊果直径的 0.5～1.5（～2.0）倍，长 55～210μm，上下近等粗或稍有粗细变化，有时中上部明显变粗，宽 4～10μm，壁厚，中下部常连合，全平滑，或基部至中部略粗糙上部平滑，无隔膜，个别基部有 1 个隔膜，全长无色或基部淡褐色至褐色，中上部无色，顶端钩状卷曲 1～2 圈，圈紧，少数松，个别顶端双叉状分枝一次；子囊 3～7 个，卵形、卵圆形、椭圆形等，有小柄，壁薄易破裂，（52.5～70.0）μm×（37.5～49.0）μm；子囊孢子 5～8 个，多 6～7 个，长卵形、椭圆形、卵形，（21.0～32.5）μm×（12.5～17.5）μm，淡黄色。

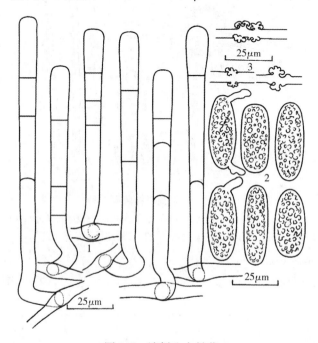

图 145　漆树生白粉菌
Erysiphe toxicodendricola（Z. X. Chen & Y. J. Yao）U. Braun & S. Takam.（HMAS 351659）
1. 分生孢子梗和分生孢子　2. 分生孢子　3. 附着胞

寄生在漆树科 Anacardiaceae 植物上。

野漆树 *Rhus succedanea* Linn.：连云港市连云区宿城街道枫树湾 HMAS 62185、HMAS 351659、Y19375（HMJAU-PM），海上云台山风景区 HMAS 351789；无锡市滨湖区惠山国家森林公园 HMAS 350998。

国内分布：江苏、福建。

世界分布：中国。

讨论：笔者（1995）将这个菌的 HMAS 62185 标本鉴定为漆树白粉菌 *Erysiphe verniciferae*。该菌只有野漆树 *Rhus succedanea* Linn. 一种寄主，未见其他寄主。

漆树白粉菌（漆树钩丝壳）　　　　　　　　　　　　　　　图 146

Erysiphe verniciferae（Henn.）U. Braun & S. Takam.，Schlechtendalia 4：24，2000；

Braun & Cook，Taxonomic Manual of the Erysiphales（powdery mildews）：
591，2012.

Uncinula verniciferae Henn.，Bot. Jahrb. Syst. 29：149，1901；Zheng & Yu（eds.），
Flora Fungorum Sinicorum 1：429，1987；Braun，Beih. Nova Hedwigia 89：538，
1987；Chen，Powdery mildews in Fujian 57，1993；Yu & Tian，Acta Mycol. Sin. 14
（3）：170，1995.

Uncinula verniciferae var. *shennongjiana* G. Q. Chen & R. Y. Zheng，Fungi and Lichens
of Shennongjian，Mycological and Lichenological Expedition to Shennongjian：
90，1989.

　　菌丝体叶两面生，以叶面为主，初为白色圆形或无定形斑点，后逐渐扩展连片并布满
全叶，常形成浓厚的菌粉层，展生，存留或消失；菌丝无色，光滑，粗 3～7μm，附着胞
裂瓣形，单生或对生，附着胞小；分生孢子梗长 40～80μm，脚胞柱形，无色，光滑，侧
生状弯曲或膝状弯曲，上下近等粗，（22～50）μm×（6～9）μm，上接 1（～2）个细胞；
分生孢子单生，椭圆形、短椭圆形，淡灰色，（21.0～33.5）μm（～43.5）μm×
（12.5～17.5）μm，长/宽为 1.4～3.1，平均 1.8；子囊果聚生，以叶面为多，暗褐色，
扁球形，直径 67～142μm，壁细胞多角形或近方形，直径 7～25μm；丝状细胞未见；附
属丝 9～47 根，直或弯曲，少数屈膝状扭曲或弯曲，或结节状，长为子囊果直径的 1～2
倍，长 80～235μm，多数 120～180μm，上下近等粗或顶端卷曲部位变细，少数全长略有
粗细变化，基部宽 5.0～7.5μm，上部宽 3.5～5.0μm，壁厚，中下部常连合，基部粗糙，
中上部平滑或全长平滑，无隔膜或基部有 1 个隔膜，无色或基部淡褐色，顶端钩状卷曲
1.0～1.5 圈，少数 2.0 圈，圈紧；子囊 5～15 个，卵形、宽卵圆形、椭圆形等，有小柄
或近无柄，（45～70）μm×（29～42）μm；子囊孢子 5～7 个，少数 8 个，椭圆形、长卵
形、卵形等，（17.0～25.0）μm×（8.0～12.5）μm。

　　寄生在漆树科 Anacardiaceae 植物上。

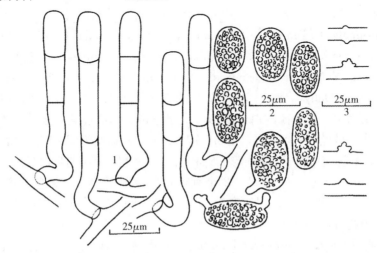

图 146　漆树白粉菌 *Erysiphe verniciferae*（Henn.）U. Braun & S. Takam.（HMAS 248399）
1. 分生孢子梗和分生孢子　2. 分生孢子　3. 附着胞

黄栌 *Cotinus coggygria* Scop.：徐州市云龙区狮子山景区 Y17119（HMJAU-PM）；连云港市海州区苍梧绿园 HMAS 248399；南京市玄武区玄武湖公园 HMAS 350685。

盐肤木 *Rhus chinensis* Mill.：连云港市连云区中云街道云龙涧风景区 Y18153；镇江市句容市宝华山 HMAS 350935；无锡市滨湖区惠山国家森林公园 HMAS 350968；无锡市宜兴市龙背山森林公园 HMAS 350953。

漆树 *Toxicodendron vernicifluum*（Stokes）F. A. Barkley：南京市栖霞区栖霞山 HMAS 350913。

野漆树 *Toxicodendron succedaneum*（Linn.）Kuntze：镇江市句容市宝华山 HMAS 350934。

国内分布：江苏、北京、山西、陕西、甘肃、安徽、河南、山东、湖北、四川、浙江、福建、台湾。

世界分布：中国、印度、日本、韩国。

讨论：Braun 和 Takam.（2012）描述这个种的无性阶段分生孢子梗长可达 $160\mu m$，脚胞（22～100）$\mu m \times$（6～10）μm，上接 1～3 个细胞，分生孢子（25～40）$\mu m \times$（10～20）μm，长/宽为 1.9～2.7。笔者采集鉴定的菌与其明显不同，与漆树生白粉菌 *Erysiphe toxicodendricola* 的无性阶段则较为接近。但有性阶段与笔者采集鉴定的菌基本一致。笔者详细对比了野漆树 *Rhus succedanea* Linn. 和黄栌 *Cotinus coggygria* Scop. 两个寄主上菌的无性阶段，两者区别明显，前者分生孢子梗长 70～$140\mu m$，脚胞较长，为（42～80）$\mu m \times$（6～9）μm，分生孢子较大（29.0～40.5）$\mu m \times$（12.5～17.0）μm，长/宽为 1.7～3.2，平均 2.4；后者菌丝附着胞小，分生孢子梗短，40～$80\mu m$，脚胞较短，（22～50）$\mu m \times$（6～9）μm，分生孢子较小，[21.0～33.5（～43.5）] $\mu m \times$（12.5～17.5）μm，长/宽为 1.4～3.1，平均 1.8。这也是首次对这两个菌的无性阶段进行全面对比描述。

荚蒾生白粉菌

图 147

Erysiphe viburnicola U. Braun & S. Takam.，Schlechtendalia 4：25，2000；Braun & Cook，Taxonomic Manual of the Erysiphales（powdery mildews）：592，2012.

Uncinula viburni Y. Nomura，Tanda & U. Braun，Mycotaxon 25：264，1986，non *Erysiphe viburni* Duby，1830；Braun，Beih. Nova Hedwigia 89：500，1987.

菌丝体叶两面生，初为薄的白色圆形或无定形斑点，后逐渐扩展连片布满全叶，展生，存留或消失；菌丝无色，光滑，粗 3.5～$10.0\mu m$，附着胞简单裂瓣形，常对生；分生孢子梗脚胞柱形，无色，光滑，直或基部略弯曲，上下近等粗或基部略粗，（21.0～39.5）$\mu m \times$（7.0～11.0）μm，上接（0～）1～2 个细胞；分生孢子单生，无色，椭圆形、卵形，（27～41）$\mu m \times$（15～21）μm，长/宽为 1.5～2.8，平均 1.8；未见有性阶段。

寄生在五福花科 Adoxaceae 植物上。

宜昌荚蒾 *Viburnum erosum* Thunb.：连云港市连云区海上云台山风景区 HMAS 351787。

国内分布：江苏等。

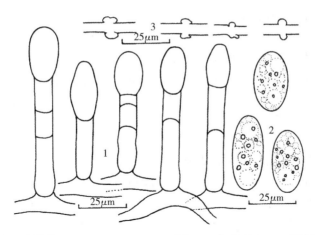

图 147　荚蒾生白粉菌 *Erysiphe viburnicola* U. Braun & S. Takam.（HMAS 351787）
1. 分生孢子梗和分生孢子　2. 分生孢子　3. 附着胞

世界分布：中国、日本。

讨论：该菌分生孢子原生质在呈现油泡状的同时还有颗粒存在，是有别于其他种类的特征。属于国内新记录种。

(2) 假粉孢属（白粉菌属无性型）

Pseudoidium（*Erysiphe* anamorphs）

紫茉莉科假粉孢（紫茉莉科粉孢）　　　　　　　　　　　　　　　图 148

Pseudoidium nyctaginacearum（Hosag.）U. Braun & R. T. A. Cook；Braun & Cook,

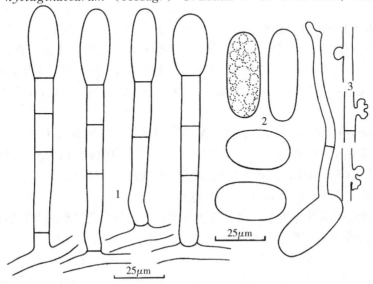

图 148　紫茉莉科假粉孢
Pseudoidium nyctaginacearum（Hosag.）U. Braun & R. T. A. Cook（HMAS 351402）
1. 分生孢子梗和分生孢子　2. 分生孢子　3. 附着胞

Taxonomic Manual of the Erysiphales（powdery mildews）：613，2012.

Oidium nyctaginacearum Hosag.，Indian Phytopathol. 43：217，1990.

菌丝体叶两面生，以叶面为主，初为白色无定形斑片，后逐渐扩展连片并布满全叶，展生，存留；菌丝无色，粗 5～8μm，附着胞裂瓣形或近乳头形；分生孢子梗脚胞柱形，无色，光滑，直或基部略弯曲，上下近等粗，（27～45）μm×（6～9）μm，上接 1～2 个细胞；分生孢子单生，长椭圆形、椭圆形，无色，（31～50）μm×（15～20）μm，长/宽为 1.7～3.0，平均 2.3。

寄生在紫茉莉科 Nyctaginaceae 植物上。

紫茉莉 *Mirabilis jalapa* Linn.：连云港市连云区高公岛街道黄窝景区 HMAS 351402、HMAS 351430，宿城景区 HMAS 351818；南京市玄武区博爱园 HMAS 351236。

国内分布：江苏省等华东地区。

世界分布：非洲（加纳利群岛），北美洲（美国），亚洲（中国、印度、印度尼西亚、日本、斯里兰卡）。

胡麻科假粉孢（胡麻科粉孢）　　　　　　　　　　　　　　　　　　　　图 149

Pseudoidium pedaliacearum（H. D. Shin）H. D. Shin.；Braun & Cook，Taxonomic
　　Manual of the Erysiphales（powdery mildews）：615，2012.

Oidium pedaliacearum H. D. Shin，Schlechtendalia 17：45，2008.

Oidium sesami H. D. Shin，Korean J. Pl. Pathol. 6（1）：9，1990.

A、寄生在胡麻科 Pedaliaceae 植物上。

菌丝体叶两面生，亦生于叶柄、茎、花、果等各部位，初为白色圆形斑点，后逐渐扩展连片并布满全叶直至整个植株，形成浓厚菌粉层，展生，存留；菌丝无色，粗 4.0～7.5μm，附着胞裂瓣形，常对生；分生孢子梗脚胞柱形，无色，光滑，直，上下近等粗，（17.5～45.0）μm×（6.0～9.0）μm，上接 1～3 个细胞；分生孢子单生，椭圆形、卵椭圆形、卵形，无色，（26.0～40.0）μm×（17.0～22.5）μm，长/宽为 1.5～3.2，平均 2.2。

芝麻 *Sesamum indicum* Linn.：连云港市海州区花果山风景区 HMAS 351356；连云港市连云区朝阳街道 HMAS 351360、HMAS 351783，尹宋村 HMAS 351646；徐州市新沂市窑湾镇 HMAS 351168；苏州市常熟市董浜镇 HMAS 351444。

B、寄生在玄参科 Scrophulariaceae 植物上。

菌丝体叶面生，亦生于叶柄、茎和花茎等部位，初为白色圆形或无定形斑点，后逐渐扩展连片，可布满全叶或整个植株体，展生，存留；菌丝无色，粗 4～10μm；附着胞裂瓣形，对生或不对生；分生孢子梗脚胞柱形，无色，光滑，直或略弯曲，上下近等粗，（17～32）μm×（7～11）μm，上接 1～2 个细胞，多数 2 个；分生孢子单生，长椭圆形、椭圆形，无色，（25.0～42.5）μm×（14.0～21.0）μm，长/宽为 1.3～2.5，平均 1.9，有时孢子顶端可见小乳头状突起。

通泉草 *Mazus japonicus*（Thunb.）O. Kuntze：连云港市连云区朝阳街道朝东社区

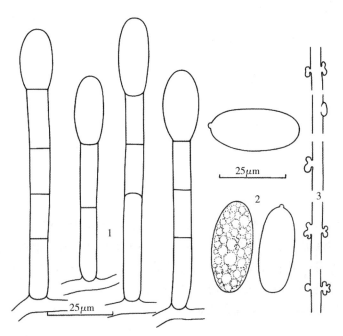

图 149A 胡麻科假粉孢 *Pseudoidium pedaliacearum*（H. D. Shin）H. D. Shin.（HMAS 351783）
1. 分生孢子梗和分生孢子 2. 分生孢子 3. 附着胞

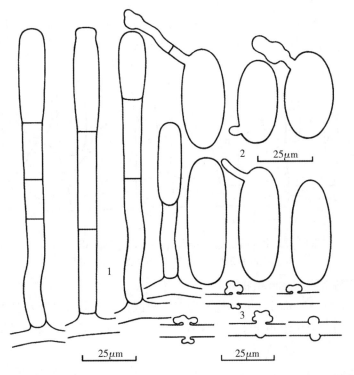

图 149B 胡麻科假粉孢 *Pseudoidium pedaliacearum*（H. D. Shin）H. D. Shin.（HMAS 248277）
1. 分生孢子梗和分生孢子 2. 分生孢子 3. 附着胞

HMAS 248277；连云港市海州区海州公园 HMAS 351687、星海湖公园 HMAS 352376；连云港市赣榆区城头镇西茼湖村 HMAS 351594、班庄镇曹顶村 HMAS 350873；南京市玄武区东苑路 HMAS 350698；苏州市虎丘区科技城山湖湾 HMAS 351697。

国内分布：江苏等多个省份。

世界分布：亚洲（中国、印度、日本、韩国），欧洲（德国）。

讨论：该菌通常同时与纤维粉孢混生在一起。通泉草 *Mazus japonicus*（Thunb.）O. Kuntze 是该菌跨科寄主（ITS＋28SrDNA 分析），是该菌世界寄主新记录属、种。

木槿假粉孢　　　　　　　　　　　　　　　　　　　　　　　　　　图 150

Pseudoidium sp.

菌丝体叶两面生，亦生于叶柄等部位，初为白色圆形斑点，后逐渐扩展连片并布满全叶，展生，存留或消失；菌丝无色，粗 3～7μm，附着胞裂瓣形，常对生；分生孢子梗脚胞柱形，无色，光滑，上下近等粗，基部略弯曲，（22～43）μm×（5～9）μm，上接 1～2 个细胞；分生孢子单生，长椭圆形、椭圆形，无色，（25.0～45.0）μm×（12.5～20.0）μm，长/宽为 1.4～3.7，平均 2.0。

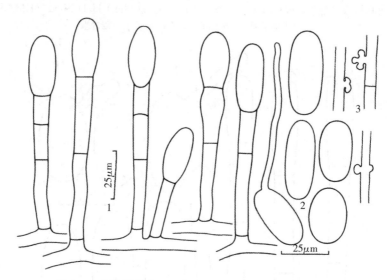

图 150　木槿假粉孢 *Pseudoidium* sp.（HMAS 351430）
1. 分生孢子梗和分生孢子　2. 分生孢子　3. 附着胞

寄生在锦葵科 Malvaceae 植物上。

木槿 *Hibiscus syriacus* Linn.：连云港市海州区花果山风景区十八盘 HMAS 249817；连云港市连云区高公岛街道黄窝景区 HMAS 351430；南通市崇川区 HMAS 350835。

苦蘵假粉孢　　　　　　　　　　　　　　　　　　　　　　　　　　图 151

Pseudoidium sp.

菌丝体叶两面生，初为白色圆形或无定形薄的斑点，后逐渐扩展连片，可布满全叶，展生，存留或消失；菌丝无色，粗 3.0~7.5μm，附着胞裂瓣形；分生孢子梗脚胞柱形，无色，光滑，上下近等粗，直或基部略弯曲，（27.5~55）μm×（7~9）μm，上接 1~2 个细胞；分生孢子单生，长椭圆形、椭圆形、卵椭圆形，无色，（31.0~50.0）μm×（15.0~22.5）μm，长/宽为 1.5~3.2，平均 2.2。

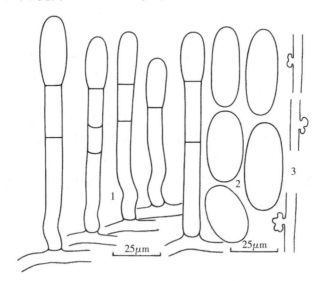

图 151　苦蘵假粉孢 *Pseudoidium* sp.（HMAS 351405）
1. 分生孢子梗和分生孢子　2. 分生孢子　3. 附着胞

寄生在茄科 Solanaceae 植物上。

苦蘵 *Physalis angulata* Linn.：连云港市连云区朝阳街道朝东社区 HMAS 351405。

黄堇假粉孢　　　　　　　　　　　　　　　　　　　　　　　　　　　　　图 152

Pseudoidium sp.

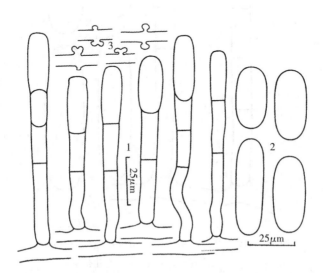

图 152　黄堇假粉孢 *Pseudoidium* sp.（HMAS 249810）
1. 分生孢子梗和分生孢子　2. 分生孢子　3. 附着胞

菌丝体生于叶两面及叶柄等，初为白色圆形或无定形斑点，后逐渐扩展连片布满全叶，展生，存留或消失；菌丝无色，粗 4.0～6.5μm，附着胞简单裂瓣形，常对生；分生孢子梗脚胞柱形，无色，光滑或略粗糙，基部常略弯曲，上下近等粗，（25.0～57.5）μm×（6.5～9.0）μm，上接 1～2 个细胞；分生孢子单生，柱形、长椭圆形、椭圆形，（28.5～55.0）μm×（12.0～18.5）μm，长/宽为 1.6～4.3，平均 2.6。

寄生在紫堇科 Fumariaceae 植物上。

黄堇 *Corydalis pallida* （Thunb.）Pers.：连云港市连云区朝阳街道张庄村 HMAS 351778；连云港市连云区海上云台山风景区 HMAS 351820、高公岛街道黄窝景区 HMAS 249810；连云港市海州区花果山风景区玉女峰 HMAS 249816。

紫堇 *Corydalis edulis* Maxim.：扬州市广陵区馥园 HMAS 350742；南通市崇川区狼山风景区 HMAS 350831；南京市玄武区明孝陵 HMAS 350664、雨花路 HMAS 351859。

讨论：寄主紫堇 *Corydalis edulis* Maxim. 上的菌分生孢子长/宽为 1.7～3.7，平均 2.5。

虎耳草假粉孢 图 153

Pseudoidium sp.

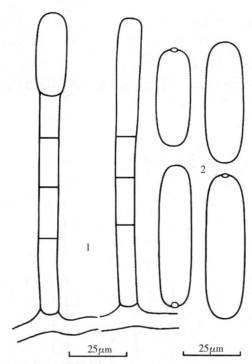

图 153 虎耳草假粉孢 *Pseudoidium* sp. （Y90087）
1. 分生孢子梗和分生孢子 2. 分生孢子

菌丝体叶面生，初为白色圆形斑点，后逐渐扩展连片，可布满全叶，展生，存留；菌丝无色，光滑，粗 4～8μm，附着胞裂瓣形；分生孢子梗总长 71～117μm；分生孢子单生，柱形、柱状长椭圆形，无色，（40.0～60.0）μm×（13.0～16.5）μm（平均 53.6μm×15.3μm），长/宽为2.8～4.5，平均3.5。

寄生在虎耳草科 Saxifragaceae 植物上。

虎耳草 *Saxifraga stolonifera* Curt.：连云港市海州区花果山风景区三元宫 Y90087。

讨论：该菌最大特征是分生孢子长，长/宽可达2.8～4.5。所采标本损毁。

绣球假粉孢　　　　　　　　　　　　　　　　　　　　　　　　　　　图 154

Pseudoidium sp.

菌丝体叶两面生，以叶面为主。初为白色圆形或无定形斑片，后逐渐扩展连片布满全叶，展生，存留；菌丝无色，光滑，粗4～8μm，附着胞简单裂瓣形，常对生；分生孢子梗脚胞柱形，无色，光滑，直或基部略弯曲，上下近等粗，（17.0～47.5）μm×（7.0～10.0）μm，上接（0～）1～2（～3）个细胞；分生孢子单生，无色，柱形、长椭圆形、椭圆形、卵形，（31.0～52.5）μm×（13.5～20.0）μm，长/宽为1.7～3.6，平均2.4。

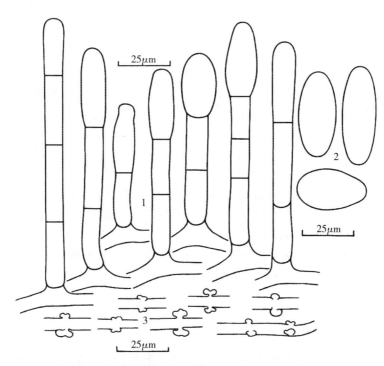

图 154　绣球假粉孢 *Pseudoidium* sp.（HMAS 351848）
1. 分生孢子梗和分生孢子　2. 分生孢子　3. 附着胞

寄生在绣球花科 Hydrangeaceae 植物上。

绣球 *Hydrangea macrophylla*（Thunb.）Ser.：连云港市连云区朝阳街道尹宋村 HMAS 351653、宿城街道高庄村 HMAS 351848。

茶藨子假粉孢 图 155

Pseudoidium sp.

菌丝体叶两面生，初为白色圆形斑点，后逐渐扩展连片布满全叶，展生，存留或消失；菌丝无色，光滑，通常在分生孢子梗着生处明显增粗，粗 4～10 μm，附着胞简单裂瓣形或近乳头形，常单生；分生孢子梗脚胞柱形，无色，光滑，直，上下近等粗或基部略增粗，（25.0～45.0）μm×（6.5～9.0）μm，上接 1～2 个细胞；分生孢子单生，淡灰色，椭圆形，[25.0～40.0（～56.0）] μm×（15.0～20.0）μm，长/宽为 1.4～3.1，平均 1.9。

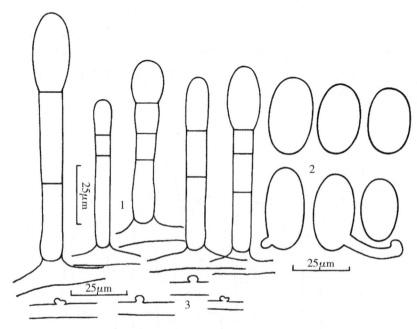

图 155 茶藨子假粉孢 *Pseudoidium* sp. （HMAS 351853）
1. 分生孢子梗和分生孢子 2. 分生孢子 3. 附着胞

寄生在茶藨子科 Grossulariaceae 植物上。

簇花茶藨子 *Ribes fasciculatum* Sieb. et Zucc.：连云港市海州区花果山风景区水帘洞 HMAS 249794、三元宫 HMAS 350366、七十二洞 HMAS 351853。

白杜假粉孢 图 156

Pseudoidium sp.

菌丝体叶面生，初为白色圆形斑点，后逐渐扩展连片，布满全叶，展生，存留或消失；菌丝无色，光滑，粗 4～7 μm，附着胞裂瓣形，对生或单生；分生孢子梗脚胞柱形，无色，光滑，略弯曲或直，上下近等粗，（23.5～40.0）μm×（7.0～8.5）μm，上接 1～2 个细胞；分生孢子单生，柱形、长椭圆形、椭圆形，无色，（30.0～47.5）μm×（14.0～19.0）μm，长/宽为 1.7～3.4，平均 2.2。

寄生在卫矛科 Celastraceae 植物上。

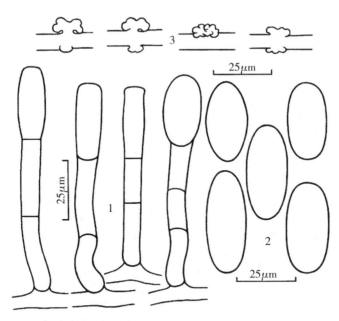

图 156　白杜假粉孢 *Pseudoidium* sp.（HMAS 350844）
1. 分生孢子梗和分生孢子　2. 分生孢子　3. 附着胞

白杜 *Euonymus maackii* Rupr.：连云港市海州区郁洲路 HMAS 351146；徐州市新沂市窑湾镇 HMAS 351167；苏州市高新区镇湖米泗村 HMAS 350844。

冷水花假粉孢 图 157

Pseudoidium sp.

菌丝体生于叶两面、茎、花、果穗等，初为白色圆形或无定形斑点，渐扩展连片并布满全叶或植株体各部位，菌丝层淡薄，展生，存留或消失；菌丝无色，光滑，粗 4～8μm，母细胞（47.5～62.5）μm×（5.0～7.5）μm，附着胞裂瓣形，对生或单生；分生孢子梗总长 70～188μm，脚胞柱形，无色，光滑，直，上下近等粗，（20.0～37.5）μm×（7.5～9.5）μm，上接 2～5 个细胞；分生孢子单生，柱形、柱状长椭圆形，无色，（31.0～57.5）μm×（15.0～22.5）μm，长/宽为 1.6～3.8，平均 2.5。

寄生在荨麻科 Urticaceae 植物上。

透茎冷水花 *Pilea pumila*（Linn.）A. Gray：南京市栖霞区栖霞山 HMAS 350911；南京市玄武区中山植物园 HMAS 351239。

山冷水花 *Pilea japonica*（Maxim.）Hand.-Mazz.：南京市玄武区中山植物园 HMAS 351484。

讨论：该菌最为显著的特征是分生孢子梗长、脚胞上接细胞多，与冷水花白粉菌 *Erysiphe pileae*（Jacz.）Bunkina 和荨麻白粉菌 *Erysiphe urticae*（Wallr.）S. Blumer 有明显区别。同时，通常有 2 种以上的菌混生在一起。

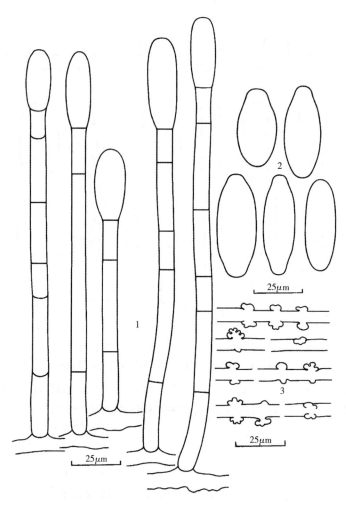

图 157　冷水花（长梗）假粉孢 *Pseudoidium* sp.（HMAS 350911）

1. 分生孢子梗和分生孢子　2. 分生孢子　3. 附着胞

樟树假粉孢　　　　　　　　　　　　　　　　　　　　　　　　图 158

Pseudoidium sp.

　　菌丝体叶面生，亦生于叶柄、茎等部位，以侵染嫩茎为主，初为白色圆形斑点，后逐渐扩展连片，布满全叶，展生，存留或消失；菌丝无色，光滑，粗 4.0～7.5 μm，附着胞裂瓣形，对生或单生；分生孢子梗脚胞柱形，无色，光滑，直，少数略弯，上下近等粗，（30.0～77.5）μm×（6.0～8.0）μm，上接 1～3 个细胞；分生孢子单生，梭状椭圆形、椭圆形、卵形等，无色，（28.5～55.0）μm×（17.5～25.0）μm，长/宽为 1.4～3.1，平均 2.0。未见有性阶段。

　　寄生在樟科 Lauraceae 植物上。

　　樟树 *Cinnamomum camphora*（Linn.）J. Presl：苏州市常熟市董浜镇天星苑 HMAS 248390；无锡市滨湖区锡惠公园 HMAS 351047。

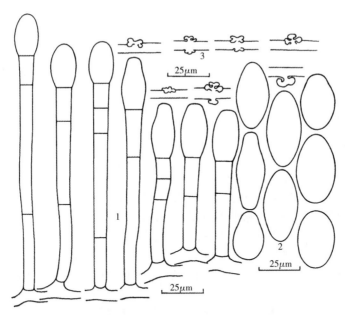

图 158 樟树假粉孢 *Pseudoidium* sp.（HMAS 248390）
1. 分生孢子梗和分生孢子 2. 分生孢子 3. 附着胞

参考文献

曹以勤，陆家云，1990. 南京和滁州的几种白粉菌. 南京农业大学学报，13（4）：145.

陈永凡，于守荣，2018. 江苏白粉菌研究Ⅱ：云台山白粉菌简志. 菌物研究，16（4）：210-213.

陈昭炫，1993. 福建白粉菌. 福州：福建科学技术出版社.

戴芳澜，1979. 中国真菌总汇. 北京：科学出版社.

邓叔群，1963. 中国的真菌. 北京：科学出版社.

顾绍军，章跃树，于守荣，1998. 江苏省云台山白粉菌研究Ⅳ. 球针壳属一新种. 菌物系统，17（1）：19-20.

江苏植物研究所，1977. 江苏植物志，上册. 南京：江苏人民出版社.

江苏植物研究所，1982. 江苏植物志，下册. 南京：江苏科学技术出版社.

李亚，李玉，时杰，等，1992. 吉林省白粉菌——Ⅲ. 叉丝壳属 *Microsphaera* Lév. 吉林农业大学学报，14（2）：1-4.

李玉，李亚，时杰，等，1995. 吉林省白粉菌——Ⅳ. 球针壳属 *Phyllactinia* Lév，叉钩丝壳属 *Sawadaia* Miyabe，叉丝单囊壳属 *Podosphaera* Kunze，钩丝壳属 *Uncinula* Lév. 吉林农业大学学报，17（3）：29-32.

李玉，时杰，李亚，等，1990. 吉林省白粉菌——Ⅰ. 白粉菌属 *Erysiphe*. 吉林农业大学学报，12（4）：6-16.

刘启新，2015. 江苏植物志. 南京：江苏凤凰科学技术出版社.

刘淑艳，高松进，2006. 白粉菌属级分类系统的讨论. 菌物学报，25（1）：152-159.

刘铁志，2010. 内蒙古白粉菌志. 赤峰：内蒙古科学技术出版社.

刘铁志，2022. 《内蒙古白粉菌志》增补与修订. 菌物研究，20（1）：6-22.

刘铁志，于守荣，2005. 江苏省云台山白粉菌研究 V. 白粉菌的一新变种和一新记录种. 菌物学报，24（4）：7-10.

陆家云，王克荣，1987. 小钩丝壳属一新种. 真菌学报 6（3）：133-136.

时洁，李玉，李亚，等，1991. 吉林省白粉菌Ⅱ. 单囊壳属 *Sphaerotheca* Lév. 吉林农业大学学报，13（4）：1-5.

唐淑荣，管观秀，刘淑艳，2018. 中国白粉菌目分类研究现状. 菌物研究，16（3）138-149.

王建明，贺春运，李宏斌，1996. 山西白粉菌的种类、寄主及分布研究. 山西农业大学学报，16（4）：329-335.

魏景超，1979. 真菌鉴定手册. 上海：上海科技出版社.

吴明藻，吴明清，1997. 贵州植物白粉病. 贵阳：贵州科技出版社.

于守荣，1993. 江苏省云台山白粉菌研究Ⅰ. 白粉菌的三个新种. 真菌学报，12（4）：257-264.

于守荣，1995. 江苏省云台山白粉菌研究Ⅲ. 中国白粉菌属一新记录种. 真菌学报，14（4）：312.

于守荣，田恒台，1995. 江苏省云台山白粉菌研究Ⅱ. 白粉菌目新种和新记录. 真菌学报，14（3）：

164-171.

余永年，韩树金，1978. 中国球针壳属分类研究Ⅰ. 关于种的划分. 微生物学报，18（2）：102-117.

余永年，赖奕琪，1979. 中国球针壳属分类的研究Ⅱ. 短附属丝子囊壳类型. 微生物学报，19（1）：
　　11-23.

余永年，赖奕琪，韩树金，1979. 中国球针壳属分类的研究Ⅲ. 长附属丝子囊壳类型. 微生物学报，19
　　（2）：131-145.

赵震宇，1979. 新疆白粉菌志. 乌鲁木齐：新疆人民出版社.

郑儒永，陈桂清，1977. 中国钩丝壳属的分类研究Ⅰ. 中国钩丝壳一种的讨论. 微生物学报，17（3）：
　　189-197.

郑儒永，陈桂清，1977. 中国钩丝壳属的分类研究Ⅱ. 杨柳科上的新种和新组合. 微生物学报，17（3）：
　　198-210.

郑儒永，陈桂清，1977. 中国钩丝壳属的分类研究Ⅲ. 马桑科、大戟科、木樨科、梧桐科和椴树科上的
　　新种和新变种. 微生物学报，17（4）：281-292.

郑儒永，陈桂清，1978. 中国半内生钩丝壳属的分类研究Ⅰ. 杨柳科上的新种：杨生半内生钩丝壳. 微
　　生物学报，18（2）：118-121.

郑儒永，陈桂清，1978. 中国半内生钩丝壳属的分类研究Ⅱ. 半内生钩丝壳属的无性阶段新属旋梗菌
　　属. 微生物学报，18（3）：181-188.

郑儒永，陈桂清，1978. 中国钩丝壳属的分类研究Ⅳ. 金缕梅科、樟科、桑科和榆科上的新种、新变种
　　和新组合. 微生物学报，18（1）：11-22.

郑儒永，陈桂清，1979a. 中国小钩丝壳属的分类研究Ⅰ. 小钩丝壳属的建立以及中国和日本种类的鉴
　　定. 微生物学报，19（3）：280-291.

郑儒永，陈桂清，1979b. 中国球钩丝壳属的分类研究Ⅰ. 球钩丝壳属的建立. 微生物学报，19（3）：
　　375-378.

郑儒永，陈桂清，1980. 中国叉钩丝壳属的分类研究Ⅰ. 叉钩丝壳属的确认以及槭树科和七叶树科上的
　　新种和新组合. 微生物学报，20（1）：35-44.

郑儒永，陈桂清，1980. 中国白粉菌属的分类研究Ⅰ. 忍冬科上的新种和新变种. 微生物学报，20（1）：
　　45-49.

郑儒永，陈桂清，1980. 中国白粉菌属的分类研究Ⅱ. 小檗科、秋海棠科和蓝血科上的新种、新变种和
　　新组合. 微生物学报，20（4）：356-364.

郑儒永，陈桂清，1981. 中国白粉菌属的分类研究Ⅲ. 旋花科、马桑科和山毛榉科上的新种、新变种.
　　微生物学报，21（1）：23-30.

郑儒永，陈桂清，1981. 中国钩丝壳属的分类研究Ⅴ. 金缕梅科、蝶形花科、芸香科和杨柳科上的新种
　　和新变种. 微生物学报，21（3）：298-307.

郑儒永，余永年，1987. 中国真菌志（白粉菌目）. 北京：科学出版社.

Alexopoulos C J，Mims C W，Blackwell M，2002. 菌物学概论. 姚一建，李玉，等，译. 北京：中国农
　　业出版社.

Braun U，1987. A monograph of the Erysiphales （powdery mildews）. Beiheft zur Nova Hedwigia，89：
　　1-700.

Braun U，1999. Some critical notes on the classification and the generic concept of the
　　Erysiphaceae. Schlechtendalia，3：48-54.

Brauna U，Bradshawb M，Zhao T T，et al.，2018. Taxonomy of the Golovinomyces cynoglossi complex
　　（Erysiphales，Ascomycota） disentangled by phylogenetic analyses and reassessments of

morphologicaltraits. Mycobiology，46（3）：192-204.

Braun U，Cook R T A，Inman A J，et al.，2002. The Taxonomy of the Powdery Mildew Fungi. St Paul：Americn Phytopathological society Press.

Braun U，Preston C D，Cook R T A，et al.，2019. Podosphaera lini（Ascomycota，Erysiphales）revisited and reunited with Oidium lini. Plant Pathology & Quarantine，9（1）：128-138.

Braun U，Shin H D，Takamatsu S，et al.，2019. Phylogeny and taxonomy of Golovinomyces orontii revisited. Mycological Progress（18）：335-357.

Braun U，Takamatsu S，2000. Phylogeny of Erysiphe，Microsphaera，Uncinula（Erysipheae）and Cystotheca，Podosphaera，Sphaerotheca（Cystotheceae）inferred from rDNA ITS sequences-some taxonomic 24 consequences. Schlechtendalia（4）：1-33.

Cook R T A，Inman A J，Billings C，1997. Identifiation and classifiation of powdery mildew anamorphs using light and scanning electron microscopy and host range data. Mycological Research，101（8）：975-1002.

Fu X Y，Liu S Y，Jiang W T，et al.，2015. Erysiphe diffusa：a newly recognized powdery mildew pathogen of Wisteria sinensis. Plant Disease，99（9）：1272.

Meeboon J，Takamatsu S，Braunu，2020. Morphophylogenetic analyses revealed that Podosphaera tridactyla constitutes a species complex. Mycologia，112（2）：244-266.

Liang C，Xing H H，Liu Z，et al.，2013. First report of powdery mildew caused by Golovinomyces magnicellulatus var. magnicellulatus on Physalis alkekengi var. franchetii in China. Plant Disease，97（10）：1382.

Liberato J R，Barreto R W，Niinomi S，et al.，2006. Queirozia turbinata（Phyllactinieae，Erysiphaceae）：a powdery mildew with dematiaceous anamorph. Mycological Research，110（5）：567-574.

Liu J，Liu S Y，Jiang W T，et al.，2015. First report of powdery mildew caused by Erysiphe heraclei on Hedera helix in China. Plant Disease，99（6）：888-889.

Liu S Y，Wang L L，Jiang W T，et al.，2011. First report of powdery mildew on Euphorbia pekinensis caused by Podosphaera euphorbiae-helioscopiae in China. Plant Disease，95（10）：1314.

Marmolejo J，Siahaan S A S，Takamatsu S，et al.，2018. Three new records of powdery mildews found in Mexico with one genus and one new species proposed. Mycoscience，59（1）：1-7.

Qiu P L，Liu S Y，Bradshaw M，et al.，2020. Multi-locus phylogeny and taxonomy of an unresolved，heterogeneous species complex within the genus Golovinomyces（Ascomycota，Erysiphales），including G. ambrosiae，G. circumfusus and G. spadiceus. BMC Microbiology，20（1）：1-16.

Takamatsu S，Braun U，Limkaisang S，2005. Phylogenetic relationship and generic affiity of Uncinula septata inferred from nuclear rDNA sequences. Mycoscience，46（1）：9-16.

Takamatsu S，Hirata T，Sato Y，et al.，1999. Phylogenetic relationships of Microsphaera and Erysiphe sect. Erysiphe（powdery mildews）inferred from the rDNA ITS sequences. Mycoscience，40（3）：259-268.

Takamatsu S，Hirata T，Sato Y，2000. A parasitic transition from trees to herbs occurred at least two times in tribus Cystotheceae（Erysiphaceae）：Evidence from nuclear ribosomal DNA. Mycological Research，104（11）：1304-1311.

Takamatsu S，Inagaka M，Niinomi S，et al.，2008. Comprehensive molecular phylogenetic analysis and evolution of the genus Phyllactinia（Ascomycota：Erysiphales）and its allied genera. Mycological

Research，112（3）：299-315.

Tang S R，Jiang W T，Qiu P L，et al.，2017. Podosphaera paracurvispora（Erysiphaceae，Ascomycota），a new powdery mildew species on Pyrus from China. Mycoscience，58（2）：116-120.

Zhang Z，Luo L，Tan X，et al.，2018. Pumpkin powdery mildew disease severity influences the fungal diversity of the phyllosphere. PeerJ，6（2）：e4559.

附 录

附录 1 江苏白粉菌资料补遗

《中国真菌志 第一卷 白粉菌目》中，共记录有 39 种白粉菌分布于江苏，有多隔拟钩丝壳 *Parauncinula septata*（E. S. Salmon）S. Takam. & U. Braun、禾本科布氏白粉菌 *Blumeria graminis*（DC.）Speer、赖氏离壁壳 *Cystotheca wrightii* Berk. & M. A. Curtis、隐蔽单囊白粉菌 *Podosphaera clandestina*（Wallr.：Fr.）Lév.、黄芪单囊白粉菌 *Podosphaera astragali*（L. Junell）U. Braun & S. Takam.、凤仙花单囊白粉菌 *Podosphaera balsaminae*（Wallr.）U. Braun & S. Takam.、二角叉钩丝壳 *Sawadaea bicornis*（Wallr.：Fr.）Homma、南京叉钩丝壳 *Sawadaea nankinensis*（F. L. Tai）S. Takam. & U. Braun、臭椿球针壳 *Phyllactinia ailanthi*（Golovin & Bunkina）Y. N. Yu、八角枫球针壳 *Phyllactinia alangii* Y. N. Yu & Y. Q. Lai、桉生球针壳 *Phyllactinia fraxinicola* U. Braun & H. D. Shin、桑生球针壳 *Phyllactinia moricola*（Henn.）Homma、栎球针壳 *Phyllactinia roboris*（Gachet）S. Blumer、香椿球针壳 *Phyllactinia toonae* Y. N. Yu & Y. Q. Lai、青檀球针壳 *Phyllactinia pteroceltidis* Y. N. Yu & S. J. Han、三孢半内生钩丝壳 *Pleochaeta shiraiana*（Henn.）Kimbr. & Korf、蒿高氏白粉菌 *Golovinomyces artemisiae*（Grev.）Heluta、污色高氏白粉菌 *Golovinomyces sordidus*（L. Junell）Heluta、鼬瓣花新白粉菌 *Neoërysiphe galeopsidis*（DC.）U. Braun、豌豆白粉菌原变种 *Erysiphe pisi* var. *pisi* DC.、蓼白粉菌 *Erysiphe polygoni* DC.、木通白粉菌 *Erysiphe akebiae*（Sawada）U. Braun & S. Takam.、粉状白粉菌 *Erysiphe alphitoides*（Griff. & Maubl.）U. Braun & S. Takam.、叶背白粉菌 *Erysiphe hypophylla*（Nevod.）U. Braun & Cunnington、防己白粉菌 *Erysiphe pseudolonicerae*（E. S. Salmon）U. Braun & S. Takam.、叶底珠白粉菌 *Erysiphe securinegae*（F. L. Tai & C. T. Wei）U. Braun & S. Takam.、万布白粉菌原变种 *Erysiphe vanbruntiana*（Gerard）U. Braun & S. Takam.、棒丝白粉菌 *Erysiphe japonica*（S. Ito & Hara）C. T. Wei、钩状白粉菌原变种 *Erysiphe adunca* var. *adunca*（Wallr.：）Fr.、南方白粉菌 *Erysiphe australiana*（McAlp.）U. Braun & S. Takam.、拟克林顿白粉菌 *Erysiphe clintoniopsis*（R. Y. Zheng & G. Q. Chen）U. Braun & S. Takam.、顶旋白粉菌 *Erysiphe kenjiana*（Homma）U. Braun & S. Takam.、似钩状柳氏白粉菌 *Erysiphe ljubarskii*（Golovin）U. Braun & S. Takam.、草野白粉菌 *Erysiphe kusanoi*（Syd.）

U. Braun & S. Takam. 、*Erysiphe liquidambaris* var. *liquidambaris* （R. Y. Zheng & G. Q. Chen）U. Braun & S. Takam. 、桑白粉菌 *Erysiphe mori*（Miyake）U. Braun & S. Takam. 、葡萄白粉菌原变种 *Erysiphe necator* var. *necator* Schwein. 、萨蒙白粉菌 *Erysiphe salmonii*（Syd. ）U. Braun & S. Takam. 、多变白粉菌 *Erysiphe variabilis* （R. Y. Zheng & G. Q. Chen）U. Braun & S. Takam. 、漆树白粉菌 *Erysiphe verniciferae* （Henn. ）U. Braun & S. Takam. ，其中，笔者未能采集到或观测到赖氏离壁壳 *Cystotheca wrightii* Berk. & M. A. Curtis 等 6 种白粉菌标本，名录如下：

赖氏离壁壳 *Cystotheca wrightii* Berk. & M. A. Curtis ，Proc. Amer. Acad. Arts 4：130，1860；Zheng & Yu（eds. ），Flora Fungorum Sinicorum 1：41，1987；Braun & Cook，Taxonomic Manual of the Erysiphales（powdery mildews）14：96，2012.

Sphaerotheca wrightii（Berk. & M. A. Curtis）Höhn. ，Z. Gährungsphys. 1：46，1912.

寄生在壳斗科 Fagaceae 植物上：铁桐 *Quercus glauca* Thunb. （无锡、镇江）。

南京叉钩丝壳 *Sawadaea nankinensis*（F. L. Tai）S. Takam. & U. Braun ，in Takamatsu et al. ，Mycoscience 49：166，2008；Braun & Cook，Taxonomic Manual of the Erysiphales（powdery mildews）14：177，2012.

Uncinula nankinensis F. L. Tai，Contr. Biol. Lab. Sci. Soc. China，Bot. Ser. ，6（1）：2，1930. ；Zheng & Yu（eds. ），Flora Fungorum Sinicorum 1：406，1987.

Erysiphe nankinensis（F. L. Tai）U. Braun & S. Takam. ，Schlechtendalia 4：21，2000.

寄生在槭树科 Aceraceae 植物上：三角槭 *Acer burgerianum* Miq. （南京）。

青檀球针壳 *Phyllactinia pteroceltidis* Y. N. Yu & S. J. Han，in Yu et al. ，Acta Microbiol. Sin. 19（2）：140，1979；Zheng & Yu（eds. ），Flora Fungorum Sinicorum 1：269，1987；Braun & Cook，Taxonomic Manual of the Erysiphales（powdery mildews）14：269，2012.

寄生在榆科 Ulmaceae 植物上：刺榆 *hemiptelea davidii*（Hance）Planch. （江苏）。

拟克林顿白粉菌 *Erysiphe clintoniopsis*（R. Y. Zheng & G. Q. Chen）U. Braun & S. Takam. ，Schlechtendalia 4：18，2000；Braun & Cook，Taxonomic Manual of the Erysiphales（powdery mildews）14：552，2012.

Uncinula clintoniopsis R. Y. Zheng & G. Q. Chen，Acta Microbiol. Sin. 17（4）：289，1977；Zheng & Yu（eds. ），Flora Fungorum Sinicorum 1：380，1987.

寄生在梧桐科 Sterculiaceae 植物上：梧桐 *Firmiana simplex*（Linn. ）W. F. Wight （无锡）。

似钩状柳氏白粉菌 *Erysiphe ljubarskii* var. *aduncoides* (R. Y. Zheng & G. Q. Chen) U. Braun & S. Takam. ，Schlechtendalia 4：21，2000；Braun & Cook，Taxonomic Manual of the Erysiphales (powdery mildews) 14：567，2012.

Uncinula aduncoides R. Y. Zheng & G. Q. Chen，Acta Microbiol. Sin. 17 （3）：192，1977.

Uncinula ljubarskii var. *aduncoides* （R. Y. Zheng & G. Q. Chen） R. Y. Zheng & G. Q. Chen，Acta Mycol. Sin. 4 (3)：144，1985；Zheng & Yu (eds.)，Flora Fungorum Sinicorum 1：398，1987.

Uncinuliella ljubarski var. *aduncoides* （R. Y. Zheng & G. Q. Chen） Z. X. Chen，in Chen & Yao，Powdery mildews in Fujian，Fuzhou，China：60，1993.

寄生在槭树科 Aceraceae 植物上：三浅裂槭 *Acer trifidum* Hook & Arn. （南京）。

多变白粉菌 *Erysiphe variabilis* (R. Y. Zheng & G. Q. Chen) U. Braun & S. Takam. ；Braun & Cook，Taxonomic Manual of the Erysiphales （powdery mildews） 14：591，2012.

Uncinula variabilis R. Y. Zheng & G. Q. Chen，Acta Microbiol. Sin. 21 （2）：299，1981. ；Zheng & Yu (eds.)，Flora Fungorum Sinicorum 1：427，1987.

Uncinuliella variabilis （R. Y. Zheng & G. Q. Chen） Z. X. Chen，Powdery mildews in Fujian，Fuzhou，China：61，1993.

寄生在金缕梅科 Hamamelidaceae 植物上：枫香树 *Liquidambar formosana* Hance。

附录2　江苏各科、属、种寄主上的白粉菌目录

①Aceraceae

Acer ginnala Maxim.

　　Sawadaea bicornis（Wallr. ：Fr.）Homma

　　Octagoidium sp.

Acer henryi Pax.

　　Octagoidium sp.

Acer palmatum Thunb.

　　Sawadaea polyfida（C. T. Wei）R. Y. Zheng & G. Q. Chen

②Actinidiaceae

Actinidia arguta Planch.

　　Erysiphe actinidiae var. *argutae*（Y. Nomura）U. Braun & S. Takam.

　　Phyllactinia actinidiae（Jacz.）Bunkina

③Adoxaceae

Viburnum erosum Thunb.

　　Pseudoidium sp.

Sambucus chinensis Lindl.

　　Erysiphe sambuci var. *sambuci* Ahmad

Sambucus williamsii Hance

　　Erysiphe vanbruntiana（Gerard）U. Braun & S. Takam.

④Alangiaceae

Alangium chinense（Lour.）Harms

　　Phyllactinia alangii Y. N. Yu & Y. Q. Lai

Alangium plataniflium Harms

　　Phyllactinia alangii Y. N. Yu & Y. Q. Lai

⑤Amaranthaceae

Amaranthus viridis Linn.

　　Erysiphe celosiae Tanda

Beta vulgaris Linn. var. *cicla* Linn.

　　Erysiphe betae（Vaňha）Weltzien

Chenopodium ambrosioides Linn.

Erysiphe betae（Vaňha）Weltzien

⑥Anacardiaceae

Cotinus coggygria Scop.
    Erysiphe verniciferae（Henn.）U. Braun & S. Takam.
Pistacia chinensis Bunge
    Erysiphe pistaciae（J. Y. Lu & K. R. Wang）U. Braun & S. Takam.
Rhus chinensis Mill.
    Erysiphe verniciferae（Henn.）U. Braun & S. Takam.
Toxicodendron succedaneum（Linn.）Kuntze
    Erysiphe toxicodendricola（Z. X. Chen & Y. J. Yao）U. Braun & S. Takam.
    Erysiphe verniciferae（Henn.）U. Braun & S. Takam.

⑦Apiaceae

Angelica polymorpha Maxim.
    Erysiphe heraclei DC.
Cnidium monnieri（Linn.）Cuss.
    Erysiphe heraclei DC.
Daucus carota Linn.
    Erysiphe heraclei DC.
Daucus carota Linn. var. *sativa* Hoffm.
    Erysiphe heraclei DC.
Foeniculum vulgare Mill.
    Erysiphe heraclei DC.
Heracleum moellendorffii Hance
    Erysiphe heraclei DC.
Peucedanum japonicum Thunb.
    Erysiphe heraclei DC.
Sanicula chinensis Bunge
    Erysiphe heraclei DC.
Torilis scabra（Thunb.）DC.
    Erysiphe heraclei DC.

⑧Apocynaceae

Cynanchum auriculatum Royle ex Wight
    Podosphaera sparsa（U. Braun）U. Braun & S. Takam.
Cynanchum paniculatum（Bunge）Kitagawa
    Podosphaera sparsa（U. Braun）U. Braun & S. Takam.

Metaplexis japonica（Thunb.）Makino

    Podosphaera sparsa（U. Braun）U. Braun & S. Takam.

⑨Aristolochiaceae

Arstolochia debilis Sieb. & Zucc.

    Erysiphe ruyongzhengiana S. R. Yu & S. Y. Liu

⑩Asteraceae

Arctium lappa Linn.

    Podosphaera xanthii（Castagen）U. Braun & Shishkoff

Artemisia annua Linn.

    Golovinomyces artemisiae（Grev.）Heluta

Artemisia argyi Levl. et Van.

    Golovinomyces artemisiae（Grev.）Heluta

Artemisia capillaris Thunb.

    Golovinomyces artemisiae（Grev.）Heluta

Artemisia carvifolia Buch.

    Golovinomyces artemisiae（Grev.）Heluta

Artemisia eriopoda Bge.

    Golovinomyces artemisiae（Grev.）Heluta

Artemisia fauriei Nakai

    Golovinomyces artemisiae（Grev.）Heluta

Artemisia japonica Thunb.

    Golovinomyces artemisiae（Grev.）Heluta

Artemisia lancea Van.

    Golovinomyces artemisiae（Grev.）Heluta

Artemisia lavandulaefolia DC.

    Golovinomyces artemisiae（Grev.）Heluta

Artenmisia mongolica（Fisch. ex Bess.）Nakai

    Golovinomyces artemisiae（Grev.）Heluta

Artemisia princeps Pamp.

    Golovinomyces artemisiae（Grev.）Heluta

Artemisia rubripes Nakai

    Golovinomyces artemisiae（Grev.）Heluta

Artemisia scoparia Waldst. et Kit.

    Golovinomyces artemisiae（Grev.）Heluta

Artemisia selengensis Turcz. ex Bess.

    Golovinomyces artemisiae（Grev.）Heluta

Aster ageratoides Turcz.

    Podosphaera astericola U. Braun & S. Takam.

Bidens bipinnata Linn.

    Podosphaera xanthii (Castagen) U. Braun & Shishkoff

Bidens maximovicziana Oett.

    Podosphaera xanthii (Castagen) U. Braun & Shishkoff

Bidens parviflora Willd.

    Podosphaera xanthii (Castagen) U. Braun & Shishkoff

Bidens pilosa Linn.

    Podosphaera xanthii (Castagen) U. Braun & Shishkoff

Bidens tripartita Linn.

    Podosphaera xanthii (Castagen) U. Braun & Shishkoff

Calendula officinalis Linn.

    Podosphaera xanthii (Castagen) U. Braun & Shishkoff

Carduns acanthoides Linn.

    Podosphaera xanthii (Castagen) U. Braun & Shishkoff

Carduus crispus Linn.

    Podosphaera xanthii (Castagen) U. Braun & Shishkoff

Carpesium abrotanoides Linn.

    Euoidium sp.

    Podosphaera carpesiicola U. Braun & S. Takam.

Carpesium cernuum Linn.

    Podosphaera carpesiicola U. Braun & S. Takam.

Carpesium divaricatum Sieb. et Zucc.

    Podosphaera carpesiicola U. Braun & S. Takam.

Centipeda minima (Linn.) A. Br. et Aschers.

    Fibroidium sp.

Cirsium arvense (Linn.) Scop. var. *integrifolium* Wimm. et Grab.

    Podosphaera xanthii (Castagen) U. Braun & Shishkoff

Cirsium arvense (Linn.) Scop. var. *setosum* Ledeb.

    Podosphaera xanthii (Castagen) U. Braun & Shishkoff

Cirsium japonicum Fisch. ex DC.

    Fibroidium sp.

Conyza bonariensis (Linn.) Cronq.

    Podosphaera erigerontis-canadensis (Lév.) U. Braun & T. Z. Liu

Conyza canadensis (Linn.) Cronq.

    Podosphaera erigerontis-canadensis (Lév.) U. Braun & T. Z. Liu

Coreopsis drummondii Torr. et Gray

Podosphaera pericallidis U. Braun

Coreopsis lanceolata Linn.

　　Podosphaera pericallidis U. Braun

Coreopsis tinctoria Nutt.

　　Podosphaera pericallidis U. Braun

Cosmos bipinnata Cav.

　　Podosphaera xanthii (Castagen) U. Braun & Shishkoff

Chrysanthemum indicum Linn.

　　Euoidium sp.

Chrysanthemum indicum Linn. var. *edule* Kitam.

　　Euoidium sp.

Chrysanthemum morifolium Ramat.

　　Euoidium sp.

Dahlia pinnata Cav.

　　Golovinomyces montagnei U. Braun

　　Fibroidium sp.

Doellingeria scaber (Thunb.) Nees

　　Fibroidium sp.

Echinacea purpurea (Linn.) Moehch

　　Podosphaera xanthii (Castagen) U. Braun & Shishkoff

Eclipta prostrata (Linn.) Linn.

　　Podosphaera xanthii (Castagen) U. Braun & Shishkoff

Erigeron acer Linn.

　　Fibroidium sp.

Erigeron annuus (Linn.) Pers.

　　Golovinomyces ambrosiae (Schwein.) U. Braun & R. T. A. Cook

Erigeron philadelphicus Linn.

　　Podosphaera xanthii (Castagen) U. Braun & Shishkoff

Eupatorium fortunei Turcz.

　　Golovinomyces ambrosiae (Schwein.) U. Braun & R. T. A. Cook

Eupatorium japonicum Thunb.

　　Golovinomyces ambrosiae (Schwein.) U. Braun & R. T. A. Cook

Eupatorium lindleyanum DC.

　　Golovinomyces ambrosiae (Schwein.) U. Braun & R. T. A. Cook

Glebionis coronaria (Linn.) Cass. ex. Spach

　　Euoidium sp.

Gnaphalium affine D. Don

　　Euoidium sp.

Gnaphalium japonicum Thunb.

    Euoidium sp.

Gynura japonica （Thunb. ）Juel.

    Podosphaera senecionis U. Braun

Helianthus annuus Linn.

    Podosphaera xanthii （Castagen）U. Braun & Shishkoff

Helianthus tuberosus Linn.

    Golovinomyces cichoracearum （DC. ）Heluta

Inula britanica Linn.

    Golovinomyces inulae U. Braun & H. D. Shin

Inula japonica Thunb.

    Golovinomyces inulae U. Braun & H. D. Shin

Inula linearifolia Turcz.

    Golovinomyces inulae U. Braun & H. D. Shin

Ixeris chinensis （Thunb. ）Kitag.

    Golovinomyces cichoracearum （DC. ）Heluta

Ixeridis dentatum （Thunb. ）Tzvel.

    Golovinomyces cichoracearum （DC. ）Heluta

Ixeris dissecta （Makino）Shih

    Golovinomyces cichoracearum （DC. ）Heluta

Ixeris gramineum （Fisch. ）Tzvel.

    Golovinomyces cichoracearum （DC. ）Heluta

Ixeris japonica （Burm. f. ）Nakai

    Golovinomyces cichoracearum （DC. ）Heluta

Ixeris polycephala Cass. Ex DC.

    Golovinomyces cichoracearum （DC. ）Heluta

Crepidiastrum sonchifolium （Maxim. ）Pak. et. Kawano

    Podosphaera xanthii （Castagen）U. Braun & Shishkoff

Crepidiastrum denticulatum （Houtt. ）Pak. et. Kawano

    Fibroidium sp.

Kalimeris indica （L. ）Sch. -Bip.

    Fibroidium sp.

Kalimeris integrifolia Turcz. ex DC.

    Fibroidium sp.

Kalimeris shimadai （Kitam. ）Kitam.

    Fibroidium sp.

Lactuca indica Linn.

    Podosphaera xanthii （Castagen）U. Braun & Shishkoff

Lactuca tatarica（Linn.）C. A. Mey.

　　Podosphaera xanthii（Castagen）U. Braun & Shishkoff

Leucanthemum vulgare Lam.

　　Golovinomyces ambrosiae（Schwein.）U. Braun & R. T. A. Cook

Ligularia stenocephala（Maxim.）Matsum. et Koidz.

　　Neoërysiphe hiratae Heluta & S. Takam.

Rudbeckia amplexicaulis Vahl.

　　Podosphaera xanthii（Castagen）U. Braun & Shishkoff

Rudbeckia bicolor Nutt.

　　Podosphaera xanthii（Castagen）U. Braun & Shishkoff

Rudbeckia hirta Linn.

　　Podosphaera xanthii（Castagen）U. Braun & Shishkoff

Scorzonera albicaulis Bunge

　　Golovinomyces cichoracearum（DC.）Heluta

Scorzonera austriaca Willd.

　　Golovinomyces cichoracearum（DC.）Heluta

Scorzonera sinensis Lipsch.

　　Golovinomyces cichoracearum（DC.）Heluta

Siegesbeckia orientalis Linn.

　　Podosphaera xanthii（Castagen）U. Braun & Shishkoff

Siegesbeckia pubescens Makino

　　Podosphaera xanthii（Castagen）U. Braun & Shishkoff

Silphium perfoliatum Linn.

　　Golovinomyces cichoracearum（DC.）Heluta

Silybum marianum（Linn.）Gaerth.

　　Podosphaera xanthii（Castagen）U. Braun & Shishkoff

Solidago canadensis Linn.

　　Golovinomyces asterum var. *solidaginis*（Schwein.）U. Braun

Sonchus arvensis Linn.

　　Golovinomyces sonchicola U. Braun & R. T. A. Cook

Sonchus asper（Linn.）Hill

　　Euoidium sp.

Golovinomyces sonchicola U. Braun & R. T. A. Cook

　　Podosphaera erigerontis-canadensis（Lév.）U. Braun & T. Z. Liu

Sonchus brachyotus DC.

　　Euoidium sp.

　　Golovinomyces sonchicola U. Braun & R. T. A. Cook

Symphyotrichum novi-belgii（Linn.）G. L. Nesom

Golovinomyces ambrosiae（Schwein.）U. Braun & R. T. A. Cook

Tagetes erecta Linn.

Euoidium sp.

Taraxacum mongolicum Hand. -Mazz.

Podosphaera erigerontis-canadensis（Lév.）U. Braun & T. Z. Liu

Podosphaera xanthii（Castagen）U. Braun & Shishkoff

Tragopogon dubius Scop.

Golovinomyces cichoracearum（DC.）Heluta

Tripolium vulgare Nees.

Golovinomyces ambrosiae（Schwein.）U. Braun & R. T. A. Cook

Xanthium mongolicum Kitag.

Podosphaera xanthii（Castagen）U. Braun & Shishkoff

Youngia japonica（Linn.）DC.

Podosphaera xanthii（Castagen）U. Braun & Shishkoff

Zinnia elegans Jacq.

Golovinomyces cichoracearum（DC.）Heluta

⑪Balsaminaceae

Impatiens balsamina Linn.

Podosphaera balsaminae（Wallr.）U. Braun & S. Takam.

⑫Berberidaceae

Berberis thunbergii DC. var. *atropurpurea*

Erysiphe berberidicola（F. L. Tai）U. Braun & S. Takam.

Mahonia fortunei（Lindl.）Fedde

Erysiphe berberidicola（F. L. Tai）U. Braun & S. Takam.

⑬Bignoniaceae

Catalpa bungei C. A. Mey.

Erysiphe catalpae S. Simonyan

Phyllactinia catalpae U. Braun

Catalpa ovata G. Don

Podosphaera catalpae（Z. Y. Zhao）U. Braun

⑭Boraginaceae

Bothriospermum chinense Bge.

Golovinomyces cynoglossi（Wallr.）Heluta

Bothriospermum tenellum（Hornem.）Fisch. et Mey.

Golovinomyces cynoglossi（Wallr.）Heluta

Thyrocarpus sampsonii Hance

Golovinomyces cynoglossi（Wallr.）Heluta

Trigonotis peduncularis Benth.

Golovinomyces asperifolii（Erikss.）U. Braun & H. D. Shin.

⑮Brassicaceae

Brassica chinensis Linn.

Erysiphe cruciferarum Opiz ex L. Junell

Brassica juncea（Linn.）Czern.

Erysiphe cruciferarum Opiz ex L. Junell

Brssica juncea var. *multiceps* Tsen et Lee

Erysiphe cruciferarum Opiz ex L. Junell

Brassica napus Linn.

Erysiphe cruciferarum Opiz ex L. Junell

Brassica pekinensis（Lour.）Rupr.

Erysiphe cruciferarum Opiz ex L. Junell

Capsella bursa-pastoris（Linn.）Medic.

Erysiphe cruciferarum Opiz ex L. Junell

Golovinomyces riedlianus（Speer）Heluta

Descurainia sophia（Linn.）Webb.

Erysiphe cruciferarum Opiz ex L. Junell

Lepidium virginicum Linn.

Erysiphe cruciferarum Opiz ex L. Junell

Orychophragmus violaceus（Linn.）O. E. Schulz

Erysiphe cruciferarum Opiz ex L. Junell

Raphanus sativus Linn.

Erysiphe cruciferarum Opiz ex L. Junell

Rorippa globosa（Turcz. ex. Fisch. et. C. A. Mey.）Hayek

Golovinomyces arabidis（R. Y. Zheng & G. Q. Chen）Heluta

⑯Campanulaceae

Adenophora axilliora Borb.

Golovinomyces adenophorae（R. Y. Zheng & G. Q. Chen）Heluta

Adenophora paniculata Nanif.

Golovinomyces adenophorae（R. Y. Zheng & G. Q. Chen）Heluta

Adenophora polyantha Nakai

Golovinomyces adenophorae（R. Y. Zheng & G. Q. Chen）Heluta

Adenophora tetraphylla（Thunb.）Fisch.

Golovinomyces adenophorae（R. Y. Zheng & G. Q. Chen）Heluta

Adenophora trachelioides Maxim.

Golovinomyces adenophorae（R. Y. Zheng & G. Q. Chen）Heluta

Campanula delavayi Tranch.

Golovinomyces adenophorae（R. Y. Zheng & G. Q. Chen）Heluta

Platycodon grandiflorum（Jacq.）A. DC.

Golovinomyces adenophorae（R. Y. Zheng & G. Q. Chen）Heluta

⑰Cannabaceae

Humulus scandens（Lour.）Merr.

Podosphaera macularis（Wallr. : Fr.）U. Braun & S. Takam.

⑱Caprifoliaceae

Lonicera fragrantissima Lindl. et Paxton

Erysiphe lonicerae DC.

Lonicera japonica Thunb.

Erysiphe caprifoliacearum（U. Braun）U. Braun & S. Takam.

Erysiphe lonicerae DC. var. *ehrenbergii*（Lév.）U. Braun & S. Takam.

Lonicera maackii（Rupr.）Maxim.

Erysiphe lonicerae DC.

⑲Caryophyllaceae

Arenaria serpyllifolia L.

Pseudoidium sp.

⑳Celastraceae

Celastrus orbiculatus Thunb.

Erysiphe sengokui（E. S. Salmon）U. Braun & S. Takam.

Euonymus fortunei（Turcz.）Hand. -Mazz.

Erysiphe lianyungangensis（S. R. Yu）U. Braun & S. Takam.

Euonymus japonicus Linn.

Erysiphe lianyungangensis（S. R. Yu）U. Braun & S. Takam.

Euonymus maackii Rupr.

Pseudoidium sp.

㉑Cleomaceae

Tarenaya hassleriana（Chodat）H. H. Iltis

Erysiphe cleomes R. X. Li & D. S. Wang

Erysiphe cruciferarum Opiz ex L. Junell

㉒Convolvulaceae

Calystegia hederacea Wall.

Erysiphe convolvuli DC. var. *Convolvuli*

Calystegia sepium （Linn.） R. Br.

Erysiphe convolvuli DC. var. *convolvuli*

Convolvuus arensis Linn.

Erysiphe convolvuli DC. var. *convolvuli*

Pharbitis nil （Linn.） Choisy

Erysiphe platani （Howe） U. Braun & S. Takam.

㉓Corylaceae

Corylus heterphylla Fisch. ex Bess. var. *sutchuenensis* Franch.

Erysiphe corylacearum U. Braun & S. Takam.

Phyllactinia guttata （Wallr. ; Fr.） Lév.

㉔Crassulaceae

Hylotelephium spectabile （Bor.） H. Ohba

Erysiphe sedi U. Braun

Sedum aizoon Linn.

Erysiphe sedi U. Braun

Sedum lineare Thunb.

Erysiphe sedi U. Braun

Sedum sarmentosum Bunge

Erysiphe sedi U. Braun

㉕Cucurbitaceae

Actinostemma tenerum Griff.

Erysiphe actinostemmatis U. Braun

Benincasa hispida （Thunb.） Cogn.

Erysiphe actinostemmatis U. Braun

Golovinomyces cucurbitacearum （R. Y. Zheng & G. Q. Chen） Vakal. & Kliron.

Citrullus lanatus （Thunb.） Matsum. et Nakai

Fibroidium sp.

Cucumis bisexualis A. M. Lu et G. C. Wang ex Lu et Z. Y. Zhang

Podosphaera xanthii （Castagen） U. Braun & Shishkoff

Cucumis melo Linn.

    Podosphaera xanthii (Castagen) U. Braun & Shishkoff

Cucumis melo Linn. var. *conomon* (Thunb.) Makino

    Podosphaera xanthii (Castagen) U. Braun & Shishkoff

Cucumis sativus Linn.

    Erysiphe actinostemmatis U. Braun

    Podosphaera xanthii (Castagen) U. Braun & Shishkoff

Cucurbita maxima Duch. ex Lam.

    Podosphaera xanthii (Castagen) U. Braun & Shishkoff

Cucurbita moschata (Duch. ex Lam.) Duch. ex Poiret

    Podosphaera xanthii (Castagen) U. Braun & Shishkoff

Cucurbita pepo Linn.

    Podosphaera xanthii (Castagen) U. Braun & Shishkoff

Lagenaria siceraria (Molina) Standl.

    Podosphaera xanthii (Castagen) U. Braun & Shishkoff

Lagenaria siceraria (Molina) Standl. var. *depresses* (Ser.) Hara

    Podosphaera xanthii (Castagen) U. Braun & Shishkoff

Lagenaria siceraria (Molina) Standl. var. *hispida* (Thunb.) Hara

    Podosphaera xanthii (Castagen) U. Braun & Shishkoff

Lagenaria siceraria (Molina) Standl. var. *microcarpa* (Naud.) Hara

    Podosphaera xanthii (Castagen) U. Braun & Shishkoff

Luffa acutangula (Linn.) Roxb.

    Podosphaera xanthii (Castagen) U. Braun & Shishkoff

Luffa cylindrica (Linn.) Roem.

    Podosphaera xanthii (Castagen) U. Braun & Shishkoff

Momordica charantia Linn.

    Podosphaera xanthii (Castagen) U. Braun & Shishkoff

Momordica cochinchineusis (Lour.) Spreng.

    Podosphaera xanthii (Castagen) U. Braun & Shishkoff

Trichosanthes cucumeroides (Ser.) Maxim.

    Podosphaera xanthii (Castagen) U. Braun & Shishkoff

Trichosanthes kirilowii Maxim.

    Podosphaera xanthii (Castagen) U. Braun & Shishkoff

Zehneria indica (Lour.) Keraudren

    Podosphaera xanthii (Castagen) U. Braun & Shishkoff

㉖Ebenaceae

Diospyros kaki Thunb.

Phyllactinia kakicola Sawada

Diospyros kaki var. *silvestris* Makino

    Phyllactinia kakicola Sawada

Diospyros lotus Linn.

    Phyllactinia kakicola Sawada

㉗Euphorbiaceae

Acalypha australis Linn.

    Podosphaera euphorbiae-hirtae (U. Braun & Somani) U. Braun & S. Takam.

Euphorbia esula Linn.

    Podosphaera euphorbiae-helioscopiae (Tanda & Y. Nomura) U. Braun & S. Takam.

Euphorbia helioscopia Linn.

    Podosphaera euphorbiae-helioscopiae (Tanda & Y. Nomura) U. Braun & S. Takam.

Euphorbia humifusa Willd. ex Schlecht.

    Erysiphe euphorbiae Peck

Euphorbia maculata Linn.

    Erysiphe euphorbiae Peck

    Golovinomyces andinus (Speg.) U. Braun

Flueggea suffruticosa (Pall.) Baill.

    Erysiphe securinegae (F. L. Tai & C. T. Wei) U. Braun & S. Takam.

Glochidion wilsonii Hutch.

    Erysiphe euphorbiae Peck

Mallotus japonicus (Thunb.) Muell. Arg.

    Erysiphe malloti Zhi X. Chen & R. X. Gao

Phyllanthus urinaria Linn.

    Fibroidium sp.

㉘Fabaceae

Aeschynomene indica Linn.

    Erysiphe pisi var. *pisi* DC.

Albizia julibrissin Durazz.

    Erysiphe trifoliorum (Wallr.) U. Braun

Amorpha fruticosa Linn.

    Erysiphe trifoliorum (Wallr.) U. Braun

Amphicarpaea edgeworthii Benth.

    Erysiphe glycines F. L. Tai

Baptisia australis

 Erysiphe pisi var. *pisi* DC.

Astragalus chinensis Linn. f.

 Erysiphe pisi var. *pisi* DC.

Caragana leveillei Kom.

 Erysiphe longissima（M. Y. Li）U. Braun & S. Takam.

Caragana sinica（Buchoz）Rehd.

 Erysiphe longissima（M. Y. Li）U. Braun & S. Takam.

Cassia leschenaultiana DC.

 Pseudoidium sp.

Cercis chinensis Bunge

 Erysiphe platani（Howe）U. Braun & S. Takam.

 Phyllactinia caesalpiniae Y. N. Yu

Desmodium racemosum（Thunb.）DC.

 Erysiphe glycines F. L. T ai

Glycine max（Linn.）Merr.

 Erysiphe glycines F. L. Tai

Glycine soja Sieb. et Zucc.

 Erysiphe glycines F. L. Tai

Gueldenstaedtia stenophylla Bunge

 Erysiphe trifoliorum（Wallr.）U. Braun

Gueldenstaedtia verna（Georgi）Boriss.

 Erysiphe trifoliorum（Wallr.）U. Braun

Indigofera carlesii Craib

 Erysiphe palczewskii（Jacz.）U. Braun & S. Takam.

Indigofera fortunei Craib.

 Erysiphe palczewskii（Jacz.）U. Braun & S. Takam.

Lablab purpureus（Linn.）Sweet

 Pseudoidium sp.

Lathyrus japonicus Willd.

 Pseudoidium sp.

Lathyrus palustris Linn.

 Pseudoidium sp.

Lespedeza bicolor Turcz.

 Erysiphe lespedezae R. Y. Zheng & U. Braun

Lespedeza buergeri Miq.

 Erysiphe lespedezae R. Y. Zheng & U. Braun

Lespedeza chinensis G. Don

Erysiphe lespedezae R. Y. Zheng & U. Braun

Lespedeza cuneata G. Don

Erysiphe lespedezae R. Y. Zheng & U. Braun

Lespedeza cyrtobotrya Miq.

Erysiphe lespedezae R. Y. Zheng & U. Braun

Lespedeza daurica (Laxm.) Schindl.

Erysiphe lespedezae R. Y. Zheng & U. Braun

Lespedeza floribunda Bunge

Erysiphe lespedezae R. Y. Zheng & U. Braun

Lespedeza formosa (Vog.) Koehne

Erysiphe lespedezae R. Y. Zheng & U. Braun

Lespedeza inschanica (Maxim.) Schindl.

Erysiphe lespedezae R. Y. Zheng & U. Braun

Lespedeza pilosa (Thunb.) Sieb. et Zucc.

Erysiphe lespedezae R. Y. Zheng & U. Braun

Lespedeza tomentosa (Thunb.) Sieb. ex Maxim.

Erysiphe lespedezae R. Y. Zheng & U. Braun

Lespedeza virgata (Thunb.) DC.

Erysiphe lespedezae R. Y. Zheng & U. Braun

Melilotus alba Medic. ex Desr.

Erysiphe pisi var. *pisi* DC.

Melilotus officinalis (Linn.) Pall.

Erysiphe pisi var. *pisi* DC.

Medicago polymorpha Linn.

Erysiphe pisi var. *pisi* DC.

Ohwia caudata (Thunb.) H. Ohashi

Erysiphe palczewskii (Jacz.) U. Braun & S. Takam.

Phaseolus lunatus Linn.

Pseudoidium sp.

Phaseolus vulgaris Linn.

Pseudoidium sp.

Pisum sativum Linn.

Erysiphe pisi var. *pisi* DC.

Pueraria lobata (Willd.) Ohwi

Pseudoidium sp.

Robinia pseudoacacia Linn.

Erysiphe palczewskii (Jacz.) U. Braun & S. Takam.

Sesbania cannabina (Retz.) Poir.

Erysiphe sesbaniae Wolcan & U. Braun

Sophora alopecuroides Linn.

    Erysiphe pisi var. *pisi* DC.

Sophora davidii（Franch.）Skeels

    Erysiphe pisi var. *pisi* DC.

Sophora flavescens Aiton

    Erysiphe pisi var. *pisi* DC.

Trifolium pratense Linn.

    Erysiphe trifoliorum（Wallr.）U. Braun

Vicia amoena Fisch. ex DC.

    Erysiphe pisi var. *pisi* DC.

Vicia angustifolia Linn. ex Reichard

    Erysiphe pisi var. *pisi* DC.

Vicia bungei Ohwi

    Erysiphe pisi var. *pisi* DC.

Vicia cracca Linn.

    Erysiphe pisi var. *pisi* DC.

Vicia hirsuta（Linn.）S. F. Gray.

    Erysiphe pisi var. *pisi* DC.

Vicia sativa Linn.

    Erysiphe pisi var. *pisi* DC.

Vicia tetrasperma（Linn.）Schreber

    Erysiphe pisi var. *pisi* DC.

Vicia pseudorobus Fisch. et C. A. Mey.

    Erysiphe pisi var. *pisi* DC.

Vicia unijuga A. Br.

    Erysiphe pisi var. *pisi* DC.

Vicia villosa Roth

    Erysiphe pisi var. *pisi* DC.

Vigna angularis（Willd.）Ohwi et Ohashi

    Podosphaera astragali（L. Junell）U. Braun & S. Takam.

Vigna minima（Roxb.）Ohwi et Ohashi

    Podosphaera astragali（L. Junell）U. Braun & S. Takam.

Vigna radiata（Linn.）Wilczek

    Podosphaera astragali（L. Junell）U. Braun & S. Takam.

Vigna umbellata（Thunb.）Ohwi et Ohashi

    Podosphaera astragali（L. Junell）U. Braun & S. Takam.

Vigna unguiculata（Linn.）Walp.

Podosphaera astragali （L. Junell） U. Braun & S. Takam.

Podosphaera xanthii （Castagen） U. Braun & Shishkoff

Vigna vexillata （Linn.） Rich.

Podosphaera astragali （L. Junell） U. Braun & S. Takam.

㉙Fagaceae

Cyclobalanopsis glauca （Thunb.） Oerst.

Erysiphe gracilis var. *gracilis* R. Y. Zheng & G. Q. Chen

Quercus aliena Blume

Erysiphe alphitoides （Griff. & Maubl.） U. Braun & S. Takam.

Quercus aliena Blume var. *acuteserrata* Maxim. et Wenz.

Erysiphe alphitoides （Griff. & Maubl.） U. Braun & S. Takam.

Erysiphe hypophylla （Nevod.） U. Braun & Cunnington

Quercus acutissima Carruth.

Cystotheca lanestris （Harkn.） Miyabe

Erysiphe hypophylla （Nevod.） U. Braun & Cunnington

Quercus fabri Hance

Parauncinula septata （E. S. Salmon） S. Takam. & U. Braun

Castanea mollissima Blume

Erysiphe seguinii （Y. N. Yu & Y. Q. Lai） U. Braun & S. Takam.

Phyllactinia roboris （Gachet） S. Blumer

Castanea seguinii Dode

Erysiphe seguinii （Y. N. Yu & Y. Q. Lai） U. Braun & S. Takam.

Phyllactinia roboris （Gachet） S. Blumer

Quercus serrata Murray

Cystotheca lanestris （Harkn.） Miyabe

Erysiphe japonica （S. Ito & Hara） C. T. Wei

Parauncinula septata （E. S. Salmon） S. Takam. & U. Braun

Phyllactinia roboris （Gachet） S. Blumer

Quercus serrata var. *brevipetiolata* （A. DC.） Nakai

Erysiphe alphitoides （Griff. & Maubl.） U. Braun & S. Takam.

Erysiphe sikkimensis Chona

Quercus variabilis Blume

Erysiphe hypophylla （Nevod.） U. Braun & Cunnington

Parauncinula septata （E. S. Salmon） S. Takam. & U. Braun

Cystotheca lanestris （Harkn.） Miyabe

Phyllactinia roboris （Gachet） S. Blumer

㉚Fumariaceae

Corydalis edulis Maxim.
　　Pseudoidium sp.
Corydalis pallida（Thunb.）Pers.
　　Pseudoidium sp.

㉛Geraniaceae

Geranium carolinianum Linn.
　　Podosphaera fugax（Penz. & Sacc.）U. Braun & S. Takam.
Geranium wilfordii Maxim.
　　Neoërysiphe geranii（Y. Nomura）U. Braun

㉜Grossulariaceae

Ribes fasciculatum Sieb. et Zucc.
　　Pseudoidium sp.

㉝Hamamelidaceae

Fortunearia sinensis Rehd. et Wils.
　　Phyllactinia corylopsidis Y. N. Yu & S. J. Han
Liquidambar formosana Hance
　　Erysiphe liquidambaris var. *liquidambaris* （R. Y. Zheng & G. Q. Chen）U. Braun & S. Takam.
　　Erysiphe praelonga（S. R. Yu）U. Braun & S. Takam.

㉞Hydrangeaceae

Hydrangea macrophylla（Thunb.）Ser.
　　Pseudoidium sp.

㉟Juglandaceae

Juglans regia Linn.
　　Erysiphe juglandis（Golovin）U. Braun & S. Takam.
　　Phyllactinia juglandis J. F. Tao & J. Z. Quin
Pterocarya stenoptera C. DC.
　　Erysiphe juglandis（Golovin）U. Braun & S. Takam.
　　Phyllactinia juglandis J. F. Tao & J. Z. Quin
Platycarya strobilacea Sieb. et Zucc.
　　Phyllactinia juglandis J. F. Tao & J. Z. Quin

㊱Lamiaceae

Clinopodium chinense （Benth.）O. Kuntze.

　　Podosphaera xanthii （Castagen）U. Braun & Shishkoff

Clinopodium urticifolium （Hance）C. Y. Wu et Hsuan

　　Podosphaera xanthii （Castagen）U. Braun & Shishkoff

Elsholtzia splendens Nakai

　　Erysiphe hommae U. Braun

Lagopsis supina （Steph. ex Willd.）Ik. -Gal. ex Knorr.

　　Neoërysiphe galeopsidis （DC.）U. Braun

Lamium amplexicaule Linn.

　　Neoërysiphe galeopsidis （DC.）U. Braun

Lamium barbatum Sieb. et. Zucc.

　　Neoërysiphe galeopsidis （DC.）U. Braun

Leonurus japonicus Houtt

　　Neoërysiphe galeopsidis （DC.）U. Braun

Mentha canadensis Linn.

　　Golovinomyces monardae （G. S. Nagy）M. Scholler

Mentha spicata Linn.

　　Golovinomyces monardae （G. S. Nagy）M. Scholler

Monarda didyma Linn.

　　Golovinomyces monardae （G. S. Nagy）M. Scholler

Rabdosia amethystoides （Benth.）Hara

　　Erysiphe bunkiniana U. Braun

Rabdosia inflexa （Thunb.）Hara

　　Erysiphe bunkiniana U. Braun

Rabdosia macrocalyx （Dunn）Hara

　　Erysiphe bunkiniana U. Braun

Rabdosia serra （Maxim.）Hara

　　Erysiphe bunkiniana U. Braun

Scutellaria barbata D. Don

　　Pseudoidium sp.

Stachys japonica Miq.

　　Neoërysiphe galeopsidis （DC.）U. Braun

Salvia farinacea Benth. （一串蓝）

　　Podosphaera xanthii （Castagen）U. Braun & Shishkoff

Salvia sp.

　　Podosphaera xanthii （Castagen）U. Braun & Shishkoff

Thymus quinquecostatus Celak.

Pseudoidium sp.

㊲Lardizabalaceae

Akebia quinata (Houtt.) Decne.

Erysiphe akebiae (Sawada) U. Braun & S. Takam.

㊳Lauraceae

Cinnamomum camphora (Linn.) J. Presl

Pseudoidium sp.

㊴Lythraceae

Lagerstroemia indica Linn.

Erysiphe australiana (McAlp.) U. Braun & S. Takam.

Lagerstroemia subcostata Koehne

Erysiphe australiana (McAlp.) U. Braun & S. Takam.

Lythrum salicaria Linn.

Erysiphe lythri L. Junell

㊵Magnoliaceae

Magnolia liliflora Desr.

Erysiphe bulbosa (U. Braun) U. Braun & S. Takam.

㊶Malvaceae

Abelmoschus esculentus (Linn.) Moench

Podosphaera hibiscicola (Z. Y. Zhao) U. Braun & S. Takam.

Hibiscus mutabilis Linn.

Podosphaera hibiscicola (Z. Y. Zhao) U. Braun & S. Takam.

Hibiscus syriacus Linn.

Pseudoidium sp.

㊷Meliaceae

Toona sinensis (A. Juss.) Roem.

Erysiphe cedrelae var. *cedrelae* (F. L. Tai) U. Braun & S. Takam.

Phyllactinia toonae Y. N. Yu & Y. Q. Lai

㊸Menispermaceae

Cocculus orbiculatus (Linn.) DC.

Erysiphe pseudolonicerae (E. S. Salmon) U. Braun & S. Takam.

Menispermum daurium DC.

    Erysiphe pseudolonicerae (E. S. Salmon) U. Braun & S. Takam.

Stephania japonica (Thunb.) Miers

    Erysiphe pseudolonicerae (E. S. Salmon) U. Braun & S. Takam.

㊹Moraceae

Broussonetia papyifera (Linn.) L'Hert. ex Vent.

    Phyllactinia broussonetiae-kaempferi Sawada

Broussonetia kazinoki Sieb.

    Phyllactinia broussonetiae-kaempferi Sawada

Fatoua villosa (Thunb.) Nakai

    Podosphaera pseudofusca (U. Braun) U. Braun & S. Takam.

Morus alba Linn.

    Erysiphe mori (Miyake) U. Braun & S. Takam.

    Phyllactinia moricola (Henn.) Homma

Morus australis Poir.

    Erysiphe mori (Miyake) U. Braun & S. Takam.

    Phyllactinia moricola (Henn.) Homma

㊺Nyctaginaceae

Mirabilis jalapa L.

    Pseudoidium nyctaginacearum (Hosag.) U. Braun & R. T. A. Cook

㊻Oleaceae

Chionanthus retusus Lindl. & Paxt.

    Phyllactinia fraxinicola U. Braun & H. D. Shin

Fraxinus bungeana DC.

    Erysiphe salmonii (Syd.) U. Braun & S. Takam.

    Phyllactinia fraxinicola U. Braun & H. D. Shin

Fraxinus chinensis Roxb.

    Erysiphe salmonii (Syd.) U. Braun & S. Takam.

    Phyllactinia fraxinicola U. Braun & H. D. Shin

Fraxinus insularis Hemsl.

    Phyllactinia fraxinicola U. Braun & H. D. Shin

Ligustrum sinense Lour.

    Erysiphe ligustri (Homma) U. Braun & S. Takam.

Fraxinus szaboana Lingelsh.

Phyllactinia fraxinicola U. Braun & H. D. Shin

㊼Onagraceae

Oenothera speciosa Linn.
    Erysiphe howeana U. Braun

㊽Oxalidaceae

Oxalis corniculata L. var. *corniculata*
    Erysiphe russellii (Clinton) U. Braun & S. Takam.

㊾Paeoniaceae

Paeonia lactiflora Pall.
    Erysiphe paeoniae R. Y. Zheng & G. Q. Chen
Paeonia suffruticosa Andrews
    Erysiphe paeoniae R. Y. Zheng & G. Q. Chen

㊿Papaveraceae

Papaver rhoeas Linn.
    Golovinomyces tabaci (Sawada) H. D. Shin.
Papaver somniferum Linn.
    Golovinomyces tabaci (Sawada) H. D. Shin.

51Pedaliaceae

Sesamum indicum Linn.
    Pseudoidium pedaliacearum (H. D. Shin) H. D. Shin.

52Plantaginaceae

Plantago asiatica Linn.
    Golovinomyces sordidus (L. Junell) Heluta
Plantago depressa Willd.
    Golovinomyces sordidus (L. Junell) Heluta
Plantago lanceolata Linn.
    Golovinomyces sordidus (L. Junell) Heluta
Plantago major Linn.
    Golovinomyces sordidus (L. Junell) Heluta
Plantago virginica Linn.
    Golovinomyces sordidus (L. Junell) Heluta

(53)Platanaceae

Platanus acerifolia (Aiton) Willd.

Erysiphe platani (Howe) U. Braun & S. Takam.

Platanus occidentalis Linn.

Erysiphe platani (Howe) U. Braun & S. Takam.

Platanus orientalis Linn.

Erysiphe platani (Howe) U. Braun & S. Takam.

(54)Plumbaginaceae

Limonium sinense (Girard) Kuntze

Erysiphe limonii L. Junell

(55)Poaceae (Gramineae)

Achnatherum pekinense (Hance) Ohwi

Blumeria graminis (DC.) Speer

Bromus catharticus Vahl

Blumeria graminis (DC.) Speer

Bromus japonica Thumb. ex Murr.

Blumeria graminis (DC.) Speer

Bromus remotiflorus (Steud.) Ohwi

Blumeria graminis (DC.) Speer

Hordeum vulgare Linn.

Blumeria graminis (DC.) Speer

Poa faberi Rendle

Blumeria graminis (DC.) Speer

Poa pratensis Linn.

Blumeria graminis (DC.) Speer

Poa sp.

Blumeria graminis (DC.) Speer

Roegneria ciliaris (Trin.) Nevski

Blumeria graminis (DC.) Speer

Roegneria japonensis (Honda) Keng

Blumeria graminis (DC.) Speer

Roegneria kamoji Ohwi

Blumeria graminis (DC.) Speer

Triticum aestvum Linn.

Blumeria graminis (DC.) Speer

56 Polygonaceae

Fallopia multifora（Thunb.）Haraldson
    Erysiphe polygoni DC.
Polygonum aviculare Linn.
    Erysiphe polygoni DC.
Polygonum lapathifolium Linn.
    Erysiphe polygoni DC.
Polygonum lapathifolium Linn. var. *salicifolium* Sibth.
    Erysiphe polygoni DC.
Polygonum orientale Linn.
    Erysiphe polygoni DC.
Polygonum perfoliatum Linn.
    Erysiphe polygoni DC.
Rumex crispus Linn.
    Erysiphe polygoni DC.
Rumex dentatus Linn.
    Erysiphe polygoni DC.
Rumex japonicus Houtt.
    Erysiphe polygoni DC.

57 Ranunculaceae

Aquilegia viridiflora Pall.
    Erysiphe aquilegiae var. *aquilegiae* DC.
Clematis chinensis Osbeck
    Erysiphe aquilegiae DC. var. *ranunculi*（Grev.）R. Y. Zheng & G. Q. Chen
Clematis kirilowii Maxim.
    Erysiphe aquilegiae DC. var. *ranunculi*（Grev.）R. Y. Zheng & G. Q. Chen
Clematis terniflora DC.
    Erysiphe aquilegiae DC. var. *ranunculi*（Grev.）R. Y. Zheng & G. Q. Chen
Delphinium anthriscifolium Hance
    Erysiphe aquilegiae var. *aquilegiae* DC.
Ranunculus chinensis Bunge
    Erysiphe aquilegiae DC. var. *ranunculi*（Grev.）R. Y. Zheng & G. Q. Chen
Ranunculus japonicus Thunb.
    Erysiphe aquilegiae DC. var. *ranunculi*（Grev.）R. Y. Zheng & G. Q. Chen
*Thalictrum minus*var. *hypoleucum*（Sieb. et Zucc.）Miq.
    Erysiphe aquilegiae var. *aquilegiae* DC.

Erysiphe aquilegiae DC. var. *ranunculi*（Grev.）R. Y. Zheng & G. Q. Chen

㊽Rhamnaceae

Hovenia dulcis Thunb.

 Erysiphe yamadae（E. S. Salmon）U. Braun & S. Takam.

*Rhamnella frangulaide*s（Maxim.）Weberb.

 Erysiphe rhamnicola（Y. N. Yu）U. Braun & S. Takam.

㊾Rosaceae

Agrimonia pilosa Ldb.

 Podosphaera aphanis（Wallr.）var. *aphanis* U. Braun & S. Takam.

Agrimonia pilosa Ldb. var. *nepalensis*（D. Don）Nakai

 Podosphaera aphanis（Wallr.）var. *aphanis* U. Braun & S. Takam.

Amygdalus persica Linn.

 Podosphaera prunina Meeboon，S. Takam. & U. Braun

 Podosphaera tridactyla（Wallr.）de Bary

Armeniaca vulgaris Lam.

 Podosphaera tridactyla（Wallr.）de Bary

Chaenomeles sinensis（Thouin）Koehne

 Fibroidium sp.

Crataegus cuneata Sieb. & Zucc.

 Podosphaera clandestina（Wallr.：Fr.）Lév.

Crataegus pinnatifida Bge.

 Podosphaera clandestina（Wallr.：Fr.）Lév.

Crataegus pinnatifida Bge. var. *major* N. H. Br.

 Podosphaera clandestina（Wallr.：Fr.）Lév.

Duchesnea indica（Andr.）Focke

 Podosphaera aphanis（Wallr.）var. *hyalina*（U. Braun）U. Braun & S. Takam.

Fragaria ananassa Duch.

 Fibroidium sp.

Malus asiatica Nakai

 Podosphaera leucotricha（Ellis & Everh.）E. S. Salmon

Malus halliana Koehne（20180831）

 Podosphaera leucotricha（Ellis & Everh.）E. S. Salmon

Malus micromalus Makino

 Podosphaera leucotricha（Ellis & Everh.）E. S. Salmon

Malus pumila Mill.

 Podosphaera leucotricha（Ellis & Everh.）E. S. Salmon

Malus spectabilis（Ait.）Borkh.

    Podosphaera leucotricha（Ellis & Everh.）E. S. Salmon

Photinia glabra（Thunb.）Maxim.

    Podosphaera leucotricha（Ellis & Everh.）E. S. Salmon

Photinia serrulata Lindl.

    Podosphaera leucotricha（Ellis & Everh.）E. S. Salmon

Potentilla chinensis Ser.

    Podosphaera aphanis（Wallr.）var. *hyalina*（U. Braun）U. Braun & S. Takam.

Potentilla discolor Bge.

    Podosphaera aphanis（Wallr.）var. *hyalina*（U. Braun）U. Braun & S. Takam.

Potentilla fragarioides Linn.（2016.07）.

    Podosphaera aphanis（Wallr.）var. *hyalina*（U. Braun）U. Braun & S. Takam.

Potentilla freyniana Bornm. var. *sinica* Ago

    Podosphaera aphanis（Wallr.）var. *hyalina*（U. Braun）U. Braun & S. Takam.

Potentilla kleiniana Wight et Arn.

    Podosphaera aphanis（Wallr.）var. *hyalina*（U. Braun）U. Braun & S. Takam.

Potentilla reptans Linn. var. *sericophylla* Franch.

    Podosphaera aphanis（Wallr.）var. *hyalina*（U. Braun）U. Braun & S. Takam.

Potentilla supina Linn.

    Podosphaera aphanis（Wallr.）var. *aphanis* U. Braun & S. Takam.

Cerasus japonica（Thunb.）Lois.

    Podosphaera pruni-japonicae Meeboon, S. Takam. & U. Braun

Cerasus pseudocerasus（Lindl.）G. Don

    Podosphaera pruni-cerasoidis Meeboon, S. Takam. & U. Braun

    Podosphaera tridactyla（Wallr.）de Bary

    Fibroidium sp.

Cerasus serrulata（Lindl.）G. Don ex London

    Podosphaera tridactyla（Wallr.）de Bary

Fibroidium sp.

Prunus cerasifera Ehrhar f. *atropurpurea*（Jacq.）Rehd.

    Podosphaera prunina Meeboon, S. Takam. & U. Braun

Prunus salicina Lindl.

    Podosphaera prunina Meeboon, S. Takam. & U. Braun

Pyracantha fortuneana（Maxim.）H. L. Li

    Fibroidium sp.

Pyrus betulaefolia Bge.

    Podosphaera tridactyla（Wallr.）de Bary

    Phyllactinia pyri-serotinae Sawada

Pyrus bretschneideri Rehd.

　　Phyllactinia pyri-serotinae Sawada

Pyrus calleryana Dcne.

　　Phyllactinia pyri-serotinae Sawada

Pyrus phaeocarpa

　　Phyllactinia pyri-serotinae Sawada

Pyrus communis Linn.

　　Phyllactinia pyri-serotinae Sawada

Pyrus pyrifolia（Burm. f.）Nakai

　　Phyllactinia pyri-serotinae Sawada

Rosa banksiae Ait.

　　Podosphaera pannosa（Wallr.；Fr.）de Bary

Rosa chinensis Jacq.

　　Podosphaera pannosa（Wallr.；Fr.）de Bary

Rosa cymosa Tratt.

　　Podosphaera pannosa（Wallr.；Fr.）de Bary

Rosa laevigata Michx.

　　Podosphaera pannosa（Wallr.；Fr.）de Bary

Rosa multiflora Thunb.

　　Podosphaera pannosa（Wallr.；Fr.）de Bary

Rosa multiflora Thunb. var. *cathayensis* Rehd. et Wils.

　　Podosphaera pannosa（Wallr.；Fr.）de Bary

Rosa multiflora Thunb. var. *carnea* Thory.

　　Podosphaera pannosa（Wallr.；Fr.）de Bary

Rosa multiflora Thunb. var. *carnea* Thory.

　　Podosphaera pannosa（Wallr.；Fr.）de Bary

Rosa roxburghii Tratt.

　　Podosphaera pannosa（Wallr.；Fr.）de Bary

Rosa rugosa Thunb.

　　Podosphaera pannosa（Wallr.；Fr.）de Bary

　　Fibroidium sp.

Rubus corchorifolius L. f.

　　Fibroidium sp.

Rubus glabricarpus W. C. Cheng

　　Fibroidium sp.

Sanguisorba officinalis Linn.

　　Podosphaera ferruginea var. *ferruginea*（Schltdl.；Fr.）U. Braun &
S. Takam.

Spiraea japonica L. f.

    Podosphaera spiraeicola U. Braun

    Fibroidium sp.

⑥Rubiaceae

Galium aparine Linn.

    Golovinomyces riedlianus (Speer) Heluta

    Golovinomyces rubiae (H. D. Shin & Y. J. La) U. Braun

Galium tricorne Stokes

    Golovinomyces riedlianus (Speer) Heluta

Rubia argyi (H. Lév. et Vaniot) H. Hara ex Lauener et D. K. Ferguson

    Golovinomyces rubiae (H. D. Shin & Y. J. La) U. Braun

Rubia cordifolia Linn.

    Golovinomyces riedlianus (Speer) Heluta

    Golovinomyces rubiae (H. D. Shin & Y. J. La) U. Braun

⑥Rutaceae

Evodia daniellii (Benn.) Hemsl.

    Phyllactinia euodiae S. R. Yu

⑥Sabiaceae

Sabia japonica Maxim.

    Phyllactinia sabiae Zhi X. Chen & R. X. Gao

⑥Salicaceae

Populus adenopoda Maxim.

    Phyllactinia populi (Jacz.) Y. N. Yu

Populus Canadensis Maxim.

    Phyllactinia populi (Jacz.) Y. N. Yu

Salix babylonica Linn.

    Erysiphe adunca var. *adunca* (Wallr. ;) Fr.

⑥Sapindaceae

Koelreuteria bipinnata Franch.

    Erysiphe bulbouncinula U. Braun & S. Takam.

    Erysiphe platani (Howe) U. Braun & S. Takam.

    Erysiphe sapindi (S. R. Yu) U. Braun & S. Takam.

    Sawadaea koelreuteriae (I. Miyake) H. D. Shin & M. J. Park

Sapindus mukorossi Gaertn.
  Erysiphe platani （Howe） U. Braun &. S. Takam.
  Erysiphe sapindi （S. R. Yu） U. Braun &. S. Takam.

㊺Saxifragaceae

Saxifraga stolonifera Curt.
  Pseudoidium sp.

㊻Scrophulariaceae

Lindernia micrantha D. Don
  Podosphaera xanthii （Castagen） U. Braun &. Shishkoff
  Fibroidium sp.
Mazus japonicus （Thunb. ） O. Kuntze
  Podosphaera xanthii （Castagen） U. Braun &. Shishkoff
Pseudoidium pedaliacearum （H. D. Shin） H. D. Shin.
  Fibroidium sp.
Phtheirospermum japonicum （Thunb. ） Kanitz
  Golovinomyces verbasci （Jacz. ） Heluta
  Podosphaera phtheirospermi （Henn. &. Shirai） U. Braun &. T. Z. Liu
Veronica arvensis Linn.
  Golovinomyces orontii （Castagne） Heluta
Veronica didyma Tenore
  Golovinomyces orontii （Castagne） Heluta
Veronica peregrina Linn.
  Golovinomyces orontii （Castagne） Heluta
Veronica persica Poir.
  Golovinomyces orontii （Castagne） Heluta

㊼Simaroubaceae

Ailanthus altissima （Mill. ） Swingle
  Phyllactinia ailanthi （Golovin &. Bunkina） Y. N. Yu
Picrasma quassioides （D. Don） Benn.
  Erysiphe picrasmae （Sawada） U. Braun &. S. Takam.
  Phyllactinia ailanthi （Golovin &. Bunkina） Y. N. Yu

㊽Solanaceae

Capsicum annuum Linn.
  Leveillula taurica （Lév. ） G. Arnaud

Capsicum annuum Linn. var. *conoides* （Mill.）Irish

　　Leveillula taurica （Lév.）G. Arnaud

Capsicum annuum Linn. var. *grossum* （L.）Sendt.

　　Leveillula taurica （Lév.）G. Arnaud

Capsicum annuum Linn. var. *fasciculatum* （Sturt.）Irish

　　Leveillula taurica （Lév.）G. Arnaud

Lycium barbarum Linn.

　　Arthrocladiella mougeotii （Lév.）Vassilkov

Lycium chincnse Mill.

　　Arthrocladiella mougeotii （Lév.）Vassilkov

Physalis alkekengi Linn.

　　Pseudoidium sp.

Physalis angulata Linn.

　　Pseudoidium sp.

Solanum melongena Linn.

　　Podosphaera xanthii （Castagen）U. Braun & Shishkoff

⑥⑨Staphyleaceae

Euscaphis japonica （Thunb.）Dippel

　　Phyllactinia sp.

⑦⓪Styracaceae

Styrax japonicus Sieb. et Zucc.

　　Erysiphe togashiana （U. Braun）U. Braun & S. Takam. var. *togashiana*

⑦①Symplocaceae

Symplocos paniculata （Thunb.）Miq.

　　Erysiphe symplocigena U. Braun & S. Takam.

⑦②Ulmaceae

Aphananthe aspera （Thunb.）Planch.

　　Erysiphe kusanoi （Syd.）U. Braun & S. Takam.

Celtis sinensis Pers.

　　Erysiphe kusanoi （Syd.）U. Braun & S. Takam.

　　Pleochaeta shiraiana （Henn.）Kimbr. & Korf

Ulmus parvifolia Jacq.

　　Erysiphe kenjiana （Homma）U. Braun & S. Takam.

Ulmus pumila Linn.

Erysiphe kenjiana （Homma） U. Braun & S. Takam.

Ulmus macrocarpa Hance

Erysiphe kenjiana （Homma） U. Braun & S. Takam.

⑦Urticaceae

Boehmeria nivca （Linn.） Gaudich.

Fibroidium sp.

Pilea pumila （Linn.） A. Gray

Erysiphe pileae （Jacz.） Bunkina

Pseudoidium sp.

Pilea japonica （Maxim.） Hand.-Mazz.

Erysiphe pileae （Jacz.） Bunkina

Pseudoidium sp.

Nanocnide japonica Blume

Erysiphe urticae （Wallr.） S. Blumer

Nanocnide lobata Wedd.

Fibroidium sp.

Oreocnide frutescens （Thunb.） Miq.

Fibroidium sp.

⑦Valerianaceae

Patrinia scabiosaefolia Fisch. ex Trev.

Pseudoidium sp.

⑦Verbenaceae

Verbena bonariensis Linn.

Podosphaera xanthii （Castagen） U. Braun & Shishkoff

Verbena tenera Spreng.

Podosphaera xanthii （Castagen） U. Braun & Shishkoff

⑦Vitaceae

Ampelopsis humulifolia Bge.

Erysiphe necator var. *necator* Schwein.

Ampelopsis japonica （Thunb.） Makino

Erysiphe necator var. *necator* Schwein.

Cayratia japonica （Thunb.） Gagnep.

Podosphaera cayratiae （Z. Q. Yuan & A. Q. Wang） U. Braun & S. Takam.

Vitis amurensis Rupr.

  Erysiphe necator var. *necator* Schwein.

Vitis bryoniaefolia Bge.

  Erysiphe necator var. *necator* Schwein.

Vitis flexuosa Thunb.

  Erysiphe necator var. *necator* Schwein.

Vitis heyneana Roem. & Schult

  Erysiphe necator var. *necator* Schwein.

Vitis heyneana Roem. & Schult subsp. *ficifolia* (Bge.) C. L. Liin

  Erysiphe necator var. *necator* Schwein.

Vitis vinifera Linn.

  Erysiphe necator var. *necator* Schwein.

附录3　江苏白粉菌寄主植物名录

①槭树科 **Aceraceae**

　　茶条槭 *Acer ginnala* Maxim.

　　建设槭 *Acer henryi* Pax.

　　鸡爪槭 *Acer palmatum* Thunb.

②猕猴桃科 **Actinidiaceae**

　　软枣猕猴桃 *Actinidia arguta* Planch.

③五福花科 **Adoxaceae**

　　接骨草 *Sambucus chinensis* Lindl.

　　接骨木 *Sambucus williamsii* Hance

　　宜昌荚蒾 *Viburnum erosum* Thunb.

④八角枫科 **Alangiaceae**

　　八角枫 *Alangium chinense*（Lour.）Harms

　　瓜木 *Alangium plataniflium* Harms

⑤苋科 **Amaranthaceae**

　　皱果苋 *Amaranthus viridis* Linn.

　　莙荙菜 *Beta vulgaris* Linn. var. *cicla* Linn.

　　土荆芥 *Chenopodium ambrosioides* Linn.

⑥漆树科 **Anacardiaceae**

　　黄栌 *Cotinus coggygria* Scop.

　　黄连木 *Pistacia chinensis* Bunge

　　盐肤木 *Rhus chinensis* Mill.

　　野漆树 *Toxicodendron succedaneum*（Linn.）Kuntze

⑦伞形科 **Apiaceae**

　　拐芹 *Angelica polymorpha* Maxim.

　　蛇床 *Cnidium monnieri*（Linn.）Cuss.

　　野胡萝卜 *Daucus carota* Linn.

　　胡萝卜 *Daucus carota* Linn. var. *sativa* Hoffm.

　　茴香 *Foeniculum vulgare* Mill.

　　短毛独活 *Heracleum moellendorffii* Hance

　　滨海前胡 *Peucedanum japonicum* Thunb.

　　变豆菜 *Sanicula chinensis* Bunge

　　窃衣 *Torilis scabra*（Thunb.）DC.

⑧夹竹桃科 **Apocynaceae**

　　牛皮消 *Cynanchum auriculatum* Royle ex Wight

　　徐长卿 *Cynanchum paniculatum*（Bunge）Kitagawa

萝藦 *Metaplexis japonica*（Thunb.）Makino

⑨马兜铃科 **Aristolochiaceae**

马兜铃 *Arstolochia debilis* Sieb. & Zucc.

⑩菊科 **Asteraceae**

牛蒡 *Arctium lappa* Linn.

黄花蒿 *Artemisia annua* Linn.

艾 *Artemisia argyi* Levl. et Van.

茵陈蒿 *Artemisia capillaris* Thunb.

青蒿 *Artemisia carvifolia* Buch.

南牡蒿 *Artemisia eriopoda* Bge.

海州蒿 *Artemisia fauriei* Nakai

牡蒿 *Artemisia japonica* Thunb.

野艾蒿 *Artemisia lavandulaefolia* DC.

蒙古蒿 *Artenmisia mongolica*（Fisch. ex Bess.）Nakai

魁蒿 *Artemisia princeps* Pamp.

红足蒿 *Artemisia rubripes* Nakai

猪毛蒿 *Artemisia scoparia* Waldst. et Kit.

蒌蒿 *Artemisia selengensis* Turcz. ex Bess.

三脉紫菀 *Aster ageratoides* Turcz.

婆婆针 *Bidens bipinnata* Linn.

羽叶鬼针 *Bidens maximovicziana* Oett.

小花鬼针 *Bidens parviflora* Willd.

鬼针草（三叶鬼针）*Bidens pilosa* Linn.

狼把草 *Bidens tripartita* Linn.

金盏花 *Calendula officinalis* Linn.

节毛飞廉 *Carduns acanthoides* Linn.

丝毛飞廉 *Carduus crispus* Linn.

天名精 *Carpesium abrotanoides* Linn.

烟管头草 *Carpesium cernuum* Linn.

金挖耳 *Carpesium divaricatum* Sieb. et Zucc.

石胡荽 *Centipeda minima*（Linn.）A. Br. et Aschers.

刺儿菜 *Cirsium arvense*（Linn.）Scop. var. *integrifolium* Wimm. et Grab.

大刺儿菜 *Cirsium arvense*（Linn.）Scop. var. *setosum* Ledeb.

蓟 *Cirsium japonicum* Fisch. ex DC.

香丝草（野塘蒿）*Conyza bonariensis*（Linn.）Cronq.

小蓬草 *Conyza canadensis*（Linn.）Cronq.

金鸡菊 *Coreopsis drummondii* Torr. et Gray

剑叶金鸡菊 *Coreopsis lanceolata* Linn.

两色金鸡菊 *Coreopsis tinctoria* Nutt.

秋英 *Cosmos bipinnata* Cav.

野菊花 *Chrysanthemum indicum* Linn.

菊花脑 *Chrysanthemum indicum* Linn. var. *edule* Kitam.

菊花 *Chrysanthemum morifolium* Ramat.

大丽菊 *Dahlia pinnata* Cav.

东风菜 *Doellingeria scaber*（Thunb.）Nees

紫松果菊 *Echinacea purpurea*（Linn.）Moehch

鳢肠 *Eclipta prostrata*（Linn.）Linn.

飞蓬 *Erigeron acer* Linn.

一年蓬 *Erigeron annuus*（Linn.）Pers.

春飞蓬 *Erigeron philadelphicus* Linn.

佩兰 *Eupatorium fortunei* Turcz.

白头婆 *Eupatorium japonicum* Thunb.

林泽兰（白鼓丁）*Eupatorium lindleyanum* DC.

茼蒿 *Glebionis coronaria*（Linn.）Cass. ex. Spach

鼠麴草 *Gnaphalium affine* D. Don

细叶鼠麴草 *Gnaphalium japonicum* Thunb.

菊三七 *Gynura japonica*（Thunb.）Juel.

向日葵 *Helianthus annuus* Linn.

菊芋 *Helianthus tuberosus* Linn.

欧亚旋覆花 *Inula britanica* Linn.

旋覆花 *Inula japonica* Thunb.

线叶旋覆花 *Inula linearifolia* Turcz.

中华苦荬 *Ixeris chinensis*（Thunb.）Kitag.

小苦荬 *Ixeridis dentatum*（Thunb.）Tzvel.

深裂苦荬菜 *Ixeris dissecta*（Makino）Shih

窄叶小苦荬 *Ixeris gramineum*（Fisch.）Tzvel.

剪刀股 *Ixeris japonica*（Burm. f.）Nakai

多头苦荬菜 *Ixeris polycephala* Cass. Ex DC.

尖裂假还阳参 *Crepidiastrum sonchifolium*（Maxim.）Pak. et. Kawano

苦荬菜 *Crepidiastrum denticulatum*（Houtt.）Pak. et. Kawano

马兰 *Kalimeris indica*（L.）Sch. -Bip.

全叶马兰 *Kalimeris integrifolia* Turcz. ex DC.

毡毛马兰 *Kalimeris shimadai*（Kitam.）Kitam.

山莴苣 *Lactuca indica* Linn.

乳苣 *Lactuca tatarica*（Linn.）C. A. Mey.

滨菊 *Leucanthemum vulgare* Lam.

窄头橐吾 *Ligularia stenocephala* （Maxim.）Matsum. et Koidz.

抱茎金光菊 *Rudbeckia amplexicaulis* Vahl.

二色金光菊 *Rudbeckia bicolor* Nutt.

黑心金光菊 *Rudbeckia hirta* Linn.

华北鸦葱（笔管草）*Scorzonera albicaulis* Bunge

鸦葱 *Scorzonera austriaca* Willd.

桃叶鸦葱 *Scorzonera sinensis* Lipsch.

豨莶 *Siegesbeckia orientalis* Linn.

腺梗豨莶 *Siegesbeckia pubescens* Makino

串叶松香草 *Silphium perfoliatum* Linn.

水飞蓟 *Silybum marianum* （Linn.）Gaerth.

加拿大一枝黄花 *Solidago canadensis* Linn.

苣荬菜 *Sonchus arvensis* Linn.

花叶滇苦菜（续断菊）*Sonchus asper* （Linn.）Hill

长裂苦苣菜 *Sonchus brachyotus* DC.

荷兰菊 *Symphyotrichum novi-belgii* （Linn.）G. L. Nesom

万寿菊 *Tagetes erecta* Linn.

蒲公英 *Taraxacum mongolicum* Hand.-Mazz.

长吻婆罗门参 *Tragopogon* sp.

碱菀（竹叶菊）*Tripolium vulgare* Nees.

蒙古苍耳 *Xanthium strumarium* Linn.

黄鹌菜 *Youngia japonica* （Linn.）DC.

百日菊 *Zinnia elegans* Jacq.

⑪凤仙花科 **Balsaminaceae**

凤仙花 *Impatiens balsamina* Linn.

⑫小檗科 **Berberidaceae**

紫叶小檗 *Berberis thunbergii* DC. var. *atropurpurea*

十大功劳 *Mahonia fortunei* （Lindl.）Fedde

⑬紫葳科 **Bignoiaceae**

楸树 *Catalpa bungei* C. A. Mey.

梓树 *Catalpa ovata* G. Don

⑭紫草科 **Boraginaceae**

斑种草 *Bothriospermum chinense* Bge.

柔弱斑种草 *Bothriospermum tenellum* （Hornem.）Fisch. et Mey.

盾果草 *Thyrocarpus sampsonii* Hance

附地菜 *Trigonotis peduncularis* Benth.

⑮十字花科 **Brassicaceae**

青菜 *Brassica chinensis* Linn.

芥菜 *Brassica juncea*（Linn.）Czern.

雪里蕻 *Brssica juncea* var. *multiceps* Tsen et Lee

油菜 *Brassica napus* Linn.

白菜 *Brassica pekinensis*（Lour.）Rupr.

荠 *Capsella bursa-pastoris*（Linn.）Medic.

播娘蒿 *Descurainia sophia*（Linn.）Webb.

北美独行菜 *Lepidium virginicum* Linn.

诸葛菜 *Orychophragmusviolaceus*（Linn.）O. E. Schulz

萝卜 *Raphanus sativus* Linn.

球果蔊菜 *Rorippa globosa*（Turcz. ex. Fisch. et. C. A. Mey.）Hayek

⑯桔梗科 **Campanulaceae**

杏叶沙参 *Adenophora axilliora* Borb.

紫沙参 *Adenophora paniculata* Nanif.

石沙参 *Adenophora polyantha* Nakai

轮叶沙参 *Adenophora tetraphylla*（Thunb.）Fisch.

荠苨 *Adenophora trachelioides* Maxim.

风铃草 *Campanula delavayi* Tranch.

桔梗 *Platycodon grandiflorum*（Jacq.）A. DC.

⑰大麻科 **Cannabaceae**

葎草 *Humulus scandens*（Lour.）Merr.

⑱忍冬科 **Caprifoliaceae**

郁香忍冬 *Lonicera fragrantissima* Lindl. et Paxton

忍冬 *Lonicera japonica* Thunb.

金银忍冬 *Lonicera maackii*（Rupr.）Maxim.

⑲石竹科 **Caryophyllaceae**

蚤缀 *Arenaria serpyllifolia* Linn.

⑳卫矛科 **Celastraceae**

南蛇藤 *Celastrus orbiculatus* Thunb.

扶芳藤 *Euonymus fortunei*（Turcz.）Hand. -Mazz.

冬青卫矛 *Euonymus japonicus* Linn.

白杜 *Euonymus maackii* Rupr.

㉑白花菜科 **Cleomaceae**

醉蝶花 *Tarenaya hassleriana*（Chodat）H. H. Iltis

㉒旋花科 **Convolvulaceae**

打碗花 *Calystegia hederacea* Wall.

旋花 *Calystegia sepium*（Linn.）R. Br.

田旋花 *Convolvuus arensis* Linn.

牵牛 *Pharbitis nil*（Linn.）Choisy

㉓**榛科 Corylaceae**

    川榛 *Corylus heterphylla* Fisch. ex Bess. var. *sutchuenensis* Franch.

㉔**景天科 Crassulaceae**

    长药八宝（八宝景天）*Hylotelephium spectabile*（Bor.）H. Ohba

    费菜 *Sedum aizoon* Linn.

    佛甲草 *Sedum lineare* Thunb.

    垂盆草 *Sedum sarmentosum* Bunge

㉕**葫芦科 Cucurbitaceae**

    盒子草 *Actinostemma tenerum* Griff.

    冬瓜 *Benincasa hispida*（Thunb.）Cogn.

    西瓜 *Citrullus lanatus*（Thunb.）Matsum. et Nakai

    小马泡 *Cucumis bisexualis* A. M. Lu et G. C. Wang ex Lu et Z. Y. Zhang

    甜瓜 *Cucumis melo* Linn.

    菜瓜 *Cucumis melo* Linn. var. *conomon*（Thunb.）Makino

    黄瓜 *Cucumis sativus* Linn.

    笋瓜 *Cucurbita maxima* Duch. ex Lam.

    南瓜 *Cucurbita moschata*（Duch. ex Lam.）Duch. ex Poiret

    西葫芦 *Cucurbita pepo* Linn.

    葫芦 *Lagenaria siceraria*（Molina）Standl.

    瓠瓜 *Lagenaria siceraria*（Molina）Standl. var. *depresses*（Ser.）Hara

    瓠子 *Lagenaria siceraria*（Molina）Standl. var. *hispida*（Thunb.）Hara

    小葫芦 *Lagenaria siceraria*（Molina）Standl. var. *microcarpa*（Naud.）Hara

    广东丝瓜 *Luffa acutangula*（Linn.）Roxb.

    丝瓜 *Luffa cylindrica*（Linn.）Roem.

    苦瓜 *Momordica charantia* Linn.

    木鳖 *Momordica cochinchineusis*（Lour.）Spreng.

    王瓜 *Trichosanthes cucumeroides*（Ser.）Maxim.

    栝楼 *Trichosanthes kirilowii* Maxim.

    马㼎儿 *Zehneria indica*（Lour.）Keraudren

㉖**柿树科 Ebenaceae**

    柿 *Diospyros kaki* Thunb.

    野柿 *Diospyros kaki* var. *silvestris* Makino

    君迁子 *Diospyros lotus* Linn.

㉗**大戟科 Euphorbiaceae**

    铁苋菜 *Acalypha australis* Linn.

    乳浆大戟 *Euphorbia esula* Linn.

    泽漆 *Euphorbia helioscopia* Linn.

    地锦 *Euphorbia humifusa* Willd. ex Schlecht.

斑地锦 *Euphorbia maculata* Linn.

叶底珠 *Flueggea suffruticosa* （Pall.） Baill.

湖北算盘子 *Glochidion wilsonii* Hutch.

野梧桐 *Mallotus japonicus* （Thunb.） Muell. Arg.

叶下珠 *Phyllanthus urinaria* Linn.

㉘豆科 **Fabaceae**

合萌 *Aeschynomene indica* Linn.

合欢 *Albizia julibrissin* Durazz.

紫穗槐 *Amorpha fruticosa* Linn.

两型豆 *Amphicarpaea edgeworthii* Benth.

蓝花赝靛 *Baptisia australis*

毛掌叶锦鸡儿 *Caragana leveillei* Kom.

锦鸡儿 *Caragana sinica* （Buc'hoz） Rehd.

短叶决明 *Cassia leschenaultiana* DC.

紫荆 *Cercis chinensis* Bunge

山蚂蝗 *Desmodium racemosum* （Thunb.） DC.

大豆 *Glycine max* （Linn.） Merr.

野大豆 *Glycine soja* Sieb. et Zucc.

狭叶米口袋 *Gueldenstaedtia stenophylla* Bunge

少花米口袋 *Gueldenstaedtia verna* （Georgi） Boriss.

苏木蓝 *Indigofera carlesii* Craib

华东木蓝 *Indigofera fortunei* Craib.

扁豆 *Lablab purpureus* （Linn.） Sweet

海滨山黧豆 *Lathyrus japonicus* Willd.

欧山黧豆（香豌豆） *Lathyrus palustris* Linn.

胡枝子 *Lespedeza bicolor* Turcz.

绿叶胡枝子 *Lespedeza buergeri* Miq.

中华胡枝子 *Lespedeza chinensis* G. Don

截叶铁扫帚 *Lespedeza cuneata* G. Don

短梗胡枝子 *Lespedeza cyrtobotrya* Miq.

兴安胡枝子 *Lespedeza daurica* （Laxm.） Schindl.

多花胡枝子 *Lespedeza floribunda* Bunge

美丽胡枝子 *Lespedeza formosa* （Vog.） Koehne

阴山胡枝子 *Lespedeza inschanica* （Maxim.） Schindl.

铁马鞭 *Lespedeza pilosa* （Thunb.） Sieb. et Zucc.

绒毛胡枝子 *Lespedeza tomentosa* （Thunb.） Sieb. ex Maxim.

细梗胡枝子 *Lespedeza virgata* （Thunb.） DC.

白香草木樨 *Melilotus alba* Medic. ex Desr.

黄香草木樨 *Melilotus officinalis*（Linn.）Pall.

南苜蓿 *Medicago polymorpha* Linn.

小槐花 *Ohwia caudata*（Thunb.）H. Ohashi

棉豆（云豆）*Phaseolus lunatus* Linn.

菜豆（眉豆）*Phaseolus vulgaris* Linn.

豌豆 *Pisum sativum* Linn.

葛 *Pueraria lobata*（Willd.）Ohwi

刺槐 *Robinia pseudoacacia* Linn.

田菁 *Sesbania cannabina*（Retz.）Poir.

苦豆子 *Sophora alopecuroides* Linn.

白刺花 *Sophora davidii*（Franch.）Skeels

苦参 *Sophora flavescens* Aiton

红车轴草 *Trifolium pratense* Linn.

山野豌豆 *Vicia amoena* Fisch. ex DC.

窄叶野豌豆 *Vicia angustifolia* Linn. ex Reichard

大花野豌豆 *Vicia bungei* Ohwi

广布野豌豆 *Vicia cracca* Linn.

小巢菜 *Vicia hirsuta*（Linn.）S. F. Gray.

救荒野豌豆 *Vicia sativa* Linn.

四籽野豌豆 *Vicia tetrasperma*（Linn.）Schreber

大叶野豌豆 *Vicia pseudorobus* Fisch. et C. A. Mey.

歪头菜 *Vicia unijuga* A. Br.

长柔毛野豌豆 *Vicia villosa* Roth

赤豆 *Vigna angularis*（Willd.）Ohwi et Ohashi

贼小豆 *Vigna minima*（Roxb.）Ohwi et Ohashi

绿豆 *Vigna radiata*（Linn.）Wilczek

赤小豆 *Vigna umbellata*（Thunb.）Ohwi et Ohashi

豇豆 *Vigna unguiculata*（Linn.）Walp.

野豇豆 *Vigna vexillata*（Linn.）Rich.

㉙壳斗科 **Fagaceae**

青冈 *Cyclobalanopsis glauca*（Thunb.）Oerst.

槲栎 *Quercus aliena* Blume

锐齿槲栎 *Quercus aliena* Blume var. *acuteserrata* Maxim. et Wenz.

麻栎 *Quercus acutissima* Carruth.

白栎 *Quercus fabri* Hance

栗 *Castanea mollissima* Blume

枹栎 *Quercus serrata* Murray

短柄枹栎 *Quercus serrata* var. *brevipetiolata*（A. DC.）Nakai

栓皮栎 *Quercus variabilis* Blume

㉚紫堇科 **Fumariacaea**

紫堇 *Corydalis edulis* Maxim.

黄堇 *Corydalis pallida*（Thunb.）Pers.

㉛牻牛儿苗科 **Geraniaceae**

野老鹳草 *Geranium carolinianum* Linn.

老鹳草 *Geranium wilfordii* Maxim.

㉜茶藨子科 **Grossulariaceae**

簇花茶藨子 *Ribes fasciculatum* Sieb. et Zucc.

㉝金缕梅科 **Hamamelidaceae**

牛鼻栓 *Fortunearia sinensis* Rehd. et Wils.

枫香树 *Liquidambar formosana* Hance

㉞绣球花科 **Hydrangeaceae**

绣球 *Hydrangea macrophylla*（Thunb.）Ser.

㉟胡桃科 **Juglandaceae**

核桃 *Juglans regia* Linn.

枫杨 *Pterocarya stenoptera* C. DC.

化香树 *Platycarya strobilacea* Sieb. et Zucc.

㊱唇形科 **Lamiaceae**

风轮菜 *Clinopodium chinense*（Benth.）O. Kuntze.

风车草 *Clinopodium urticifolium*（Hance）C. Y. Wu et Hsuan

海州香薷 *Elsholtzia splendens* Nakai

夏至草 *Lagopsis supina*（Steph. ex Willd.）Ik. -Gal. ex Knorr.

宝盖草 *Lamium amplexicaule* Linn.

野芝麻 *Lamium barbatum* Sieb. et. Zucc.

益母草 *Leonurus japonicus* Houtt

薄荷 *Mentha canadensis* Linn.

留兰香 *Mentha spicata* Linn.

美国薄荷 *Monarda didyma* Linn.

香茶菜 *Rabdosia amethystoides*（Benth.）Hara

内折香茶菜 *Rabdosia inflexa*（Thunb.）Hara

大萼香茶菜 *Rabdosia macrocalyx*（Dunn）Hara

溪黄草 *Rabdosia serra*（Maxim.）Hara

半枝莲 *Scutellaria barbata* D. Don

水苏 *Stachys japonica* Miq.

蓝花鼠尾草（一串蓝）*Salvia farinacea* Benth.

鼠尾草 *Salvia* sp.

地椒（烟台百里香）*Thymus quinquecostatus* Celak.

㊲木通科 Lardizabalaceae

木通 *Akebia quinata*（Houtt.）Decne.

㊳樟科 Lauraceae

樟 *Cinnamomum camphora*（Linn.）J. Presl

㊴千屈菜科 Lythraceae

紫薇 *Lagerstroemia indica* Linn.

南紫薇 *Lagerstroemia subcostata* Koehne

千屈菜 *Lythrum salicaria* Linn.

㊵木兰科 Magnoliaceae

紫玉兰 *Magnolia liliflora* Desr.

㊶锦葵科 Malvaceae

咖啡黄葵 *Abelmoschus esculentus*（Linn.）Moench

木芙蓉 *Hibiscus mutabilis* Linn.

木槿 *Hibiscus syriacus* Linn.

㊷楝科 Meliaceae

香椿 *Toona sinensis*（A. Juss.）Roem.

㊸防己科 Menispermaceae

木防己 *Cocculus orbiculatus*（Linn.）DC.

蝙蝠葛 *Menispermum daurium* DC.

千金藤 *Stephania japonica*（Thunb.）Miers

㊹桑科 Moraceae

构树 *Broussonetia papyifera*（Linn.）L'Hert. ex Vent.

楮（小叶构）*Broussonetia kazinoki* Sieb.

水蛇麻 *Fatoua villosa*（Thunb.）Nakai

桑 *Morus alba* Linn.

鸡桑 *Morus australis* Poir.

㊺紫茉莉科 Nyctaginaceae

紫茉莉 *Mirabilis jalapa* Linn.

㊻木樨科 Oleaceae

流苏 *Chionanthus retusus* Lindl. & Paxt.

小叶梣 *Fraxinus bungeana* DC.

白蜡树 *Fraxinus chinensis* Roxb.

苦枥木 *Fraxinus insularis* Hemsl.

小腊 *Ligustrum sinense* Lour.

尖叶梣 *Fraxinus szaboana* Lingelsh.

㊼柳叶菜科 Onagraceae

美丽月光草 *Oenothera speciosa* Linn.

㊽酢浆草科 Oxalidaceae

酢浆草 *Oxalis corniculata* L. var. *corniculata*

㊾芍药科 Paeoniaceae

芍药 *Paeonia lactiflora* Pall.

牡丹 *Paeonia suffruticosa* Andrews

㊿罂粟科 Papaveraceae

虞美人 *Papaver rhoeas* Linn.

罂粟 *Papaver somniferum* Linn.

51胡麻科 Pedaliaceae

芝麻 *Sesamum indicum* Linn.

52车前科 Plantaginaceae

车前 *Plantago asiatica* Linn.

平车前 *Plantago depressa* Willd.

长叶车前 *Plantago lanceolata* Linn.

大车前 *Plantago major* Linn.

北美车前 *Plantago virginica* Linn.

53悬铃木科 Platanaceae

二球悬铃木 *Platanus acerifolia*（Aiton）Willd.

一球悬铃木 *Platanus occidentalis* Linn.

三球悬铃木 *Platanus orientalis* Linn.

54白花丹科 Plumbaginaceae

补血菜 *Limonium sinense*（Girard）Kuntze

55禾本科 Poaceae

京芒草 *Achnatherum pekinense*（Hance）Ohwi

扁穗雀麦 *Bromus catharticus* Vahl

雀麦 *Bromus japonica* Thumb. ex Murr.

疏花雀麦 *Bromus remotiflorus*（Steud.）Ohwi

大麦 *Hordeum vulgare* Linn.

法氏早熟禾 *Poa faberi* Rendle

草地早熟禾 *Poa pratensis* Linn.

早熟禾 *Poa* sp.

纤毛鹅观草 *Roegneria ciliaris*（Trin.）Nevski

竖立鹅观草 *Roegneria japonensis*（Honda）Keng

鹅观草 *Roegneria kamoji* Ohwi

小麦 *Triticum aestvum* Linn.

56蓼科 Polygonaceae

何首乌 *Fallopia multifora*（Thunb.）Haraldson

萹蓄 *Polygonum aviculare* Linn.

酸模叶蓼 *Polygonum lapathifolium* Linn.

绵毛酸模叶蓼 *Polygonum lapathifolium* Linn. var. *salicifolium* Sibth.
红蓼 *Polygonum orientale* Linn.
杠板归 *Polygonum perfoliatum* Linn.
皱叶酸模 *Rumex crispus* Linn.
齿果酸模 *Rumex dentatus* Linn.
羊蹄 *Rumex japonicus* Houtt.

(57)毛茛科 Ranunculaceae

耧斗菜 *Aquilegia viridiflora* Pall.
威灵仙 *Clematis chinensis* Osbeck
太行铁线莲 *Clematis kirilowii* Maxim.
圆锥铁线莲（黄药子）*Clematis terniflora* DC.
还亮草 *Delphinium anthriscifolium* Hance
茴茴蒜 *Ranunculus chinensis* Bunge
毛茛 *Ranunculus japonicus* Thunb.
东亚唐松草 *Thalictrum minus* var. *hypoleucum*（Sieb. et Zucc.）Miq.

(58)鼠李科 Rhamnaceae

拐枣 *Hovenia dulcis* Thunb.
猫乳 *Rhamnella frangulaide*s（Maxim.）Weberb.

(59)蔷薇科 Rosaceae

龙牙草 *Agrimonia pilosa* Ldb.
黄龙尾 *Agrimonia pilosa* Ldb. var. *nepalensis*（D. Don）Nakai
桃 *Amygdalus persica* Linn.
杏 *Armeniaca vulgaris* Lam.
木瓜 *Chaenomeles sinensis*（Thouin）Koehne
野山楂 *Crataegus cuneata* Sieb. & Zucc.
山楂 *Crataegus pinnatifida* Bge.
山里红 *Crataegus pinnatifida* Bge. var. *major* N. H. Br.
蛇莓 *Duchesnea indica*（Andr.）Focke
草莓 *Fragaria ananassa* Duch.
花红 *Malus asiatica* Nakai
垂丝海棠 *Malus halliana* Koehne
西府海棠 *Malus micromalus* Makino
苹果 *Malus pumila* Mill.
海棠花 *Malus spectabilis*（Ait.）Borkh.
光叶石楠 *Photinia glabra*（Thunb.）Maxim.
石楠 *Photinia serrulata* Lindl.
委陵菜 *Potentilla chinensis* Ser.
翻白草 *Potentilla discolor* Bge.

莓叶委陵菜 *Potentilla fragarioides* Linn.

中华三叶委陵菜 *Potentilla freyniana* Bornm. var. *sinica* Ago

蛇含委陵菜 *Potentilla kleiniana* Wight et Arn.

娟毛匍匐委陵菜 *Potentilla reptans* Linn. var. *sericophylla* Franch.

朝天委陵菜 *Potentilla supina* Linn.

郁李 *Cerasus japonica*（Thunb.）Lois.

樱桃 *Cerasus pseudocerasus*（Lindl.）G. Don

山樱花 *Cerasus serrulata*（Lindl.）G. Don ex London

紫叶李 *Prunus cerasifera* Ehrhar f. *atropurpurea*（Jacq.）Rehd.

李 *Prunus salicina* Lindl.

火棘 *Pyracantha fortuneana*（Maxim.）H. L. Li

杜梨 *Pyrus betulaefolia* Bge.

白梨 *Pyrus bretschneideri* Rehd.

豆梨 *Pyrus calleryana* Dcne.

褐梨 *Pyrus phaeocarpa*

西洋梨 *Pyrus communis* Linn.

沙梨 *Pyrus pyrifolia*（Burm. f.）Nakai

木香花 *Rosa banksiae* Ait.

月季花 *Rosa chinensis* Jacq.

小果蔷薇 *Rosa cymosa* Tratt.

金樱子 *Rosa laevigata* Michx.

野蔷薇 *Rosa multiflora* Thunb.

粉团蔷薇 *Rosa multiflora* Thunb. var. *cathayensis* Rehd. et Wils.

荷花蔷薇 *Rosa multiflora* Thunb. var. *carnea* Thory.

七姊妹 *Rosa multiflora* Thunb. var. *carnea* Thory.

缫丝花 *Rosa roxburghii* Tratt.

玫瑰 *Rosa rugosa* Thunb.

山梅 *Rubus corchorifolius* L. f.

光果悬钩子 *Rubus glabricarpus* W. C. Cheng

地榆 *Sanguisorba officinalis* Linn.

粉花绣线菊 *Spiraea japonica* L. f.

⑥茜草科 Rubiaceae

猪殃殃 *Galium aparine* Linn.

麦仁珠 *Galium tricorne* Stokes

东南茜草 *Rubia argyi*（H. Lév. et Vaniot）H. Hara ex Lauener et D. K. Ferguson

茜草 *Rubia cordifolia* Linn.

⑥芸香科 Rutaceae

臭檀吴萸 *Evodia daniellii*（Benn.）Hemsl.

⑥青风藤科 Sabiaceae

青风藤 *Sabia japonica* Maxim.

⑥杨柳科 Salicaceae

响叶杨 *Populus adenopoda* Maxim.

加拿大杨 *Populus Canadensis* Maxim.

垂柳 *Salix babylonica* Linn.

⑥无患子科 Sapindaceae

复羽叶栾树 *Koelreuteria bipinnata* Franch.

无患子 *Sapindus mukorossi* Gaertn.

⑥虎耳草科 Saxifragaceae

虎耳草 *Saxifraga stolonifera* Curt.

⑥玄参科 Scrophulariaceae

狭叶母草 *Lindernia micrantha* D. Don

通泉草 *Mazus japonicus* （Thunb.）O. Kuntze

松蒿 *Phtheirospermum japonicum* （Thunb.）Kanitz

直立婆婆纳 *Veronica arvensis* Linn.

婆婆纳 *Veronica didyma* Tenore

蚊母草 *Veronica peregrina* Linn.

阿拉伯婆婆纳 *Veronica persica* Poir.

⑥苦木科 Simaroubaceae

臭椿 *Ailanthus altissima* （Mill.）Swingle

苦树 *Picrasma quassioides* （D. Don）Benn.

⑥茄科 Solanaceae

辣椒 *Capsicum annuum* Linn.

朝天椒 *Capsicum annuum* Linn. var. *conoides* （Mill.）Irish

菜椒 *Capsicum annuum* Linn. var. *grossum* （L.）Sendt.

簇生椒 *Capsicum annuum* Linn. var. *fasciculatum* （Sturt.）Irish

宁夏枸杞 *Lycium barbarum* Linn.

枸杞 *Lycium chincnse* Mill.

酸浆 *Physalis alkekengi* Linn.

苦蘵 *Physalis angulata* Linn.

茄子 *Solanum melongena* Linn.

⑥省沽油科 Staphyleaceae

野鸦椿 *Euscaphis japonica* （Thunb.）Dippel

⑦安息香科 Styracaceae

野茉莉 *Styrax japonicus* Sieb. et Zucc.

⑦山矾科 Symplocaceae

白檀 *Symplocos paniculata* （Thunb.）Miq.

⑫榆科 **Ulmaceae**

糙叶树 *Aphananthe aspera*（Thunb.）Planch.

朴树 *Celtis sinensis* Pers.

榔榆 *Ulmus parvifolia* Jacq.

榆树 *Ulmus pumila* Linn.

大果榆 *Ulmus macrocarpa* Hance

⑬荨麻科 **Urticaceae**

苎麻 *Boehmeria nivca*（Linn.）Gaudich.

透茎冷水花 *Pilea pumila*（Linn.）A. Gray

山冷水花 *Pilea japonica*（Maxim.）Hand.-Mazz.

花点草 *Nanocnidejaponica* Blume

毛花点草 *Nanocnide lobata* Wedd.

紫麻 *Oreocnide frutescens*（Thunb.）Miq.

⑭败酱科 **Valerianaceae**

败酱 *Patrinia scabiosaefolia* Fisch. ex Trev.

⑮马鞭草科 **Verbenaceae**

柳叶马鞭草 *Verbena bonariensis* Linn.

羽叶马鞭草（细叶美女樱）*Verbena tenera* Spreng.

⑯葡萄科 **Vitaceae**

葎叶蛇葡萄 *Ampelopsis humulifolia* Bge.

白蔹 *Ampelopsis japonica*（Thunb.）Makino

乌蔹莓 *Cayratia japonica*（Thunb.）Gagnep.

山葡萄 *Vitis amurensis* Rupr.

蘡薁 *Vitis bryoniaefolia* Bge.

葛藟葡萄 *Vitis flexuosa* Thunb.

毛葡萄 *Vitis heyneana* Roem. & Schult

桑叶葡萄 *Vitis heyneana* Roem. & Schult subsp. *ficifolia*（Bge.）C. L. Liin

葡萄 *Vitis vinifera* Linn.

索　引

索引 1　寄主汉名索引

A

B

M

N

索引 2　寄主学名索引

A

X

Y

Z

索引 3 白粉菌汉名索引

A

B

C

索引 4　白粉菌学名索引

A

B

C

U

图书在版编目（CIP）数据

江苏白粉菌志 / 于守荣著. -- 北京：中国农业出
版社，2024. 6. -- ISBN 978-7-109-32358-2

Ⅰ. Q949.32

中国国家版本馆 CIP 数据核字第 2024YM3257 号

中国农业出版社出版

地址：北京市朝阳区麦子店街 18 号楼
邮编：100125
责任编辑：杨彦君
版式设计：杨　婧　责任校对：吴丽婷
印刷：北京通州皇家印刷厂
版次：2024 年 6 月第 1 版
印次：2024 年 6 月北京第 1 次印刷
发行：新华书店北京发行所
开本：787mm×1092mm　1/16
印张：25.25
字数：592 千字
定价：198.00 元